首届全国机械行业职业教育优秀教材

中等职业教育“十一五”规划教材(焊接专业)

焊接结构生产

主编 王云鹏

参编 王 静 王承辉

主审 付书林

机 械 工 业 出 版 社

全书共分八个单元，主要内容有焊接应力与变形、焊接接头及工作应力的分布、焊接结构备料及成形加工、焊接结构的装配与焊接工艺、装配—焊接工艺装备、焊接结构工艺分析与工艺编制、典型焊接结构的生产工艺、焊接结构生产的组织与安全技术等。

本书内容旨在突出职业教育特点，理论知识深度适宜，注重工程实用性，论述中以实际应用为着眼点；编写模式新颖，将需要掌握的知识点进行分解，按单元、综合知识模块、能力知识点分层次编写，每个单元开始部分安排有“学习目标”，每个模块末安排有“综合训练”，并兼顾了焊工考证的考点内容，以满足“双证制”教学需要。为便于教学，本书配备了电子教案和习题答案，选择本书作为教材的教师可来电索取(010-88379201)，或登录 www.cmpedu.com 网站注册、免费下载。

本书可作为中职、各类成人教育焊接专业教材或培训用书，也可供相关技术人员参考。

图书在版编目(CIP)数据

焊接结构生产/王云鹏主编. —北京：机械工业出版社，2009.4(2018.1 重印)

中等职业教育“十一五”规划教材.焊接专业

ISBN 978-7-111-26797-3

Ⅰ.焊… Ⅱ.王… Ⅲ.焊接结构—焊接工艺—专业学校—教材 Ⅳ.TG44

中国版本图书馆 CIP 数据核字(2009)第 053785 号

机械工业出版社(北京市百万庄大街 22 号 邮政编码 100037)

责任编辑：齐志刚 版式设计：张世琴 责任校对：刘志文

封面设计：鞠 杨 责任印制：李 飞

北京铭成印刷有限公司印刷

2018 年 1 月第 1 版第 3 次印刷

184mm×260mm · 18.75 印张 · 459 千字

4001—5000 册

标准书号：ISBN 978-7-111-26797-3

定价：31.00 元

凡购本书，如有缺页、倒页、脱页，由本社发行部调换

电话服务	网络服务
社服务中心：(010)88361066	教材网：http://www.cmpedu.com
销售一部：(010)68326294	机工官网：http://www.cmpbook.com
销售二部：(010)88379649	机工官博：http://weibo.com/cmp1952
读者购书热线：(010)88379203	**封面无防伪标均为盗版**

前　言

为了进一步贯彻《国务院关于大力推进职业教育改革与发展的决定》的文件精神，加强职业教育教材建设，满足职业院校深化教学改革对教材建设的要求，机械工业出版社组织召开了“职业教育焊接专业教材建设研讨会”。在会上，来自全国十多所院校的焊接专业专家、一线骨干教师研讨了在新的职业教育形势下焊接专业的课程体系，确定了面向中职、高职层次两个系列教材的编写计划。本书是根据会议所确定的教学大纲和中等职业教育培养目标组织编写的。

本书具有以下特点：第一，注重在理论知识、素质、技能等方面对学生进行全面的培养，掌握操作要领和安全技术；第二，注重新知识、新工艺、新标准等内容的介绍；第三，做到图解丰富、直观，内容通俗易懂；第四，编写模式新颖，将需要掌握的知识点进行分解，按单元、综合知识模块、能力知识点作为层次进行编写，每单元开始部分安排有“学习目标”，模块末安排有“综合训练”，各单元中穿插“想一想”、“小知识”等内容，引导学生积极思考。为便于教学，本书配备了电子教案和习题答案，选择本书作为教材的教师可来电索取(010-88379201)，或登录 www. cmpedu. com 网站注册、免费下载。

本书由王云鹏(绪论,第一、二、三、四、八单元)、王静(第五、七单元)、王承辉(第六单元)共同编写；王云鹏任主编，由付书林主审。

本书编写过程中，得到了参编、参审单位以及许多学校和工厂有关人员的大力支持和热情帮助，并为本书提供了资料，在此一并表示衷心感谢。

由于编者水平有限，编写时间仓促，书中一定存在错误和不妥之处，恳请使用本书的教师和广大读者批评指正。

编　者

目　录

绪　论

焊接是金属连接的一种工艺方法，也是一门综合性应用技术。

焊接结构是将各种经过轧制的金属材料及铸、锻件等坯料采用焊接方法制成能承受一定载荷的金属结构。

1. 焊接结构的应用与发展

焊接结构的应用几乎渗透到国民经济的各个领域，如工业中的石油与化工机械、重型与矿山机械、起重与吊装设备、冶金建筑、各类锻压机械等；交通运输业中的汽车、船舶、车辆、拖拉机的制造；兵器工业中的常规兵器、火箭、深潜设备；航空航天技术中的人造卫星和载人飞船等。甚至对于许多产品，为了确保加工质量和后期使用的可靠性，除了采用焊接结构外，难以找到比焊接更好的制造技术，也难以找到比只有通过焊接工艺才能保证这些机械结构满足其使用性能要求的更好的其他方法。例如核电站的工业设备以及开发海洋资源所必需的海上平台、海底作业机械或潜水装置等。

焊接技术历来都是随着科学技术的整体进步而发展和变革的。在19世纪初的电气产业革命中，电弧用于焊接，开始了电弧焊的新纪元。20世纪前期发明和推广了焊条电弧焊，中期发明和推广了埋弧焊和气体保护焊；随着现代科学的发展和进步，各种高能束(电子束激光束)也在焊接上得到应用。到了20世纪70年代，在世界范围内，焊接技术已经成为机械制造业中的关键技术之一。特别是20世纪后期，随着电子技术及自动控制技术的进步，焊接产业开始向高新技术方向发展。

一个国家焊接结构用钢量的多少，在一定意义上能说明其工业化的先进程度。在先进的工业国中，焊接结构产品的用钢量已达到总用钢量的50%以上，我国现已达到40%~45%。我国2005年钢产量达3.4亿t，已成为世界第一钢铁大国，同时也成为焊接结构(主要是钢结构)制造大国。随着改革开发和世界经济一体化进程的加快，我国焊接结构制造所用钢材越来越多。表0-1为2005年我国6个与焊接相关的行业用钢量统计表，可见焊接结构生产制造任务的艰巨性。为了制造如此庞大数量的焊接结构产品，需要建立大量专门制造焊接结构的工厂(例如集装箱制造厂、压力容器制造厂等)，而在更多的工厂(例如锅炉厂、起重机厂、造船厂)中均设有焊接车间，并且是工厂的主要生产车间。焊接车间完成任务的好坏，直接关系到整个工厂的经济效益和产品质量的优劣。

表0-1　2005年6行业用钢统计表　(单位:万t)

建筑	机械制造	汽车	造船	石油和天然气(管线钢)	集装箱
19793	4000	1429	422	480 (360)	500

2. 焊接结构的特点

焊接结构具有一系列优点，主要表现在以下几个方面：

1）通过焊接，可将多种不同形状与厚度的钢材(或其他金属材料)连接起来，也可将不同类型金属材料(铸钢件、锻压件等)连接起来。与铸造结构相比，焊接结构件的过载能力和承受冲击载荷能力较强，从而使焊接结构的材料分布、性能的匹配更合理。

2）焊接是一种金属原子间的连接，刚性大、整体性好。焊接接头的强度、刚度一般可达到与母材相等或相近，能够承受基体金属所能承受的各种载荷的作用。同时，采用焊接能使结构有很好的气密性和水密性，这是储罐、压力容器、船壳等结构必备的性能。

3）焊接结构的零件或部件可以直接通过焊接方法进行连接，相对铆接结构其接头效能较高，相同结构的质量可减轻10%~20%。以焊代铸或以焊代锻，将铸造、锻造结构改为焊接结构或铸-焊、锻-焊联合结构，节约了基建投资，可以取得较大的经济效益。

4）与其他加工方法相比，生产焊接结构一般不需要大型、贵重的设备，因而兴建焊接结构制造厂(车间)时，设备投资较少，投产快，对产品的生产规模适应性强，而且更换产品规格、品种也较方便。

5）焊接特别适用于几何尺寸大而材料分散的制品，可将大型、复杂的结构分解为许多小零件或部件分期加工，然后通过焊接连成整个结构，"以小拼大"，解决其他加工方法难于制造乃至无法加工的机器结构，这是解决大型、复杂结构件加工的一个重要途径。

焊接结构的不足之处大多反映在焊接接头上的问题，主要有以下几方面：

1）焊接过程是一个不均匀的加热和冷却过程，焊接结构必然存在焊接残余应力和变形，这不仅影响结构的外形和尺寸，在一定条件下，还将影响结构的承载能力，如强度和刚度。对焊后加工也带来一些问题，如尺寸的稳定性和加工精度等，同时还是导致焊接缺陷的重要原因之一。

2）由于焊接接头要经历冶炼、凝固和热处理三个阶段，所以焊缝中难免产生各类焊接缺陷，虽然大多焊接缺陷可以修复，但修复不当或缺陷漏检则可能带来严重的问题，最终形成过大的应力集中，从而降低整个焊接结构的承载能力。

3）焊接会改变材料的局部性能，使焊接接头附近变为一个不均匀体，即具有几何不均匀性(包括截面的改变和焊接变形)、力学不均匀性(接头形式引起的应力集中和焊接残余应力)、化学不均匀性(成分不均匀)以及金属组织的不均匀性。

为了设计和制造出优质的焊接接头，关键要做到以下几点：

1）合理的结构设计，正确的材料选择。

2）采用适宜的焊接设备和制订正确的焊接工艺。

3）良好的焊接技艺以及严格的质量控制。

3. 本书讲授的主要内容

"焊接结构生产"是焊接专业的主干专业课程之一。根据中等职业教育的培养目标和学生的知识水平，本课程的教学需要，本书编入了焊接结构和生产工艺过程的基本理论知识，并以焊接结构、接头形式、焊接变形和焊接应力为基础，全面介绍了焊接结构零件的加工工艺、装配与焊接工艺及其所用工艺装备、典型产品加工工艺过程、焊接结构生产组织与安全技术等方面的知识。

4. 学习本课程应达到的能力目标

本书是根据教育部颁布的中等职业学校焊接专业"焊接结构生产"课程的教学大纲编写的，通过本教材的教学，学习者应达到以下能力目标要求：

1）初步掌握焊接应力与变形产生的原因以及控制、减小和消除焊接应力与变形的工艺要点。

2）了解焊接接头的组成、焊缝的种类以及焊接接头的基本形式，能够识读焊缝代号和焊接结构图。

3）了解焊接结构制造的一般工艺流程，能够根据产品图样、技术要求和生产性质，合理选用相应的焊接设备和工艺装备。

4）了解焊接结构生产中常用工装夹具的结构特点、适用范围和使用要求。

5）了解一般焊接生产车间的平面布置、生产组织管理及安全生产方面的基本知识。

5. 学习方法与教学法建议

“焊接结构生产”是一门实践性较强的专业课程，要注意理论联系实际，善于综合运用基础课及专业课程多方面的知识去认识和分析焊接结构的每一个实际问题。教学过程中，既要针对基础知识的教学，组织学生进行现场参观教学，或通过多媒体教学手段，让学生对焊接结构生产的全过程有一定的感性认识，又要根据每一种能力目标要求，精心进行课堂设计，加强对学生实践意识和应用能力的培养；还要结合专业知识的教学，加强与焊接结构有关的新知识、新技术、新工艺和新设备的介绍，以开阔学生的视野和开发学生的创新思维。

第一单元　焊接应力与变形

【学习目标】　了解焊接应力与变形的基本概念及其产生原因；熟悉焊接变形的种类；掌握控制焊接变形的工艺措施和焊后如何矫正焊接变形；了解焊接应力的分布规律；掌握控制焊接应力的工艺措施和焊后如何消除或减小焊接残余应力的方法。

综合知识模块一　焊接应力与变形的概念

能力知识点1　应力与变形的基本知识

1. 变形

物体在外力或温度等因素的作用下，其形状和尺寸发生变化，这种变化称为物体的变形。若使物体产生变形的外力或温度等因素去除后变形也随之消失，物体可恢复原状，这样的变形称为弹性变形。当外力或温度等因素去除后变形仍然存在，物体不能恢复原状，这样的变形称为塑性变形。物体的变形还可分为自由变形和非自由变形。在非自由变形中，又存在外观变形和内部变形两种。

2. 应力

存在于物体内部的、受外力作用或其他因素影响引起物体内部之间相互作用的力，叫做内力。物体单位截面积上的内力叫做应力。根据引起内力的原因不同，可将应力分为工作应力和内应力。工作应力是由外力作用于物体而引起的应力；内应力是由物体的化学成分、金相组织及温度等因素变化，造成物体内部的不均匀性变形而引起的应力。内应力存在于许多工程结构中，如铆接结构、铸造结构、焊接结构等。内应力的显著特点是，在物体内部，内应力是自成平衡的，形成一个平衡力系。

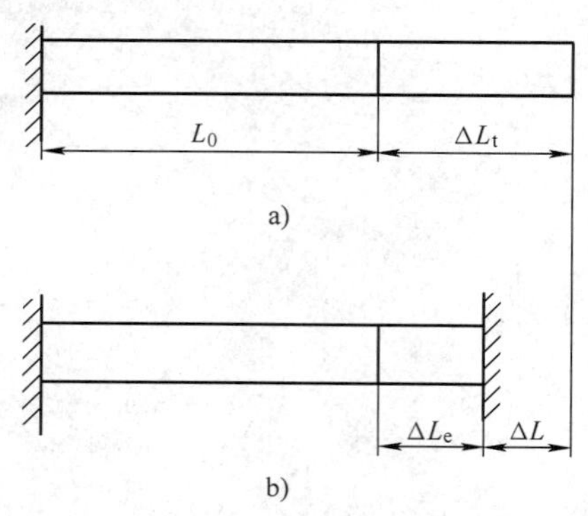

图 1-1　金属杆件的变形
a）自由变形　b）非自由变形

变形和应力通常是同时并存于物体内部的，下面以一根室温下长度为 L_0 的金属杆件受到均匀加热和冷却时的变化为例，分析变形和内应力产生的原理。不受约束的杆件在温度发生变化时，其变形属于自由变形，自由变形量用 ΔL_t 表示（图 1-1a）。受约束的杆件的变形属

于非自由变形，即存在外观变形，外观变形量用 ΔL_e 表示。也存在内部变形，内部变形量用 ΔL 表示(图 1-1b)。

当加热温度超过材料屈服强度温度时，杆件中将产生压缩塑性变形，冷却收缩时，弹性变形恢复，塑性变形不可恢复，则可能出现以下三种情况：

1）如果杆件能充分自由收缩，那么杆件中只出现残余变形而无残余应力。

2）如果杆件受绝对拘束，那么杆件中没有残余变形而存在较大的残余应力。

3）如果杆件收缩不充分，那么杆件中既有残余应力又有残余变形。

3. 焊接应力与焊接变形

焊接时，加热是通过移动的高温电弧热源进行的，焊缝和焊缝附近的金属温度很高，受热金属要膨胀。其余大部分金属不受热，金属不膨胀，相当于刚性固定。于是，受热金属的膨胀受到阻碍和抑制，产生了压缩塑性变形。焊完冷却后，焊缝和焊缝附近的金属因收缩而变短，却又受到周围未受热金属的限制，就使焊件产生了内应力，以致产生变形。

想一想　焊接生产中的焊件与上述三种情况中的哪种情况相似？为什么？

焊接应力是在焊接过程中及焊接过程结束后，存在于焊件中的内应力。由焊接而引起的焊件尺寸和形状的改变称为焊接变形。

能力知识点 2　焊接应力与变形产生的原因

焊件局部(焊缝和焊缝附近的金属)不均匀加热和冷却是产生焊接应力与变形的根本原因。另外，焊缝及热影响区金属的收缩、金属内部晶粒组织的转变以及焊件的刚性不同等因素对焊接应力与变形的产生都具有一定的影响。下面着重介绍几个主要因素。

1. 焊件的不均匀受热

为了便于了解不均匀受热时应力与变形的产生，下面对不同条件下产生的应力与变形进行分析。

(1) 钢板条中心堆焊引起的应力与变形　以长度为 L_0、厚度为 δ 的低碳钢长板条为例，在其中间沿长度方向上进行堆焊。为简化分析，将板条上的温度分为两种，中间为高温区，两边为低温区，各区温度均匀一致(图 1-2a)。

焊接时，如果板条的高温区与低温区是可分离的，高温区将伸长，低温区不变(图 1-2b)，但实际上板条是一个整体，所以板条将整体伸长，在低温区的阻碍作用下，高温区内将产生较大的压缩塑性变形。此时，高温区为压应力状态，两侧低温区为拉应力状态(图 1-2c)。

冷却时，由于压缩塑性变形不可恢复，所以，如果高温区与低温区是可分离的，高温区应缩短，低温区应恢复原长(图 1-2d)。因为板条是一个整体，所以板条将整体缩短，这就是板条的残余变形(图 1-2e)。同时在板条内部也产生了残余应力，中间高温区为拉应力，两侧低温区为压应力。

(2) 钢板条一侧边堆焊引起的应力与变形　如图 1-3a 所示的低碳钢板，在其上边缘沿板长进行堆焊。假设钢板由许多互不相连的窄条组成，则各窄条在焊接时将按温度高低而伸长(图 1-3b)。但实际上，板条是一整体，各板条之间是互相牵连、互相影响的，堆焊部分

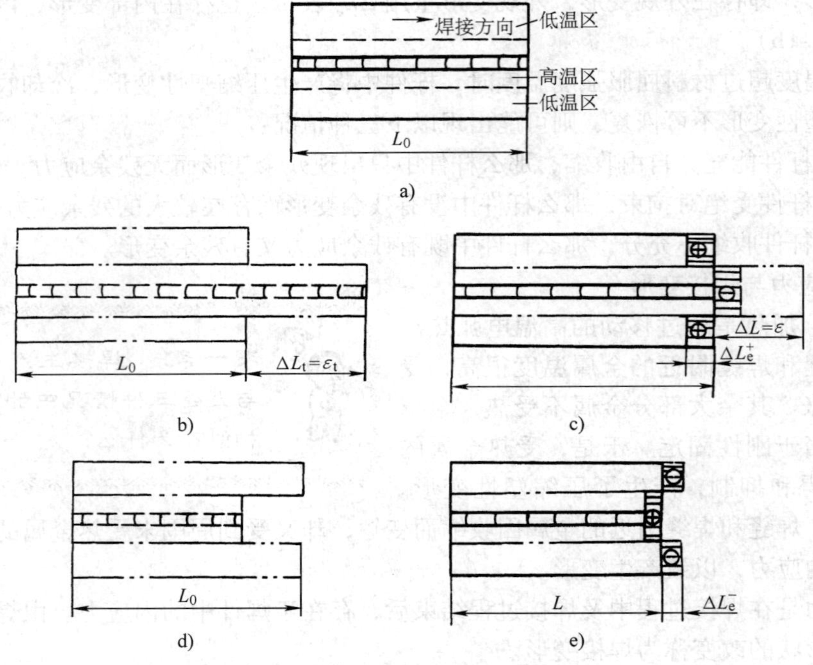

图 1-2 钢板条中心堆焊的应力与变形

a）原始状态 b）、c）焊接过程 d）、e）冷却以后

的金属因受未加热部分金属的阻碍作用而不能自由伸长，因此产生了压缩塑性变形。由于钢板上的温度分布是自高温至低温逐渐降低，因此，钢板产生了向下的弯曲变形(图 1-3c)。

钢板冷却时，各板条的收缩应如图 1-3d 所示。因为钢板是一个整体，低温部分金属将对高温部分金属的收缩起到阻碍作用，所以钢板产生了与加热时相反的残余弯曲变形(图 1-3e)。同时在钢板内产生了残余应力，即钢板中部为压应力，钢板两侧为拉应力。

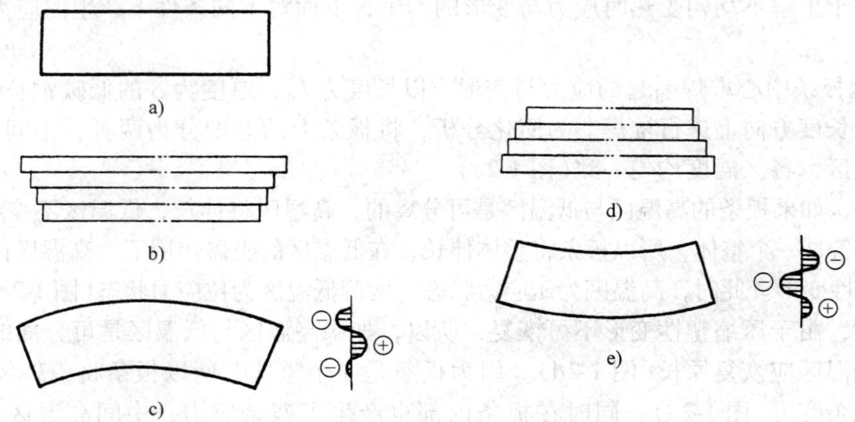

图 1-3 钢板条一侧边加热和冷却时的应力与变形

a）原始状态 b）假设各板条的伸长

c）加热后的变形及应力 d）假设各板条的收缩 e）冷却以后的变形及应力

由上述分析可知，对构件进行不均匀加热，在加热过程中，只要加热温度高于材料屈服强度的温度，冷却后，构件必然有残余应力和残余变形。

2. 焊缝金属的收缩

焊接时，低碳钢熔池的平均温度达到1700℃以上，熔池周围温度迅速递减(图1-4)。

焊缝金属冷却时，当它由液态转为固态，其体积要收缩。由于焊缝金属与母材是紧密联系的，因此，焊缝金属并不能自由收缩。这将引起整个焊件的变形，同时在焊缝中引起残余应力。

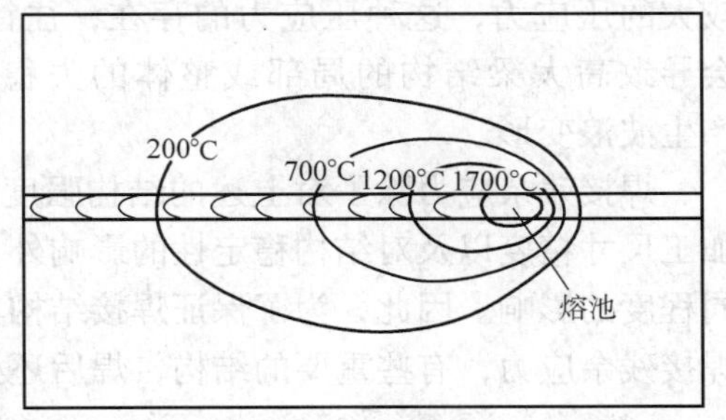

图1-4　焊件上的温度分布

3. 金属组织的变化

钢在加热及冷却过程中发生相变，可得到不同的组织，这些组织的比体积也不一样，由此也会造成焊接应力与变形。钢中常见组织的比体积见表1-1。

表1-1　钢中常见组织的比体积　　（单位：cm^3/g）

组织	奥氏体	铁素体	珠光体	渗碳体	马氏体
比体积	0.123～0.125	0.127	0.1286	0.130	0.127～0.131

4. 焊件的刚性和拘束

焊件的刚性和拘束对焊接应力和变形也有较大的影响。刚性是指焊件抵抗变形的能力；而拘束是焊件周围物体(如工装夹具)对焊件变形的约束。刚性是焊件本身的性能，它与焊件材质、焊件截面形状和尺寸等有关，而拘束是一种外部条件。焊件自身的刚性及受周围的拘束程度越大，焊接变形越小，焊接应力越大；反之，焊件自身的刚性及受周围的拘束程度越小，则焊接变形越大，而焊接应力越小。

想一想　一条焊缝是逐步形成的，先焊完的焊缝对后焊完的焊缝的收缩有什么影响？

能力知识点3　焊接应力与变形对焊接结构的影响

1. 焊接应力的影响

焊接应力对焊接结构的影响主要可以从以下几个方面考虑。

(1) 对结构强度的影响　没有严重应力集中的焊接结构，只要材料具有一定的塑性变形能力，焊接内应力对结构强度影响较小。但当材料处在脆性状态时，在结构应力集中或刚性拘束较大部位，存在着拉伸残余应力。这种残余应力导致产生裂纹并使裂纹迅速发展，最后使结构发生断裂破坏。

(2) 对焊件加工尺寸精度的影响　焊件中的内应力在机械加工时，因一部分金属从焊件上被切除而破坏了它原来的平衡状态，于是内应力重新分布以达到新的平衡，同时产生了变形，影响了加工精度。如图1-5所示为在T形焊件上加工一平面时的情况，当切削加工结束后松开加压板，工件会产生上挠变形。为了保证加工精度，应对焊件先进行消除应力处理，再进行机械加工。

（3）对结构稳定性的影响　焊接工字梁或焊接箱形梁时，腹板的中心部位存在较大的压应力，这种压应力的存在，往往会导致高大梁结构的局部或整体的失稳，产生波浪变形。

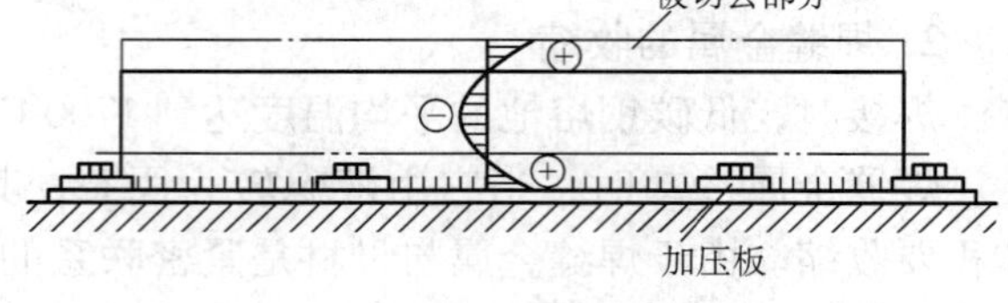

图 1-5　机械加工引起内应力释放和变形

焊接残余应力除了对上述的结构强度、加工尺寸精度以及对结构稳定性的影响外，还对结构的刚度、疲劳强度及应力腐蚀开裂有不同程度的影响。因此，为了保证焊接结构具有良好的使用性能，必须设法在焊接过程中控制焊接残余应力，有些重要的结构，焊后还必须采取措施消除或减小焊接残余应力。

资料卡　应力腐蚀破坏是危害最大的一种灾难性腐蚀，会在事先不易察觉的情况下使金属结构突然破坏，引起各种不幸事故。如美国西弗吉尼亚州和俄亥俄州之间的一座桥梁，于 1967 年 12 月的一天突然塌陷，当时正在过桥的车辆连同行人坠入河中，死亡 46 人。又如北京某厂用 8mm 厚的 Q345（16Mn）钢板制作了一台 ϕ2500mm × 5070mm 的 NaOH 储罐，使用仅 32 天就发生了破裂，经多次补焊，越补越裂，最后报废。此外，应力腐蚀和腐蚀疲劳破坏在海洋平台、导管架、船舶、建筑物及核容器等上都会经常发生。因此，应力腐蚀破坏也应是我们高度重视的问题之一。

2. 焊接变形的影响

焊接变形对焊接结构的影响主要可以从以下几个方面考虑。

（1）降低装配质量　零件或部件的焊接变形，如筒体纵缝横向收缩，与封头装配时就会发生错边，造成装配困难。错边量大的焊件，在外力作用下将产生应力集中和附加应力，使结构安全性下降。

（2）增加制造成本、降低接头性能　焊件过大的变形需要进行矫正才能组装，因此，导致生产率下降、成本增加。冷矫形会使材料发生冷作硬化，使塑性下降。

（3）降低结构承载能力　由焊接变形产生的附加应力会使结构的实际承载能力下降。

实际生产中，必须设法控制焊接变形，使变形控制在技术要求所允许的范围之内。

【综 合 训 练】

一、理论部分

（一）判断题（对画√，错画×）

1. 焊接变形和焊接应力都是由焊接时局部的不均匀加热引起的。　　（　　）

2. 当焊件拘束度较小时，冷却时能够比较自由地收缩，则焊接变形较大，而焊接残余应力较小。　　（　　）

3. 由物体的化学成分、金相组织及温度等因素变化，造成物体内部的不均匀性变形而引起的应力称为内应力。 ( )

（二）选择题

1. 焊接过程中焊件变形方向与焊接结束后变形方向( )。

A. 相同 B. 相反 C. 相同或相反

2. 焊接结束后焊缝区的残余应力为( )。

A. 残余拉应力 B. 残余压应力 C. 不存在残余拉、压应力

（三）简答题

1. 产生应力与变形的主要原因有哪些方面?

2. 简述焊接应力对焊接结构的影响。

3. 简述焊接变形对焊接结构的影响。

二、实践部分

通过现场教学观察焊接生产中焊件的变形。

综合知识模块二 焊接残余变形

能力知识点1 焊接残余变形的基本形式

焊接残余变形在焊接结构中的分布是很复杂的。按变形对整个焊接结构的影响程度，可将焊接残余变形分为局部变形(指结构的某一部分发生的变形)和整体变形(指整个结构的形状和尺寸发生变化)；按照变形的外观形态来分，可将焊接残余变形分为如图 1-6 所示的 5 种基本变形形式，即收缩变形、角变形、弯曲变形、波浪变形和扭曲变形。下面，将分别讨论各种变形的形成规律和影响因素。

1. 收缩变形

焊件尺寸比焊前缩短的现象称为收缩变形，分为纵向收缩变形和横向收缩变形，如图 1-7 所示。

（1）纵向收缩变形 纵向收缩变形是指焊件沿平行于焊缝方向上尺寸的缩短。这是由于焊缝及其附近区域在焊接高温的作用下产生纵向的压缩塑性变形，焊后这个区域要收缩，便引起了焊件的纵向收缩变形。纵向收缩变形量 Δx 的大小主要取决于焊缝长度、焊件的截面积等因素。焊缝的长度越长，纵向收缩量越大；焊件截面积越大，焊件的纵向收缩量越小。从这个角度考虑，在受力不大的焊接结构内，采用间断焊缝代替连续焊缝，是减小焊件纵向收缩变形的有效措施。

另外，焊件材料的线膨胀系数对纵向收缩量也有一定的影响，线膨胀系数大的材料，焊后纵向收缩量大，如不锈钢和铝比碳钢焊件的收缩量大。对于截面相同的焊缝，采用多层焊引起的纵向收缩量比单层焊小，如第二层的收缩量约是第一层收缩量的 20%，第三层的收缩量约是第一层收缩量的 5%~10%。可见，分的层数越多，每层的线能量越小，纵向收缩量就越小。表 1-2 列出了中等厚度低碳钢钢板对接焊缝和角焊缝纵向收缩量的近似值，供参考。

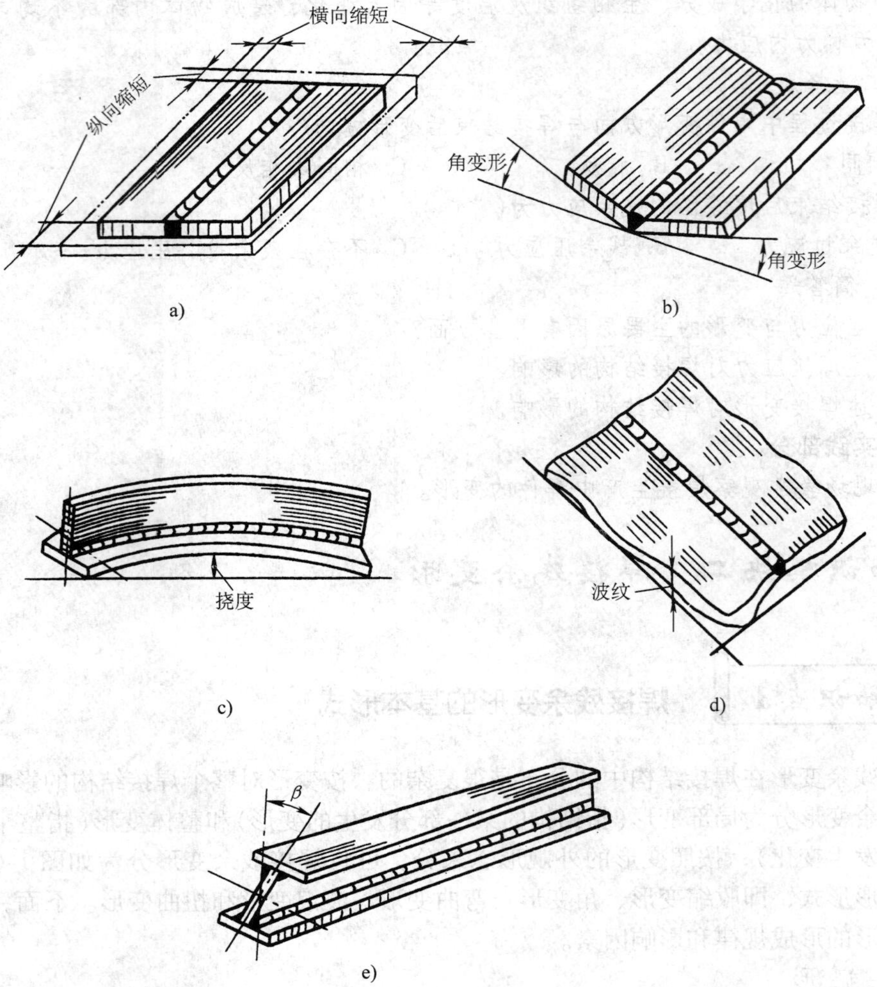

横向缩短
纵向缩短
a)
角变形
角变形
b)
挠度
c)
波纹
d)
β
e)

图 1-6　焊接变形的基本形式

a）收缩变形　b）角变形　c）弯曲变形　d）波浪变形　e）扭曲变形

B−Δy
B
L−Δx
L
B
B−Δy
L−Δx
L

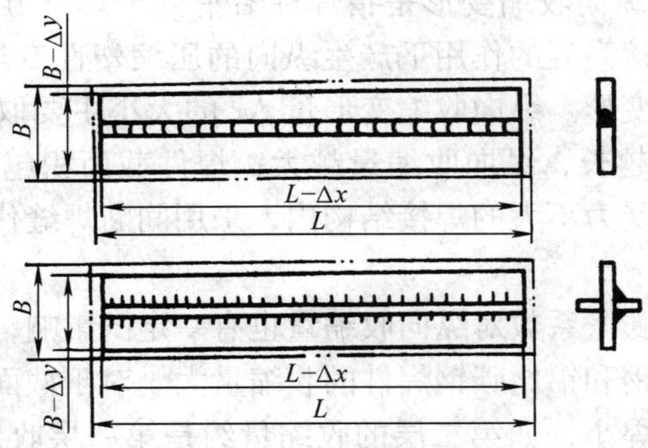

图 1-7　纵向和横向收缩变形

表 1-2　中等厚度低碳钢钢板对接焊缝和角焊缝纵向收缩量的近似值　（单位：mm/m）

接头形式	纵向收缩量	接头形式	纵向收缩量
对接焊缝	0.15～0.3	角焊缝	0.2～0.4

（2）横向收缩变形　横向收缩变形是指焊件在垂直于焊缝方向上尺寸的缩短。构件焊接时，不仅产生纵向收缩变形，同时也产生横向收缩变形，如图 1-7 中的 Δy。产生横向收缩变形的过程比较复杂，影响因素很多，如热输入、接头形式、装配间隙、板厚、焊接方法以及焊件的刚性和拘束程度等。一般来说，横向收缩变形量总是随焊缝厚度和焊角尺寸的增大、焊接热输入的增大、装配间隙的增大而增大。而装夹的拘束程度越大，横向收缩变形量就越小。表 1-3 列出了低碳钢钢板对接焊缝和角焊缝横向收缩量的一些试验数据，可供参考。

表 1-3　低碳钢钢板对接焊缝和角焊缝横向收缩量的近似值　（单位：mm）

序号	接头形式	接头熔敷简图	板厚 δ										
			5	6	8	10	12	14	16	18	20	22	24
			横向收缩量										
1	V 形坡口对接		1.3	1.3	1.4	1.6	1.8	1.9	2.1	2.4	2.6	2.8	3.1
2	X 形坡口对接		1.2	1.2	1.3	1.4	1.6	1.7	1.9	2.1	2.4	2.6	2.8
3	单面坡口十字角接		1.6	1.7	1.8	2.0	2.1	2.3	2.5	2.7	3.0	3.2	3.5
4	单面坡口角接		0.8	0.8	0.8	0.8	0.7	0.7	0.6	0.6	0.6	0.4	0.4
5	无坡口单面角焊缝		0.9	0.9	0.9	0.9	0.9	0.8	0.8	0.7	0.7	0.5	0.4
6	双面断续角焊缝		0.4	0.3	0.3	0.25	0.2	0.2	0.2	0.2	0.2	0.2	0.2

另外，横向收缩量沿焊缝长度方向分布不均匀，因为一条焊缝是逐步形成的，先焊的焊缝冷却收缩对后焊的焊缝有一定挤压作用，使后焊的焊缝横向收缩量更大。一般情况下，焊缝的横向收缩沿焊接方向是由小到大，逐渐增大到一定程度后便趋于稳定。基于这个原因，生产中常将一条焊缝的两端头间隙取不同值，后焊部分比先焊部分的间隙量要大 1～3mm。

2. 角变形

角变形产生的根本原因是由于焊缝的横向收缩沿板厚分布不均匀所致。焊缝接头形式不同，其角变形的特点也不同。图1-8所示为几种焊接接头的角变形。

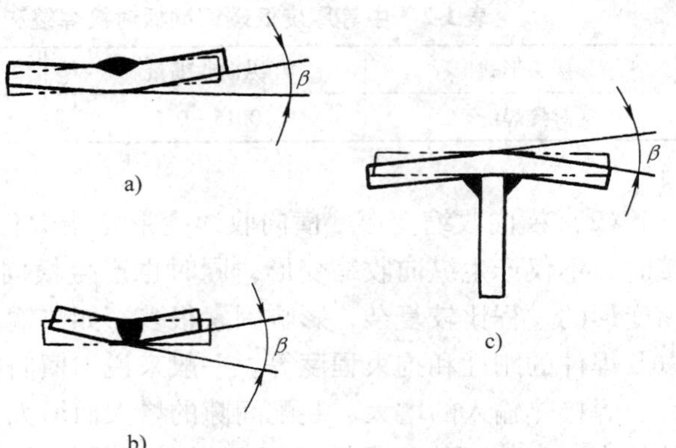

图1-8　几种接头的角变形
a）堆焊　b）对接接头　c）T形接头

对接接头角变形主要与坡口形式、坡口角度、焊接方式等有关。坡口截面不对称的焊缝角变形大，因而用X形坡口代替V形坡口有利于减小角变形；坡口角度越大，焊缝横向收缩沿板厚分布越不均匀，角变形越大。同样板厚和坡口形式下，多层焊比单层焊角变形大，焊接层数越多，角变形越大。多层多道焊比多层焊角变形大。表1-4列出了低碳钢钢板对接焊时，其角变形的实测数据，可供参考。

表1-4　对接接头角变形数值

接头横截面	焊 接 方 式	角变形 β/(°)	接头横截面	焊 接 方 式	角变形 β/(°)
6	焊条电弧焊2层	1	20	焊条电弧焊8层	7
12	CO_2 气体保护焊3层	1.4	20	焊条电弧焊22道	13
12	CO_2 气体保护焊5层	3.5	20	正面埋弧焊2层背面焊条电弧焊3层	2
12	焊条电弧焊正面5层背面清根焊3层	0	20	埋弧焊背面铜衬垫2层	5

T形接头（图1-9a）角变形可以看成是由立板相对于水平板的倾斜与水平板本身的角变形两部分组成。T形接头不开坡口焊接时，其立板相对于水平板的倾斜相当于坡口角度为90°的对接接头角变形β'，如图1-9b所示；水平板本身的角变形相当于水平板上堆焊引起的角变形β''，如图1-9c所示。这两种角变形综合的结果使T形接头两板间的角度发生如图1-9d

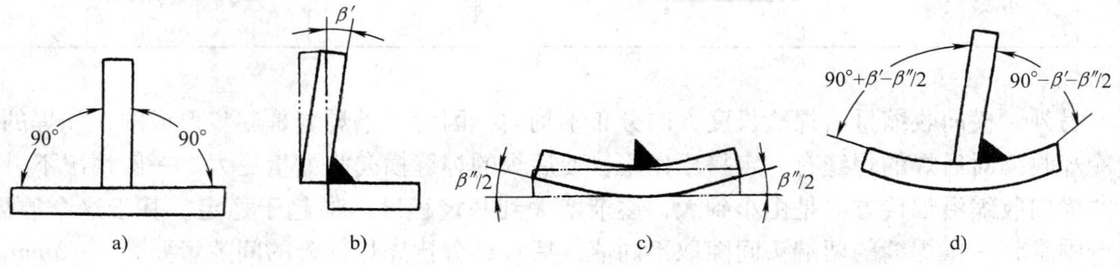

图1-9　T形接头的角变形

所示的变化。为了减小 T 形接头角变形，可通过开坡口来减小立板与水平板间的焊缝夹角，降低 β' 值；还可以通过减小焊脚尺寸来减少焊缝金属量，降低 β'' 值。表 1-5 列出了几种 T 形接头和搭接接头角变形的实测数据，以供参考。

表 1-5　T 形接头和搭接接头的角变形

接头横截面	焊接方式	角变形 $\beta/(°)$	接头横截面	焊接方式	角变形 $\beta/(°)$
10　5	焊条电弧焊 2 层	3	10　10	焊条电弧焊 3 层	2
20　5	焊条电弧焊 2 层	1	10	焊条电弧焊 4 层	1.5
10　4	手工交错断续焊，每段焊 30mm，间隔 160mm	0	60°　10　5	焊条电弧焊 3 层	1

3. 弯曲变形

弯曲变形是由于焊缝的中心线与结构截面的中性轴不重合或不对称，焊缝的收缩沿焊件宽度方向分布不均匀而引起的。焊缝的纵向收缩和横向收缩都可能引起结构件的弯曲变形。

图 1-10 所示为 T 形梁不对称布置焊缝的纵向收缩引起的弯曲变形。弯曲变形的大小用挠度 f 表示，挠度是指焊件变形的中性轴线偏离原中性轴线的最大距离。

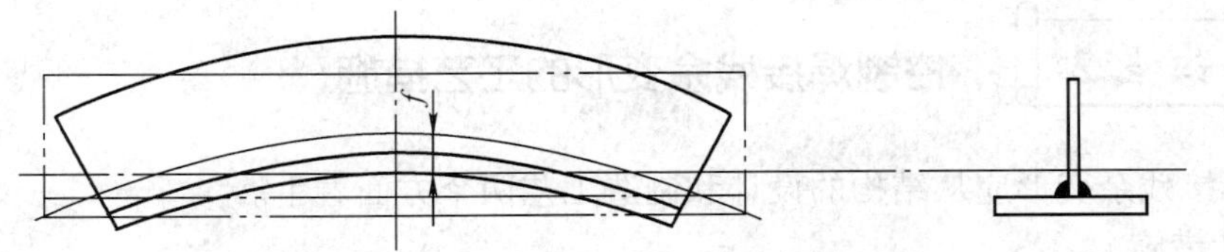

图 1-10　T 形梁不对称布置焊缝的纵向收缩引起的弯曲变形

焊缝的横向收缩在结构上分布不对称时，也会引起焊件的弯曲变形。如工字梁上布置若干短肋板（图 1-11），由于肋板与腹板及肋板与上翼板的角焊缝均分布于结构中心轴的上部，它们的横向收缩将引起工字梁的弯曲变形。

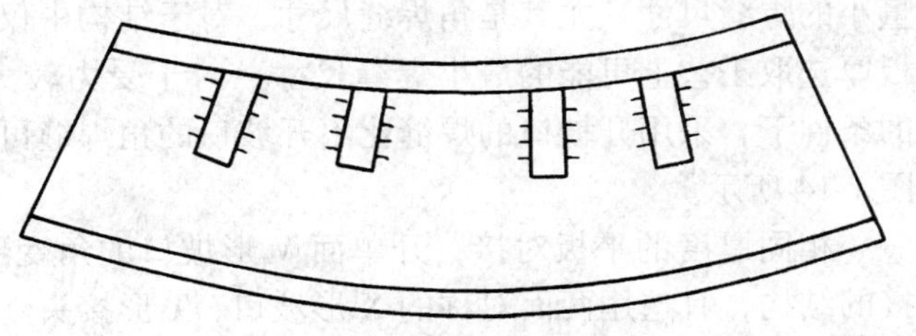

图 1-11　焊缝横向收缩引起的弯曲变形

4. 波浪变形

波浪变形常发生于板厚小于 6mm 的薄板焊接过程中，又称为失稳变形。

大面积平板拼接，如船体甲板、大型油罐罐底板等，极易产生波浪变形。防止波浪变形可从两方面着手：一是降低焊接残余压应力，如采用能使塑性变形区小的焊接方法，选用较小的焊接热输入等；二是提高焊件失稳临界应力，如给焊件增加肋板，适当增加焊件的厚度等。图 1-12 所示是产生波浪变形的示例。

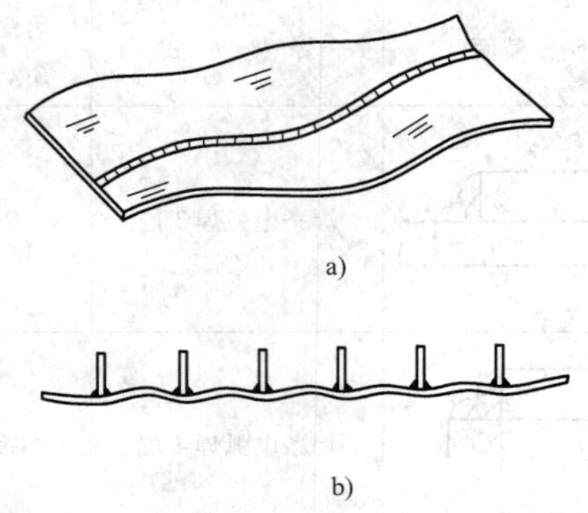

图 1-12　波浪变形
a）薄板对接引起的波浪变形
b）肋板焊接引起的波浪变形

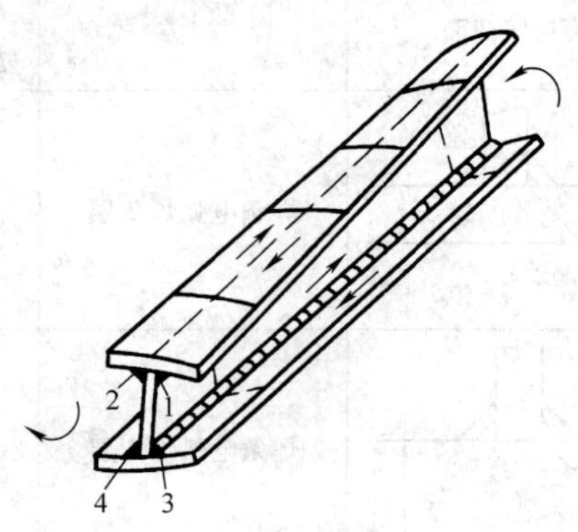

图 1-13　H 形梁的扭曲变形

5. 扭曲变形

产生扭曲变形的原因主要是焊缝角变形沿焊缝长度方向分布不均匀。如图 1-13 所示的 H 形梁，若按图示 1 ~ 4 顺序和方向焊接，则会产生如图所示的扭曲变形，原因是角变形沿焊缝长度逐渐增大的结果。如果改变焊接顺序和方向，使两条相邻的焊缝同时向同一方向焊接，就会克服这种扭曲变形。

想一想　在焊接结构产生的几种变形形式中最关键的变形形式是哪种？

能力知识点 2　控制焊接残余变形的工艺措施

控制焊接残余变形应从结构的设计和制造工艺两个方面着手。

1. 设计措施

合理的结构设计能有效地减小焊接残余变形，主要可以从以下几个方面考虑。

（1）选择合理的焊缝形状和尺寸　在保证结构具有足够承载能力的前提下，应采用尽量小的焊缝尺寸。尤其是角焊缝尺寸，对于结构中仅起联系作用或受力不大的角焊缝，应按板厚选取工艺上可能的最小焊缝尺寸；对于受力较大的 T 形或十字接头，在保证强度相同的条件下，采用开坡口的焊缝比不开坡口的角焊缝可减少焊缝金属，对减小角变形有利，如图 1-14 所示。

相同厚度的平板对接，开单面 V 形坡口的角变形大于双面 V 形坡口。因此，可翻转焊接的结构，宜选用两面对称的 X 形坡口；T 形接头立板端开半边 U 形（J 形）坡口比开半边 V 形坡口角变形小，如图 1-15 所示。

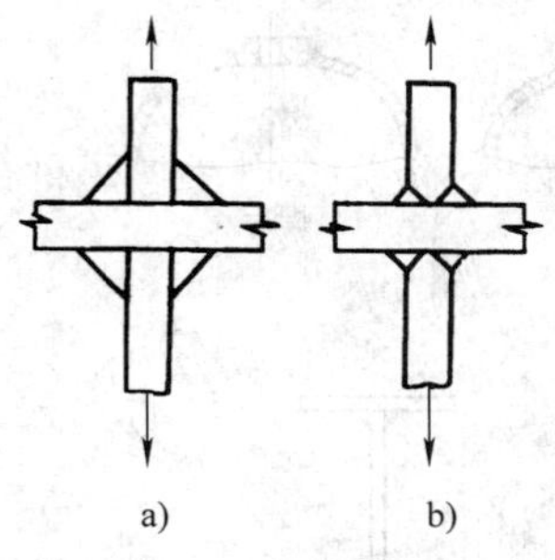

图 1-14　相同承载能力的十字接头
a）不开坡口　b）开坡口

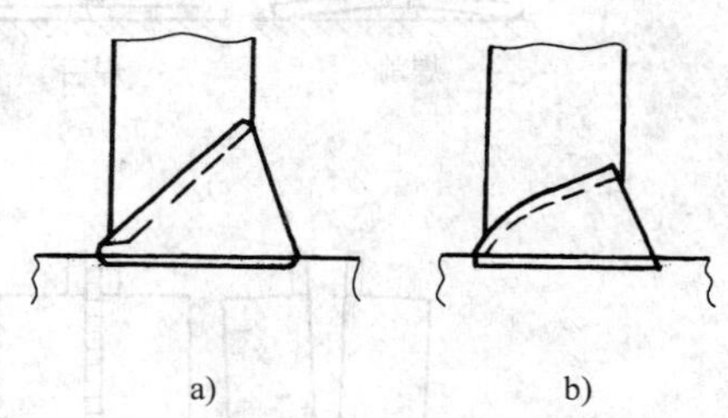

图 1-15　T 形接头的坡口
a）角变形大　b）角变形小

（2）减少焊缝的数量　只要允许，多采用型材、冲压件；焊缝多且密集处，可以采用铸-焊联合结构，就可以减少焊缝数量。此外，适当增加壁板厚度，以减少肋板数量，或者采用压形结构代替肋板结构，都对防止薄板结构的变形有利。

（3）合理安排焊缝位置　梁、柱等焊接构件常因焊缝偏心配置而产生弯曲变形。合理的设计应尽量把焊缝安排在结构截面的中性轴上或靠近中性轴，力求在中性轴两侧的变形大小相等方向相反，起到相互抵消作用。如图 1-16 所示箱形结构，图 1-16a 中焊缝集中于中性轴一侧，弯曲变形大，图 1-16b 的焊缝安排合理。

2. 工艺措施

合理的制订工艺也能有效地减小焊接残余变形，主要可以从以下几个方面考虑。

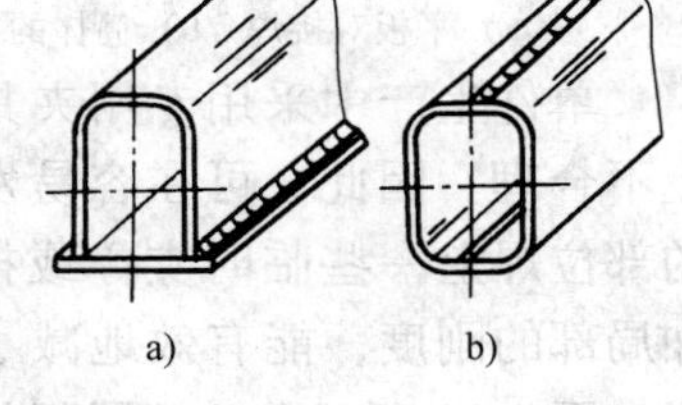

图 1-16　箱形结构的焊缝安排
a）不合理　b）合理

（1）留余量法　留余量法是在下料时，将零件的长度或宽度尺寸比设计尺寸适当加大，以补偿焊件的收缩。留余量法主要是用于防止焊件的收缩变形。

（2）反变形法　反变形法是根据焊件的变形规律，焊前预先将焊件向着与焊接变形的相反方向进行人为的变形（反变形量与焊接变形量相等），使之达到抵消焊接变形的目的。此法很有效，但必须准确地估计焊后可能产生的变形方向和大小，并根据焊件的结构特点和生产条件灵活地运用。

反变形法主要应用于控制角变形和弯曲变形，如图 1-17 所示是几种不同焊接方法和不同焊接结构运用反变形法防止变形的示例。

（3）刚性固定法　采用适当办法来增加焊件的刚度或拘束度，可以达到减小其变形的目的。常用的刚性固定法有以下几种：

薄板焊接时，可将其用定位焊固定在刚性平台上，并且用压铁压住焊缝附近，如图 1-18 所示，待焊缝全部焊完冷却后，再铲除定位焊缝，这样可避免薄板焊接时产生波浪变形。

T 形梁焊接时容易产生角变形和弯曲变形，可以将两根 T 形梁组合在一起，如图 1-19 所示，使焊缝对称于结构截面的中心轴，同时大大地增加了结构的刚性，并配合反变形法（图中采用垫铁），采用合理的焊接顺序，对防止弯曲变形和角变形有利。

对接拼板时，可以利用焊接夹具增加结构的刚性和拘束。如图 1-20 所示为利用夹紧器将焊件固定，以增加焊件的拘束，防止构件产生角变形和弯曲变形的应用实例。

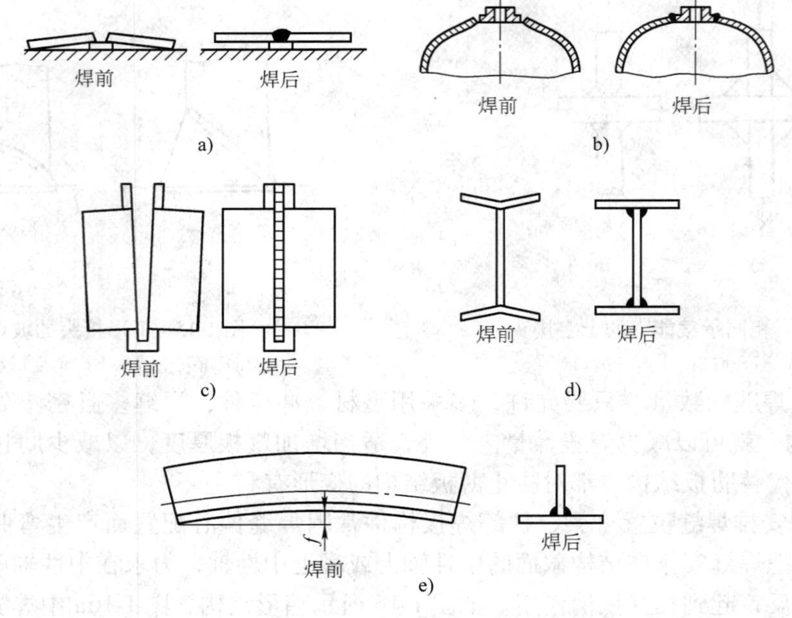

图 1-17　反变形法应用示例

a）平板对接焊　b）筒体的封堵　c）电渣对接立焊　d）H 形梁翼板反变形　e）T 形梁预制上拱度

单件生产中采用专用夹具在经济上不合理。因此，可在容易发生变形的部位焊上一些临时支撑或拉杆，增加局部的刚度，能有效地减小焊接变形。图 1-21 所示是防护罩焊接时用临时支撑来增加拘束的应用实例。

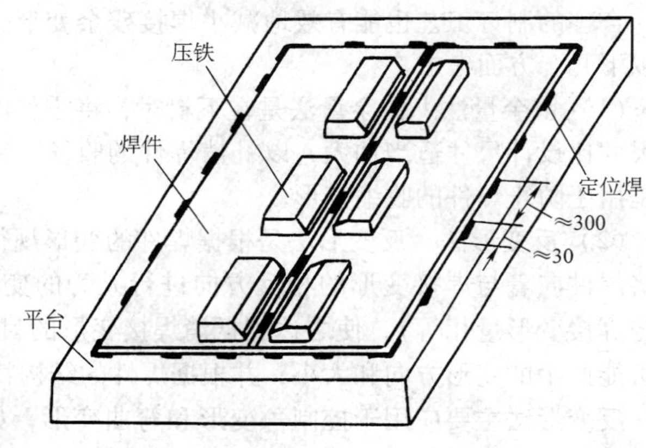

图 1-18　薄板焊接时的刚性固定

（4）选择合理的装配焊接顺序　装配焊接顺序对焊接结构变形的影响很大，因此，在无法使用胎夹具情况下施焊，一般都须选择合理的装配和焊接顺序，达到控制焊接变形的目的。

1）大型而复杂的焊接结构，只要条件允许，应分成若干个结构简单的部件，单独进行焊接，然后再总装成整体。这种“化整为零，集零为整”的装配焊接方案的优点是，部件的尺寸和刚度小，可利用小型胎夹具控制变形，并有利于焊件的翻转与变位。更重要的是，可以把影响总体结构变形的因素分散到各个部件中，以

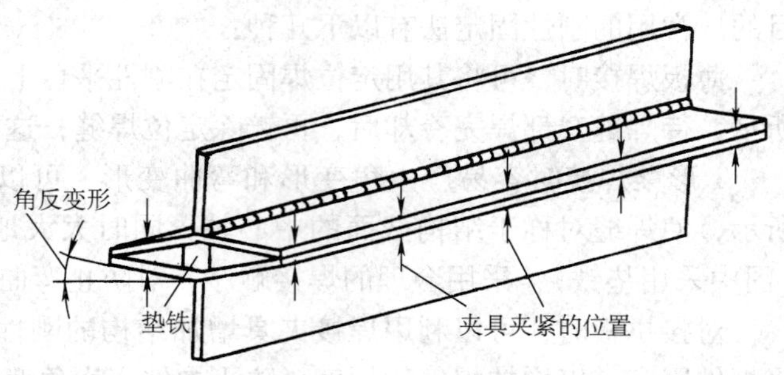

图 1-19　T 形梁的刚性固定与反变形

减小或消除其不利影响。应当注意的是，所划分的部件应易于控制焊接变形，部件总装时焊接量少，同时也便于控制总变形。

2）正在施焊的焊缝应尽量靠近结构截面的中心轴，如图1-22a所示的桥式起重机的主梁结构。梁的大部分焊缝处于箱形梁的

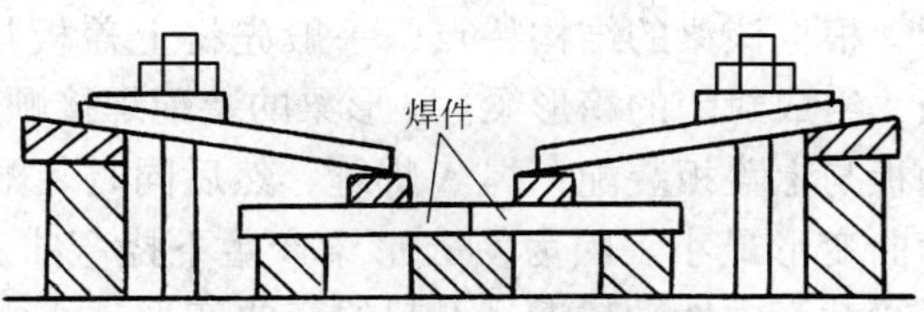

图1-20　对接拼板时的刚性固定

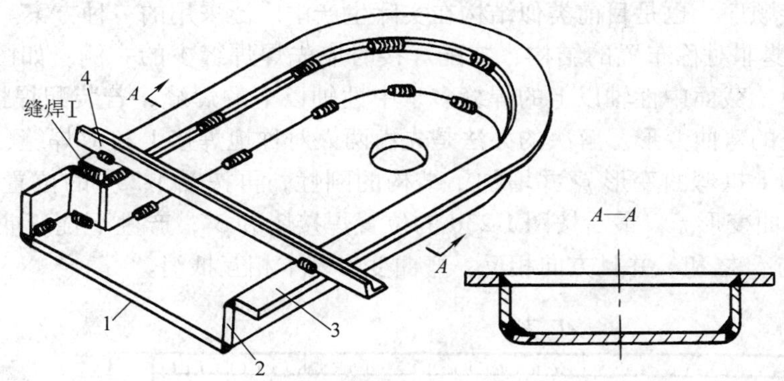

图1-21　防护罩焊接时的临时支撑

1—底板　2—立板　3—缘口板　4—临时支撑

上半部分，其横向收缩会引起梁下挠的弯曲变形，而梁制造技术中要求该箱形主梁具有一定的上拱度，为了解决这一矛盾，除了将左右腹板预制上拱度外，还应选择最佳的装配焊接顺序，使下挠的弯曲变形最小。

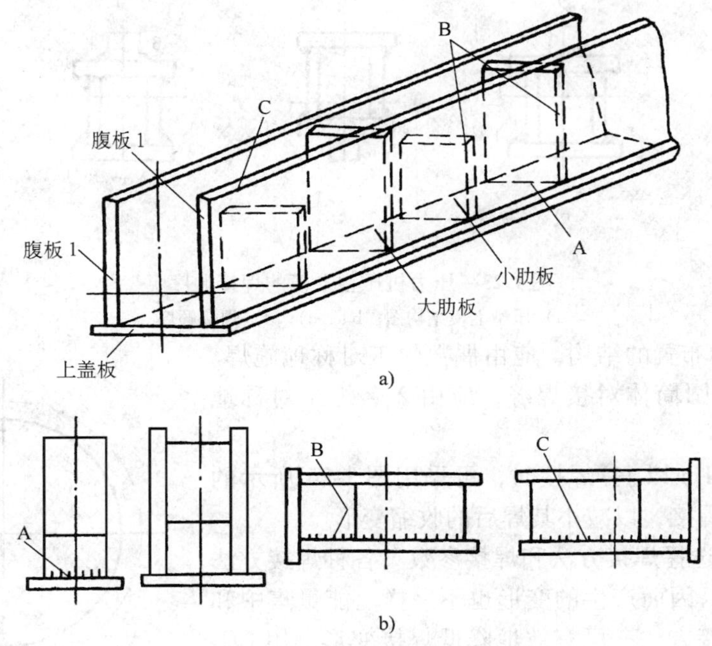

图1-22　主梁装配焊接

a）π形梁结构示意图　b）π形梁的装配焊接方案

根据该梁的结构特点，一般先将上盖板与两腹板装成π形梁（图1-22b），最后装下盖板，组成封闭的箱形梁。π形梁的装配焊接顺序是影响主梁上拱度的关键，应先将各长、短肋板与上盖板装配，焊A焊缝，然后同时装配两块腹板，焊B和C焊缝。这时产生的下挠弯曲变形最小。因为使π形梁产生下挠弯曲变形的主要原因是A焊缝的收缩，A焊缝离π形梁截面中性轴越近，引起的弯曲变形越小。该方案中，在装配腹板之前焊A焊缝，结构中性轴最低，因为焊缝A距梁的截面中性轴最近，引起的下挠变形就小。因此，该方案是最佳的装配焊接顺序，也是目前类似结构在实际生产中广泛采用的一种方案。

3）对于焊缝非对称布置的结构，装配焊接时应先焊焊缝少的一侧。如图1-23a所示压力机的压型上模，截面中性轴以上的焊缝多于中性轴以下的焊缝，若装配焊接顺序不合理，最终将产生下挠的弯曲变形。解决的办法是先由两人对称地焊接1和1′焊缝（图1-23b），此时将产生较大的上拱弯曲变形f_1并增加了结构的刚性，再按图1-23c的位置焊接焊缝2和2′，产生下挠弯曲变形f_2，最后按图1-23d的位置焊接3和3′，产生下挠弯曲变形f_3，这样f_1近似等于f_2与f_3之和，并且方向相反，弯曲变形基本相互抵消。

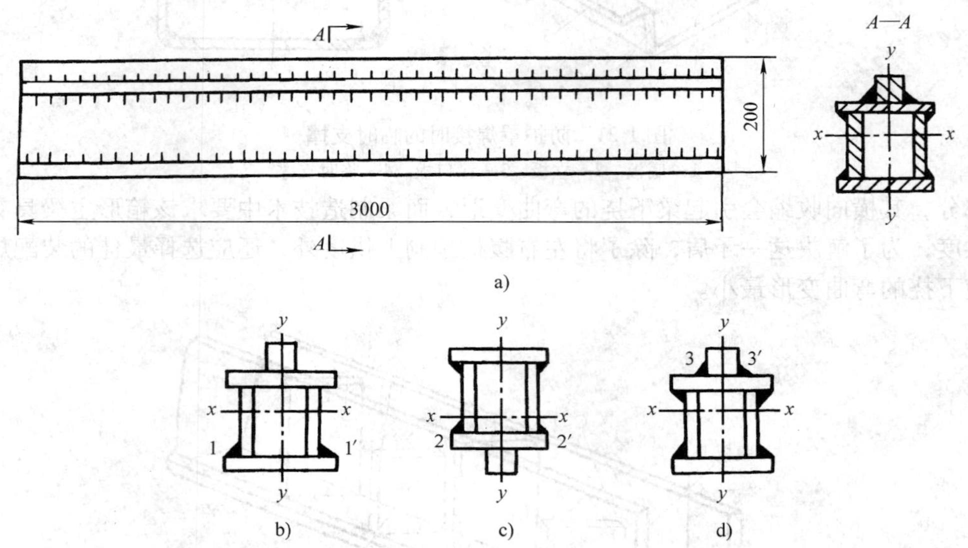

图1-23 压力机压型上模的焊接顺序

a）压型上模结构图 b）、c）、d）焊接顺序

4）焊缝对称布置的结构，应由偶数焊工对称地施焊。如图1-24所示的圆筒体对接焊缝，应由2名焊工对称地施焊。

5）长焊缝（1m以上）焊接时，可采用图1-25所示的方向和顺序进行焊接，以减小其焊后的收缩变形。

（5）合理地选择焊接方法和焊接参数　各种焊接方法的热输入不相同，因而产生的变形也不一样。能量集中和热输入较低的焊接方法，可有效地降低焊接变形。用CO_2气体保护焊焊接中厚钢板的变形比用气焊和焊条电弧焊小得多，更薄的板可以采用脉冲钨极氩弧焊、激光焊等方法

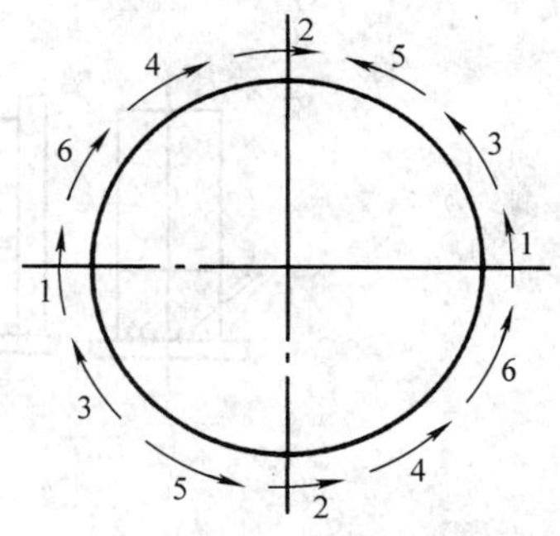

图1-24 圆筒体对接焊缝焊接顺序

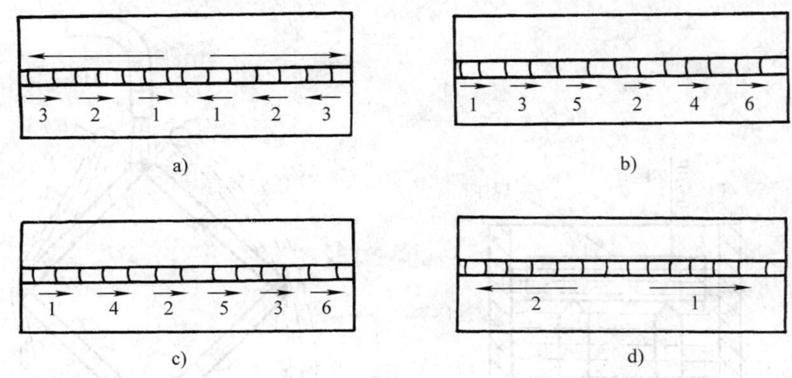

图 1-25　长焊缝的几种焊接顺序和方向

焊接。电子束焊的焊缝很窄，变形极小，一般经精加工的工件，焊后仍具有较高的精度。

焊接热输入是影响变形量的关键因素，当焊接方法确定后，可通过调节焊接参数来控制热输入。在保证熔透和焊缝无缺陷的前提下，应尽量采用小的焊接热输入。根据焊件结构特点，可以灵活地运用热输入对变形影响的规律去控制变形。如图 1-26 所示的不对称截面梁，因焊缝 1、2 离结构截面中性轴的距离 s 大于焊缝 3、4 到中性轴的距离 s'，所以焊后会产生下挠的弯曲变形。如果在焊接 1、2 焊缝时，采用多层焊，每层选择较小的热输入；焊接 3、4 焊缝时，采用单层焊，选择较大的热输入，这样焊接焊缝 1、2 时所产生的下挠变形与焊接焊缝 3、4 时所产生的上拱变形基本相互抵消，焊后基本平直。

（6）热平衡法　对于某些焊缝不对称布置的结构，焊后往往会产生弯曲变形。如果在与焊缝对称的位置上采用气体火焰与焊接同步加热，只要加热的工艺参数选择适当，就可以减小或防止焊件的弯曲变形。如图 1-27 所示，采用热平衡法对边梁箱形结构的焊接变形进行控制。

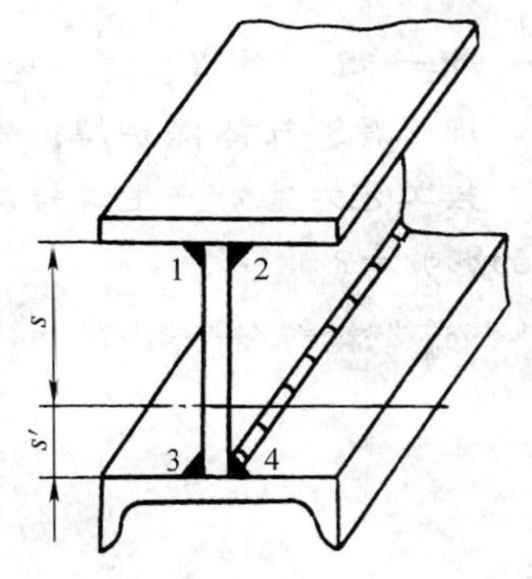

图 1-26　非对称截面结构的焊接

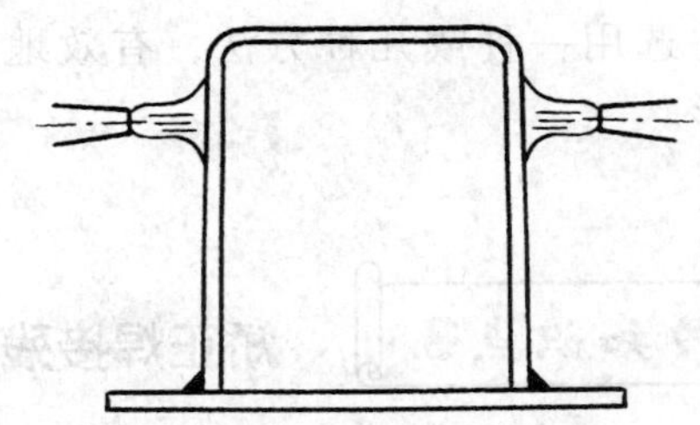

图 1-27　采用热平衡法防止焊接变形

（7）散热法　散热法就是利用各种办法将施焊处的热量迅速散走，减小焊缝及其附近的受热区，同时还使受热区的受热程度大大降低，达到减小焊接变形的目的。图 1-28a 所示是水浸法散热示意图，图 1-28b 是喷水法散热，图 1-28c 是采用纯铜板中钻孔通水的散热垫法散热。

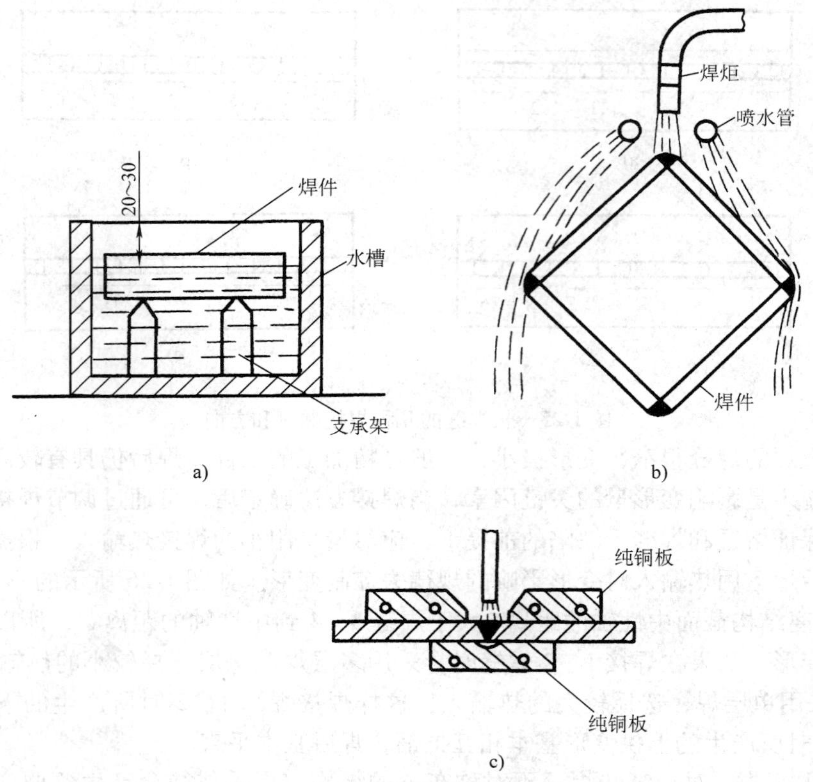

图 1-28 散热法示意图

a）水浸法散热 b）喷水法散热 c）散热垫法散热

以上所述为控制焊接变形的常用方法，在焊接结构的实际生产过程中，应充分估计各种变形，分析各种变形的变形规律，根据现场条件选用一种或几种方法，有效地控制焊接变形。

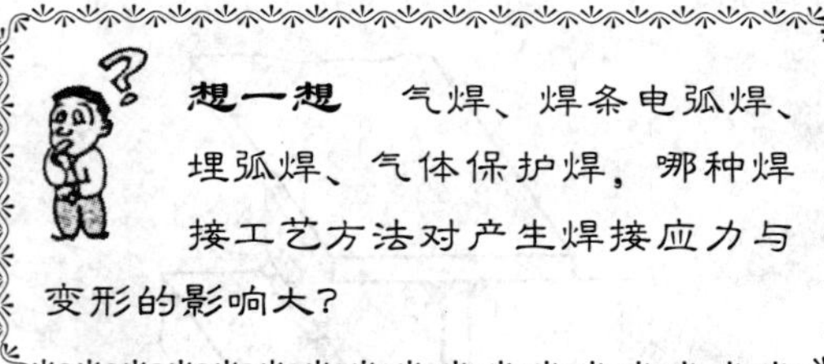

想一想 气焊、焊条电弧焊、埋弧焊、气体保护焊，哪种焊接工艺方法对产生焊接应力与变形的影响大？

能力知识点3 矫正焊接残余变形的方法

当焊接结构中的残余变形超出技术要求的变形范围时，就必须对焊件变形进行矫正。矫正方法的实质是造成一个新的变形来抵消焊接残余变形，常用的矫正方法有以下几种。

1. 手工矫正法

手工矫正法就是利用锤子等工具锤击焊件的变形处。主要用于一些小型简单焊件的弯曲变形和薄板的波浪变形。

2. 机械矫正法

机械矫正法就是利用机器或工具通过施加外力来矫正焊接变形。机械矫正法一般适用于

塑性比较好的材料及形状简单的焊件，常用设备有千斤顶、拉紧器、压力机等，如图1-29所示。工字梁焊接残余变形的矫正可采用专用的矫正机，如图1-30所示。

3. 火焰矫正法

火焰矫正法就是利用火焰对焊件进行局部加热，使其产生压缩塑性变形，利用冷却时该区域的收缩变形抵消焊接变形。火焰矫正法在生产中应用广泛，主要用于矫正弯曲变形、角变形、波浪变形等，也可用于矫正扭曲变形。

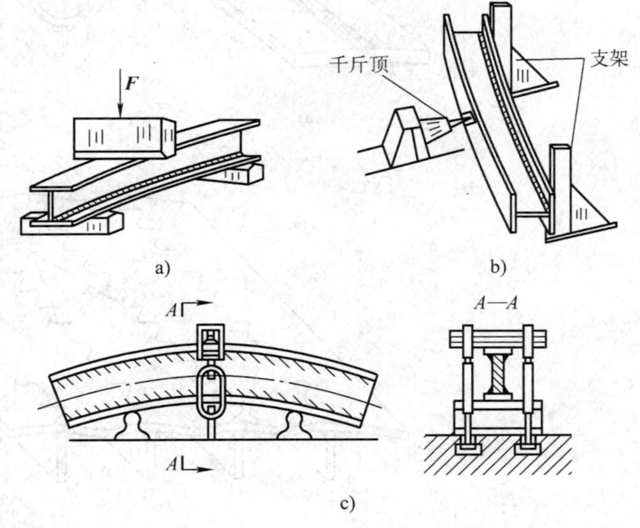

图1-29 机械矫正变形
a）用压力机矫正 b）用千斤顶矫正 c）用拉紧器矫正

火焰矫正焊接变形的效果取决于加热位置、加热方式和加热温度三个要素。

（1）加热位置 加热位置的选择应根据焊接变形的形式和变形方向而定，例如产生角变形和弯曲变形的原因是焊缝集中在中心轴的一侧，加热位置则应选择在另一侧且距离中心轴越远矫正效果越好，火焰矫正加热位置选择的实例如图1-31所示。

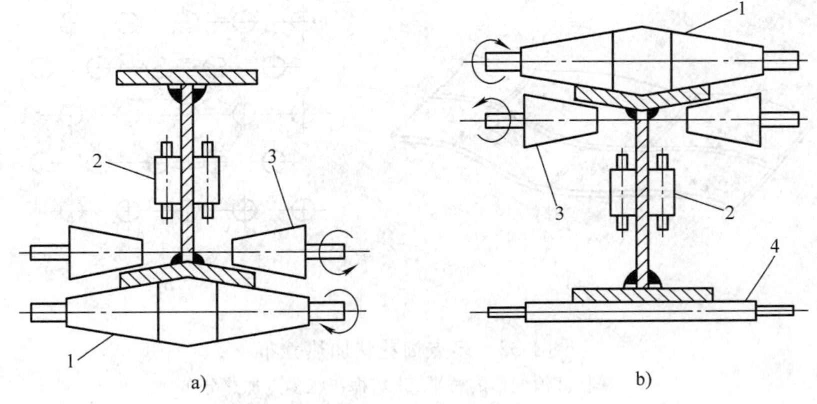

图1-30 工字梁矫正机示意图
1—压辊 2—导向辊 3—驱动辊 4—支撑辊

（2）加热方式 加热方式有点状加热、线状加热和三角形加热三种。

1）点状加热一般用于薄板波浪变形的矫平，加热点成梅花状均匀分布，如图1-32所示。加热点的直径 d 不小于15mm，加热点之间距离 a 在50～100mm之间。对于厚板或变形量大时，加热点直径应加大且同时减小加热点之间的距离。

2）加热火焰沿直线缓慢移动或同时作横向摆动，形成一个加热带的加热方式，称为线状加热。线状加热有直通加热、链状加热和带状加热三种形式，如图1-33所示。线状加热可用于矫正波浪变形、角变形和弯曲变形等。

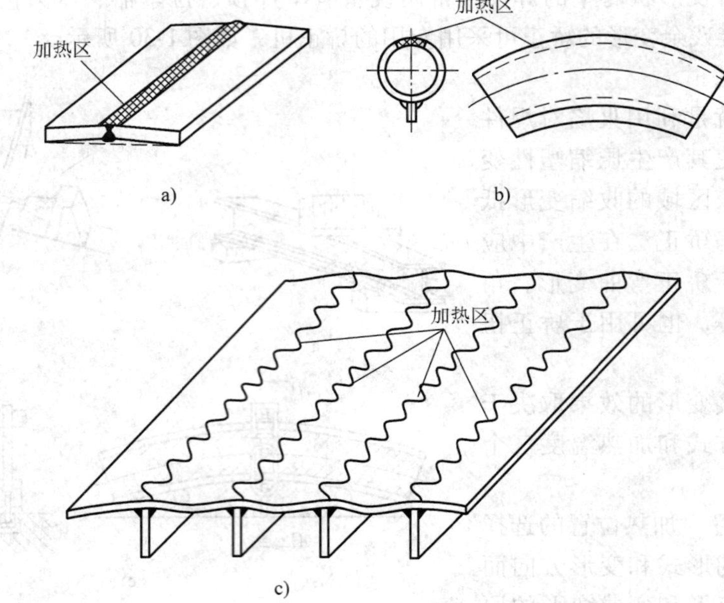

图 1-31　火焰矫正加热位置

a）对接焊缝角变形加热位置　b）鳍管弯曲变形加热位置　c）板波浪变形加热位置

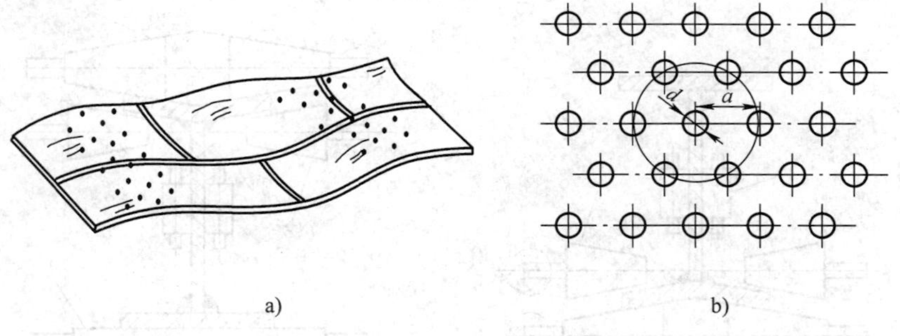

图 1-32　多点梅花状加热分布

a）薄板波浪变形的矫平　b）梅花状多点加热分布

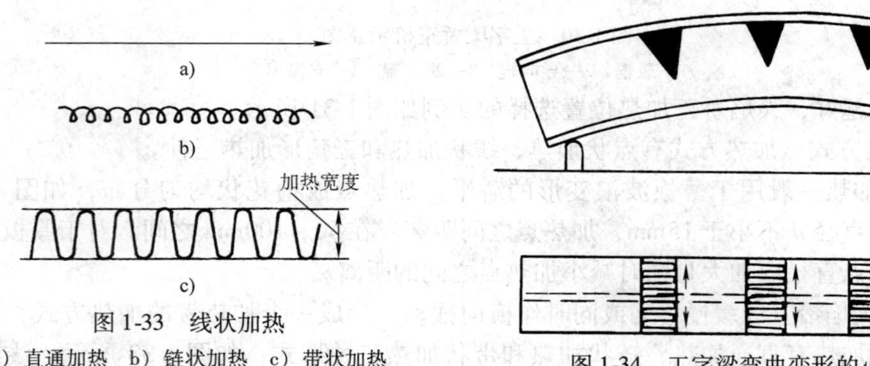

图 1-33　线状加热

a）直通加热　b）链状加热　c）带状加热

图 1-34　工字梁弯曲变形的火焰矫正

3）三角形加热即加热区域呈三角形，一般用于矫正刚度大、厚度较大的结构的弯曲变形。加热时，三角形的底边应在被矫正结构的拱边上，顶端朝焊件的弯曲方向，如图1-34所示。三角形加热与线状加热联合使用，对矫正大而厚焊件的焊接变形效果更佳。

想一想　机械矫正法与利用火焰法矫正焊接变形的实质有什么不同？

(3) 加热温度　火焰矫正加热温度一般控制在600～800℃之间，防止过烧。表1-6列出了加热时钢板颜色及其相应温度。

表1-6　钢板加热颜色及其相应温度　(单位:℃)

钢板颜色	温　度	钢板颜色	温　度	钢板颜色	温　度
深褐红色	550～580	樱红色	770～800	暗黄色	1050～1150
褐红色	580～650	淡樱红色	800～830	亮黄色	1150～1250
暗樱红色	650～730	亮樱红色	830～960	白黄色	1250～1300
深樱红色	730～770	橘黄色	960～1050		

【综 合 训 练】

一、理论部分

(一) 判断题(对画√,错画×)

1. 焊缝偏离结构的中心轴越远越不容易产生弯曲变形。 (　)
2. 坡口角度越大，角变形越小。 (　)
3. 焊接热输入越大，焊接变形越小。 (　)
4. 采用合理的焊接顺序和焊接方向是减小焊接变形的有效方法。 (　)
5. CO_2 气体保护焊和钨极氩弧焊产生的变形比焊条电弧焊小。 (　)
6. 低碳钢、不锈钢等塑性好的金属材料的焊接变形，适用机械矫正法矫正。 (　)
7. 火焰矫正法不适用于淬硬倾向大的易淬火钢构件矫正焊接变形，也不适用于奥氏体不锈钢构件。 (　)

(二) 选择题

1. 反变形法主要用来减小弯曲变形和(　　)。
A. 收缩变形　　B. 扭曲变形　　C. 波浪变形　　D. 角变形

2. 火焰矫正焊接变形时，最高加热温度不宜超过(　　)℃。
A. 1300　　B. 1100　　C. 900　　D. 800

3. 火焰矫正焊接变形时，加热用火焰一般采用(　　)。
A. 碳化焰　　B. 氧化焰　　C. 轻微碳化焰　　D. 中性

4. 对于长焊件因不均匀加热和冷却，造成焊后两端翘起的变形为(　　)。
A. 弯曲变形　　B. 角变形　　C. 扭曲变形　　D. 收缩变形

5. 三角加热又称为楔形加热，多用于矫正(　　)。
A. 弯曲变形　　B. 角变形　　C. 扭曲变形　　D. 收缩变形

6. 点状加热适用于薄板的(　　)矫平。

A. 弯曲变形　　B. 角变形　　C. 扭曲变形　　D. 波浪变形

(三) 简答题

1. 焊接结构的变形主要有几种类型?

2. 控制焊接变形的措施有哪几种?

3. 矫正焊接残余变形的方法有哪几种?

二、实践部分

进行焊接变形观测实验，完成实验报告内容。

综合知识模块三　焊接残余应力

能力知识点1　焊接残余应力的分类

1. 按产生应力的原因分

按产生焊接残余应力的原因，焊接残余应力可分为热应力、组织应力、约束应力和氢致应力几种。

(1) 热应力　它是焊接过程中焊件内部温度有差异，各处变形不一致且互相约束而产生的应力，热应力是引起焊接热裂纹的力学原因之一。

(2) 组织应力　它是焊接过程中局部金属组织发生转变，其比体积增大或减小不均匀而产生的应力。

(3) 约束应力　它是指焊接结构件的刚度、自重、焊缝位置以及装卡夹持程度等因素，导致焊件不能自由变形而产生的应力。

(4) 氢致应力　它是焊缝中的扩散氢向焊接缺陷处(如气孔、夹渣等)聚集，造成局部氢的压力增大而产生的。氢致应力是引起焊接冷裂纹的重要因素之一。

2. 按应力在焊件内的空间位置分

按焊接残余应力在焊件结构中的空间位置，焊接残余应力可分为单向应力、双向应力和体积应力几种，如图1-35所示。

(1) 单向应力　它是指在焊件中只沿一个方向产生的应力，如薄板焊接或棒料对接。

(2) 双向应力　它是指在焊件中的一个平面内不同方向上产生的应力，如薄板十字拼接或较厚板的对接。

(3) 体积应力　它是指在焊件中沿空间三个方向(直角坐标)产生的应力，如厚板对接或结构上三个方向焊缝交叉处都存在体积应力。

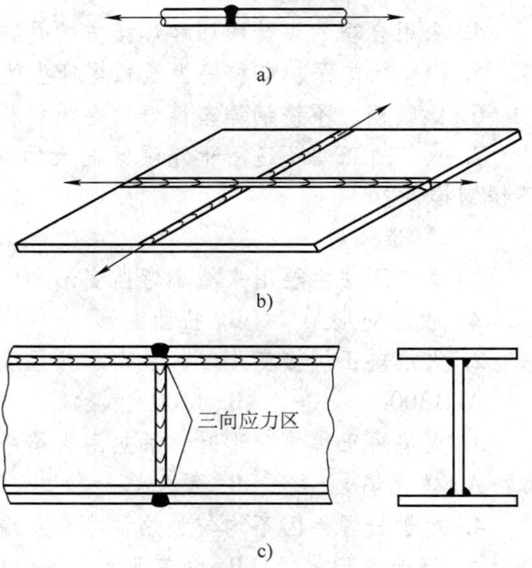

图1-35　焊接残余应力的空间位置
a) 焊接单向应力　b) 焊接双向应力　c) 焊接体积应力

能力知识点2　焊接残余应力的分布

一般厚度小于20mm的焊接结构中，残余应力基本是纵、横双向的，厚度方向的残余应力很小，可以忽略。只有在大厚度的焊接结构中，厚度方向的残余应力才有较高的数值。因此，这里将重点讨论纵向应力和横向应力的分布情况。

1. 纵向残余应力 σ_x 的分布

作用方向平行于焊缝轴线的残余应力称为纵向残余应力。在焊接结构中，焊缝及其附近区域的纵向残余应力为拉应力，一般可达到材料的屈服强度，随着离焊缝距离的增加，拉应力急剧下降并转为压应力。宽度相等的两板对接时，其纵向残余应力在焊件横截面上的分布情况如图1-36所示。

2. 横向残余应力 σ_y 的分布

垂直于焊缝轴线的残余应力称为横向残余应力。横向残余应力产生的原因比较复杂，我们将其分成两个部分加以讨论：一部分是由焊缝纵向收缩引起的横向应力，用 σ'_y 表示；另一部分是由焊缝横向收缩的不均匀性所引起的横向应力，用 σ''_y 表示。

图1-37a所示是由两块平板条对接而成的焊件，如果假想沿焊缝中心将焊件一分为二，即两块板条都相当于板边堆焊，将出现如图1-37b所示的弯曲变形，要使两板条恢复到原来位置，必须在焊缝中部加上横向拉应力，在焊缝两端加上横向压应力。由此可以推断，焊缝及其附近塑性变形区的纵向收缩引起的横向应力如图1-37c所示，其两端为压应力，中间为拉应力。

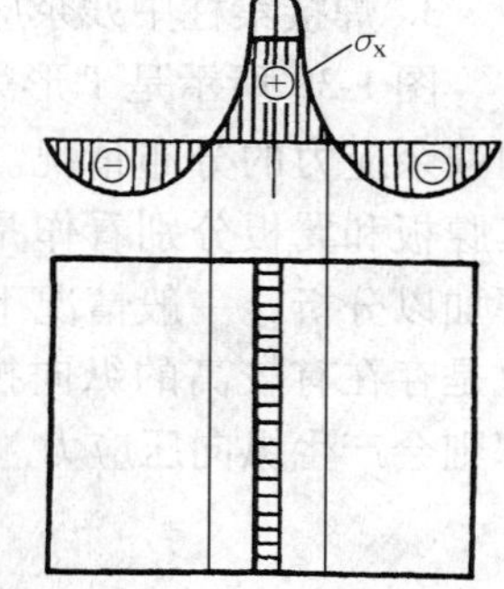

图1-36　纵向残余应力在焊缝横截面上的分布

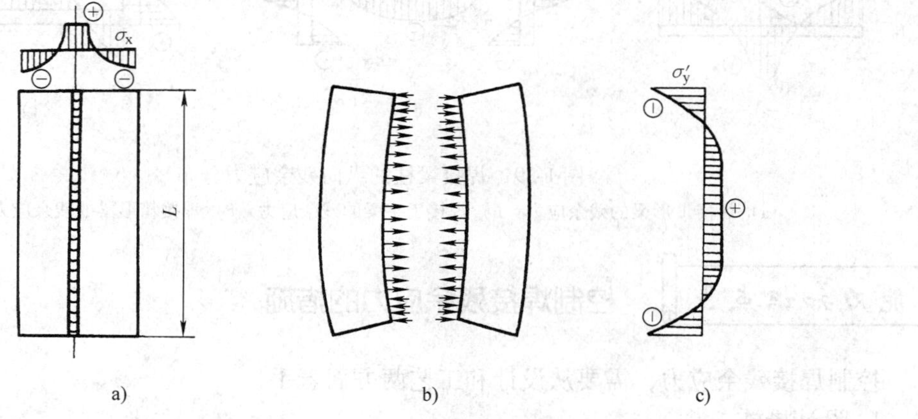

图1-37　纵向收缩引起的横向残余应力

完成一条焊缝总有先焊和后焊之分，先焊的部分先冷却，后焊的部分后冷却。先冷却的部分又限制后冷却部分的横向收缩，图1-38所示为不同焊接方向时横向残余应力的分布。如果将一条焊缝分两段焊接，当从中间向两端焊时，中间部分先焊先收缩，两端部分后焊后收缩，则两端部分的横向收缩受到中间部分的限制，因此横向残余应力的分布是中间部分为压应力，两端部分为拉应力，如图1-38a所示；相反，如果从两端向中间部分焊接时，中间部分为拉应力，两端部分为压应力，如图 1-38b 所示。

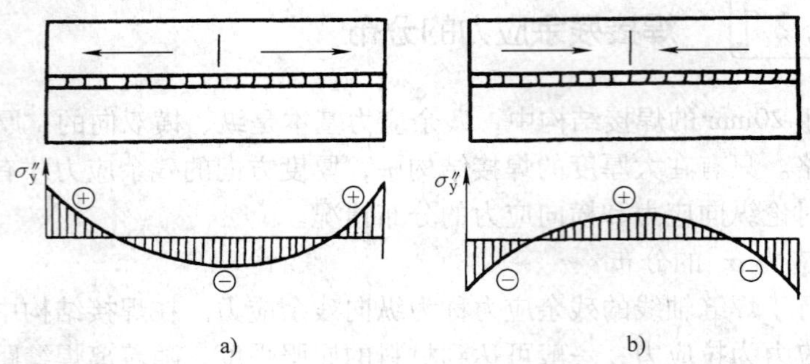

图 1-38　横向收缩引起的横向残余应力

3. 焊接梁柱中残余应力的分布

图 1-39 所示是 T 形梁、工字梁和箱形梁纵向残余应力的分布情况。对于此类结构可以将其腹板和翼板分别看作是板边堆焊或板中心堆焊加以分析，一般情况下焊缝及其附近区域中总是存在有较高的纵向拉应力，而在腹板的中部则会产生纵向压应力。

想一想　焊缝横向残余应力的分布同时受到纵向收缩和横向收缩两个因素的影响，哪种收缩的影响比较大？

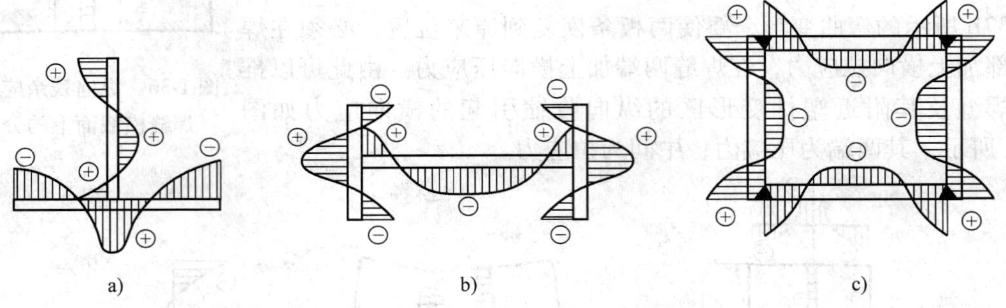

图 1-39　焊接梁柱的纵向残余应力分布

a）焊接 T 形梁的残余应力　b）焊接工字梁的残余应力　c）焊接箱形梁的残余应力

能力知识点 3　控制焊接残余应力的措施

控制焊接残余应力，需要从设计和工艺两方面着手。

1. 设计措施

设计措施的基本原则是在不影响结构使用性能的前提下，应尽量考虑采用能减小和改善焊接残余应力的设计方案。

1）尽量减少结构上焊缝的数量和焊缝尺寸。多一条焊缝就多一处内应力源；过大的焊缝尺寸，使焊接时受热区加大，残余应力与残余变形量增大。

2）避免焊缝过分集中，焊缝间应保持足够的距离。焊缝过分集中不仅使应力分布更不均匀，而且可能出现双向或三向复杂的应力状态。压力容器设计规范在这方面要求严格，如

图 1-40 所示。

3）采用刚性较小的接头形式。对于厚度大、刚度大的焊件，在不影响结构强度的前提下，可在焊缝附近进行局部加工，以此降低焊件局部刚度，达到减小焊接残余应力的目的，如图 1-41 所示。

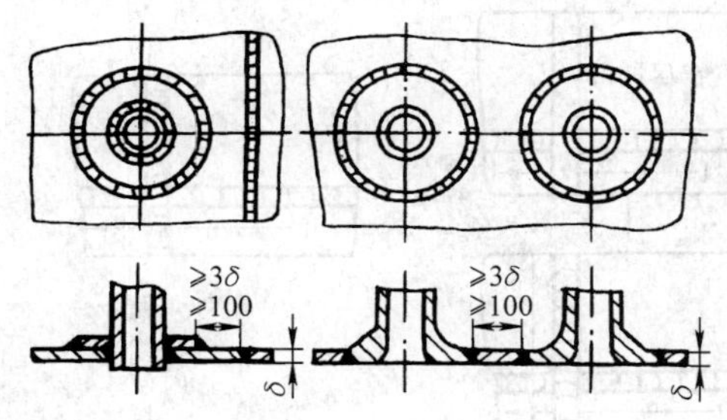

图 1-40　容器接管焊缝

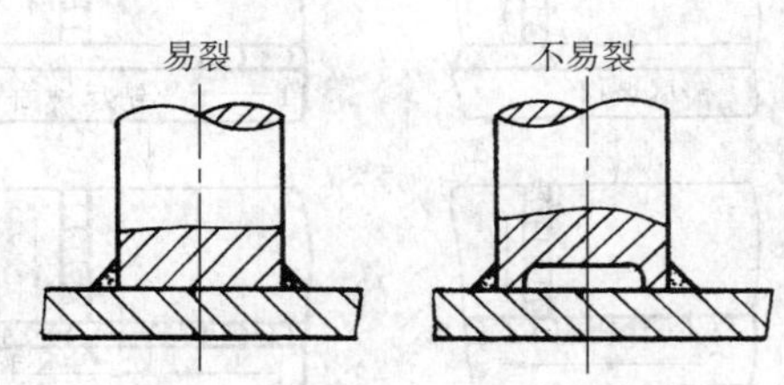

图 1-41　减小接头刚性措施

2. 工艺措施

合理地制订工艺能有效地减小焊接残余应力，主要可以从以下几个方面考虑。

（1）采用合理的装配焊接顺序和方向　所谓合理的装配焊接顺序就是能使每条焊缝尽可能自由收缩的焊接顺序。具体应注意以下几点：

1）在一个平面上的焊缝，焊接时应保证焊缝的纵向和横向收缩均能比较自由。如图 1-42所示的拼板焊接，合理的焊接顺序应是按图中 1 ~ 10 的顺序施焊，即先焊相互错开的短焊缝，后焊直通长焊缝。

2）收缩量最大的焊缝应先焊，因为先焊的焊缝收缩时受阻较小，因而残余应力就比较小。如图 1-43 所示的带盖板的双工字梁结构，应先焊盖板上的对接焊缝 1，后焊盖板与工字梁之间的角焊缝 2，原因是对接焊缝的收缩量比角焊缝的收缩量大。

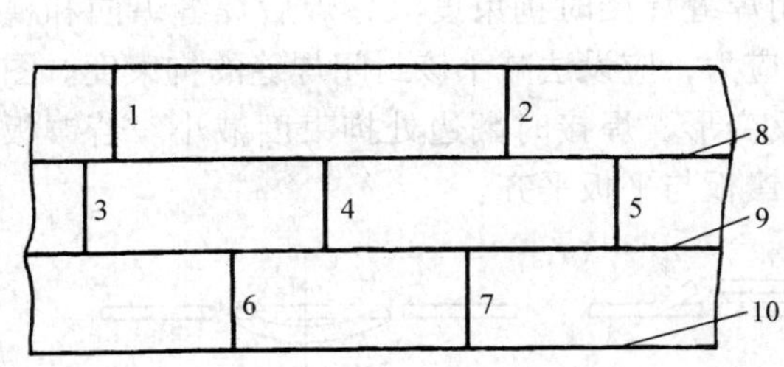

图 1-42　拼接焊缝合理的装配焊接顺序

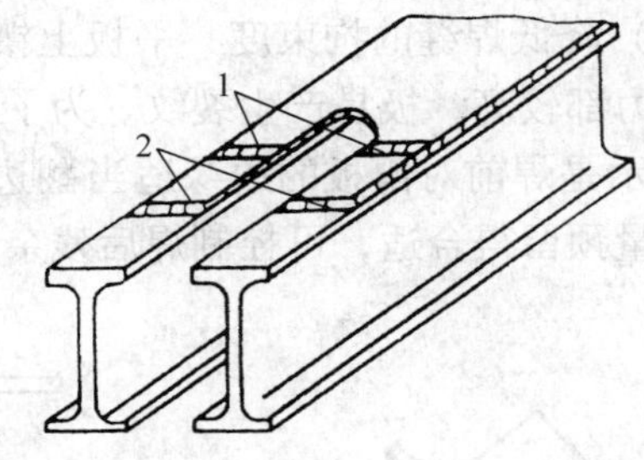

图 1-43　带盖板的双工字梁结构焊接顺序

3）工作时受力最大的焊缝应先焊。如图 1-44 所示的大型工字梁，应先焊受力最大的翼板对接焊缝 1，再焊腹板对接焊缝 2，最后焊预先留出来的一段角焊缝 3。

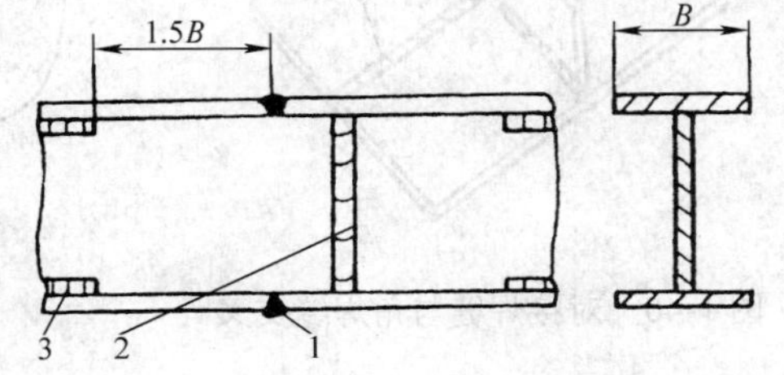

图 1-44　对接工字梁的焊接顺序

4）平面交叉焊缝焊接时，在焊缝的交叉点易产生较大的焊接应力。图 1-45 为几种 T 形接头焊缝和十字接头焊缝，应采用图 1-45a、b、c 中的焊接顺序，才能避免在焊缝的相交点产生裂纹及夹渣等缺陷。图 1-45d 为不合理的焊接顺序。

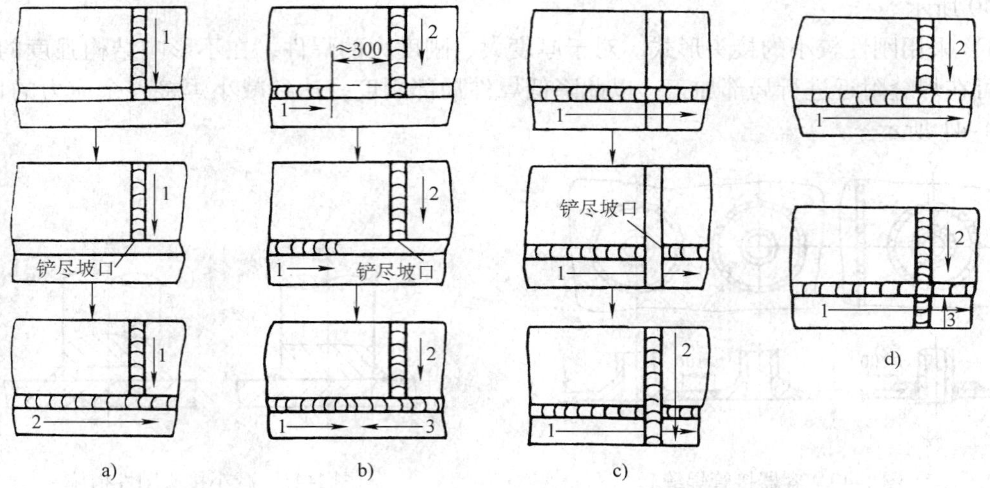

图 1-45　平面交叉焊缝的焊接顺序

5）图 1-46 为对接焊缝与角焊缝交叉的结构。对接焊缝 1 的横向收缩量大，必须先焊，后焊角焊缝 2。反之，如果先焊角焊缝 2，则焊接对接缝 1 时，其横向收缩不自由，极易产生裂纹。

（2）预热法　预热法是在施焊前，预先将焊件局部或整体加热到 150～650℃。对于焊接或焊补那些淬硬倾向较大的材料的焊件，以及刚性较大或脆性材料焊件时，常常采用预热法。

（3）冷焊法　冷焊法是通过减少焊件受热来减小焊接部位与结构上其他部位间的温度差。具体做法有：尽量采用小的热输入施焊，选用小直径焊条，小电流、快速焊及多层多道焊。另外，应用冷焊法时，环境温度应尽可能高。

（4）降低焊缝的拘束度　平板上镶板的封闭焊缝焊接时拘束度大，焊后焊缝纵向和横向拉应力都较高，极易产生裂纹。为了降低残余应力，应设法减小该封闭焊缝的拘束度。图 1-47 所示是焊前对镶板的边缘适当翻边，作出反变形，焊接时翻边处拘束度减小。若镶板收缩余量预留得合适，可控制焊后残余应力，且镶板与平板平齐。

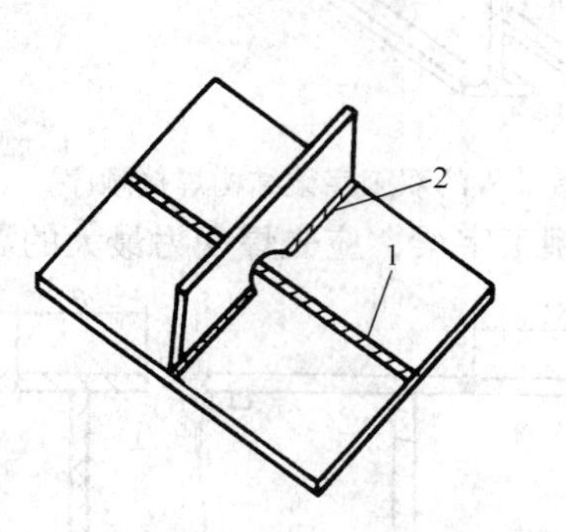

图 1-46　对接焊缝与角焊缝交叉

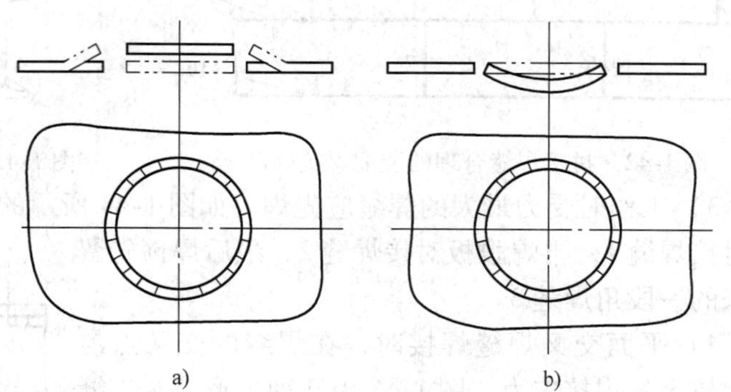

图 1-47　利用反变形控制残余应力
a）平板少量翻边　b）镶板压凹

（5）加热减应区法　焊接时加热那些阻碍焊接区自由伸缩的部位(称减应区)，使之与焊接区同时膨胀和同时收缩，起到减小焊接应力的作用。此法称为加热减应区法。图1-48示出了此法的减应原理，图中框架中心已断裂，需要修复。若直接焊接断口处，焊缝横向收缩受阻，在焊缝中受到相当大的横向应力。若焊前在两侧构件的减应区处同时加热，两侧受热膨胀，使中心断口间隙增大。此时对断口处进行焊接，焊后两侧也停止加热。于是焊缝和两侧加热区同时冷却收缩，互不阻碍，结果减小了焊接应力。

想一想　在控制焊接残余应力的措施中，预热法和冷焊法两种措施的实质是否相同？为什么？

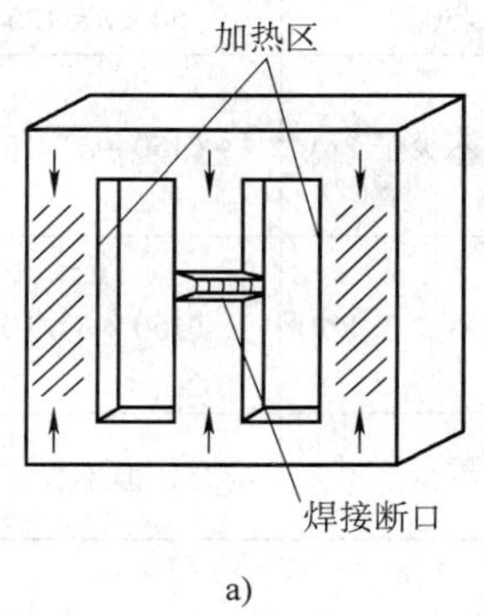

a)

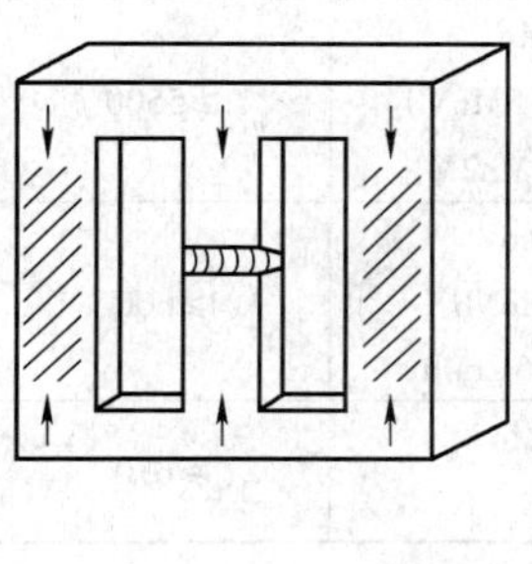

b)

图1-48　加热减应区法示意图
a）焊接过程　b）冷却过程

能力知识点4　消除焊接残余应力的方法

虽然在结构设计时考虑了残余应力的问题，在工艺上也采取了一定的措施来防止或减小焊接残余应力，但由于焊接应力的复杂性，结构焊接完以后仍然可能存在较大的残余应力。另外，有些结构在装配过程中还可能产生新的残余应力，这些焊接残余应力及装配应力都会影响结构的使用性能。焊后是否需要消除残余应力，通常由设计部门根据钢材的性能、板厚、结构的制造及使用条件等多种因素综合考虑后决定。对于下列情况之一者应考虑消除焊接残余应力处理。

1）要求承受低温或动载荷时有发生脆性断裂危险的结构。

2）板厚超过一定限度的压力容器。如碳素钢厚度大于32mm，16MnR钢厚度大于30mm，16MnVR钢厚度大于28mm的锅炉及压力容器(参阅有关标准)。

3）要求精密机械加工的结构。

4）对尺寸稳定性要求较高的结构。如精密仪器和量具座架、减速箱箱体等。

5）有可能产生应力腐蚀破坏的结构。

常用的消除或减小残余应力的方法如下：

1. 热处理法

热处理法是利用材料在高温下屈服强度下降和蠕变现象来达到松弛焊接残余应力的目的，同时热处理还可改善焊接接头的性能。生产中常用的热处理法有整体热处理和局部热处理两种。

（1）整体热处理　它是将整个构件缓慢加热到一定的温度(低碳钢为650℃)，并在该温度下保温一定的时间(一般按每毫米板厚保温 2 ~ 4min,但总时间不少于 30min)，然后空冷或随炉冷却。整体热处理消除残余应力的效果取决于加热温度、保温时间、加热和冷却速度、加热方法和加热范围，一般可消除 80%~90% 的残余应力，在生产中应用比较广泛。表 1-7 列出了常用钢材消除应力的热处理温度和保温时间，供参考。

表 1-7　常用钢材消除应力的热处理温度和保温时间

钢 种 举 例	消除应力热处理温度/℃	根据板厚 δ/mm 推荐的最小保温时间/h		
		δ≤50	50 < δ≤125	δ > 125
Q235，20 钢，12Mn，Q345(16Mn)，Q390(15MnV) Q420(15MnVN)，09Mn2V	≥5500	δ/25，但不少于 1/4	(150 + δ)/100	(150 + δ)/100
14MnMoV，15MnMoV 18MnMoNb，20MnMoNb 20MnMo，12CrMo，15CrMo	≥600	δ/25，但不少于 1/4	(150 + δ)/100	(150 + δ)/100
12CrMoV，12Cr2Mo 12Cr3MoVSiTiB	≥670	δ/25，但不少于 1/4	δ/25，但不少于 1/4	(375 + δ)/100

（2）局部热处理　对于某些不允许或不可能进行整体热处理的焊接结构，可采用局部热处理。局部热处理就是对构件焊缝周围的局部应力很大的区域及其周围，缓慢加热到一定温度后保温，然后缓慢冷却。其消除应力的效果不如整体热处理，它只能降低残余应力峰值，不能完全消除残余应力。对于一些大型筒形容器的组装环缝和一些重要管道等，常采用局部热处理来降低结构的残余应力。

2. 机械拉伸法

机械拉伸法是通过不同方式在构件上施加一定的拉伸应力，使焊缝及其附近产生拉伸塑性变形，与焊接时在焊缝及其附近所产生的压缩塑性变形相互抵消一部分，以达到松弛残余应力的目的。实践证明，拉伸载荷加得越高，压缩塑性变形量就抵消得越多，残余应力消除得越彻底。在压力容器制造的最后阶段，通常要进行水压试验，其目的之一也是利用加载来消除部分残余应力。

3. 温差拉伸法

温差拉伸法的基本原理与机械拉伸法相同，其不同点是机械拉伸法采用外力进行拉伸，而温差拉伸法是采用局部加热形成的温差来拉伸压缩塑性变形区。图 1-49 为温差拉伸法示意图，在焊缝两侧各用一适当宽度(一般为 100 ~ 150mm)的氧乙炔焰嘴加热焊件，将焊件表面加热到 200℃左右，在焰嘴后面一定距离用水管喷头冷却，以造成两侧温度高、焊缝区温度低的温度场，两侧金属的热膨胀对中间温度较低的焊缝区进行拉伸，产生拉伸塑性变形抵消焊接时所产生的压缩塑性变形，从而达到消除残余应力的目的。如果加热温度和加热范围选择适当，消除应力的效果可达 50%~70% 。

4. 锤击焊缝

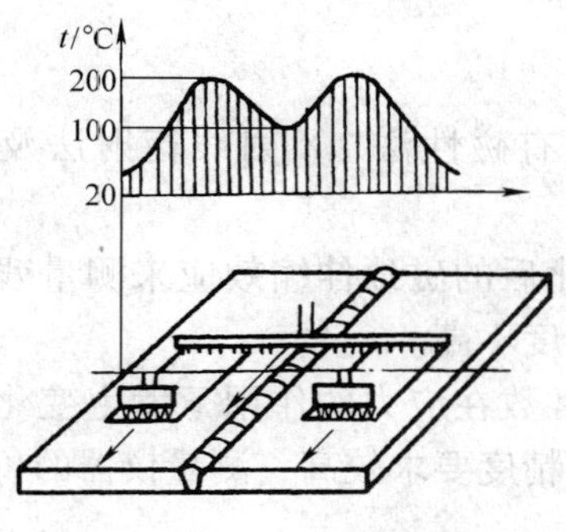

图 1-49 “温差拉伸法”消除残余应力示意图

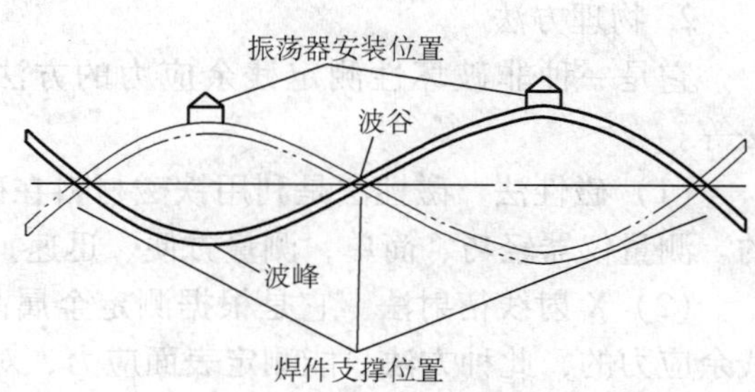

图 1-50 振荡器的安装和焊件支撑位置

在焊后用手锤或一定直径的半球形风锤锤击焊缝，可使焊缝金属产生延伸变形，能抵消一部分压缩塑性变形，起到减小焊接应力的作用。锤击时注意施力应适度，以免施力过大而产生裂纹。

5. 振动法

振动法是利用由偏心轮和变速电动机组成的振荡器，使结构发生共振所产生的循环应力来降低内应力，又称振动时效或振动消除应力法。如图 1-50 所示为振荡器的安装和焊件支撑位置。振动法所用设备简单、价廉，节省能源，处理费用低，时间短，也没有高温回火时金属表面氧化等问题。目前在焊、铸、锻件中，为了提高尺寸稳定性较多地采用此法。

想一想　热处理法是消除和减小焊接残余应力的常用方法，但同时也可能产生不利影响，想一想有哪些影响？

能力知识点 5　焊接残余应力的测定

目前，测定焊接残余应力的方法主要可归结为两类，即机械方法和物理方法。

1. 机械方法

机械方法也称应力释放法，它是利用机械加工将试件切开或切去一部分，测定由此而释放的弹性应变来推算焊件中原有的残余应力。

(1) 切条法　应用切条法对焊件的加工麻烦，要完全破坏焊件，但测定残余应力比较准确。所以，该方法只适用于实验室中进行研究。

(2) 钻孔法　测定残余应力时所钻孔可以是不通孔，也可以是 ϕ2 ~ 3mm 的通孔，它适用于焊缝及其附近小范围内残余应力的测定，并可现场操作，很快测得指定点的主应力及其方向，测量结果比较精确。另外，钻孔法由于所钻孔径比较小，对结构的破坏性很小，特别适用于没有密封要求的结构；对有密封要求的结构，可采用不通孔，测试完毕后可用电动砂

小知识　我国现行的技术条件 JB/T 6046—1992《碳钢、低合金钢焊接构件焊后热处理方法》规定，对壳体上的环缝，或壳体与封头连接的环缝进行局部热处理时，环缝每侧环形加热带的宽度应大于容器壁厚的 2 ~ 3 倍，接管与壳体或封头连接的环缝加热带的宽度应大于容器壁厚的 3 ~ 6 倍以上。

轮将其磨平。

2. 物理方法

它是一种非破坏性测定残余应力的方法，常用的有磁性法、X射线衍射法及超声波法等。

(1) 磁性法　磁性法是利用铁磁材料在磁场中磁化后的磁致伸缩效应来测量残余应力的。测量仪器轻巧、简单，测量方便、迅速，但测量精度不高。

(2) X射线衍射法　它是根据测定金属晶体晶格常数在应力的作用下发生变化来测定残余应力的，此种方法只能测定表面应力，对被测表面精度要求较高，测量仪器的价格也比较昂贵。

(3) 超声波法　超声波法是根据超声波在有应力的试件和无应力的试件中传播速度的变化来测定残余应力的，可用于测定三维空间的残余应力。

【综 合 训 练】

一、理论部分

(一) 判断题(对画√,错画×)

1. 将钢加热到750~800℃，保温一段时间后随炉冷却以消除残余应力的热处理工艺，称为消除应力退火。（　）

2. 采用较小的焊接热输入，既能减小焊接变形，又能减小焊接应力。（　）

3. 锤击焊缝金属既可以减小焊接变形，又可以减小焊接残余应力。（　）

4. 采用预热法来减小焊接应力，通常用于低合金高强度结构钢的焊接，也适用于奥氏体型不锈钢。（　）

5. 压力容器在进行水压试验时，对材料进行了一次机械拉伸，但不能消除部分焊接残余应力。（　）

(二) 选择题

1. 对于(　　)，焊后可以不必采取消除残余应力的措施。

A. 塑性较差的高强钢焊接结构　　B. 刚性拘束度大的厚壁压力容器结构

C. 存在较大的三向拉伸残余应力的结构　　D. 低碳钢、16Mn等一般性焊接结构

2. (　　)不是减小焊接应力的措施。

A. 采用合理的焊接顺序和方向　　B. 采用较小的焊接线能量

C. 预热　　D. 采用较大的焊接线能量

3. 消除应力退火一般能消除残余应力(　　)以上。

A. 50%~60%　　B. 60%~70%　　C. 80%~90%　　D. 90%~95%

4. (　　)不是减少氢和减小氢致应力的措施。

A. 选用碱性焊条　　B. 清除焊丝和工件表面的锈、油、水

C. 烘干焊条、焊剂　　D. 选用酸性焊条

(三) 简答题

1. 控制焊接应力的措施有哪几种?

2. 消除和减小焊接残余应力的方法有哪几种?

二、实践部分

1. 训练目标：了解消除和减小焊接残余应力的方法。

2. 训练准备

（1）人员准备　每组8人左右，分成若干小组。

（2）资料准备　有关焊接残余应力测定的资料。

3. 训练地点：实验室。

4. 训练办法：观察采用钻孔法焊接试件残余应力的变化。

实验　焊接变形的观测实验

一、实验目的

1）了解试板堆焊时的变形过程及其规律。

2）测量试板的纵向、横向残余变形及角变形。

二、基本原理

焊接造成焊件尺寸的改变称为焊接变形。焊接过程中产生的变形称为焊接瞬时变形；焊后残留于焊件中的变形称为焊接残余变形。

影响焊接变形的因素很多，其主要原因包括：焊件受热不均匀、焊缝金属的收缩、焊接接头金相组织的变化及焊件的刚性与拘束作用等。另外，焊缝在焊接结构中的位置、装配焊接顺序、焊接方法、焊接电流及焊接方向等对焊接变形也有一定的影响。

按照焊接残余变形的外观形态来分，有收缩变形、角变形、弯曲变形、波浪变形和扭曲变形等几种基本变形形式，这些基本变形形式的不同组合，形成了实际生产中复杂的焊件残余变形。

收缩变形是指工件焊后尺寸比焊前缩短的现象。一般分为纵向收缩变形和横向收缩变形，沿焊缝轴线方向尺寸缩短的变形称为纵向收缩，这是由于焊缝及其附近区域在焊接高温的作用下产生纵向的压缩塑性变形所致。沿垂直于焊缝轴线方向尺寸缩短的变形称为横向收缩。工件焊接时，不仅产生纵向收缩变形，同时也产生横向收缩变形。

角变形产生的根本原因与焊缝的横向收缩沿板厚分布不均匀等因素有关。例如，平板堆焊时高温区产生了压缩塑性变形，因堆焊面的温度高于背面，堆焊面产生的压缩塑性变形量比背面大，冷却后平板会产生一定的角变形。

本实验根据焊接变形的规律，在试板的中心线上堆焊一道焊缝，观察和测定试板的收缩变形和角变形。

三、实验材料、设备及工具

1. 试件

300mm × 150mm × 8mm 低碳钢钢板一块。

2. 焊条

E4303 ϕ4mm 直径焊条若干根。

3. 设备及工具

1）电焊机一台。

2）砂轮机一台。

3）游标卡尺、90°角尺、钢直尺各一把。

4）小锤、样冲头、划针。

5）焊工用具一套。

四、实验方法及步骤

1）在试板的正、反面各划一中心线。

2）在试板的正、反面中心线两侧 20mm 处各划一直线。

3）沿直线打样冲眼（每排 11 个），分布如图 1-51 所示（单位：mm）。

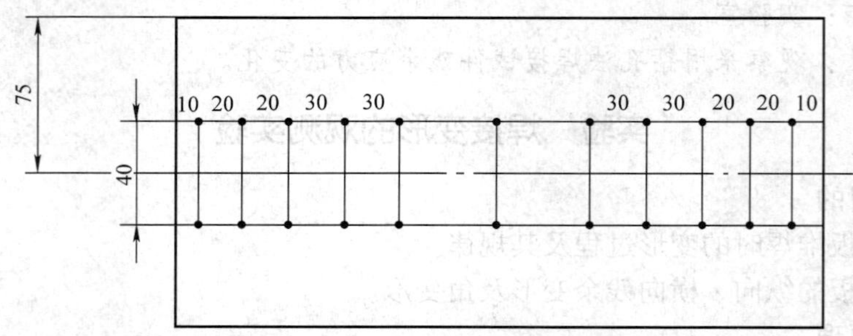

图 1-51　试板划线图示

4）用游标卡尺测量正、反面各样冲眼间距 b_0 和 b_0' 以及试板焊前的长度 L_0，分别记于表 1-8 中。

表 1-8　横、纵向变形记录表　（单位：mm）

项目＼数据＼位置	1	2	3	4	5	6	7	8	9	10	11
正面焊接 b_0											
反面焊接 b_0'											
正面焊接 b_1											
反面焊接 b_1'											
焊前 L_0											
焊后 L_1											

5）用 90°角尺测量试板反面各样冲眼处初始角度 α_0 记于表 1-9 中。

6）用选定的焊接规范在试板正面沿中心线部位堆焊一道焊缝。

7）待试板焊后冷却至室温时，再用游标卡尺测量正、反面各样冲眼间距 b_1 和 b_1' 以及试板焊后的长度 L_1，分别记于表 1-8 中。

8）用 90°角尺测量试板焊后反面各样冲眼处的角度 α_1 记于表 1-9 中。

表 1-9　角变形量记录表　[单位：(°)]

项目＼数据＼位置	1	2	3	4	5	6	7	8	9	10	11
α_0											
α_1											
$\alpha=\alpha_1-\alpha_0$											

五、实数报告

1）计算各测量点的横向变形量（平均值）

$$b = \frac{(b_1 - b_0) + (b_1' - b_0')}{2}$$

2）将各点横向变形量绘制成沿试板长度方向的分布图。

3）计算角变形

$$\alpha = \alpha_1 - \alpha_0$$

4）将各点角变形量绘制成沿试板长度方向的分布图。

5）分析试板产生横、纵向变形以及角变形的原因。

第二单元　焊接接头及工作应力的分布

【学习目标】 了解焊接接头的组成及基本形式；熟悉焊缝代号的表示方法及其含义；掌握电弧焊焊缝的特点及对焊接结构使用性能的影响；了解焊接接头的工作应力分布状况及其静载条件下的强度。

综合知识模块一　焊接接头的基本知识

能力知识点1　焊接接头的组成与基本形式

1. 焊接接头的组成

焊接接头由焊缝金属、熔合区、热影响区所组成，如图2-1所示。焊缝金属是焊接时填充的金属材料与母材金属熔化结晶所形成的结合部分，其组织和化学成分不同于母材金属；熔合区是焊缝金属与母材金属交接的过渡区，母材金属处于半熔化状态，其组织和性能不同于母材金属；热影响区是受焊接热循环的影响，固态母材金属的组织和性能发生变化的区域。可见，焊接接头是一个成分、组织和性能都不一样的不均匀体。

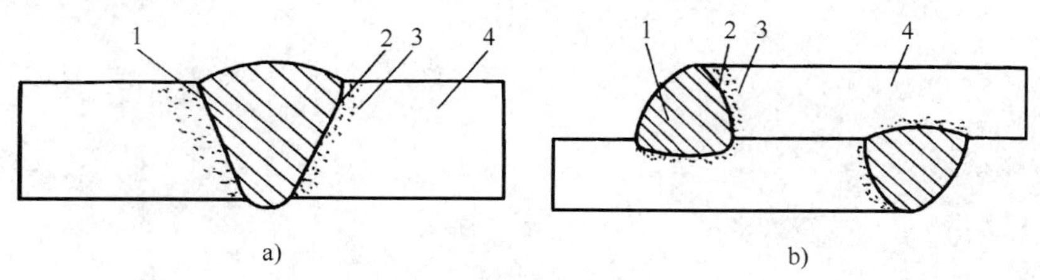

图2-1　熔化焊焊接接头的组成

1—焊缝金属　2—熔合区　3—热影响区　4—母材金属

影响焊接接头性能的主要因素可归纳为力学和材质两个方面，如图2-2所示。力学方面，如接头形状的改变（焊缝余高和接头错位）、焊接缺陷（如未焊透和焊接裂纹）、残余应力和残余变形等都是产生应力集中的根源。材质方面，主要是焊接热循环所引起的组织变化、焊后热处理和焊接残余变形的矫正等。此外，焊接接头因焊缝的形状和布置不同，也将会产生不同程度的应力集中。

2. 焊接接头基本形式

决定焊接接头基本形式的因素有焊接结构的形式、几何尺寸、焊接方法、焊接位置、焊

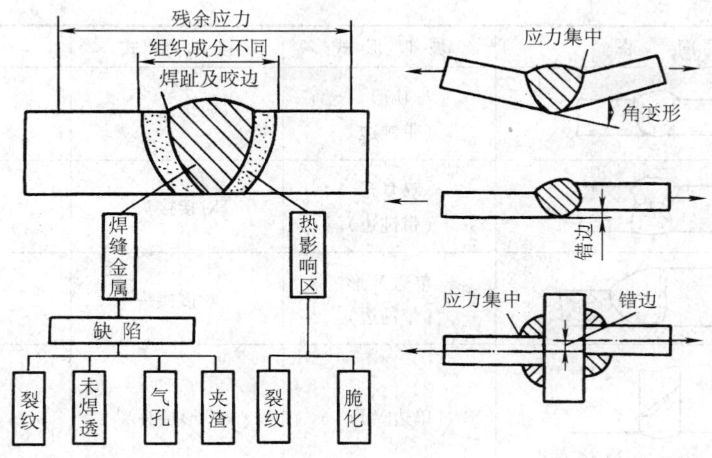

图 2-2　影响焊接接头性能的主要因素

接条件等，其中，焊接方法是划分焊接接头类型的主要依据。

（1）电弧焊接头　电弧焊接头是最常用的接头形式，主要类型有以下几种：

1）对接接头。两焊件表面构成135°～180°夹角的接头，见表 2-1 中序号 1～6。对接接头受力状况较好，应力集中程度小，材料消耗少，但对接板边缘加工及装配要求较高。

2）T 形（十字）接头。把互相垂直的焊件用角焊缝连接起来的接头，见表 2-1 中序号 7～12。这种接头有多种类型（焊透或不焊透、开坡口或不开坡口），可承受各种方向的力和力矩。

开坡口的 T 形（十字）接头是否能焊透要看坡口的形状和尺寸。这类接头适用于承受动载荷的结构。

不开坡口的 T 形（十字）接头通常是焊不透的。

3）搭接接头。是把两焊件部分重叠构成的接头，见表 2-1 中序号 13～14。搭接接头的应力分布不均匀，疲劳强度较低，不是理想的接头类型。但由于其焊接准备和装配工作简单，在结构中仍然得到广泛的应用。

4）角接接头。是两焊件端部构成大于 30°，小于 135°夹角的接头，见表 2-1 中序号 15～18，多用于箱形构件。

5）端接接头。是两焊件重叠放置或两焊件表面之间的夹角不大于 30°构成的端部接头，见表 2-1 中序号 19，多用于密封。

表 2-1　电弧焊接头的基本类型

序　号	简　　图	坡 口 形 式	接 头 形 式	焊 缝 形 式
1		I 形	对接接头	对接焊缝 （双面焊）
2		V 形 （带钝边）	对接接头	对接焊缝 （有根部焊道）
3		X 形 （带钝边）	对接接头	对接焊缝

（续）

序　号	简　　图	坡 口 形 式	接 头 形 式	焊 缝 形 式
4		U 形 （带钝边）	对接接头	对接焊缝
5		双 U 形 （带钝边）	对接接头	对接焊缝
6	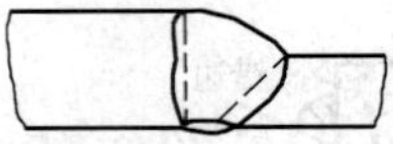	单边 V 形 （带钝边）	对接接头	对接和角接 组合焊缝
7	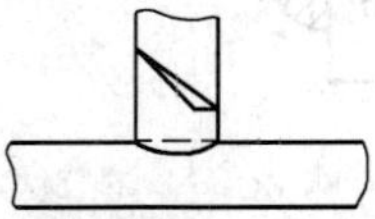	单边 V 形	T 形接头	对接焊缝
8	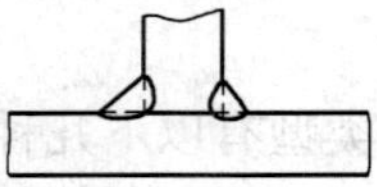	I 形	T 形接头	角焊缝
9	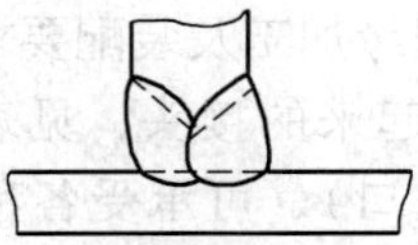	K 形	T 形接头	对接焊缝
10	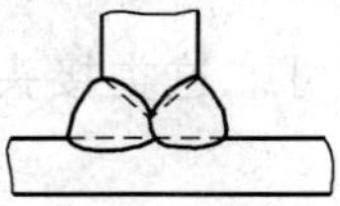	K 形	T 形接头	对接和角接组合焊缝
11	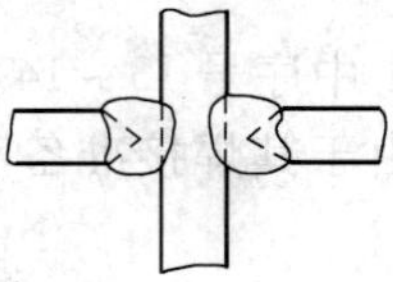	K 形	十字接头	对接焊缝
12	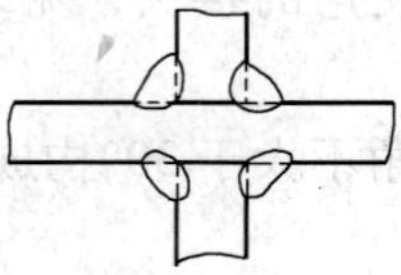	I 形	十字接头	角焊缝
13	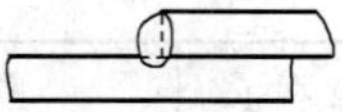	I 形	搭接接头	角焊缝
14	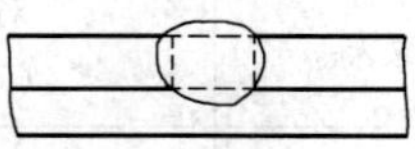		塞焊搭接接头	塞焊缝
15	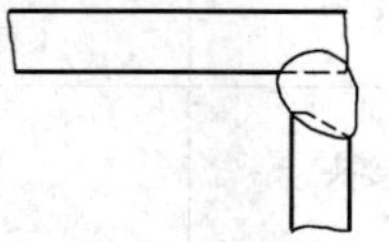	单边 V 形 （带钝边）	角接接头	对接焊缝

（续）

序　号	简　　图	坡口形式	接头形式	焊缝形式
16			角接接头	角焊缝
17			角接接头	角焊缝
18			角接接头	角焊缝
19	0°~30°		端接接头	端接焊缝

（2）电阻焊接头　电阻焊接头是在热（电阻热）和机械力联合作用下，通过金属原子间的结合形成的熔核、焊缝或对接接头。图 2-3 是电阻点焊接头形成原理示意图，将焊件 3 压紧在两电极 2 之间，施加电极压力后，阻焊变压器 1 向焊接区通过强大的焊接电流，在电阻热的作用下，使两焊件接触点达到连接的目的。电阻焊接生产效率高，接头性能同样可以做到安全可靠。广泛应用于航空航天、电子、汽车、家用电器等行业。

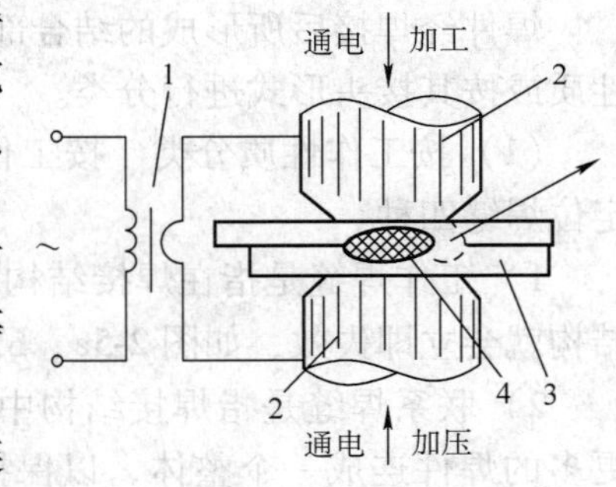

图 2-3　电阻点焊原理图
1—阻焊变压器　2—电极
3—焊件　4—熔核

1）对焊接头用于各种杆件和板件的连接，对焊的连接面一般垂直于构件的中心线，且尽可能具有相同的形式和面积。若采用特殊的夹紧装置也可为互成一定角度的焊件，如图 2-4a、b 所示。图 2-4a 是汽车轮圈的对焊；图 2-4b 是锚链的对焊。

2）点焊接头通常用于两板或三板的搭接，如图 2-4c 所示。搭接板的板厚取决于材料的种类和点焊机的功率，板与板的厚度差一般小于 3 倍。三板搭接时，最厚板应置于中间位置，点焊接头特别适用于冲压构件的连接。

想一想　电弧焊接头的基本形式有几种？在焊接结构中哪种形式的接头应用最多？

3）缝焊接头是由滚动圆盘电极与焊件作相对运动形成的密封焊缝，如图 2-4d 所示。缝焊接头具有水密性和气密性好的特点，所以特别适用于薄壁容器（壁厚≤2mm）的连接。

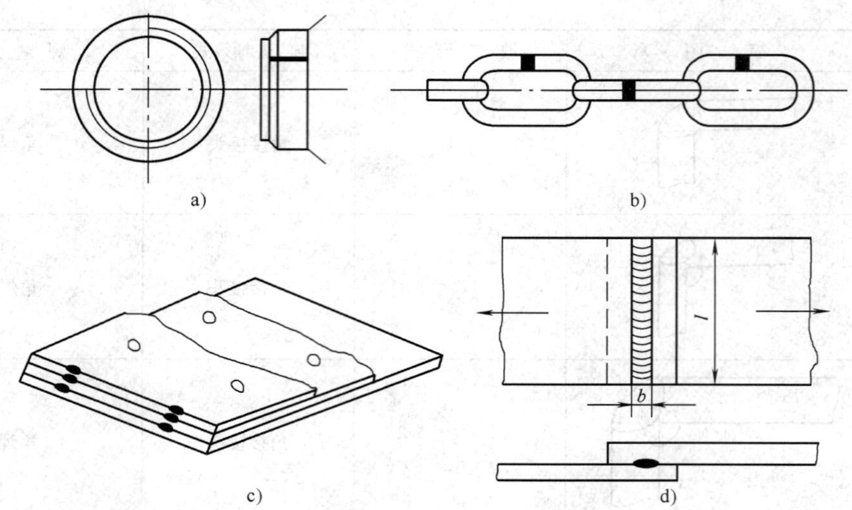

图 2-4　电阻焊接头形式与焊件

a）轮圈对接　b）锚链对接　c）三板搭接点焊　d）缝焊搭接接头

能力知识点 2　电弧焊焊缝与坡口基本形式

1. 电弧焊焊缝的基本形式

焊件经焊接后所形成的结合部分称为焊缝，焊缝是构成焊接接头的主体部分，可按工作性质或按其接头形式进行分类。

（1）按工作性质分类　按工作性质分，焊缝可分为工作焊缝、联系焊缝、密封焊缝和定位焊缝四种。

1）工作焊缝是指在焊接结构中承担着传递全部载荷作用的焊缝。焊缝一旦产生断裂，结构就会立即失效，如图 2-5a、b 所示，对这种焊缝必须进行强度计算。

2）联系焊缝是指焊接结构中不直接承受载荷，只起连接作用的焊缝。它是将两个或更多的焊件连成一个整体，以保持其相对位置，此类焊缝通常不作强度计算，如图 2-5c、d 所示。

3）密封焊缝是指结构上主要用于防止流体渗漏的焊缝。密封焊缝可以同时是工作焊缝或是联系焊缝。

4）定位焊缝是为装配和固定焊件的位置而进行焊接的短焊缝。定位焊缝所用的焊接材料、对焊工的要求等均应与正式焊缝完全一样。

（2）按接头形式分类　按接头形式分，焊缝可分为对接焊缝、角焊缝、端接焊缝、塞焊缝和组合焊缝。

1）对接焊缝是在焊件的坡口面间

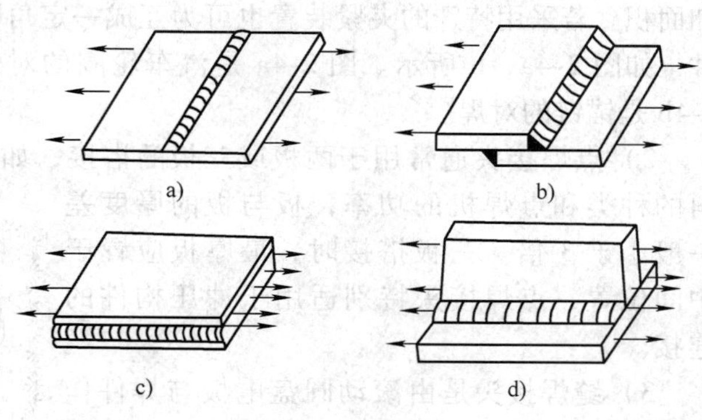

图 2-5　焊缝的形式

a）、b）工作焊缝　c）、d）联系焊缝

或一焊件的坡口面与另一焊件表面间焊接的焊缝。对接焊缝一般情况下是指对接接头的焊缝，但有时根据结构要求，T形(十字)接头也可形成对接焊缝。

2）角焊缝是沿两直交或近直交焊件的交线所焊接的焊缝。角焊缝在承受力时，其应力集中较严重，其承载能力一般比对接焊缝差。

3）端接焊缝是构成端接接头所形成的焊缝。常用于要求密封的接头中。

4）塞焊缝是两焊件相叠，其中一块开有圆孔，在圆孔中焊接两板所形成的焊缝。这类焊缝主要用于搭接接头焊缝强度不够或反面无法施焊的情况。

5）组合焊缝是一条焊缝同时有两种基本焊缝形式组合成的焊缝。这类焊缝常用于压力容器的接管处或厚板与薄板的对接接头处。

2. 坡口形式与选择

坡口是根据设计或工艺需要，在焊件的待焊部位加工并装配成一定几何形状的沟槽。开坡口的目的，主要是为了保证焊接接头的质量和施焊方便，使焊缝根部焊透，同时调节母材与填充金属的比例。坡口的形式很多，常用有I形、V形、Y形、双Y形和U形等，如图2-6所示。焊接方法、焊接位置、焊件厚度、焊缝熔透要求不同坡口的选择应考虑以下几个方面：

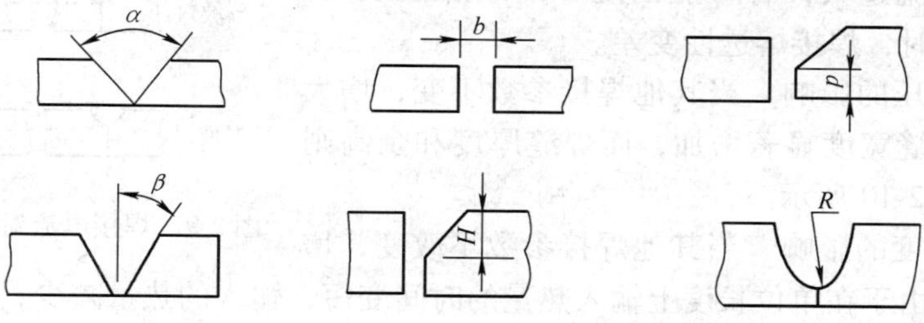

图2-6　坡口形式及符号含义

α—坡口角度　b—根部间隙　p—钝边　β—坡口面角度　H—坡口深度　R—根部半径

1）相同厚度的焊接接头，采用X形坡口比V形坡口能节省较多的焊接材料、电能和工时，从而降低焊接材料的消耗量。

2）对不能翻转和内径较小的容器、转子及轴类的对接焊缝，为了避免大量的仰焊或不便从内侧施焊，宜采用V形或U形坡口，以便于施焊。

想一想　有两块46mm厚的低碳钢板对接，考虑一下应该开什么样的坡口？

3）坡口形式不同，加工的难易程度不同。V形和X形坡口可用氧气切割或等离子弧切割，也可用机械切削加工。对于U形或双U形坡口，一般需用刨边机加工。在圆筒体上开U形坡口加工困难应尽量少采用。

4）采用不适当的坡口形状，容易产生较大的焊接变形。如平板对接的V形坡口，其角变形就大于X形坡口。

3. 焊缝常用术语

焊缝常用术语包括焊缝宽度、余高、焊缝厚度、焊趾、焊根、焊脚等。对接焊缝各部分术语如图2-7

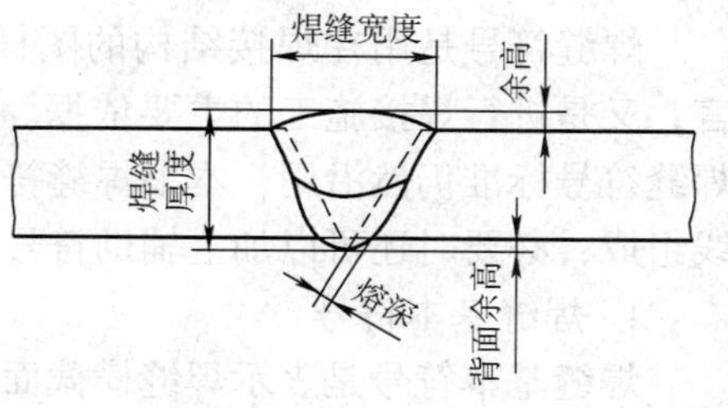

图2-7　对接焊缝术语示意图

所示；角焊缝各部分术语如图 2-8 所示。

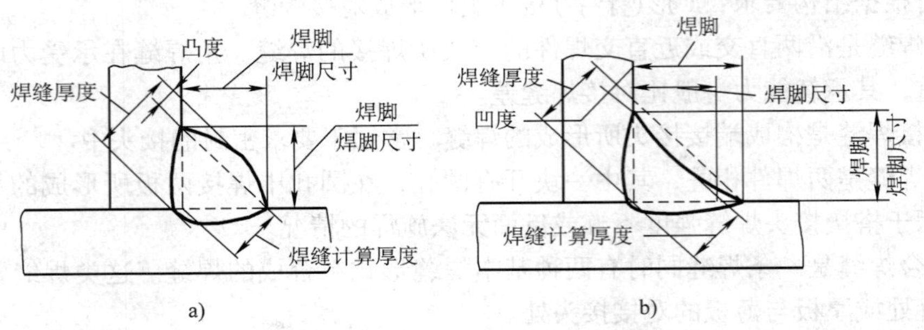

图 2-8　角焊缝术语示意图

4. 焊接参数对焊缝形状的影响

（1）焊接电流的影响　当其他焊接参数不变，增加焊接电流时，焊缝厚度和余高都会增加，而焊缝宽度则几乎不变或略有增加，如图 2-9 所示。如果焊接电流过大，有可能出现焊漏或焊瘤缺陷。当焊接电流减小时，焊接熔透性变差。

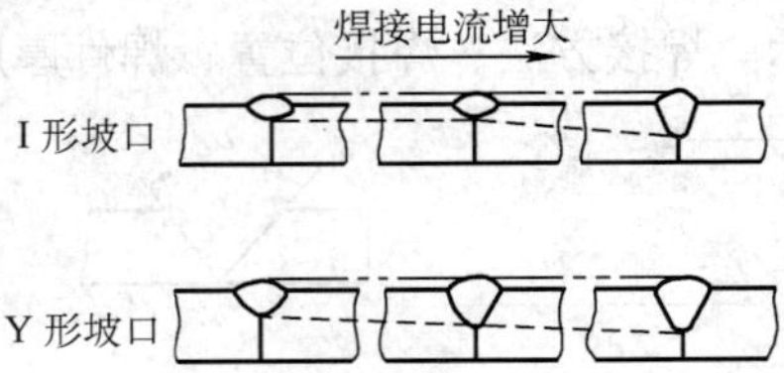

焊接电流增大

I 形坡口

Y 形坡口

图 2-9　焊接电流对焊缝形状的影响

（2）电弧电压的影响　当其他焊接参数不变，增大电弧电压时，焊缝宽度显著增加，而焊缝厚度和余高则略有减小，如图 2-10 所示。

（3）焊接速度的影响　当其他焊接参数不改变，增大焊接速度时，由于在单位长度上输入热量的时间变短，输入的热量减少，导致焊缝的宽度和厚度减小，如图 2-11 所示。

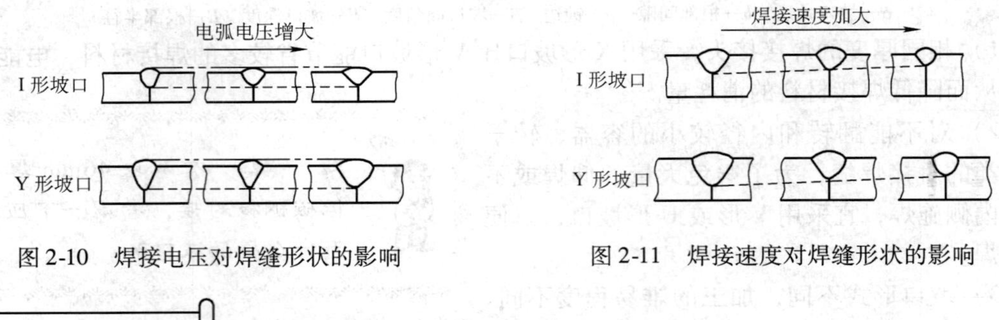

图 2-10　焊接电压对焊缝形状的影响　　图 2-11　焊接速度对焊缝形状的影响

能力知识点 3　焊缝符号

焊缝符号是用在焊接结构的图样上，标注焊缝形式、焊缝尺寸、焊接方法等的工程语言，又是进行焊接施工的主要依据。目前焊缝符号的最新标准为 GB/T 324—2008，原有的焊缝符号标准仍然沿用，本书焊缝符号仍按 GB/T 324—1988 规定，一般由基本符号与指引线组成，必要时还可以加上辅助符号、补充符号和焊缝尺寸符号。

1. 焊缝基本符号

焊缝基本符号是表示焊缝横截面形状的符号。焊缝基本符号有 13 种，见表 2-2。

表 2-2　焊缝基本符号

序　号	名　称	示意图	符　号
1	卷边焊缝（卷边完全熔化）		
2	I 形焊缝		
3	V 形焊缝		
4	单边 V 形焊缝		
5	带钝边 V 形焊缝		
6	带钝边单边 V 形焊缝		
7	带钝边 U 形焊缝		
8	带钝边 J 形焊缝		
9	封底焊缝		
10	角焊缝		
11	塞焊缝或槽焊缝		
12	点焊		
13	缝焊缝		

2. 辅助符号

辅助符号是表示焊缝表面形状特征的符号。焊缝辅助符号有三种(表 2-3)，分别是焊缝表面平齐、焊缝表面凹陷、焊缝表面凸起。当不需要明确说明焊缝的表面形状时，可以不用标注该符号，焊缝辅助符号应用示例见表 2-4。

表 2-3　焊缝辅助符号

序　　号	名　　称	示 意 图	符　　号	说　　明
1	平面符号		—	焊缝表面齐平(一般通过加工)
2	凹面符号	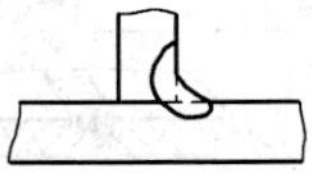	◡	焊缝表面凹陷
3	凸面符号		◠	焊缝表面凸起

表 2-4　焊缝辅助符号应用示例

名　　称	示 意 图	符　　号
平面 V 形对接焊缝	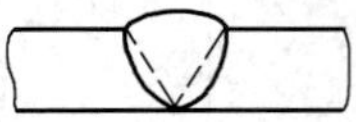	
凸面 X 形对接焊缝	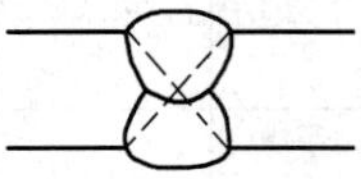	
凹面角焊缝	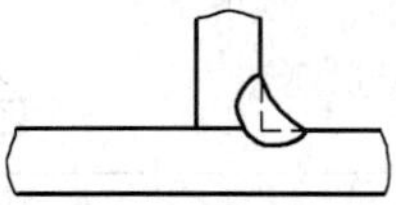	
平面封底 V 形焊缝		

3. 补充符号

补充符号(表 2-5)是为了补充说明焊缝的某些特征而采用的符号，焊缝补充符号应用示例见表 2-6。

表 2-5　焊缝补充符号

序　号	名　　称	示 意 图	符　　号	说　　明
1	带垫板符号	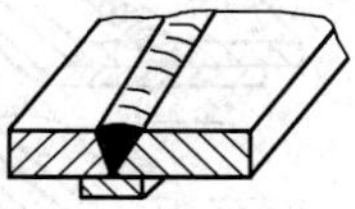	▭	表示焊缝底部有垫板

（续）

序号	名称	示意图	符号	说明
2	三面焊缝符号	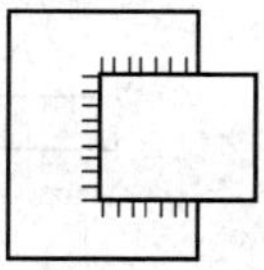	⊏	表示三面带有焊缝
3	周围焊缝符号	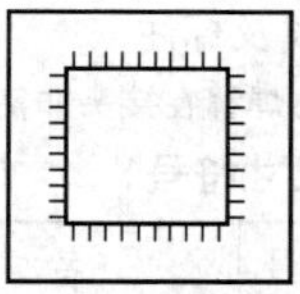	○	表示环绕焊件周围的焊缝
4	现场符号			表示在现场或工地上进行焊接
5	尾部符号		 <	可以表示所需的信息

表 2-6　焊缝补充符号应用示例

示意图	标注示例	说明
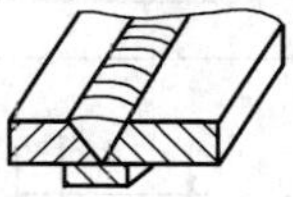	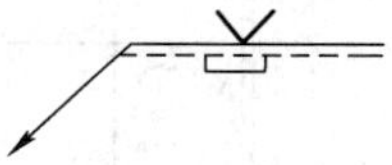	表示 V 形焊缝的背面底部有垫板
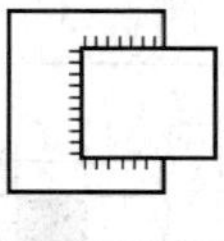	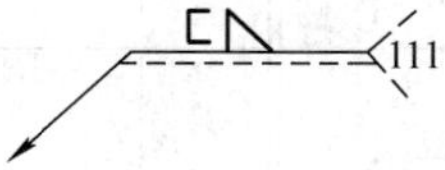 111	焊件三面带有焊缝的焊条电弧焊
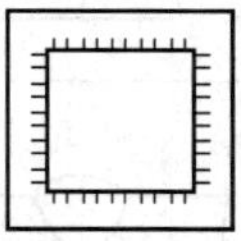	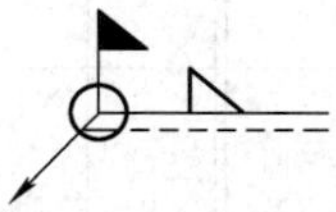	表示在现场沿焊件周围施焊

为了完整地表示焊缝，除了以上符号外，还应包括指引线、尺寸符号及数据。指引线由带有箭头的指引线和两条基准线（一条为实线，另外一条为虚线）两部分组成，基准线的虚线可以画在基准线实线下侧或上侧。基准线一般应与图样底边相平行，特殊条件下可以与底边垂直，当焊缝在接头的非箭头侧时，则将基本符号标在基准线的虚线侧，如图 2-12 所示。标注对称焊缝及双面焊缝时，可以不加虚线。

4. 焊缝尺寸符号

焊缝尺寸符号（表 2-7）是表示坡口和焊缝各特征尺寸的符号。焊缝尺寸标注示例见表 2-8。

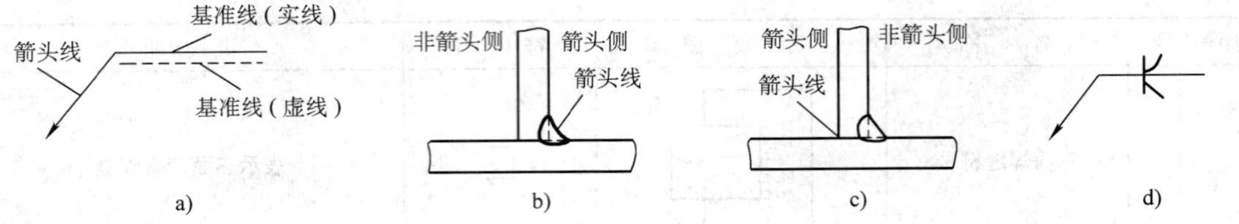

图 2-12　指引线及标注
a）指引线组成　b）焊缝在接头箭头侧　c）焊缝在接头非箭头侧　d）双面焊缝

表 2-7　焊缝尺寸符号

符号	名　称	示　意　图	符号	名　称	示　意　图
δ	焊件厚度	δ	p	钝边	p
α	坡口角度	α	c	焊缝宽度	c
b	根部间隙	b	R	根部半径	R
N	相同焊缝数量符号	N=3	K	焊脚尺寸	K
H	坡口深度	H	d	熔核直径	d
l	焊缝长度	l	S	焊缝有效厚度	s
n	焊缝段数	n=2	h	余高	h
e	焊缝间距	e	β	坡口面角度	β

表 2-8　焊缝尺寸标注示例

序号	名　称	示 意 图	焊缝尺寸符号	示　例
1	对接焊缝	S S S	S：焊缝有效厚度	S∨ S‖ SY
2	卷边焊缝	S S	S：焊缝有效厚度	S‖ S八
3	连续角焊缝	K	K：焊角尺寸	K◺
4	断续角焊缝	l (e) l	l：焊缝长度(不计弧坑) e：焊缝间距 n：焊缝段数	K◺n×l(e)
5	交错断续角焊缝	l (e) l (e) l l (e) l	K：焊角尺寸 l：焊缝长度(不计弧坑) e：焊缝间距 n：焊缝段数	K/K ◺ n·l/n·l (e)/(e)

图 2-13 是焊缝尺寸及数据标注原则，其内容包括：

1）焊缝横截面上的尺寸标在基本焊缝的左侧。

2）焊缝长度方向尺寸标在基本符号的右侧。

3）坡口角度、坡口面角度、根部间隙等尺寸标在基本符号的上侧或下侧。

4）相同焊缝数量符号标在尾部。

5）当需要标注的尺寸数据较多而又不易分辨时，可在数据前面增加相应尺寸符号。

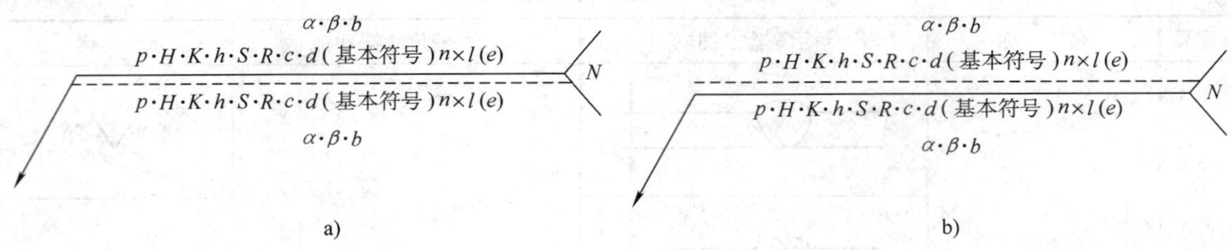

图 2-13　焊缝尺寸及数据标注原则

5. 特殊焊缝符号

生产实践中，在图样上对有特殊要求的焊缝标注时使用的符号叫特殊焊缝符号，标注方法见表 2-9。

6. 焊接方法代号

在焊接结构的图样上，为了简化焊接方法的标注说明，可用阿拉伯数字表示金属焊接及钎焊等各种焊接方法。当一种焊接接头同时采用两种焊接方法时，如 V 形坡口焊缝由钨极氩弧焊(TIG)打底，后用焊条电弧焊盖面焊接，其标注为 111/141。表 2-10 列出了一些常用的焊接方法代号。

小知识　在焊接结构图样上标注焊缝，可以明确表达以下内容：

1）坡口形式尺寸及组装焊接要求。

2）采用的焊接方法。

3）焊缝的质量要求。

4）无损探伤要求。

5）其他需要标注的技术要求。

表 2-9　特殊焊缝的标注

符　号	示 意 图	标 注 方 法

表 2-10 常用的焊接方法代号

焊接方法名称	焊接方法代号	焊接方法名称	焊接方法代号
电弧焊	1	气焊	3
焊条电弧焊	111	氧乙炔焊	311
埋弧焊	12	压焊	4
丝极埋弧焊	121	摩擦焊	42
带极埋弧焊	122	扩散焊	45
熔化极气体保护焊	13	其他焊接方法	7
熔化极惰性气体保护焊	131	电渣焊	72
熔化极非惰性气体保护焊	135	气电立焊	73
非熔化极气体保护焊	14	激光焊	751
钨极惰性气体保护焊	141	电子束焊	76
等离子弧焊	15	螺柱焊	78
电阻焊	2	钎焊	9
点焊	21	硬钎焊	91

7. 焊缝标注实例

焊缝符号表示方法实例见表 2-11。

表 2-11 焊缝符号表示方法实例

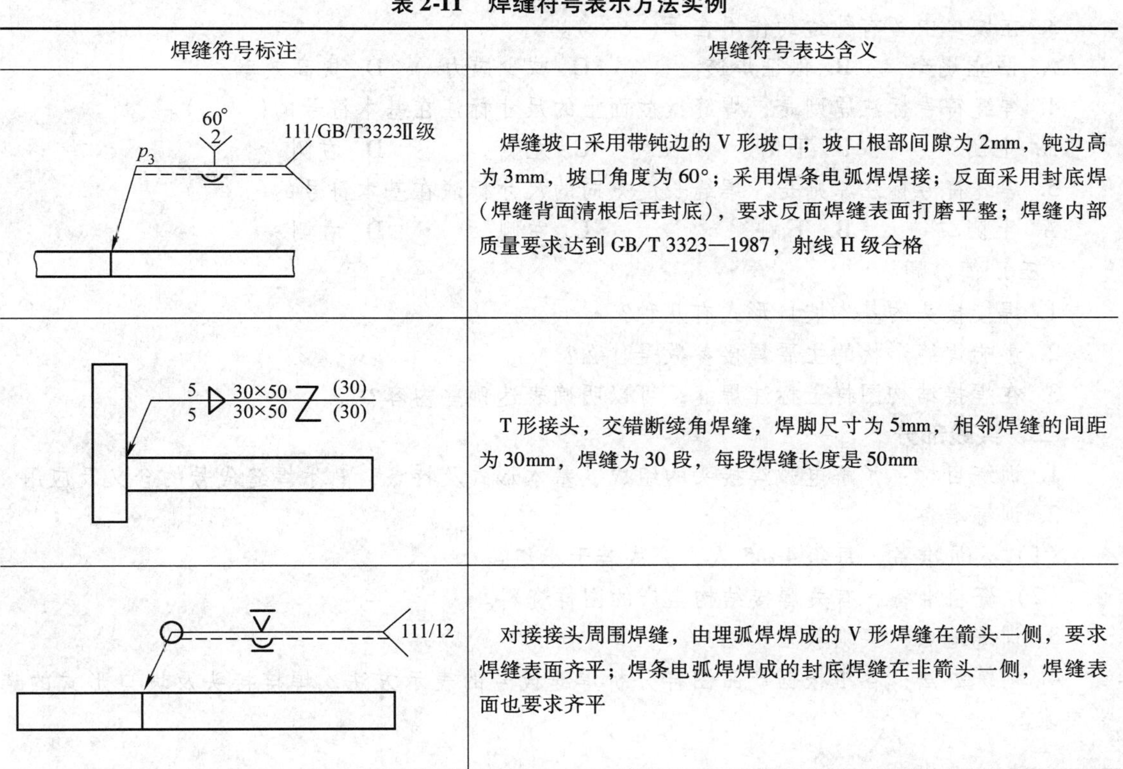

焊缝符号标注	焊缝符号表达含义
60° 2 p_3 111/GB/T3323Ⅱ级	焊缝坡口采用带钝边的 V 形坡口；坡口根部间隙为 2mm，钝边高为 3mm，坡口角度为 60°；采用焊条电弧焊焊接；反面采用封底焊（焊缝背面清根后再封底），要求反面焊缝表面打磨平整；焊缝内部质量要求达到 GB/T 3323—1987，射线 H 级合格
5 30×50 (30) 5 30×50 (30)	T 形接头，交错断续角焊缝，焊脚尺寸为 5mm，相邻焊缝的间距为 30mm，焊缝为 30 段，每段焊缝长度是 50mm
111/12	对接接头周围焊缝，由埋弧焊焊成的 V 形焊缝在箭头一侧，要求焊缝表面齐平；焊条电弧焊焊成的封底焊缝在非箭头一侧，焊缝表面也要求齐平

【综 合 训 练】

一、理论部分

（一）判断题（对画√，错画×）

1. 焊接热输入是一个综合焊接电流、电弧电压和焊接速度的焊接参数。（　　）
2. 焊接是一个均匀加热和冷却的过程，从而形成一个均匀组织和性能的焊接热影响区。（　　）
3. 对于V形坡口，坡口面角度总是等于坡口角度。（　　）
4. 开坡口的目的主要是保证焊件在厚度方向上全部焊透。（　　）
5. 清除坡口表面的铁锈、油污、水分的目的是提高焊缝金属强度。（　　）
6. 焊缝基本符号是表示焊缝表面形状特征的符号。（　　）
7. 焊缝的辅助符号，是为说明焊缝的某些特征而采用的符号。（　　）
8. 焊条电弧焊的焊接方法代号是“141”。（　　）

（二）选择题

1. 焊缝和热影响区性能最差的是（　　）。
A. 气焊　B. 焊条电弧焊　C. 埋弧焊　D. 手工钨极氩弧焊
2. 焊缝和热影响区性能最好的是（　　）。
A. 气焊　B. 焊条电弧焊　C. 埋弧焊　D. 手工钨极氩弧焊
3. 在坡口中留有钝边的作用在于（　　）。
A. 防止烧穿　B. 保证焊透　C. 减少应力　D. 提高效率
4. 焊缝符号标注原则是，焊缝横截面上的尺寸标注在基本符号的（　　）。
A. 上侧　B. 下侧　C. 左侧　D. 右侧
5. 焊缝符号标注原则是，焊缝长度方向的尺寸标注在基本符号的（　　）。
A. 上侧　B. 下侧　C. 左侧　D. 右侧

（三）简答题

1. 焊接接头的基本坡口形式有几种？
2. 影响焊缝形状的主要焊接参数是什么？
3. 在焊接结构图样上标注焊缝，可以明确表达哪些内容？

二、实践部分

1. 训练目标：了解电弧焊接头的组成、基本形式及特点，熟悉焊缝代号的含义及应用。

2. 训练准备

（1）人员准备　每组4~5人，分成若干小组。

（2）资料准备　有关焊接结构生产的图样资料。

3. 训练地点：实训教室。

4. 训练办法：各组根据产品图样分析焊缝代号的表示方法，焊接接头及坡口形式的选择要求。

综合知识模块二　常用焊接接头的工作应力分布

能力知识点1　应力集中

1. 应力集中概念

由于焊缝形状和焊缝布置的特点，实际焊接接头中往往存在着变形或某种缺陷，导致接头中工作应力分布不均匀。这种在几何形状突变处或不连续处应力突然增大的现象称为应力集中。应力集中程度的大小，常以应力集中系数 K_T 表示：

$$K_T = \frac{\sigma_{max}}{\sigma_m}$$

式中　σ_{max}——截面中最大应力值；

σ_m——截面中平均应力值。

2. 焊接接头产生应力集中的原因

引起焊接接头应力集中的原因涉及结构方面、工艺方面等多种因素。

（1）焊缝中的工艺缺陷　如气孔、夹渣、裂纹和未焊透等。其中，尤以裂纹和未焊透引起的应力集中最严重。

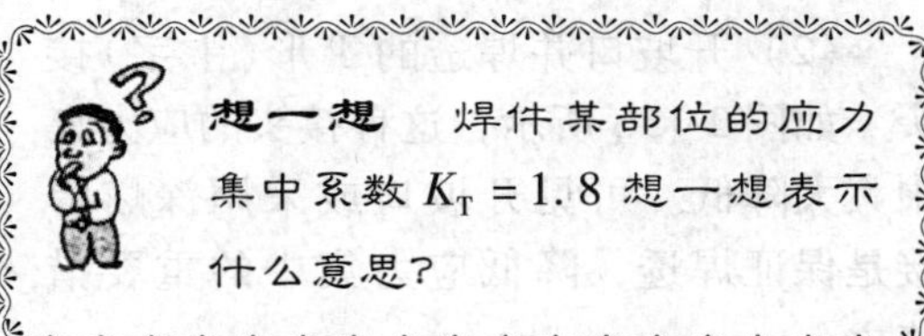

（2）焊接接头处几何形状的改变　如对接接头中，由于余高的存在，在母材与余高过渡处存在应力集中。

（3）不合理的接头形式和焊缝外形　如接头处截面突变、加盖板的对接接头、单侧焊缝的T形接头等，这些都会引起较大的应力集中。

能力知识点2　电弧焊接头的工作应力分布

1. 对接接头的工作应力分布

在焊接接头处，通常都有余高存在，致使焊缝与母材的过渡处的截面发生变化，使此处产生应力集中，图2-14为对接接头的工作应力分布及应力集中情况。

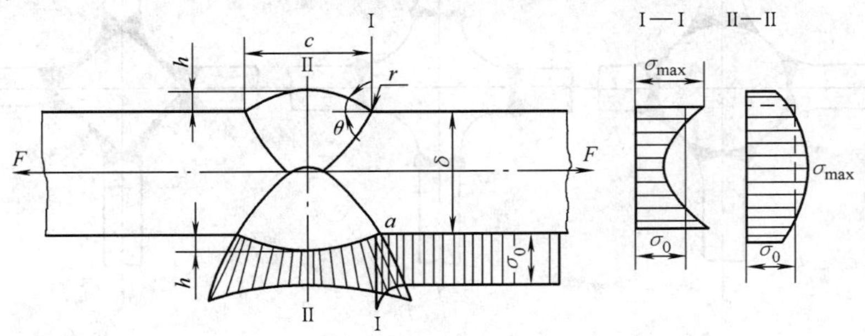

图2-14　对接接头的工作应力分布

应力集中系数 K_T 的大小取决于焊缝宽度 c、余高 h、焊趾处的 θ 角及转角半径 r。在其他因素不变的情况下，余高增加或转角半径减小等都会使 K_T 增加。因此生产中应适当控制余高值，不应当以增加余高的方法来增加焊缝的承载能力。

由于余高带来的应力集中对动载结构的疲劳强度不利，所以对重要的动载构件，有时采用削平余高（余高为零，$K_T=1$，应力集中消失）或增大过渡半径的措施来降低应力集中，以提高接头的疲劳强度。

2. T形（十字）接头的工作应力分布

T形（十字）接头焊缝向母材的过渡处形状变化较大，在角焊缝的过渡处和根部都有很大的应力集中。

（1）未开坡口的T形（十字）接头　T形（十字）接头中正面焊缝的应力分布状况如图2-15a所示，由于整个厚度没有焊透，焊缝根部应力集中很大。另一部位在焊趾截面 $B—B$ 上，B 点的应力集中系数 K_T 值随角焊缝 θ 角减小而减小，也随焊脚尺寸增大而减小。

（2）开坡口并焊透的T形（十字）接头　如图2-15b所示，这种接头的应力集中大大降低。可见开坡口或采用深熔焊接是保证焊透，降低应力集中的重要措施之一。

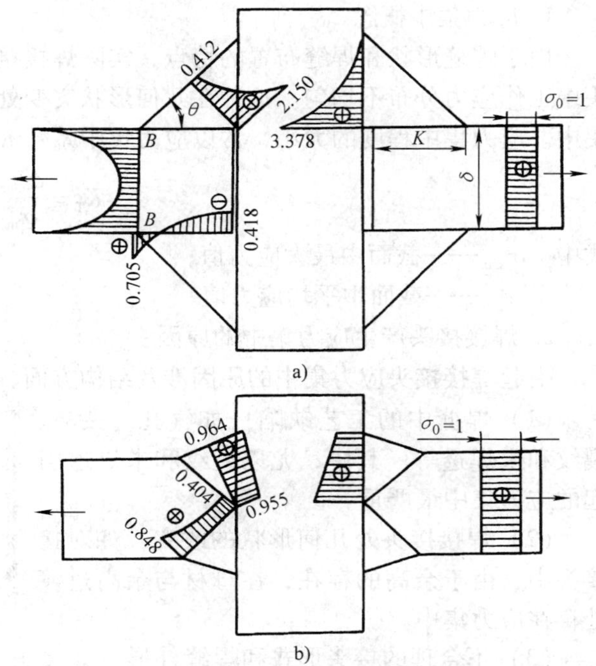

图2-15　T形（十字）接头的应力分布
（图中数字是表示应力集中系数 K_T 值）

在T形（十字）接头中，应尽可能将其焊缝形式由承载状态转化为非承载状态。若两个方向都受拉力，则宜采用圆形、方形或特殊形状的轧制、锻造插入件，如图2-16所示。

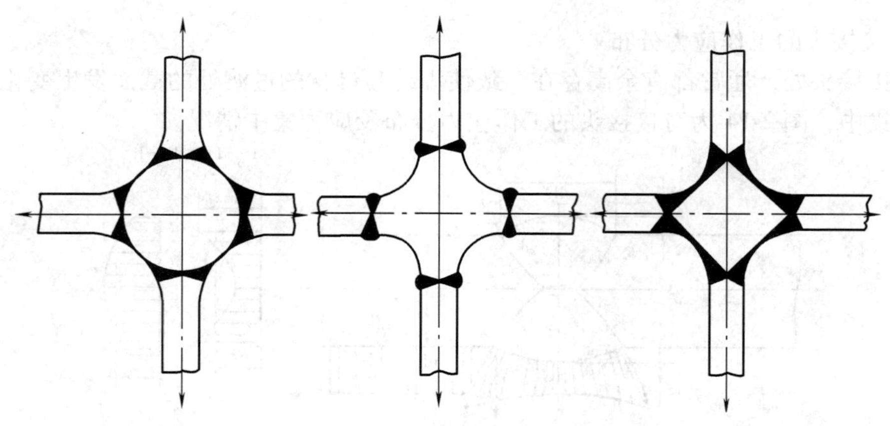

图2-16　几种插入件形成的十字接头

3. 搭接接头的工作应力分布

在搭接接头中，根据搭接角焊缝受力方向的不同，可分为三种，如图 2-17 所示。焊缝与力的作用方向相垂直的角焊缝称为正面角焊缝(L_3 段)；而相平行的称为侧面角焊缝(L_1、L_5 段)；包括正面和侧面角焊缝的搭接焊缝称为联合角焊缝(L_2、L_4 段)。

(1) 正面角焊缝的工作应力分布 正面角焊缝的搭接接头中各截面的应力分布如图 2-18 所示。由图可知，在角焊缝的根部 A 点和焊趾 B 点都有较大的应力集中，其数值与许多因素有关，如焊趾 B 点的应力集中系数就是随角焊缝的斜边与水平边的夹角 θ 而变的，减小其夹角 θ、增大熔深及焊透根部等都可降低应力集中系数。

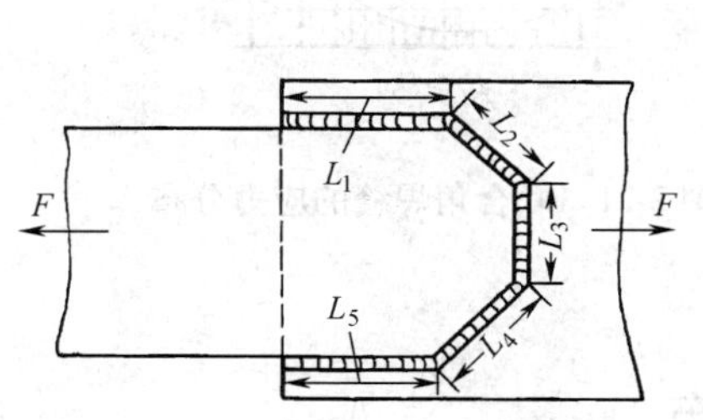

图 2-17 搭接接头角焊缝

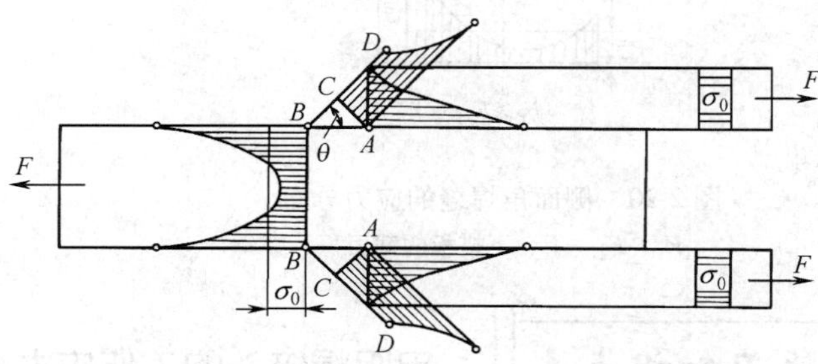

图 2-18 正面角焊缝的应力分布

搭接接头的正面角焊缝受偏心载荷作用时，在焊缝上会产生附加弯曲应力，导致弯曲变形，如图 2-19 所示。为了减少弯曲应力，两条正面角焊缝之间的距离 l 应大于其板厚 δ 的 4 倍。

(2) 侧面角焊缝的工作应力分布 侧面角焊缝搭接接头的应力分布更为复杂，在焊缝中既有正应力，又有切应力存在。应力分布的特点是最大应力在两端，中部应力最小，如图 2-20 所示。

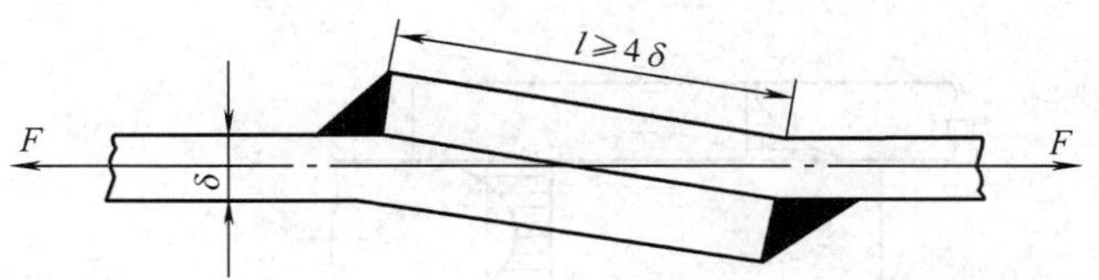

图 2-19 正面搭接接头的弯曲变形

侧面角焊缝搭接接头应力集中的严重程度主要与搭接长度 l 有关，即焊缝越长，应力分布越不均匀。因此，一般规定侧面角焊缝构成搭接接头的焊缝长度不得大于 $50K$(K 为焊脚尺寸)。如果两个被连接件的断面不相等($F_1 > F_2$)，切应力的分布并不对称于焊缝中点，最大应力值位于小断面一侧的端部。

(3) 联合角焊缝的工作应力分布 这种接头是在侧面角焊缝的基础上增添正面角焊缝，如图 2-21 所示，在 A—A 截面上正应力分布比较均匀，最大切应力 τ_{max} 降低，故在 A—A 截面两端点的应力集中得到改善。由于正面角焊缝承担一部分外力，以及正面角焊缝比侧面角焊缝刚度大，变形小，所以侧面角焊缝的切应力分布得到改善。设计接头时，增加正面角焊缝，不但能改善应力分布，还可以缩短搭接长度。

想一想 焊接结构的接头中，搭接接头不是一种理想的接头形式，为什么？

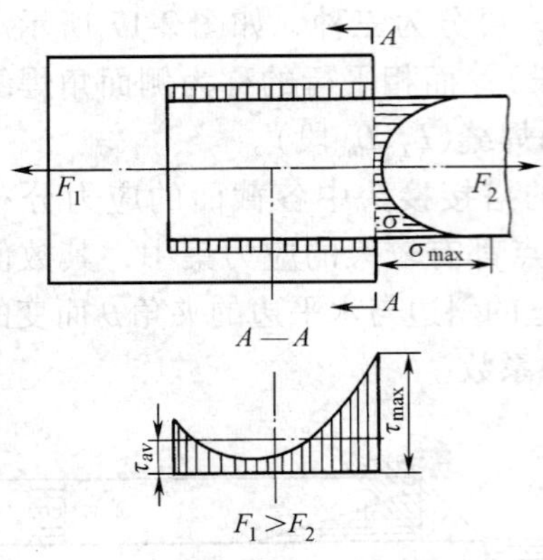

图 2-20　侧面角焊缝的应力分布

F_1、F_2—上、下搭板的截面积

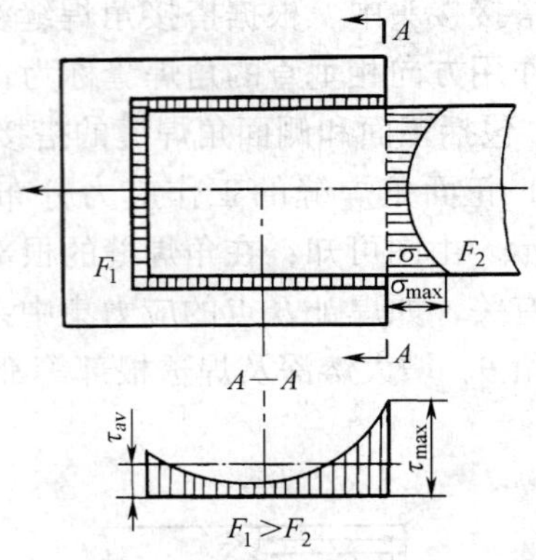

图 2-21　联合角焊缝的应力分布

能力知识点 3　电阻焊接头的工作应力分布

1. 点焊接头的工作应力分布

点焊接头的工作应力分布如图 2-22 所示，点焊接头中的焊点主要承受切应力的作用。单排搭接点焊接头中，焊点除承受切应力外，还承受由偏心力引起的拉应力；多排点焊接头中，拉应力则较小。

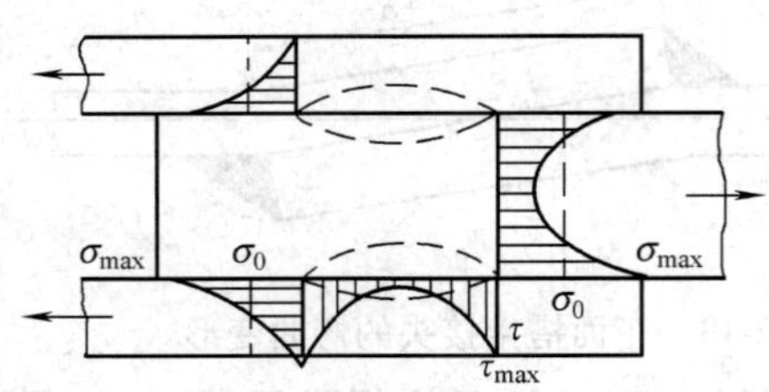

图 2-22　点焊接头工作应力分布

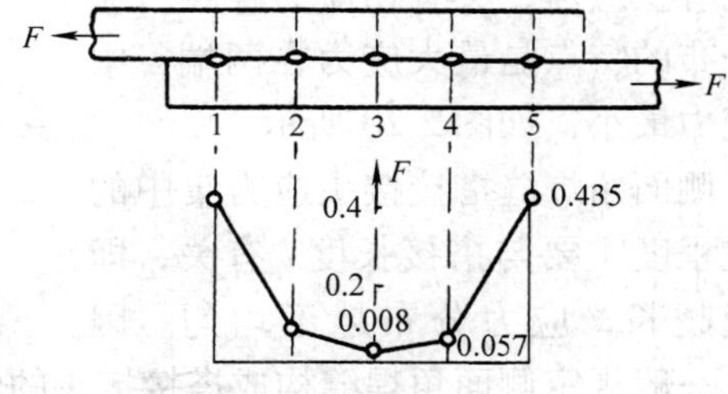

图 2-23　单排多焊点接头中的载荷分配

由单排多焊点组成的点焊接头，焊点附近沿板厚方向的正应力分布和焊点上切应力分布都是不均匀的，存在严重的应力集中。各点承受的载荷的状态如图 2-23 所示，即两端焊点受力最大，中间焊点受力最小。点数越多，分布越不均匀。

想一想　制造业和日常生活中有哪些产品应用电阻焊接头的形式比较多？

2. 缝焊接头的工作应力分布

缝焊接头的焊缝是由一个个焊点局部重叠构成的，它多用于薄板容器的焊接。当材料的焊接性好时，其接头静载强度可与母材相同，且应力分布也较点焊均匀。

【综 合 训 练】

一、理论部分

（一）判断题（对画√，错画×）

1. 对接接头的应力集中受焊缝余高和过渡角双重因素的影响。（　　）
2. 焊接设计时，所有结构焊缝都要进行强度计算。（　　）
3. 搭接接头正面角焊缝两焊缝之间的距离应等于其板厚。（　　）
4. 搭接接头侧面角焊缝其焊缝长度不小于50倍的焊角。（　　）
5. 搭接接头联合角焊缝的应力分布优于正面角焊缝或侧面角焊缝的应力分布。（　　）
6. 设计角焊缝时应尽可能选择大的焊角尺寸以保证接头强度。（　　）

（二）选择题

1. 对于承受动载荷的接头不宜采用（　　）。

A. 对接接头　　B. T形接头　　C. 搭接接头　　D. 角接接头

2. 应力集中较小的焊接接头是（　　）。

A. 搭接接头　　B. T形接头　　C. 角接接头　　D. 对接接头

3. 降低搭接接头正面角焊缝应力集中的方法是（　　）。

A. 减小夹角 θ　　B. 增大熔深　　C. 焊透根部

4. 在下列接头中哪种接头的疲劳强度最低（　　）。

A. 对接接头　　B. T形（十字）接头　　C. 搭接接头

（三）简答题

1. 什么叫应力集中？焊缝外形上什么地方容易产生应力集中？
2. 为什么不能过多的增加对接焊缝的余高值？
3. 设计搭接接头时，增加正面角焊缝有什么好处？

二、实践部分

1. 训练目标：了解电弧焊接头应力集中的概念及其对结构的影响。
2. 训练准备：

（1）人员准备　每组4~5人，分成若干小组。

（2）资料准备　有关焊接接头工作应力分布的资料。

3. 训练地点：实训教室
4. 训练办法：画出对接接头中的工作应力分布图并分析减小应力集中的有效措施。

综合知识模块三　焊接接头的静载强度

能力知识点1　焊接接头的设计

1. 焊接接头设计的几点注意事项

1）接头处几何形状的变化、装配间隙误差及焊接缺陷等，均会引起局部区域产生严重的应力集中，其实际值往往比设计值大几倍。因此，应尽量使接头形式简单、结构连续，且不设在最大应力作用截面上。

2）角焊缝的焊脚尺寸不宜过大，大尺寸角焊缝的单位面积承载能力较低；正面角焊缝的刚度比侧面角焊缝的刚度大，实际强度也比侧面角焊缝的大，见表 2-12。

表 2-12　角焊缝的强度

焊角尺寸 K /mm	焊缝金属面积 A /mm^2	角焊缝计算厚度 a /mm	试验结果 p/MPa	
			正面角焊缝	侧面角焊缝
4	11	2.8	433	326
8	45	5.6	360	270
12	101	8.4	332	250
16	179	11.2	324	243
20	280	14.0	315	236
30	630	21.0	315	236

3）尽量避免在接头厚度方向上传递力，减小接头部分应力分布的复杂程度。如果必须采用在厚度方向传力的接头形式时，应选用具有良好塑性变形能力的钢材。

4）接头要便于制造和检验。

2. 常见不合理的接头设计及改进

表 2-13 列举了焊接接头形式中的一些不合理形式及改进方案，供参考。

表 2-13　焊接接头形式的正误对比

接头设计原则	不合理的设计	改进的设计
焊缝应布置在工作时最有效的地方，用最少的焊接量得到最佳的效果	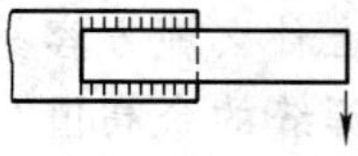	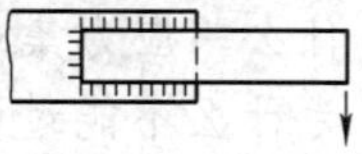
焊缝的位置应便于焊接及检验		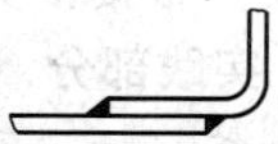
在焊缝的连接板端部应当有较和缓的过渡	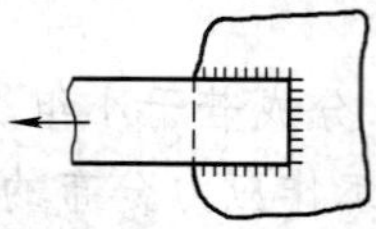	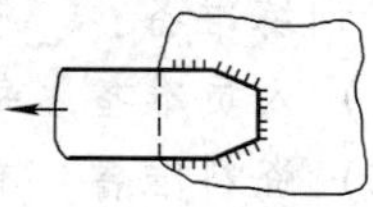
加强肋等端部的锐角应切去	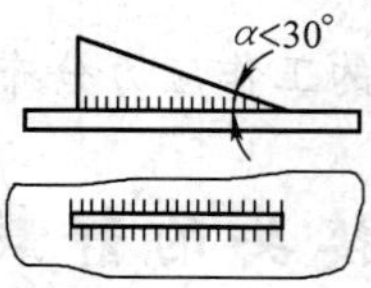 $\alpha<30^\circ$	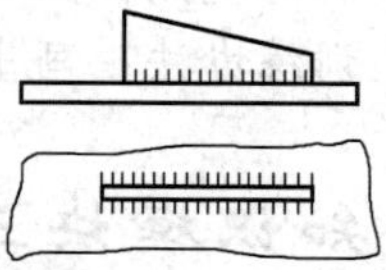
焊缝不应过分密集	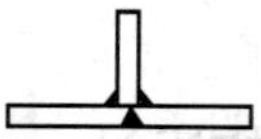	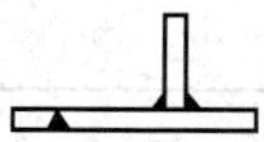
避免交叉焊缝	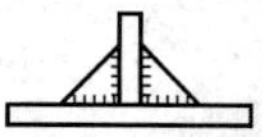	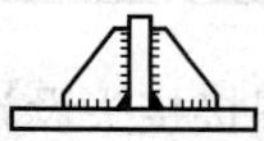

（续）

接头设计原则	不合理的设计	改进的设计
焊缝布置尽可能对称并靠近中心轴		
受弯曲作用的焊缝未焊侧，不要位于受拉应力处		
避免将焊缝布置在应力集中处，对于动载结构尤应注意		
避免将焊缝布置在应力最大处		
自动焊时，焊缝位置应使焊接设备的调整次数及工件的翻转次数最少	自动焊机机头轴线位置	自动焊机机头轴线位置
电渣焊时，应使焊接处的截面尽量设计成规则的形状	R1 R2 R3 R4 R5 R6	
钎焊接头应尽量增加钎焊面，可将对接改为搭接，搭接长度为板厚的4～5倍		

3. 焊接接头静载强度计算的几点假设

由于焊接接头的应力分布，尤其是角焊缝构成的各类型接头的应力分布十分复杂，精确计算是困难的，为了方便计算，工程上一般作如下假设：

1）残余应力对接头强度没有影响。

2）接头的工作应力是均布的，以平均应力计算。

3）由几何不连续而引起局部应力集中对接头强度没有影响。

4）正面角焊缝和侧面角焊缝在强度上无差别。

5）焊脚尺寸的大小对焊缝的强度没有影响。

6）角焊缝都是在切应力作用下破坏的，

想一想　工作焊缝和联系焊缝中哪一种焊缝要进行强度计算？

按切应力计算其强度。

7）忽略焊缝的余高和少量的熔深（不包括埋弧焊和 CO_2 焊）对接头强度的影响，以焊缝中最小断面为计算断面（又称危险断面）。各种接头的焊缝计算断面如图 2-24 所示，图中 a 值为该断面的计算厚度。

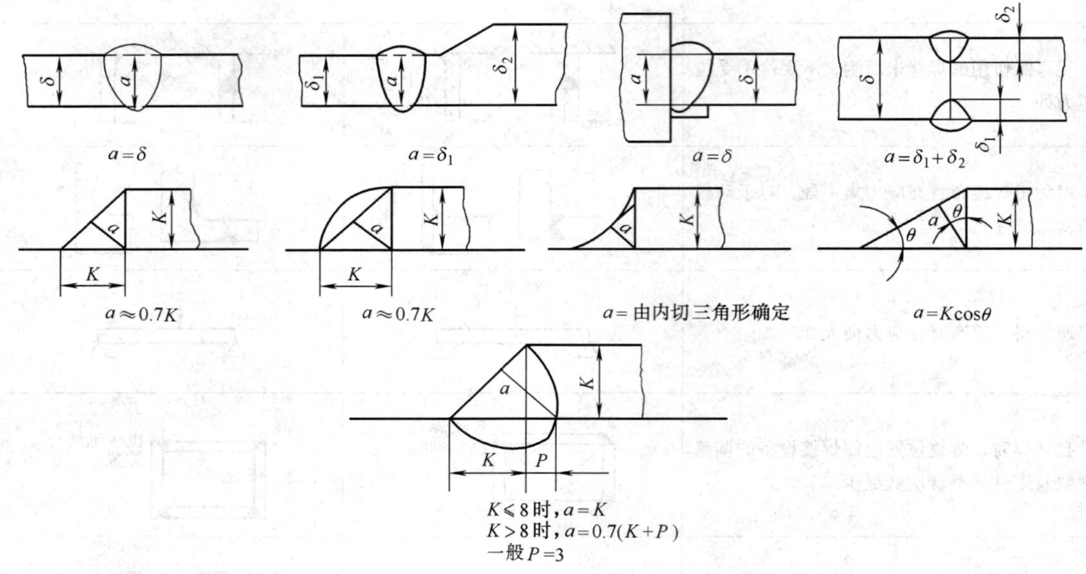

图 2-24　各种焊缝的计算断面（a 为计算厚度）

能力知识点 2　焊缝许用应力

焊缝许用应力的大小与焊接工艺和材料、焊接检验方法的精确程度等许多因素有关。随着焊接技术及焊接检验技术的不断发展与改进，使焊接接头的可靠性不断提高，焊缝的许用应力值也相应增大。确定焊缝的许用应力有两种方法：

（1）焊缝系数法　即按母材金属的许用应力乘以一个系数，确定焊缝的许用应力，这个系数主要根据焊接方法和焊接材料来确定。能获得较高质量的焊接方法（埋弧焊）和焊接材料（如低氢型焊条）所焊接的焊缝，应采用较高的系数（系数最大值为 1），若用一般焊条和焊条电弧焊焊成的焊缝，应采用较低的系数，见表 2-14。

表 2-14　焊缝金属的许用应力

焊缝种类	应力状态	焊缝许用应力	
		420MPa 或 490MPa 级焊条的焊条电弧焊	低氢型焊条的焊条电弧焊、自动焊和半自动焊
对接焊缝	拉应力	0.9[σ]	[σ]
	压应力	[σ]	[σ]
	切应力	0.6[σ]	0.65[σ]
角焊缝	切应力	0.6[σ]	0.65[σ]

注：1. [σ] 为母材金属的拉伸许用应力。

2. 适用于低碳钢及 490MPa 级以下的低合金结构钢。

（2）采用已规定的具体数值　这种方法多为某类产品行业根据产品特点、工作条件、所用材料、工艺过程和质量检验方法等方面制定出相应的焊缝许用应力具体数据，见表2-15、表2-16。

表 2-15　钢材的分组尺寸　（单位：mm）

组别	钢材的钢号			
	Q215 钢或 Q235 钢			Q345（16Mn）钢
	钢棒的直径或厚度	型钢或异型钢厚度	钢板的厚度	钢材的直径或厚度
第一组	≤40	≤15	4～20	≤16
第二组	>40～100	>15～20	>20～40	17～25
第三组		>20		26～36

注：1. 棒钢包括圆钢、方钢、扁钢及六角钢。型钢包括角钢、工字钢和槽钢。

2. 工字钢和槽钢的厚度系指腹板的厚度。

表 2-16　焊缝金属的许用应力　（单位：MPa）

焊缝种类	应力种类		符号	机械化焊、手工焊和用E43 型焊条电弧焊				机械化焊、手工焊和用 E50 型焊条电弧焊		
				构件的钢号						
				Q215 钢		Q235 钢		Q345（16Mn）钢		
				第一组	第二、三组	第一组	第二、三组	第一组	第二组	第三组
对接焊缝	抗压		$[\sigma_p]$	152	136	166.5	152	235	226	210
	抗拉	机械化焊或精确方法检查手工焊的焊缝质量	$[\sigma'_t]$	152	136	166.5	152	235	226	210
		用普通方法检查手工焊焊缝的质量	$[\sigma'_t]$	127	117.5	142	127	201	191	181
	抗剪		$[\tau']$	93	83	98	93	142	136	127
角焊缝	抗拉、抗压、抗剪		$[\tau']$	107	107	117.5	117.5	166.5	166.5	166.5

注：1. 钢材按其尺寸分组，见表2-15。

2. 检查焊缝的普通方法系指外观检查、测量尺寸、钻孔检查等方法；精确方法是在普通方法的基础上，用射线或超声波进行补充检查。

能力知识点3　电弧焊接头的静载强度计算

目前仍采用许用应力法计算接头静载强度，而接头的强度计算实际上是计算焊缝的强度，因此，强度计算时许用应力值均为焊缝的许用应力。

电弧焊接头静载强度计算的一般表达式为

$$\sigma \leqslant [\sigma'] \text{或} \tau \leqslant [\tau']$$

式中　σ、τ——平均工作应力；

$[\sigma']$、$[\tau']$——焊缝的许用应力。

1. 对接接头静载强度计算

对接接头强度计算时，不考虑焊缝余高，焊缝计算长度取实际长度，计算厚度取两板中较薄者。如果焊缝的许用应力与基本金属的相等，可不必进行强度计算。只需根据钢材的强度，选用相应强度的焊接材料，并焊透钢板获得优质的焊缝即可。

全部焊透的对接接头可承受各种类型的载荷，如图2-25所示。包括拉伸力F、压缩力F'、剪切力Q、板平面内弯矩M_1、垂直板面弯矩M_2等。

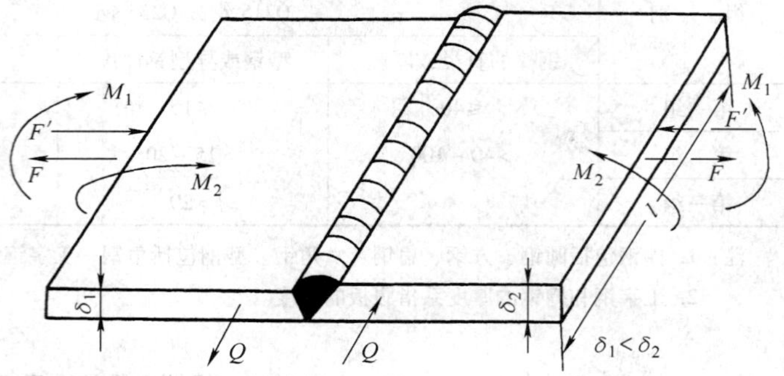

不完全焊透的对接接头，在强度计算时其计算厚度一般低于实际焊透深度，如不封底的对接焊缝的计算厚度为较薄板的5/8。

图2-25　对接接头的受力情况

(1) 受拉或受压对接接头的静载强度计算

受拉时

$$\sigma_t = \frac{F}{L\delta_1} \leqslant [\sigma'_t] \qquad (2\text{-}1)$$

受压时

$$\sigma_p = \frac{F}{L\delta_1} \leqslant [\sigma'_p] \qquad (2\text{-}2)$$

式中　F——接头所受的拉力或压力(N)；

L——焊缝长度(mm)；

δ_1——接头中较薄板的厚度(mm)；

σ_t、σ_p——接头受拉或受压时焊缝中所承受的工作应力(MPa)；

$[\sigma'_t]$——焊缝受拉或受弯时的许用应力(MPa)；

$[\sigma'_p]$——焊缝受压时的许用应力(MPa)。

例2-1　两块板厚为5mm、长为500mm的焊件对接在一起，两端受2.84×10^5N的拉力，材料为Q235-A钢，$[\sigma'_t]=142$MPa，试校核其焊缝强度。

解　已知$F=2.84\times10^5$N，$L=500$mm，$\delta_1=5$mm，$[\sigma'_t]=142$MPa，代入式(2-1)得

$$\sigma_t = \frac{F}{L\delta_1} = \frac{2.84\times10^5\text{N}}{500\text{mm}\times5\text{mm}} = 113.6\text{MPa} < [\sigma'_t]$$

所以该对接接头焊缝强度满足要求，结构工作时是安全的。

(2) 受剪切对接接头的静载强度计算

$$\tau = \frac{Q}{L\delta_1} \leqslant [\tau'] \qquad (2\text{-}3)$$

式中　Q——接头所受的切力(N)；

L——焊缝长度(mm)；

δ_1——接头中较薄板的厚度(mm)；

τ——接头焊缝中所承受的切应力(MPa)；

$[\tau']$——焊缝许用切应力(MPa)。

例2-2　两块板厚为10mm的焊件对接，焊缝受2.93×10^4N的切力，材料为Q235-A钢，试设计焊缝的长度(焊件宽度)。

解　由式(2-3)可得

$$L\geqslant\frac{Q}{\delta_1[\tau']}$$

已知$Q=2.93\times10^4\text{N}$，$\delta_1=10\text{mm}$；由表2-15、表2-16中查得$[\tau']=98\text{MPa}$，代入上式得

$$L\geqslant\frac{2.93\times10^4\text{N}}{10\times98\text{MPa}}=29.9\text{mm}$$

取$L=30$mm，当焊缝长度(板宽)为30mm时，该对接接头焊缝强度能满足要求。

(3) 受弯矩对接接头的静载强度计算

1) 受板平面内弯矩M_1

$$\sigma=\frac{6M_1}{\delta_1L^2}\leqslant[\sigma'_t] \tag{2-4}$$

2) 受垂直板面弯矩M_2

$$\sigma=\frac{6M_2}{\delta_1^2L}\leqslant[\sigma'_t] \tag{2-5}$$

式中　M_1——板平面内弯矩(N·mm)；

M_2——垂直板面弯矩(N·mm)；

L——焊缝长度(mm)；

δ_1——接头中较薄板的厚度(mm)；

σ——接头受弯矩作用时焊缝中所承受的工作应力(MPa)；

$[\sigma'_t]$——焊缝受拉或受弯时的许用应力(MPa)。

2. T形(十字)接头静载强度计算

T形(十字)接头的强度与焊脚尺寸有关，一般根据焊缝强度等于母材金属强度的等强度原则确定焊缝尺寸。普通角焊缝构成的T形(十字)接头，焊脚尺寸K为较薄钢板厚度的3/4，坡口焊缝熔深P等于钢板厚度，如图2-26所示。

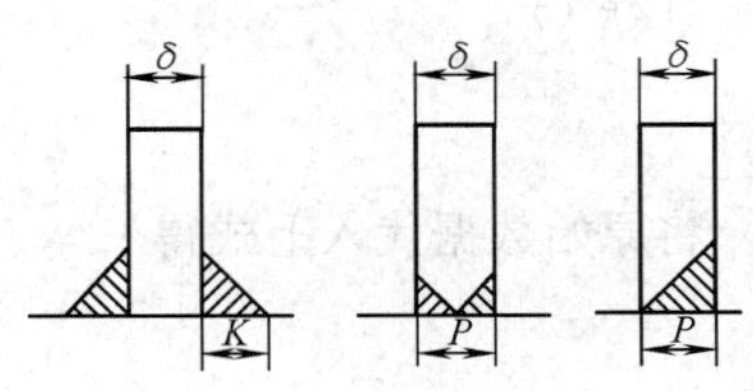

图2-26　等强度角焊缝和坡口角焊缝

根据载荷作用的方式不同，T形(十字)接头静载强度有以下两种计算方法。

(1) 载荷平行于焊缝的T形(十字)接头的形式　如图2-27所示，首先将作用力F平移到焊缝根部平面，并同时附加力偶。产生最大应力的危险点是在焊缝的最上端，该点同时有两个切应力起作用：一个是由$Q=F$引起的τ_Q；另一个是由$M=FL$引起的τ_M。τ_Q和τ_M是互相垂直的。

$$\text{合成切应力}\quad \tau_{合}=\sqrt{\tau_M^2+\tau_Q^2} \tag{2-6}$$

如果T形接头开坡口并焊透，强度按对接接头计算，焊缝金属截面积等于母材截面积（$A=\delta_h$）；若不开坡口时，其强度计算公式为

$$\tau_M=\frac{3FL}{0.7Kh^2}$$

$$\tau_Q=\frac{F}{1.4Kh}$$

例2-3 一T形接头如图2-28所示，已知焊缝金属的许用应力$[\tau']=100\text{MPa}$，试设计角焊缝的焊角尺寸K。

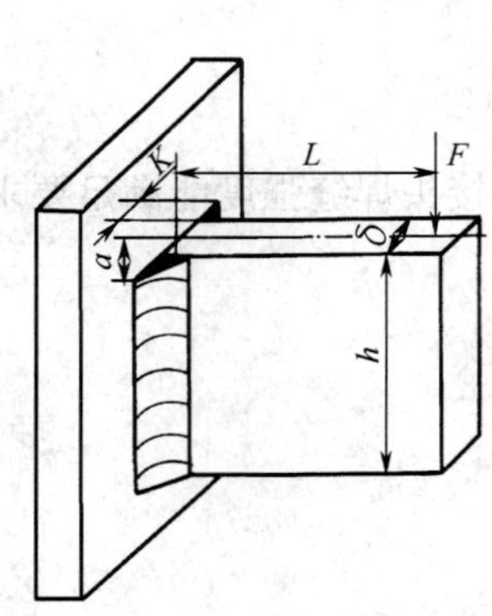

图2-27 载荷平行于焊缝的T形接头

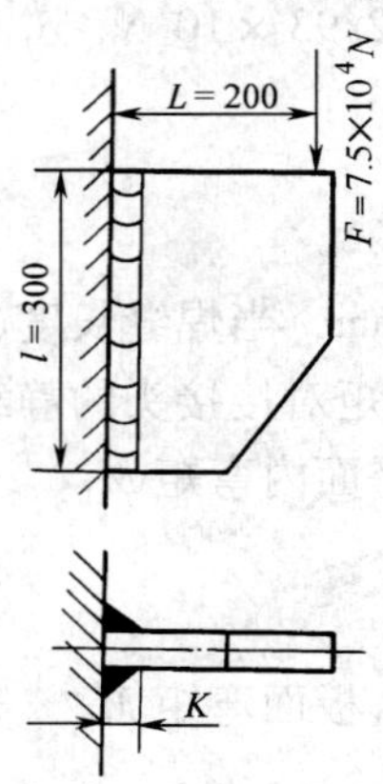

图2-28 T形接头的焊脚尺寸设计

解 计算τ_M

$$\tau_M=\frac{3FL}{0.7Kh^2}$$

将原始数据代入上式得

$$\tau_M=\frac{3\times7.5\times10^4\times200}{0.7\times K\times300^2}=\frac{500}{0.7K}$$

计算τ_Q

$$\tau_Q=\frac{F}{1.4Kh}$$

将原始数据代入上式得

$$\tau_Q=\frac{7.5\times10^4}{1.4\times K\times300}=\frac{250}{1.4K}$$

计算$\tau_合$

$$\tau_合=\sqrt{\tau_M^2+\tau_Q^2}=\sqrt{\left(\frac{500}{0.7K}\right)^2+\left(\frac{250}{1.4K}\right)^2}$$

利用强度校核公式$\tau_合\leqslant[\tau']$

即

$$\sqrt{\left(\frac{500}{0.7K}\right)^2+\left(\frac{250}{1.4K}\right)^2}\leqslant100\text{MPa}$$

故

$$K \geqslant \frac{\sqrt{\left(\frac{500}{0.7}\right)^2 + \left(\frac{250}{1.4}\right)^2}}{100} \approx 7.4\text{mm}$$

取 $K = 8\text{mm}$

（2）弯矩与板面垂直的T形接头的形式及应力分布　如图2-29所示，如开坡口并焊透，其强度按对接接头计算。当接头没开坡口采用角焊缝连接时，强度计算公式如下：

$$\tau = \frac{M}{W} \leqslant [\tau'] \tag{2-7}$$

$$W = \frac{L[(\delta + 1.4K)^2 - \delta^2]}{6(\delta + 1.4K)}$$

3. 搭接接头的静载强度计算

（1）受拉、压的搭接接头静载强度计算　各种搭接接头的受力情况如图2-30所示。由于焊缝和受力方向相对位置的不同，可分成正面搭接、侧面搭接和联合搭接受拉伸或压缩作用的三种焊缝。

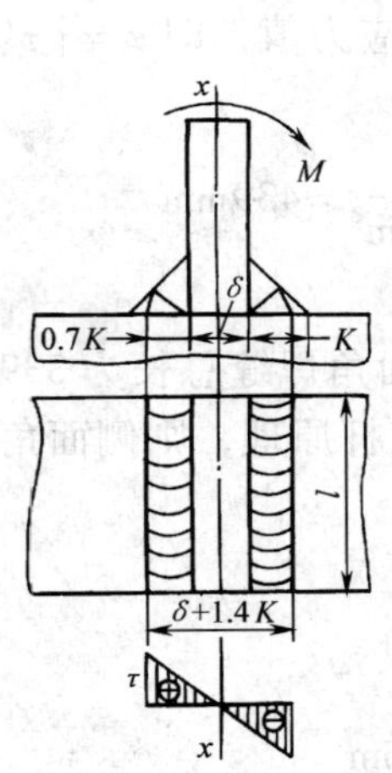

图2-29　弯矩垂直于板面

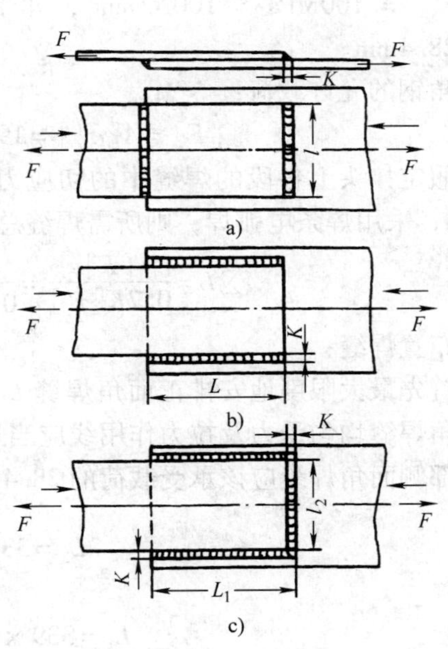

图2-30　各种搭接接头受力情况

a）正面搭接　b）侧面搭接　c）联合搭接

三种焊缝的计算公式如下：

1）正面焊缝受拉或压的计算公式

$$\tau = \frac{F}{1.4KL} \leqslant [\tau'] \tag{2-8}$$

2）侧面焊缝受拉或压的计算公式

$$\tau = \frac{F}{1.4KL} \leqslant [\tau']$$

3）联合焊缝受拉或压的计算公式

$$\tau=\frac{F}{0.7K\sum L}\leqslant[\tau'] \tag{2-9}$$

式中 F——搭接接头所受的拉力或压力(N)；

K——焊脚尺寸(mm)；

L——焊缝长度(mm)；

$\sum L$——正、侧面焊缝总长(mm)；

τ——搭接接头角焊缝所承受的切应力(MPa)；

$[\tau']$——焊缝金属许用切应力(MPa)。

例 2-4 将 100mm × 100mm × 10mm 的角钢用角焊缝搭接在一块焊件上，如图 2-31 所示。受拉伸时要求与角焊缝等强度，试计算搭接焊缝长度 L 并合理布置。

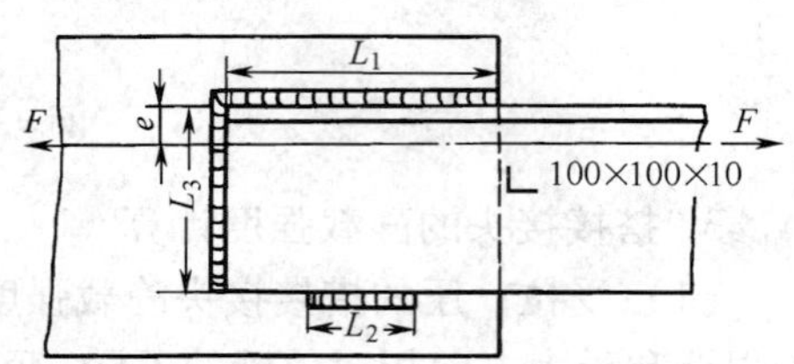

图 2-31 合理布置搭接焊缝

解 由手册查得角钢截面积 $A=19.2\text{cm}^2$，许用拉应力值 $[\sigma_t']=160\text{MPa}=160\text{N/mm}^2$，焊缝许用切应力 $[\tau']=100\text{MPa}=100\text{N/mm}^2$，角钢的重心距 $Z_0=28.4\text{mm}$。

角钢的允许载荷：

$$[F]=A[\sigma_t']=1920\text{mm}^2\times160\text{N/mm}^2=307200\text{N}$$

假定接头上各段的焊缝中的切应力都达到焊缝许用切应力值，即 $\tau=[\tau']$。若取 $K=10\text{mm}$，采用焊条电弧焊，则所需焊缝总长度为：

$$\sum L=\frac{[F]}{0.7K[\tau']}=\frac{307200\text{N}}{0.7\times10\text{mm}\times100\text{N/mm}^2}=439\text{mm}$$

合理布置焊缝：

首先最大限度地安排正面角焊缝 $L_3=100\text{mm}$，则两侧面角焊缝总长为 339mm，考虑到两侧角焊缝均匀受力及拉力作用线应当通过角钢重心。按杠杆原理，则侧面角焊缝 L_2 应承受全部侧面角焊缝应该承受载荷的 28.4%。故

$$L_2=339\times\frac{28.4}{100}\text{mm}=96\text{mm}$$

$$L_1=339\times\frac{100-28.4}{100}\text{mm}=243\text{mm}$$

取 $L_1=250\text{mm}$，$L_2=100\text{mm}$。

例 2-4 说明在求出焊脚值和焊缝长后，还必须合理布置焊缝，才能达到受力均衡，保证接头强度。

(2) 受弯矩作用的搭接接头静载强度计算　受弯矩作用的搭接接头若在焊缝平面内受弯曲力矩时，其强度计算方法有分段计算法、轴惯性矩法、极惯性矩法三种。

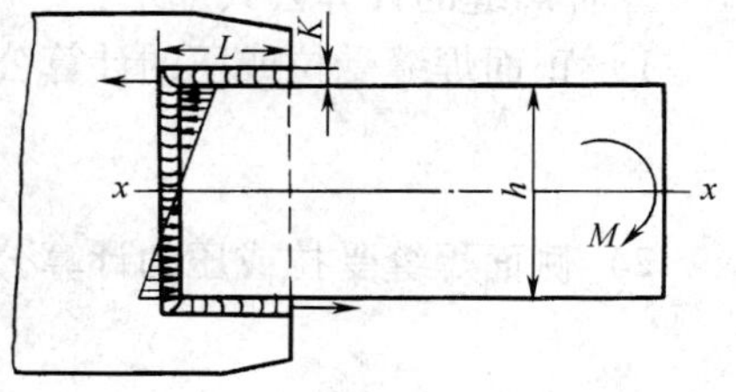

图 2-32 分段计算法示意图

1) 分段计算法。分段计算法的示意图如图 2-32 所示，外加力矩 M 必须与水平焊缝产生的内力矩 M_H 和垂

直焊缝产生的内力矩 M_V 之和相平衡，即 $M=M_H+M_V$

当焊缝不是深熔焊缝，其应力值达到 τ 时：

水平焊缝中的力矩

$$M_H=\tau\times 0.7KL(h+K)$$

垂直焊缝中的力矩

$$M_V=\tau\times\frac{0.7Kh^2}{6}$$

$$M=M_H+M_V=\tau\left[0.7KL(h+K)+\frac{0.7Kh^2}{6}\right]$$

$$\tau=\frac{M}{0.7KL(h+K)+\frac{0.7Kh^2}{6}}\leqslant[\tau'] \tag{2-10}$$

2）轴惯性矩法。轴惯性矩计算法示意图如图2-33所示。计算的基本假设是焊缝中某点的应力值与其至中心轴的距离成正比，因此，最大应力值将出现在离中心轴最远的 y_{max} 处。

计算公式为

$$\tau_{max}=\frac{M}{I_x}y_{max}\leqslant[\tau'] \tag{2-11}$$

式中 M——作用在接头上的外加弯矩（N·mm）；

y_{max}——焊缝X轴的最大距离（mm）；

I_x——焊缝X轴的计算惯性距（mm^4）；

τ_{max}——焊缝受到的最大切应力（MPa）；

$[\tau']$——焊缝的许用切应力（MPa）。

（3）受偏心载荷的搭接接头静载强度计算 如果接头承受的载荷不是单纯的弯矩，而是垂直于 x 轴方向的偏心载荷 F，如图2-34所示。此时，焊缝中既有由弯矩 $M=FL$ 引起的切应力 τ_M，又有由切力引起的切应力 τ_Q。因此，应分别计算出 τ_M 和 τ_Q，再按下式计算合成应力 $\tau_{合}$。

$$\tau_{合}=\sqrt{\tau_M^2+\tau_Q^2}\leqslant[\tau']$$

式中 τ_M 按受弯矩的搭接接头进行计算，τ_Q 按下式进行计算：

$$\tau_Q=\frac{F}{0.7K\sum L}$$

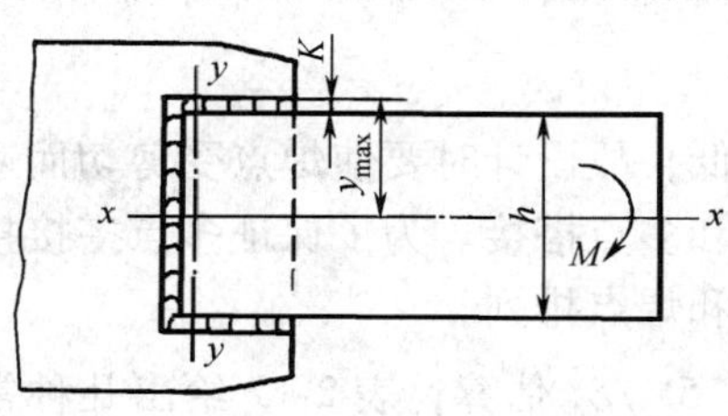

图2-33 轴惯性矩计算法示意图

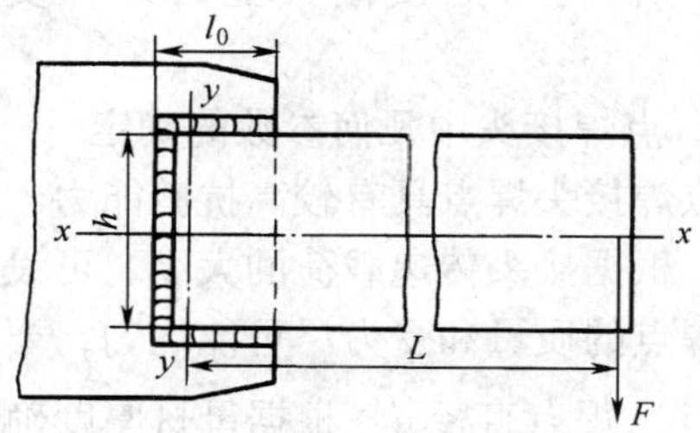

图2-34 受偏心载荷的搭接接头

例 2-5 一偏心受载的搭接接头如图 2-34 所示。已知焊缝长度 $h=400\text{mm}$，$L_0=100\text{mm}$，焊脚尺寸 $K=10\text{mm}$。外加载荷 $F=30000\text{N}$，梁长 $L=100\text{cm}$，试校核焊缝强度。焊缝的许用切应力 $[\tau']=100\text{MPa}$。

解 用分段计算法计算 τ_M

$$\tau_M=\frac{M}{0.7KL_0(h+K)+\dfrac{0.7Kh^2}{6}}$$

由 F 力引起的弯矩 $M=FL=3\times10^4\times1\times10^3\text{N}\cdot\text{mm}=3\times10^7\text{N}\cdot\text{mm}$

代入原始数据

$$\tau_M=\frac{3\times10^7}{0.7\times10\times100\times(400+10)+\dfrac{0.7\times10\times400^2}{6}}=63.29\text{N/mm}^2=63.29\text{MPa}$$

计算 τ_Q

$$\tau_Q=\frac{F}{0.7K\sum L}$$

$\sum L$ 为焊缝总长，即 $\sum L=(400+100+100)\text{mm}=600\text{mm}$

$$\tau_Q=\frac{3\times10^4}{0.7\times10\times600}\text{N/mm}^2\approx7.14\text{N/mm}^2=7.14\text{MPa}$$

计算合成切应力

$$\tau_{合}=\sqrt{\tau_M^2+\tau_Q^2}=\sqrt{63.29^2+7.14^2}\text{N/mm}^2=63.69\text{N/mm}^2=63.69\text{MPa}$$

由于 63.69MPa < 100MPa　即 $\tau_{合}<[\tau']$ 所以此搭接接头是安全的。

能力知识点 4　点焊接头静载强度计算

1. 几个假设

精确计算焊点的工作应力较困难，为了简化计算，特作如下假设：

1）每个焊点都是在切应力作用下破坏的。

2）忽略因搭接接头的偏心力而引起的附加应力。

3）不考虑应力集中对焊点上强度的影响。

4）在同一搭接接头上的焊点受力是均匀的。

想一想　什么样的接头形式可以承受各种类型的载荷?

2. 点焊接头中几何参数的确定

点焊接头焊点具有较高抗剪能力，而抗撕裂能力低，故设计时要使焊点受剪切而避免受撕拉。根据接头传递载荷的大小，可设计成单点搭接和多点搭接。为了保证多点搭接接头上每个焊点的质量和受力尽可能均匀，要注意焊点直径和焊点排列。

（1）焊点直径 d　根据母材厚度确定，也可按 $d=5\sqrt{\delta_{薄}}$ 估算，表 2-17 给出几种常用金属材料的最小焊点直径参考值。

表 2-17　焊点的最小直径

板厚 $\delta_{薄}$/mm	焊点直径/mm		
	低碳钢、低合金钢	不锈钢、耐热钢、钛合金	铝　合　金
0.3	2.0	2.5	—
0.5	2.5	2.5	3.0
0.6	2.5	3.0	—
0.8	3.0	3.5	3.5
1.0	3.5	4.0	4.0
1.2	4.0	4.5	5.0
1.5	5.0	5.5	6.0
2.0	6.0	6.5	7.0
2.5	6.5	7.5	8.0
3.0	7.0	8.0	9.0
4.0	9.0	10.0	12.0

（2）焊点中心节距 s　焊点过密时，焊接分流大而影响质量，一般 $s \geqslant 3d$，如图 2-35 所示。

（3）焊点到边缘距离 e　焊点中心至板端面距离 $e_1 \geqslant 2d$，防止焊点沿板边处撕裂；焊点中心至板侧面距离 $e_2 \geqslant 1.5d$，防止焊点熔核被挤出，如图 2-35 所示。

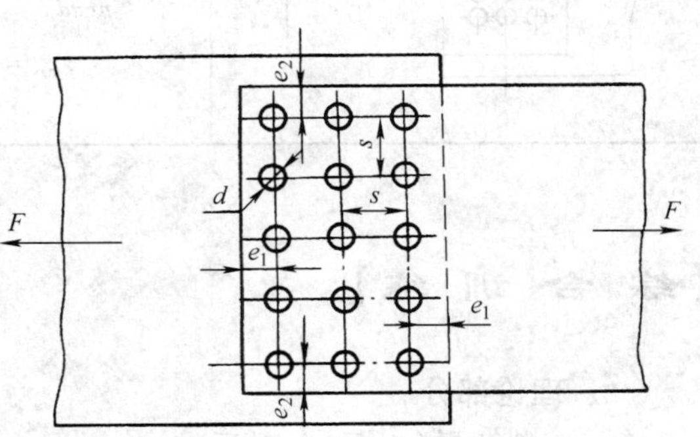

图 2-35　点焊接头设计

3. 点焊接头静载强度计算公式

表 2-18 中给出点焊接头在受拉、受压、弯曲及偏心力作用下的静载强度计算公式，$[\tau'_0]$ 为焊点的许用抗剪切强度。

表 2-18　点焊接头静载强度计算公式

简　　图	计 算 公 式	备　　注
F　F 单面剪切 双面剪切	拉或压： 单面剪切　$\tau = \dfrac{4F}{ni\pi d^2} \leqslant [\tau'_0]$ 双面剪切　$\tau = \dfrac{2F}{ni\pi d^2}[\tau'_0]$	$[\tau'_0]$——焊点的剪切许用应力 i——焊点的列数 n——每列的焊点数

（续）

简　图	计算公式	备　注
	弯： 单面剪切　$\tau_{\max}=\dfrac{4My_{\max}}{i\pi d^2\sum y_i^2}\leqslant[\tau_0']$ 双面剪　$\tau_{\max}=\dfrac{2My_{\max}}{i\pi d^2\sum y_i^2}\leqslant[\tau_0']$	$[\tau_0']$——焊点的剪切许用应力 i——焊点的列数 n——每列的焊点数
	拉或压： 单面剪切　$\tau_M=\dfrac{4FLy_{\max}}{id^2\pi\sum y_i^2}$　$\tau_Q=\dfrac{4F}{ni\pi d^2}$ 双面剪切　$\tau_M=\dfrac{2FLy_{\max}}{i\pi d^2\sum y_i^2}$　$\tau_Q=\dfrac{2F}{ni\pi d^2}$ $\tau_{\max}=\sqrt{\tau_M^2+\tau_Q^2}\leqslant[\tau_0']$	

【综 合 训 练】

一、理论部分

（一）判断题（对画√，错画×）

1. 焊接接头选择的形式和位置与接头产生的应力集中无关。（　　）
2. 为了提高角焊缝的接头强度，焊脚尺寸应尽量大。（　　）
3. 设计焊接接头时应尽量避免交叉焊缝。（　　）

（二）计算题

一对接接头，板厚10mm，宽600mm，两端受4×10^5N的拉力，材料为Q235-A钢，试校核其焊缝强度。

二、实践部分

1. 训练目标：熟悉电弧焊接头静载强度的计算方法。
2. 训练准备

（1）人员准备　每组4～5人，分成若干小组。

（2）资料准备　有关焊接接头设计及强度计算理论的资料。

3. 训练地点：实训教室。
4. 训练办法：练习典型接头的强度计算方法。

综合知识模块四　焊接结构的脆性断裂与疲劳破坏

能力知识点1　焊接结构的脆性断裂

脆性断裂一般都是在应力不高于结构的设计应力和没有明显塑性变形的情况下发生的，并瞬时扩展到结构整体，事先不易发现和预防，因此往往造成人身伤亡和巨大的财产损失。

1. 影响金属脆断的主要因素

同一种材料，在不同条件下可以显示出不同的破坏形式。金属脆断主要受到材料状态内部因素以及应力状态、温度和加载速度等外界条件的影响。

（1）材料状态的影响　焊接结构的选材，首先要了解材料本身状态对断裂形式的重要影响。

1）材料厚度对脆性破坏有影响。厚板在缺口处容易形成三向应力使材料变脆，因为沿厚度方向的收缩和变形受到较大的限制。而当板较薄时，材料在厚度方向能比较自由的收缩，减小厚度方向的应力，使之接近于平面应力状态。

从冶金方面分析，薄板生产时压延量大，轧制温度低，组织致密；而厚板轧制次数少，终轧温度高，组织疏松，内外层均匀性差。

资料卡　自从焊接结构广泛应用以来，许多国家都发生过一些焊接结构的脆性断裂事故。虽然发生脆性断裂事故的焊接结构数量较少，但其后果是严重的，甚至是灾难性的。例如1944年10月22日美国俄亥俄州克利夫兰煤气公司液化天然气储藏基地装有3台内径为17.4m的球罐和1台直径为21.3m、高为12.8m的圆筒形储罐，事故是由圆筒储罐引起的。首先在筒形罐1/3～1/2高处开裂并喷出气体和液体，接着起火，然后储罐爆炸，20分钟后1台球罐因底脚过热而倒塌爆炸，造成128人死亡，损失680万美元。又如1979年12月18日我国吉林液化石油气厂的球罐连锁性爆炸，死伤86人，损失约627万元。事故是由一台$400m^3$球罐在上温带与赤道带的环缝熔合区破裂并迅速扩展为13.5m的大裂口，液化石油气冲出形成了巨大的气团，遇明火引燃，附近球罐被加热，4小时后发生爆炸，一块20t重碎片飞出并打在另一台$400m^3$的球罐上，导致连锁性爆炸，整个罐区成为一片火海。

2）脆性断裂通常发生在体心立方和密排六方晶格的金属和合金中，只有在特殊情况下，如应力腐蚀条件下才在面心立方晶格金属中发生。因此，面心立方晶格金属（如奥氏体不锈钢）可以在很低的温度下工作而不发生脆性断裂。

3）对于低碳钢和低合金钢来说，晶粒度对钢的塑性—脆性转变温度也有很大影响，晶粒度越细，其转变温度越低。

4）钢中的C、N、O、H、S、P均增加钢的脆性，另一些元素如Mn、Ni、Cr、V，如果加入适量，则有助于减小钢的脆性。

（2）应力状态的影响　物体受外载荷作用时，在主平面上作用有最大正应力 σ_{max} 与主平面成45°的平面上作用有最大切应力 τ_{max}。如果在 τ_{max} 达到屈服强度前 σ_{max} 先达到抗拉强度，则发生脆断；反之，如 τ_{max} 先达屈服强度，则发生塑性变形或形成延性断裂。

实际结构中，若处于单向或双向拉伸应力作用，一般呈塑性状态。当处于三向拉伸应力作用时，因不易发生塑性变形而呈脆性。三向应力的产生主要与结构几何不连续性以及承受三向载荷因素的影响有关。例如，虽然整个结构处于单向、双向拉伸应力状态下，但其局部区域由于设计不佳、工艺不当，往往出现形成局部三向应力状态的缺口效应。当构件受均匀拉伸应力时，其中一个缺口根部出现高值的应力和应变集中，缺口越深、越尖，其局部应力和应变也越大。在受力过程中，缺口根部材料的伸长，必然要引起此处材料沿宽度和厚度方向的收缩，如图2-36所示。但由于缺口尖端以外的材料受到的应力较小，它们将引起较小的横向收缩。由于横向收缩不均，缺口根部横向收缩受阻，结果产生横向和厚度方向的拉伸应力 σ_x 和 σ_z，也就是说缺口根部产生了三向拉应力。

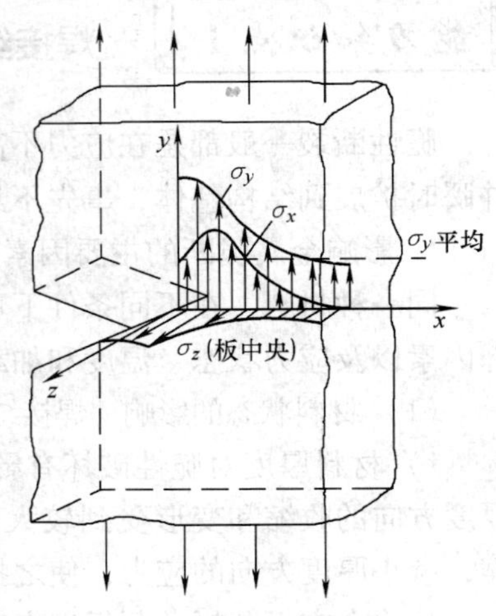

图2-36　缺口根部应力分布示意图

（3）温度的影响　如果把一组开有同样缺口的试样在不同温度下进行试验，就会看到随着温度的降低，它们的破坏方式将从塑性破坏变为脆性破坏。对于一定的加载方式（应力状态），当温度降至某一临界值时，将出现塑性到脆性断裂的转变，这个温度称为脆性转变温度。

（4）加载速度的影响　提高加载速度能促使材料脆性破坏，其作用相当于降低温度。在同样加载速率下，当结构中有缺口时，在应力集中的影响下，应变速率将呈现出加倍的不利影响。从而大大降低了材料的局部塑性。这也说明了为什么结构钢一旦开始脆性断裂，就很容易产生扩展现象。当缺口根部小范围金属材料发生断裂时，则在新裂纹前端的材料立即突然受到高应力和高应变载荷。换句话说，一旦缺口根部开裂，就有高的应变速率，而不管其原始加载条件是动载的还是静载的，此时随着裂纹加速扩展，应变速率更急剧增加，致使结构最后破坏。

2. 预防焊接结构脆性断裂的措施

（1）正确选用材料　选材的基本原则是既要保证结构安全使用，又要考虑经济效益。使选用的钢材和焊接用填充金属保证在使用温度下具有合格的缺口韧性。

1）在结构工作条件下，焊缝、热影响区、熔合区是最容易产生脆断的部位，因此要求母材应具有一定的止裂性能。

2）随着钢材强度的提高，断裂韧性和工艺性一般都有所下降。因此，不宜采用比实际需要强度更高的材料，特别不应该单纯追求强度指标而忽视其他性能。材料的选择可通过缺口韧性试验或断裂韧性评定试验来确定。

（2）采用合理的焊接结构设计　设计有脆性断裂倾向的焊接结构，应当注意以下几个原则：

1）尽量减少结构或焊接接头部位的应力集中。

2）在满足结构使用条件下，尽量减少结构的刚度，以降低应力集中和附加应力。

3）不应通过降低许用应力值来减少脆性的危险性，因为这样的结果将使厚度过分增大，从而提高钢材的脆性转变温度，降低其韧性值，反而易引起脆性断裂。

4）对于附件或不受力焊缝的设计，应与主要受力焊缝一样给予足够重视，防止这些接头部位产生脆性裂纹，以致扩展到主要的受力元件中，使结构破坏。

5）减少和消除焊接残余拉伸应力的不利影响。必要时应考虑消除应力热处理。

能力知识点2　焊接结构的疲劳破坏

重复应力所引起的裂纹起始和缓慢扩展而产生结构部件的损伤现象称为疲劳。疲劳裂纹多发生在承受重复载荷结构中的应力集中部位，由于疲劳裂纹发展的最后阶段——失稳扩展(断裂)是突然发生的，难以采取预防措施，所以疲劳裂纹对结构的安全性有很严重的威胁。

在交变应力或应变作用下，也会由于裂纹引发(或)扩展而发生疲劳破坏。疲劳破坏一般从应力集中处开始，而焊接结构的疲劳破坏又往往是从焊接接头处产生。

如图2-37所示飞机起落架的破坏，裂纹是从应力集中很高的加强角板尖端开始的，并在重复载荷下导致裂纹扩展所致。

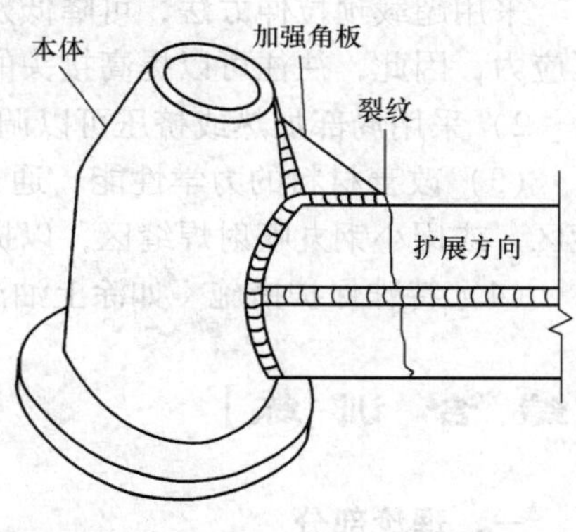

图2-37　飞机起落架的疲劳破坏

1. 影响疲劳强度的因素

影响焊接接头疲劳强度的因素包括应力集中、构件截面尺寸、表面状态、加载情况及介质等。

(1) 应力集中的影响　接头部位由于具有不同的应力集中，它们对接头的疲劳强度产生不同程度的不利影响。

对接焊缝的应力集中比其他形式的接头要小，但过大的余高和过渡角都会增大应力集中，使接头的疲劳强度下降。

T形(十字)接头在焊缝向母材过渡处有明显的截面变化，其应力集中系数要比对接接头的应力集中系数高，因此，T形(十字)接头的疲劳强度远远低于对接接头。

在搭接接头中应力集中很严重，其疲劳强度也是很低的。

(2) 残余应力的影响　残余应力对结构疲劳强度的影响，取决于残余应力的分布状态。在工作应力较高的区域，如应力集中处，若残余应力是拉伸的，则它降低疲劳强度；反之，该处存在压缩残余应力，则提高疲劳强度。

(3) 缺陷的影响　焊接缺陷对疲劳强度的影响大小与缺陷的种类、尺寸、方向和位置有关。片状缺陷(如裂纹、未熔合、未焊透)比带圆角的缺陷(加气孔)影响大；表面缺陷比内部缺陷影响大；位于应力集中区的缺陷比在均匀应力区中的同样缺陷影响大；与作用力方向垂直的片状缺陷的影响比其他方向的大；位于残余拉应力区内的缺陷比在残余压应力区的影响大。

2. 提高疲劳强度的措施

提高焊接接头的疲劳强度，一般采用减少应力集中、调整残余应力区、改善材料力学性能和保护措施等方法。

（1）减少应力集中　减少应力集中可有效提高疲劳强度，具体有以下几种方法：

1）采用合理的结构形式，减小应力集中，以提高疲劳强度。

2）尽量采用应力集中系数小的焊接接头，如对接接头。为进一步提高对接接头的疲劳强度，还可以用机械打磨母材与焊缝之间过渡区，并注意打磨方向应是顺着作用力传递方向打磨，若垂直作用力传递方向打磨，往往取得相反的效果。

3）当采用角焊缝时，须采取综合措施（机械加工焊缝端部，合理选择角接板形状，焊缝根部保证焊透等）来提高接头的疲劳强度。

4）用表面机械加工方法消除焊缝及其附近的各种刻槽，提高表面光洁度。

（2）调整残余应力区　消除焊接接头应力集中处的残余应力或使该处产生残余压应力，都可以提高接头的疲劳强度。这种方法可分为两种：一种是结构或元件整体处理；另一种是对接头部分局部处理。

1）整体处理包括整体退火或超载预拉伸法。在循环应力较小或应力循环系数较低，应力集中较高时，残余拉应力的不利影响增大，退火往往是有利的。

采用超载预拉伸方法，可降低残余拉应力，甚至在某些条件下，在缺口尖端处产生残余压应力，因此，往往可以提高接头的疲劳强度。

2）采用局部加热或挤压可以调节焊接残余应力区，在应力集中处产生残余压应力。

（3）改善材料的力学性能　通过表面强化处理，用小辊挤压或用锤轻打焊缝表面及过渡区，或用小钢丸喷射焊缝区，以提高接头的疲劳强度。

（4）特殊保护措施　如涂上油漆或镀锌等。

【综　合　训　练】

一、理论部分

1. 影响焊接结构脆性断裂的设计因素有哪些？
2. 防止焊接结构脆性断裂的措施有哪些？
3. 什么是疲劳破坏？提高焊接结构疲劳强度的措施有哪些？

二、实践部分

通过现场教学或电教了解焊接结构脆性断裂及疲劳破坏的实例。

第三单元　焊接结构备料及成形加工

【学习目标】　了解组成焊接结构基本构件的概念、分类、结构特点、工作条件；熟悉焊接结构的生产工艺过程的基本知识；了解钢材矫正以及预处理过程；掌握焊件划线、放样、下料及坏料边缘加工的基本方法；熟悉钢材成形加工的基本工艺。

综合知识模块一　焊接结构概述

能力知识点1　焊接结构的基本构件

1. 焊接梁、柱、桁架结构

（1）焊接梁　焊接梁是由钢板或型钢焊接成形的结构件，通常多应用于载荷和跨度都较大的场合，如吊车梁、墙架梁、工作平台梁、楼盖梁等。其主要截面形式有工字形和箱形，一般称为工字梁与箱形梁。因为箱形梁的截面是封闭的，具有较好的抗弯扭能力和抗腐蚀能力，所以一般重型的、大跨度的桥式起重机桥架，大多采用箱形梁结构。

梁的组成方法很多，如利用钢板拼焊而成的板焊结构梁；利用轧制型材(包括工字钢、槽钢或角钢等)焊接而成的型钢结构梁；还可以利用钢板和型钢焊接成组合梁。图3-1列举了几种梁的组成方法。

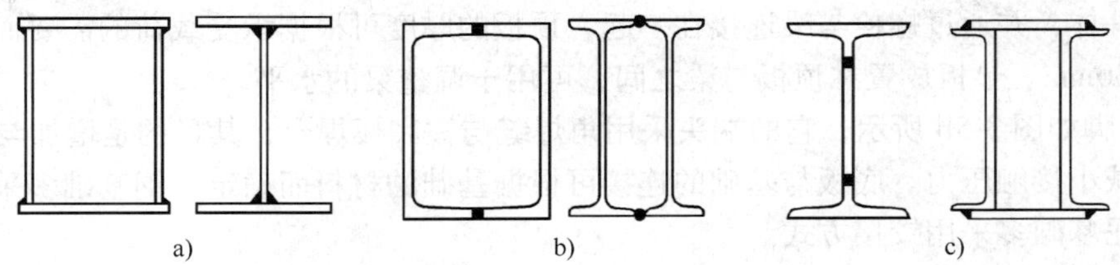

图3-1　梁的组成方法

a）板焊结构梁　b）型钢结构梁　c）钢板、型钢组合梁

焊接梁在工作中其载荷分布是不均匀的，对于大载荷、大跨度的重型梁，为节省材料，减轻自重，其截面沿着梁长方向也进行了相应的改变而形成变截面梁。变截面梁是通过改变冀缘板的宽度、厚度或腹板的高度、截面积来实现的。图3-2示意了几种变截面梁的外形。

（2）焊接柱　焊接柱是由钢板或型钢经焊接成形的受压构件，并将其所受到的载荷传

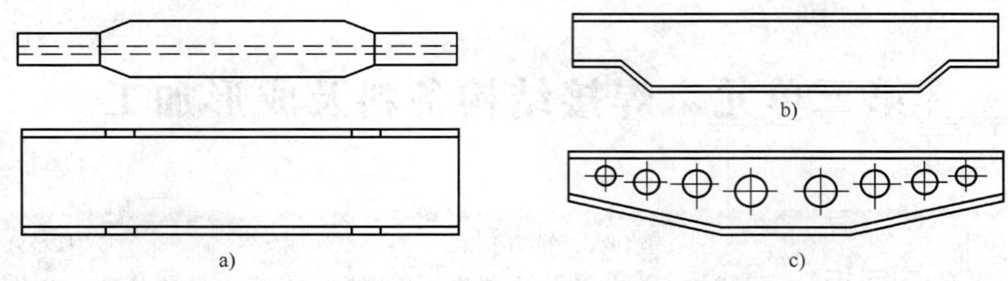

图 3-2　变截面焊接梁

a）改变翼缘板宽度　b）改变腹板高度　c）改变腹板截面积和高度

递至基础。图 3-3 所示为几种常用焊接柱的截面形式，尽管焊接柱的截面组成方式有多种，从柱的结构形式上区分可归纳为两类：一类为实腹式柱(图 3-3a、b、c)，此种形式的构造和制作都比较简便；另一类为格构式柱(图 3-3d、e)，此种形式的截面开展、制作稍费工时，但可节省钢材。

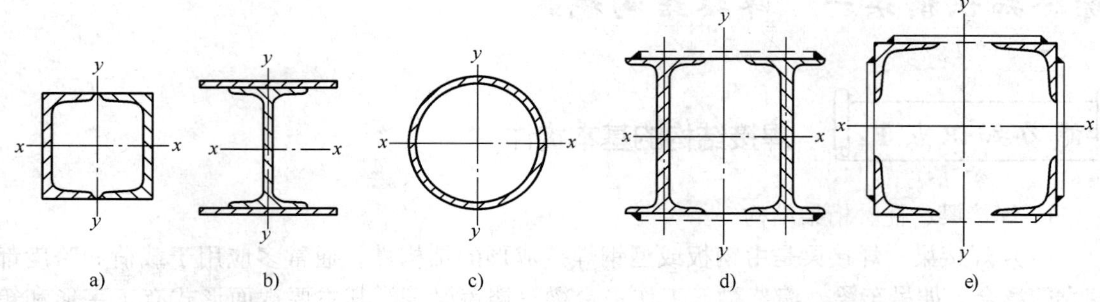

图 3-3　焊接柱的截面形式

图 3-4 是焊接实腹式柱与格构式柱的结构形式图，其中，图 3-4a 是主体为板焊工字梁形式的实腹式柱结构；图 3-4b 是主体由两根槽钢通过缀条连接焊合而成的格构式柱。

焊接柱主要由柱头、柱身(主体)、柱脚三部分构成。

1）柱头如图 3-5a 所示，一般由垫板、顶板、加强筋和安装定位螺栓等组成。顶板与柱端焊合为一体，并通过螺栓与梁连接在一起，顶板的厚度可根据承受载荷的需要而确定，一般为 16 ~ 30mm。垫板放置在顶板与梁之间，可用于调整梁的水平。

2）柱脚如图 3-5b 所示，它的端头采用角焊缝与柱底板焊合，其目的是增加与基础的接触面积，减小接触压力。底板与基础的连接可根据基础的材料而确定，钢基础多采用焊接的方式，水泥基础多采用铰接方式。

(3) 焊接桁架　桁架结构的组成是由许多长短不一、形状各异的杆件通过直接连接或借助辅助元件(如连接板)焊接而成节点的构造，如图 3-6 所示。

桁架结构具有材料利用率高、重量轻、节省钢材、施工周期短及安装方便等优点，尤其是在载荷不大而跨度很大的结构上优势更为明显。因此，在主要承受横向载荷的梁类结构(如桥梁等)、机器的骨架、起重机臂架以及各种支承塔架上应用非常广泛。图 3-7 中列举了桁架结构在工程上应用的几种示例。

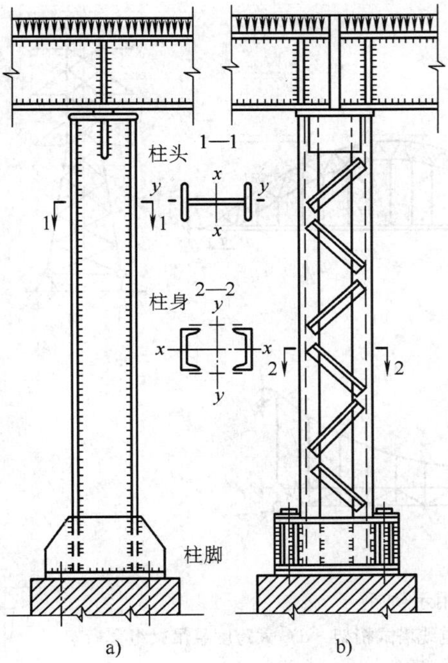

图 3-4　柱的结构形式
a）实腹式柱　b）格构式柱

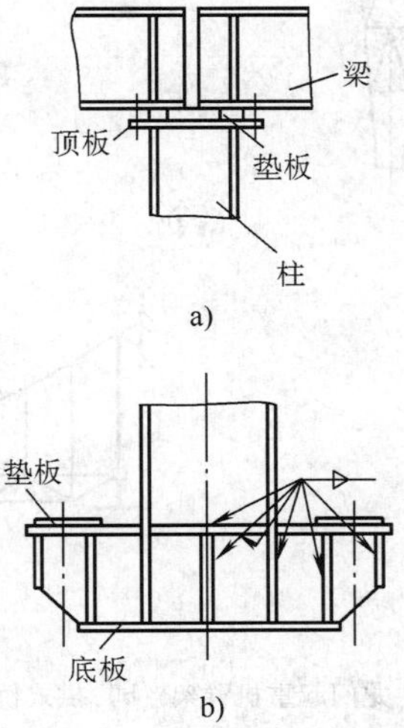

图 3-5　典型柱头与柱脚构造
a）柱头　b）柱脚

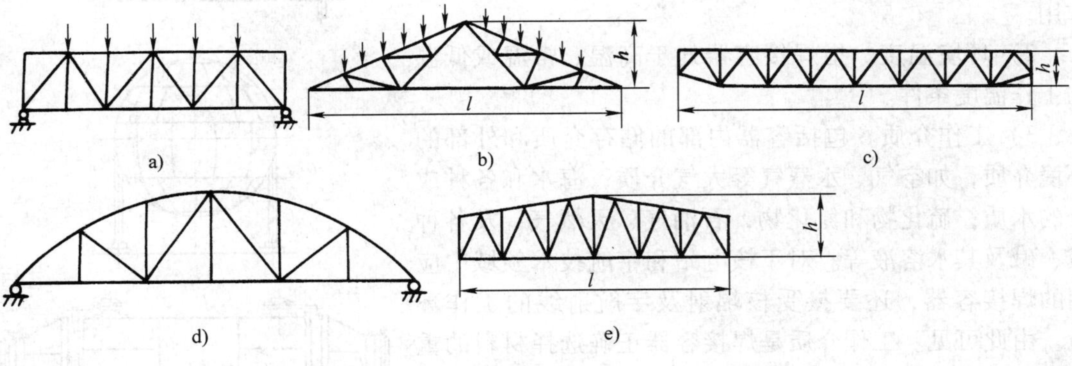

图 3-6　桁架的组成

2. 焊接容器结构

焊接容器是由板材经成形加工，并焊接成能够承受内外压力的封闭型结构。容器结构（包括锅炉、压力容器和管道）是各工业部门必不可少的生产装备，近年来，我国有关部门对容器的设计、制造、安装、检验及使用管理等诸方面制订了一系列详尽的规程和标准。

（1）焊接容器的结构特点　焊接容器大多是由各种壳体（圆柱形、圆锥形和球形）与各种封头（椭圆形、球形和圆锥形）以及管接头、法兰和支座等基本部件构成。常见压力容器结构形式有圆柱形、锥形和球形三种，如图 3-8 所示。

（2）焊接容器的工作条件　焊接容器工作条件主要包括载荷、温度与介质三项内容。

1）载荷性质。大多数容器主要承受静载荷的作用，包括内压、外压、温差应力及自重

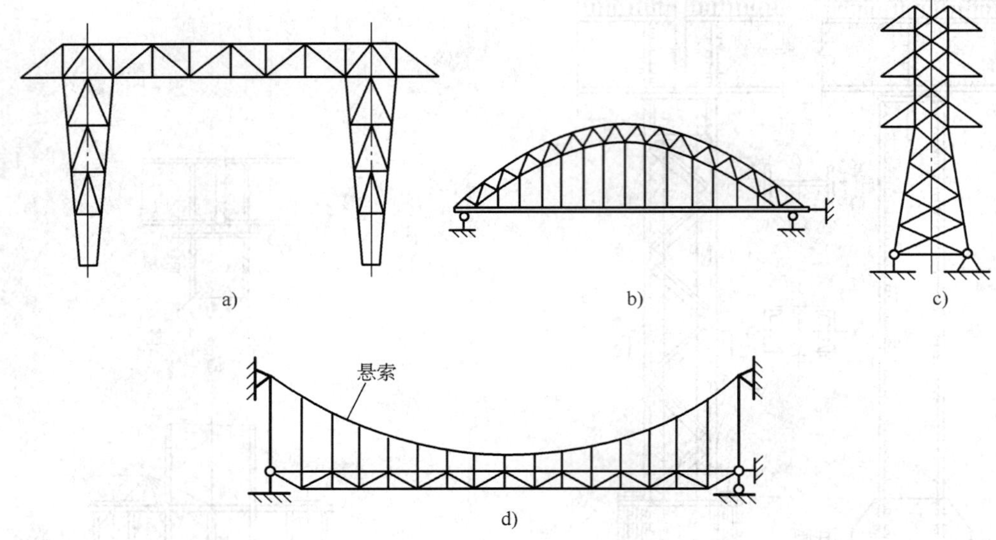

图 3-7　桁架的应用示例

a）龙门起重机臂架　b）拱式桥梁桁架　c）悬挂高压电缆塔式桁架　d）大跨度悬吊梁组合桁架

等。除静载荷外，还要承受疲劳载荷的作用，包括水压试验、调试和检修等载荷的波动变化。对于一些特殊要求的结构，还应考虑风载荷、雪载、地震等引起的载荷作用。

2）环境温度。指焊接容器处于高温、常温或低温的工作温度条件。

3）工作介质。包括容器内部的储存介质和外部的环境介质，如空气、水蒸气等大气介质；海水和各种成分的水质；硫化物和氮化物，石油气、天然气，及各种酸、碱及其水溶液等。对于核电站和宇航技术领域中应用的焊接容器，还要接受核辐射及宇航射线的工作环境。由此可见。工作介质是焊接容器正确选择材料的重要依据。

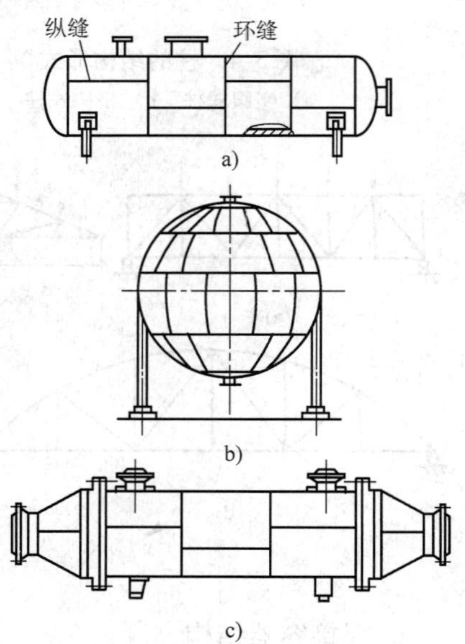

图 3-8　焊接容器的结构形式

a）圆柱形　b）球形　c）圆锥形

3. 机械零部件焊接结构

机器焊接结构主要包括机床大件（床身、立柱、横梁等）、压力机机身、减速器箱体以及大型机器零件等。

（1）焊接床身　单件小批生产的大型和重型机床，往往采用焊接方法制造经济效果非常明显。图 3-9 是卧式车床的焊接床身，主要由箱形床腿、“n” 形筋、导轨、纵梁及液盘等零部件组成。图 c 断面结构型式是通过纵梁 4 上的斜板 5 实现的，它把整个方箱断面分割成具有两个三边形的断面，下方三边形全封闭，断面具有较大的抗弯抗扭性能。

（2）压力机机身　图 3-10 是一种三梁四柱式液压机的示意图，它由四根圆立柱通过内外

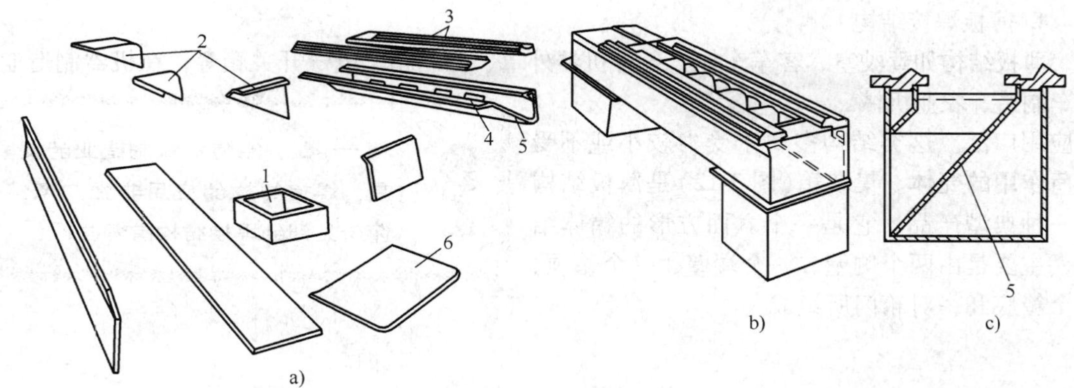

图 3-9 卧式车床焊接床身

a）床身钢部件分解图 b）焊接床身结构 c）床身断面结构形式

1—箱形床腿 2—“n”形筋 3—导轨 4—纵梁 5—斜板 6—液盘

螺母将上、下横梁牢固地连接起来，构成一个刚性的空间框架，活动横梁以立柱导向，上下移动进行工作。这些横梁和立柱均采用焊接的结构形式。

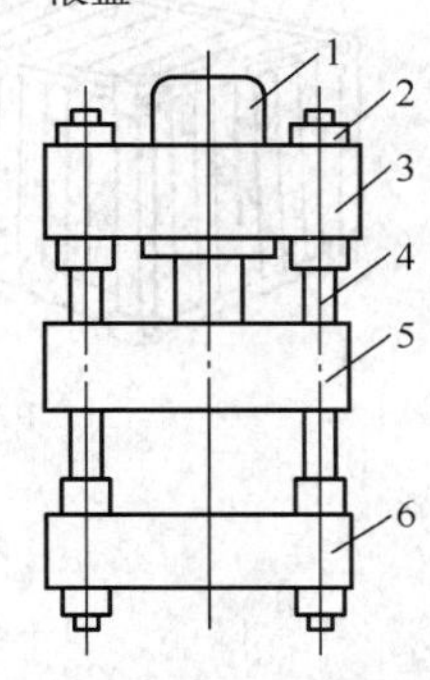

图 3-10 三梁四柱式液压机的示意图

1—液缸 2—螺母 3—上横梁 4—立柱 5—活动 横梁 6—下横梁

（3）减速器箱体焊接结构 减速器箱体包括齿轮箱、蜗轮箱等。焊接减速器箱体一般制成剖分式结构，即把整个箱体沿某一剖面划分成两半，分别加工制造，然后在剖分面处通过法兰和螺栓把两半箱连接成整体。剖分式箱体由上盖、下底、壁板、轴承座、法兰和筋板等组成。图 3-11 为单壁板剖分式减速器箱体的下箱体结构。剖分面上的三个轴承座连成一个整体（在一块厚钢板上用精密气割切成），轴承座下侧用垂直筋板加强，并与壁板焊接成整体。

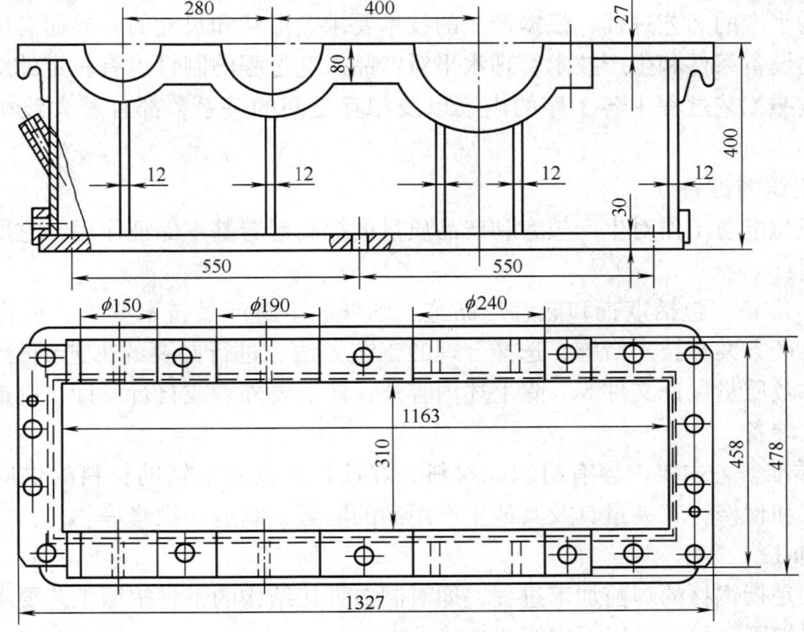

图 3-11 减速器箱体下箱结构

4. 薄板焊接结构

薄板结构如驾驶室、客车车体、各种机器外罩、控制箱、电气开关箱等，在机器制造业、汽车制造、农业机械等应用广泛。这类结构多属于受力较小或不受载荷作用的壳体。集装箱(图 3-12)是薄板结构的一种典型产品，它是一个六面方形的箱体结构，主要是由两个侧壁、一个端壁、一个箱顶、一个箱底和一对箱门所组成。

想一想 伴随机械制造业的发展，焊接结构的应用非常广泛，你所见到的焊接结构有哪些?

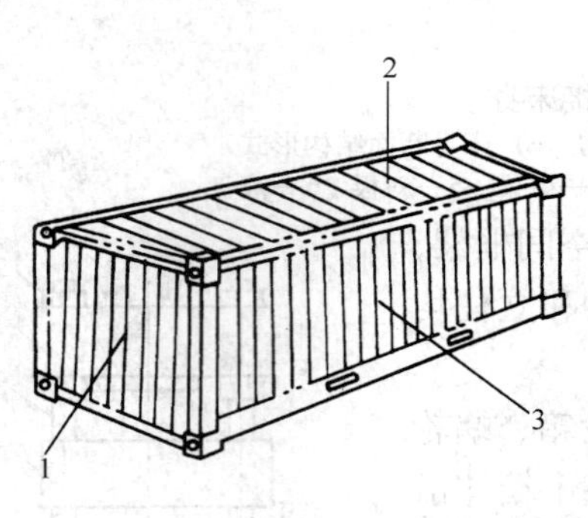

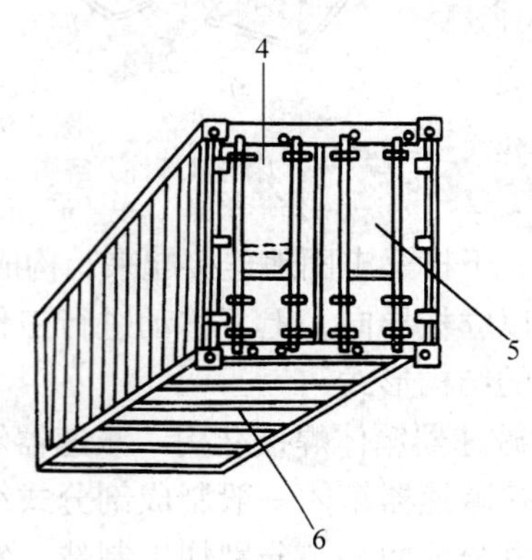

图 3-12 集装箱箱体的组成

1—端壁 2—箱顶 3—侧壁 4—左箱门 5—右箱门 6—箱底

能力知识点 2 焊接结构生产工艺过程

焊接结构生产的工艺过程，根据产品的技术要求、形状和尺寸的差异而有所不同，并且工厂中现有的设备条件和生产技术管理水平对产品工艺过程的制订也有一定的影响。但从总体上分析，按照工艺过程中各工序的内容以及相互之间的关系，都有着大致相同的生产步骤，如图 3-13 所示。

1. 生产组织与准备

生产组织与准备工作对生产效率和产品质量的提高起着基本保证作用，它所包括的内容有以下几方面：

（1）技术准备 包括审查和熟悉产品施工图样、了解产品技术要求、进行认真的工艺分析、确定生产方案和技术措施、选择合理的工艺方法、进行必要的工艺试验和工艺评定、编制工艺文件及质量保证文件等。除上述内容外，还需要外购或自行设计、制造符合工艺要求的焊接工艺装备。

（2）物质准备 主要内容有组织原材料、焊接材料及其他辅助材料的供应，生产设备的调配、安置和检修，工夹量具及其他生产用品的购置、制造和维修等。

2. 备料加工

备料加工是指钢材的焊前加工过程，即对制造焊接结构的钢材按照工艺要求进行的一系列加工。备料加工一般包括以下内容：

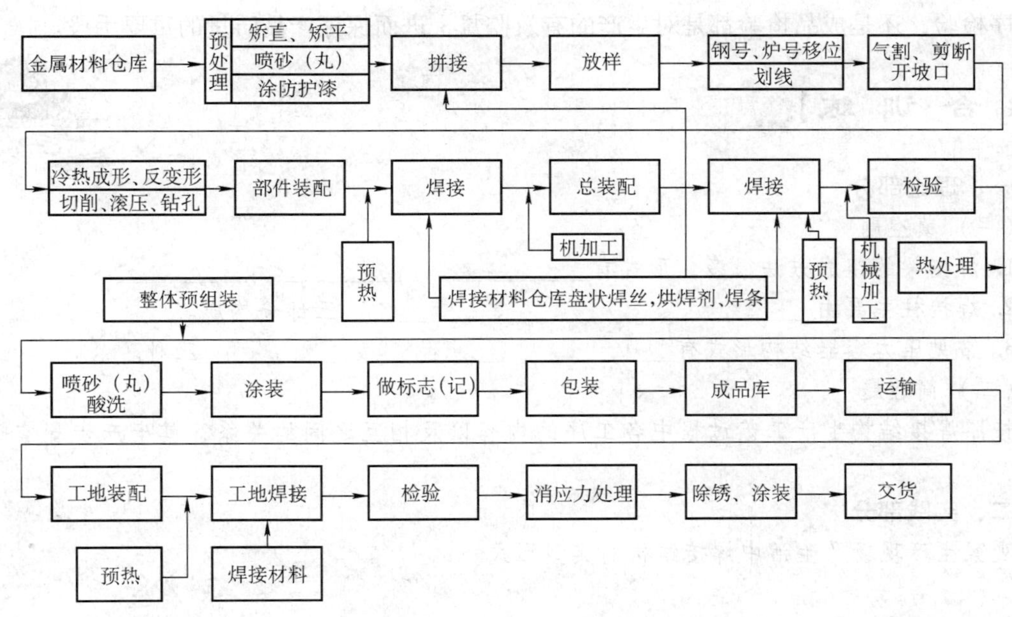

图 3-13　焊接结构生产步骤

（1）原材料准备　将钢材（板材、型材或管材）进行验收—分类储存—发放。发放钢材应严格按生产计划提出的材料规格与需要量执行。

（2）材料预处理　其目的是为基本元件的加工提供合格的原材料，包括钢材的矫平、矫直、除锈、表面防护处理、预落料等工序。现代先进的材料预处理流水线中配有抛丸除锈、酸铣、磷化、喷涂底漆和烘干等成套设备。

（3）基本元件加工　主要包括放样、划线、钢材剪切或气割、坡口加工、钢材的弯曲、拉深、压制成形等工序。

目前，随着国内外焊接结构制造的自动化水平的提高，以数控切割为主体的备料工艺流程，将逐步取代手工的划线、放样及切割等工艺。

3. 装配与焊接

装配与焊接在焊接结构的生产过程中是两个即独立又密切相关的加工工序。将基本元件按照产品图样的要求进行组装的工序称为装配；将装配好的结构通过焊接而形成牢固整体的工序称为焊接。对于复杂的结构往往要经过交叉几次装配、几次焊接工序才能完成。装配—焊接工艺是焊接结构生产过程中的核心。

4. 结构质量检验

焊接结构的质量保证工作是贯穿于设计、选材、制造全过程中的一个系统工程。焊接结构质量包括整体结构质量和焊缝质量。整体结构质量指结构的几何尺寸和性能；焊缝质量的高低关系到结构的强度和安全运行问题，必须严格进行检验。

想一想　焊接结构的生产工艺过程都包含哪些方面内容?

焊接结构生产过程中，在各道加工工序中间都应采用不同方法进行不同内容的检验，无论工序检验，还是成品检验都是对生产的有效监督，进而保证产品质量的重要手段。

【综 合 训 练】

一、理论部分

（一）填空题

1. 焊接梁的组成方法很多，形式有__________、__________、__________。

2. 焊接柱主要由__________、__________、__________三部分构成。

3. 常见压力容器结构形式有__________、__________、__________三种。

（二）简答题

按照焊接结构生产工艺过程中各工序的内容以及相互之间的关系，其生产步骤有哪些内容？

二、实践部分

观察生产现场及生活中焊接结构的典型形式。

综合知识模块二　钢材的矫正及预处理

能力知识点1　钢材变形的原因

钢板和型钢受轧制、下料和存放不妥等因素的影响，会产生变形或表面产生铁锈、氧化皮等。因此，必须对变形钢材进行矫正及表面清理工作，才能进行后续工序的加工。这对保证产品质量、缩短生产周期是相当重要的。

1. 残余应力引起的变形

钢材轧制时，如果轧辊弯曲，轧辊间隙不一致等，会使板料在宽度方向的压缩不均匀。延伸得较多的部分金属受延伸较少部分的阻碍而产生压缩应力，而延伸较少的部分金属则产生拉伸应力。因此，延伸得较多的部分金属在压缩应力作用下就会失去其稳定性而导致变形。

2. 加工过程中引起的变形

钢材下料一般要经过气割、剪切、冲裁、等离子切割等工序。气割、等离子切割过程是对钢材局部进行加热而使其分离。这种不均匀加热必然会产生残余应力，导致钢材产生变形，尤其是气割窄而长的钢板时，最外一条钢板弯曲得最明显。

3. 运输与存放不当引起的变形

焊接结构使用的钢材，均是较长、较大的钢板和型材，如果吊装、运输和存放不当，钢材就会因自重而产生弯曲、扭曲和局部变形。

综上所述，造成钢材变形的原因是多方面的。当钢材的变形大于技术规定或大于表3-1中的允许偏差时，下料前必须进行矫正。

表 3-1　钢材在下料前的允许偏差值　（单位：mm）

偏差名称	简图	允许值
钢板、扁钢的局部挠度	（图：δ，f，1000）	$\delta \geqslant 14$　$f \leqslant 1$ $\delta < 14$　$f \leqslant 1.5$
角钢、工字钢、管子的直线度	（图：f，L）	$f=\frac{L}{1000} \leqslant 5$
角钢两边的垂直度	（图：Δ，b）	$\Delta \leqslant \frac{b}{100}$
工字钢、槽钢翼缘的倾斜度	（图：Δ，b）	$\Delta \leqslant \frac{b}{80}$

能力知识点 2　钢材的矫正原理和方法

1. 矫正原理

钢材在厚度方向上可以假设是由多层纤维组成的。钢材平直时，各层纤维长度都相等，即 $ab=cd$，如图 3-14a 所示。钢材弯曲后，各层纤维长度不一致，即 $a'b' \neq c'd'$，如图 3-14b 所示。可见，钢材的变形就是其中一部分纤维与另一部分纤维长短不一致造成的。矫正是通过采用加压或加热的方式，把已伸长的纤维缩短，把缩短的纤维伸长。最终使钢板厚度方向的纤维趋于一致。

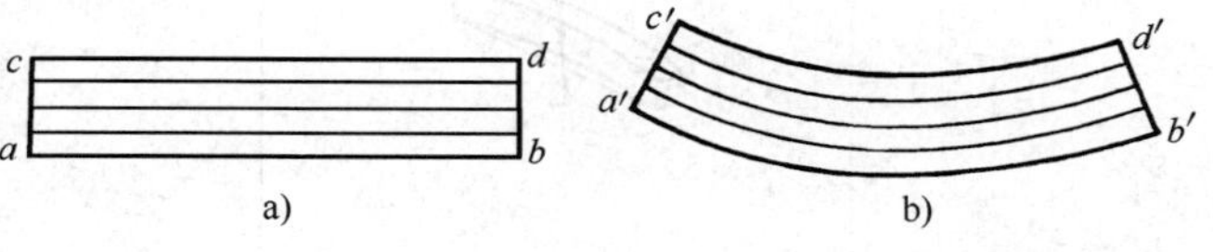

图 3-14　钢材平直和弯曲时纤维长度的变化
a）平直　b）弯曲

2. 矫正方法

矫正的方法按钢材的加热温度不同，分为冷矫正和热矫正。冷矫正用于塑性好或变形不大的钢材。热矫正用于弯曲变形过大，塑性较差的钢材。热矫正的加热温度通常为 700 ~ 900℃。按作用力的性质不同，又分为手工矫正、机械矫正和火焰矫正及高频热点矫正四种。矫正方法的选用，与材料的形状、性能和变形程度有关，同时与制造厂拥有的设备有关。

（1）手工矫正　手工矫正由于矫正力小，劳动强度大，效率低，所以常用于矫正尺寸较小薄板钢材。手工矫正时，根据刚性大小和变形情况不同，有反向变形法和锤展伸长法。

1）反向变形法矫正。钢材弯曲变形可采用反向弯曲进行矫正。由于钢板在塑性变形的同时，还存在弹性变形，当外力消除后会产生回弹，因此为获得较好的矫正效果，反向弯曲矫正时应适当过量，表3-2是钢板弯曲变形的反向变形矫正示例。当钢材产生扭曲变形时，可对扭曲部分施加反转矩，使其产生反向扭曲，从而消除变形，表3-3是钢材扭曲变形的反向变形矫正示例。

表3-2　反向弯曲矫正的应用

名　称	变形示意图	矫正示意图
钢板	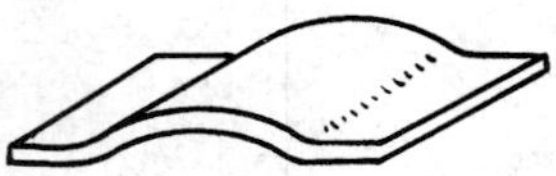	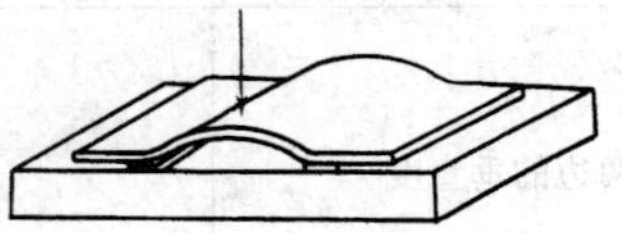
钢板	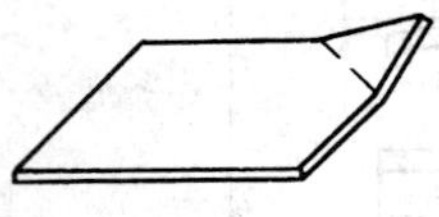	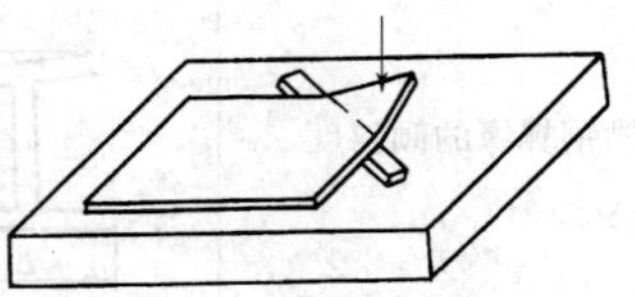
角钢	 	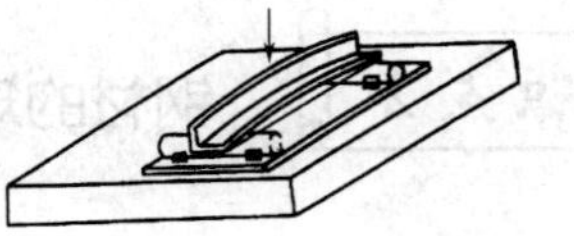 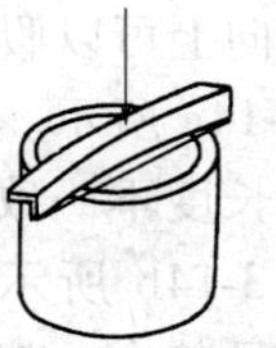
圆钢	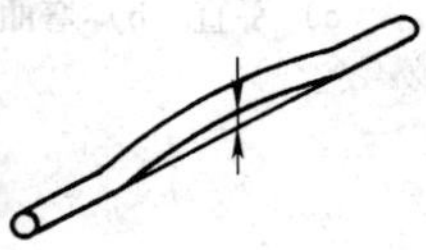	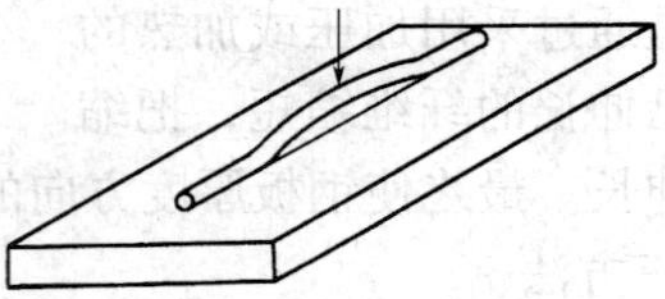
槽钢		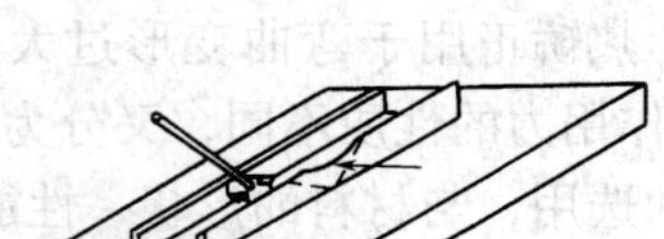

表 3-3 反向扭曲矫正的应用

名 称	变形示意图	矫正示意图
角钢	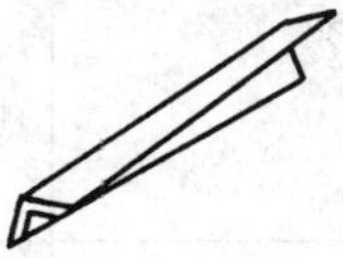	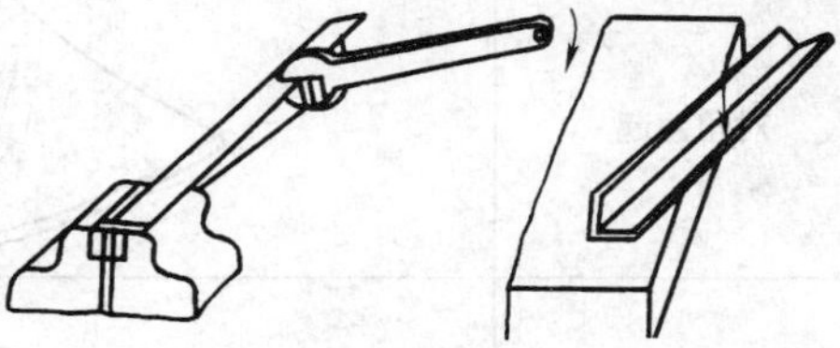
扁钢		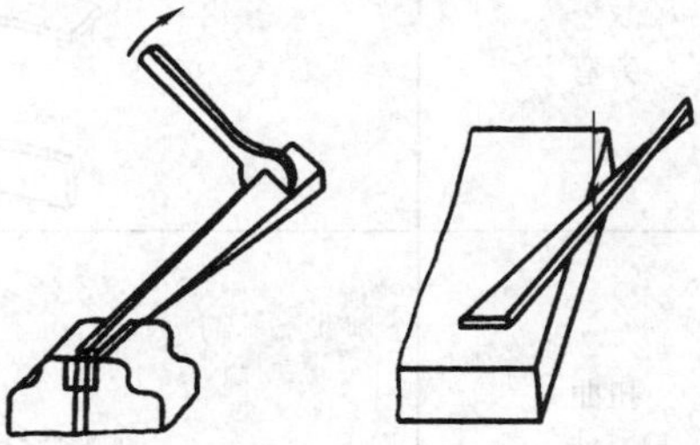
槽钢		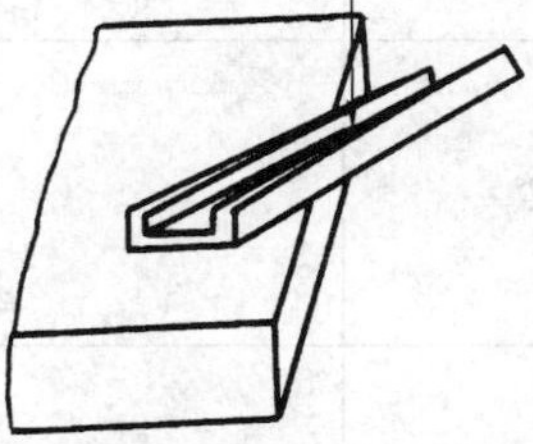

2）锤展伸长矫正法。对于变形较小的钢材可锤击纤维较短处，使其伸长与较长纤维趋于一致，达到矫正的目的。工件出现较复杂的变形时，其矫正的步骤为：先矫正扭曲，后矫正弯曲，再矫正不平。如果被矫正钢材表面不允许有损伤，矫正时应用衬板或用型锤衬垫，表 3-4 是采用锤展伸长法矫正钢材变形的示例。

表 3-4 锤展伸长法矫正的应用

变形名称		矫正图示	矫正要点
薄板	中间凸起	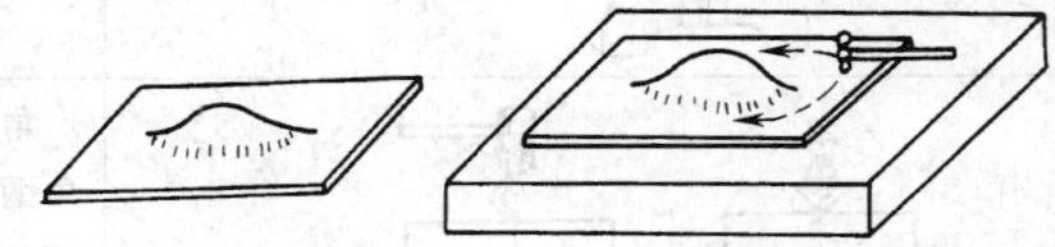	锤击由中间逐渐向四周，锤击力由中间轻至四周重
薄板	边缘波浪形		锤击由四周逐渐移向中间，锤击力由四周轻向中间重
薄板	纵向波浪形	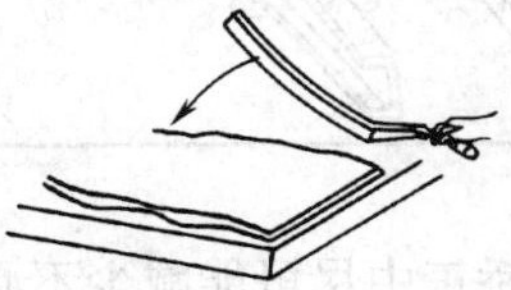	用拍板抽打，仅适用初矫的钢板

（续）

变形名称		矫正图示	矫正要点
薄板	对角翘起	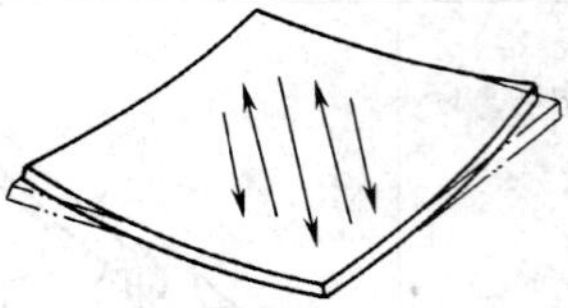	沿无翘起的对角线进行线状锤击，先中间后两侧依次进行
扁钢	旁弯	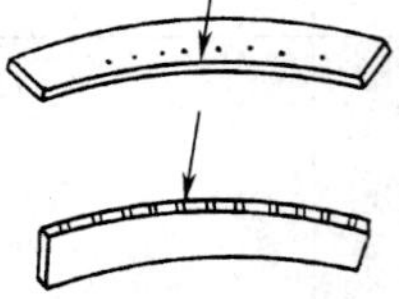	平放时，锤击弯曲凹部。或竖起锤击弯曲的凸部
	扭曲	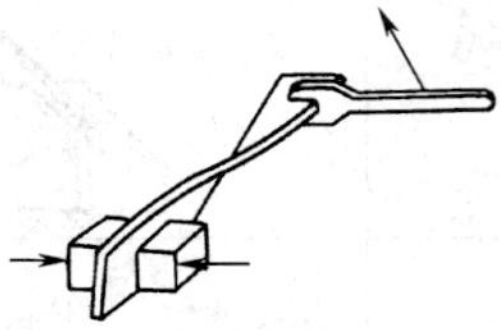	将扭曲扁钢的一端固定，另一端用叉形扳手反向扭曲
角钢	外弯	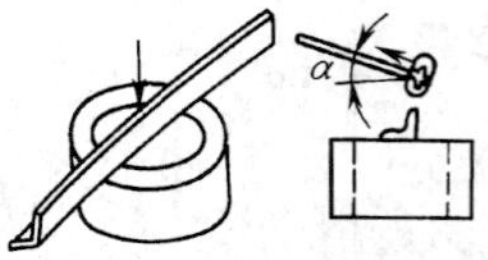 α	将角钢一翼边固定在平台上，锤击外弯角钢的凸部
	内弯	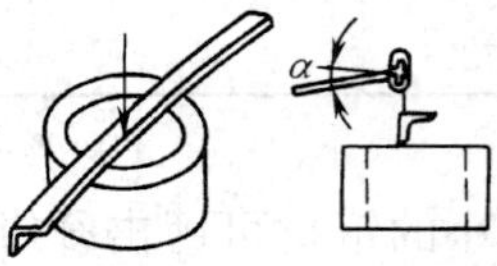 α	将内弯角钢放置于钢圈的上面，锤击角钢靠立筋处的凸部
	扭曲	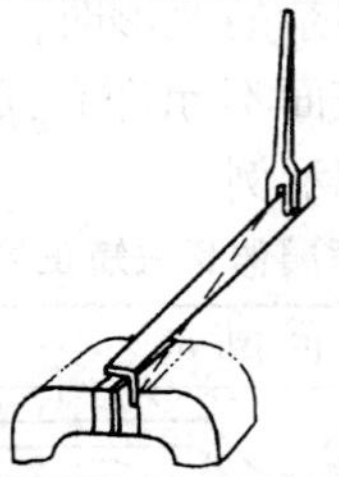	将角钢一端的翼边夹紧，另一端用叉形扳手反向扭曲，最后再用锤击矫直
	角变形	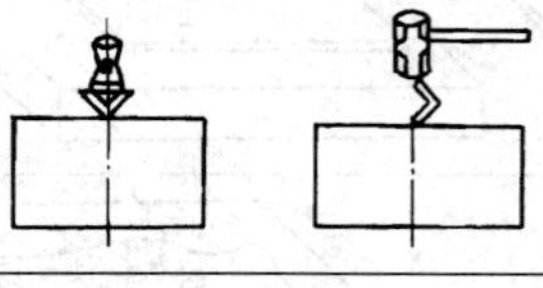	角钢翼边小于90°用型锤扩张角钢内角 角钢翼边大于90°将角钢一翼边固定，锤击另一翼边
槽钢	弯曲变形	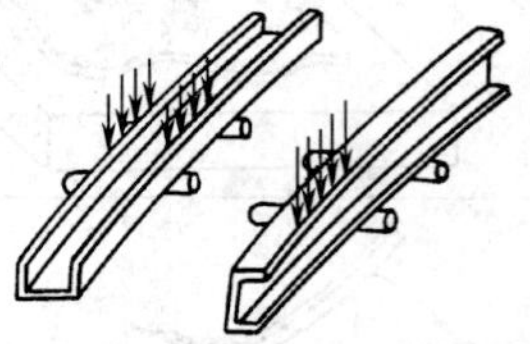	槽钢旁弯，锤击两翼边凸起处；槽钢上拱，锤击靠立筋上拱的凸起处

手工矫正一般在常温下进行，在矫正中尽可能减少不必要的锤击和变形，防止钢材产生

加工硬化，给继续矫正带来困难。对于强度较高的钢材，可将钢材加热至700～900℃高温，以提高塑性变形能力，减小变形抗力。

（2）机械矫正　机械矫正是利用三点弯曲使构件产生一个与变形方向相反的变形而恢复平直，机械矫正使用的设备有专用设备和通用设备。专用设备有钢板矫正机、圆钢与钢管矫正机、型钢矫正机、型钢撑直机等；通用设备指一般的压力机、卷板机等。

机械矫正是通过机械动力或液压力对材料的不平直处给予拉伸、压缩或弯曲作用，机械矫正的分类及适用范围见表3-5。

表3-5　机械矫正分类及适用范围

矫正方法	简图	适用范围
拉伸机矫正		薄板、型钢扭曲的矫正、管子、扁钢和线材弯曲的矫正
压力机矫正	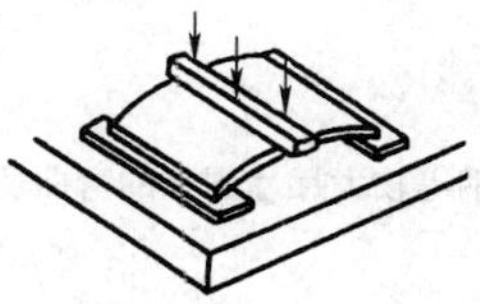	中厚板弯曲矫正
	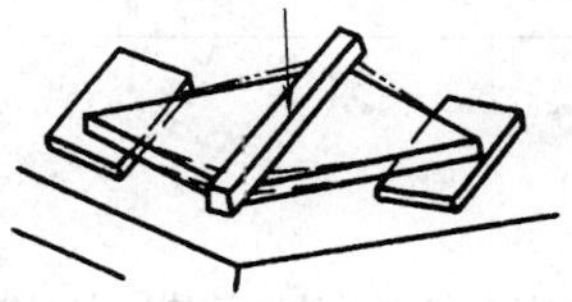	中厚板扭曲矫正
	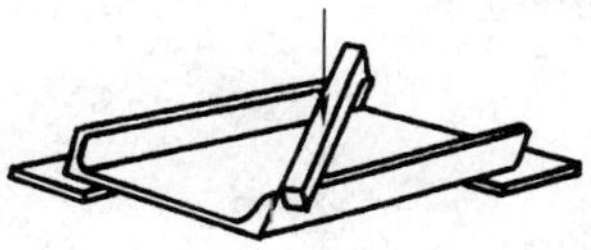	型钢的扭曲矫正
	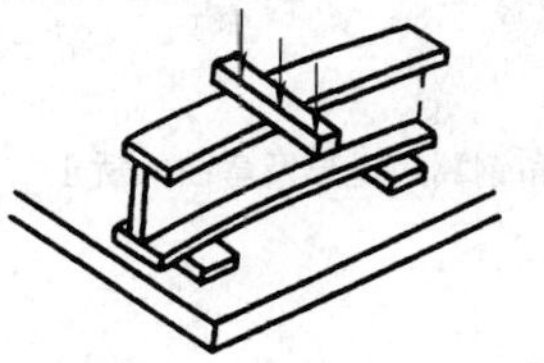	工字钢、箱形梁等的上拱矫正
	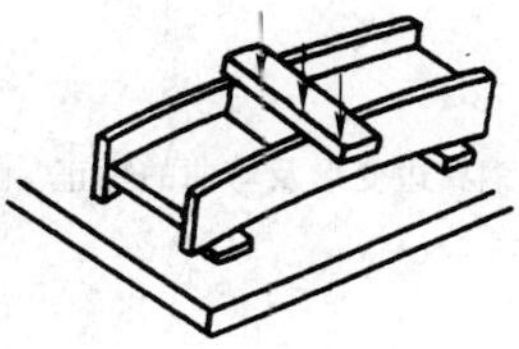	工字钢、箱形梁等的上旁弯矫正
	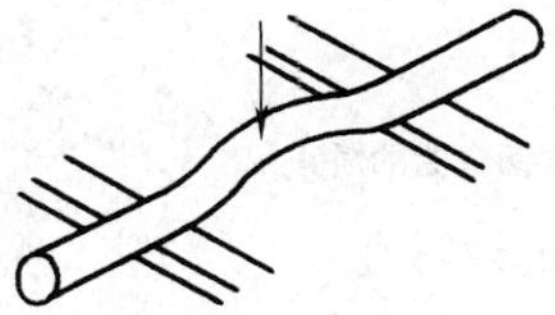	较大直径圆钢、钢管的弯曲矫正

（续）

矫正方法	简图	适用范围
撑直机矫正	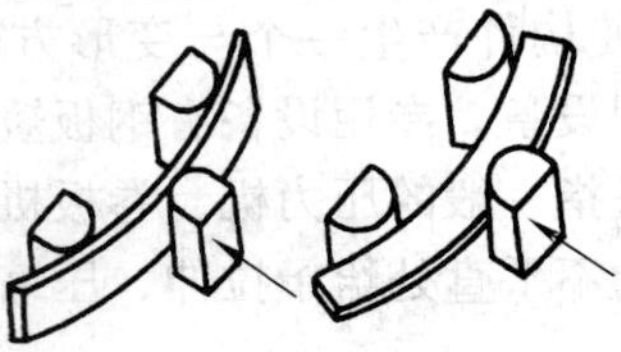	较长面窄的钢板弯曲及旁弯的矫正
	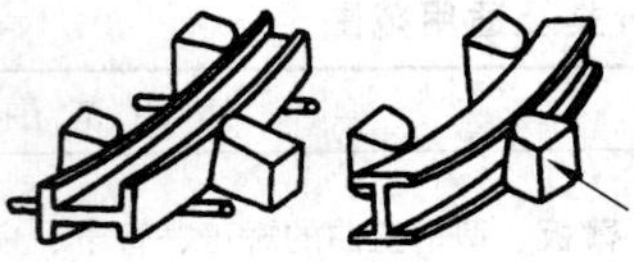	槽钢，工字钢等上拱及旁弯的矫正
	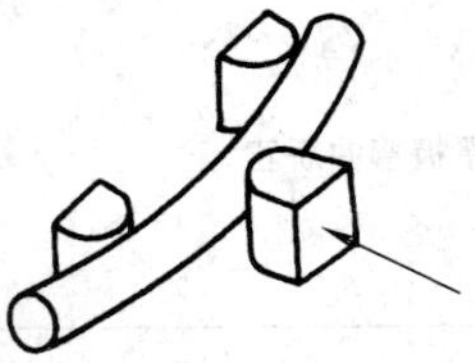	圆钢等较大尺寸圆弧的弯曲矫正
卷板机矫正	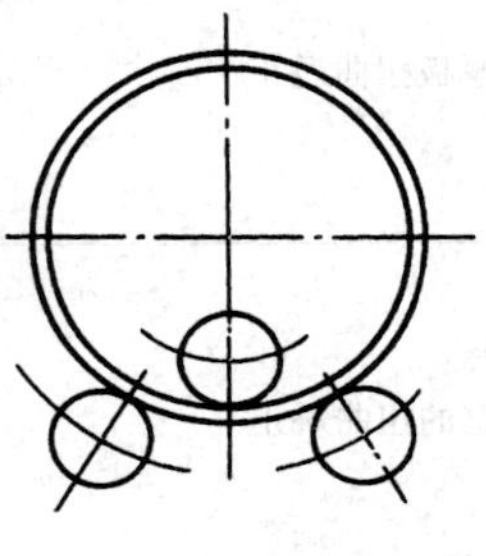	钢板拼接而成的圆筒体，在焊缝处产生凹凸、椭圆等缺陷的矫正
型钢矫正机矫正	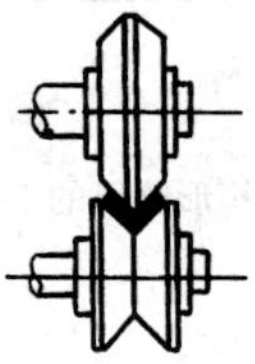	角钢翼边变形及弯曲的矫正
	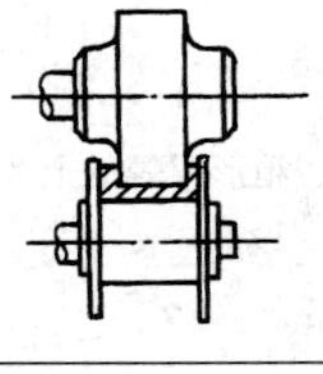	槽钢翼边变形及弯曲的矫正
	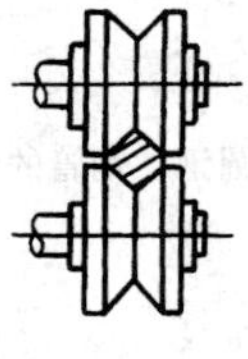	方钢弯曲的矫正

（续）

矫正方法	简图	适用范围
平板机矫正		薄板弯曲及波浪变形的矫正
	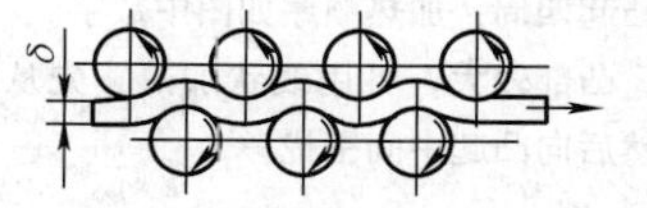	中厚板弯曲的矫正
多辊机矫正		薄壁管和圆钢的矫正
	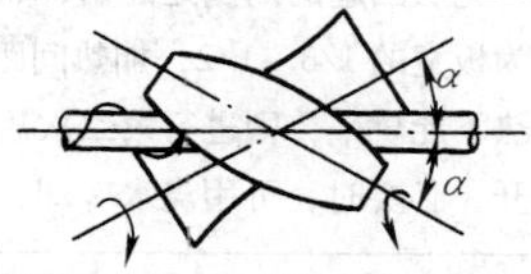	厚壁管和圆钢的矫正

（3）火焰矫正　火焰矫正的步骤一般包括：

1）分析变形的原因和钢结构的内在联系。

2）正确找出变形的部位。

3）确定加热的方式、加热位置和冷却方式。

4）矫正后检验。

生产中，常采用氧乙炔中性火焰加热，一般钢材的加热温度应在600～800℃左右，低碳钢不大于850℃；厚钢板和变形较大的工件，加热温度取700～850℃，加热速度要缓慢；薄钢板和变形较小的工件，加热温度取600～700℃，加热速度要快，严禁在300～500℃温度时进行矫正，以防钢材脆裂。

火焰矫正的加热方式、适用范围及加热要领见表3-6。

表3-6　火焰矫正加热方式、适用范围及加热要领

加热方式	适用范围	加热要领
点状加热	薄板凹凸不平，钢管弯曲等矫正	变形量大加热点距小，加热点直径适当大些；反之，则点距大，点径小些。薄板加热温度低些，厚板温度高些
线状加热	中厚板的弯曲，T形、工字梁焊后角变形等的矫正	一般加热线宽度约为板厚的0.5～2倍，加热深度1/3～1/2倍的板厚。变形越大，加热深度应大些
三角形加热	变形较严重，刚性较大的构件变形的矫正	一般加热三角形高度约为材料宽度的0.2倍，加热三角形底部宽度应以变形程度而定，加热区域大，收缩量也较大

为了提高矫正质量和矫正效果，可以施加外力作用或在加热区域用水急冷，但对厚板和具有淬硬倾向的钢材（如高强度低合金钢、合金钢等），不能用水急冷，以防止产生裂纹和淬硬。常用钢材和简单焊接结构件的火焰矫正要点见表3-7。

表 3-7　常用钢材及结构件火焰矫正要点

变形情况		简　图	矫正要点
薄钢板	中部凸起	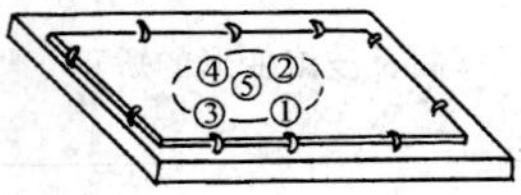 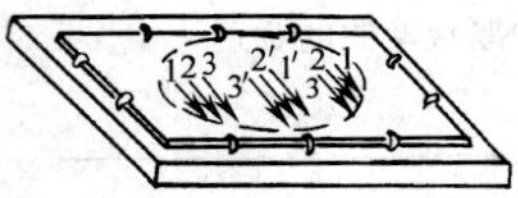	中间凸部较小，将钢板四周固定在平台上，点状加热在凸起四周，加热顺序如图中数字 凸部较大，可用线状加热，先从中间凸起的两侧开始，然后向凸起中间围拢
	边缘呈波浪形		将三条边固定在平台上，使波浪形集中在一边上，用线状加热，先从凸起的两侧处开始，然后向凸起处围拢。加热长度约为板宽的1/3～1/2，加热间距视凸起的程度而定，如一次加热不能矫平，则进行第二次矫正，但加热位置应与第一次错开，必要时，可用浇水冷却，以提高矫正的效率
型钢	局部弯曲变形	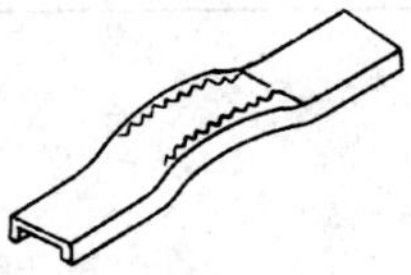	矫正时，在槽钢的两翼边处同时向一方向作线状加热，加热宽度按变形程度的大小确定，变形大，加热宽度大些
	旁弯	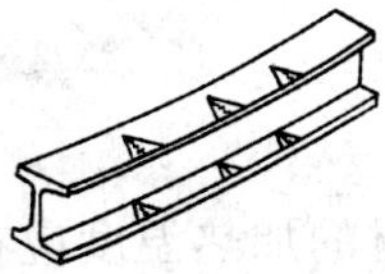	在旁翼边凸起处，进行若干三角形状加热矫正
	上拱	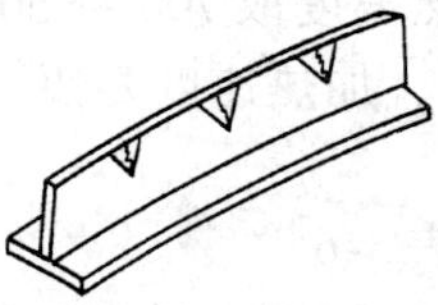	在垂直立筋凸起处，进行三角形加热矫正
钢管局部弯曲			采用点状加热在管子凸起处，加热速度要快，每加热一点后迅速移至另一点，一排加热后再取另一排
焊接梁	角变形	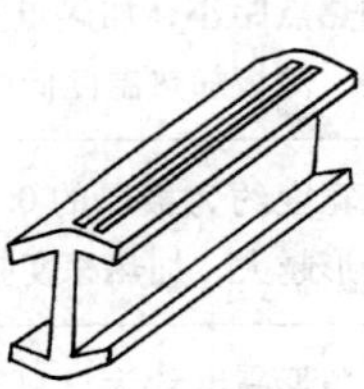	在焊接位置的凸起处，进行线状加热，如板较厚，可两条焊缝背面同时加热矫正
	上拱	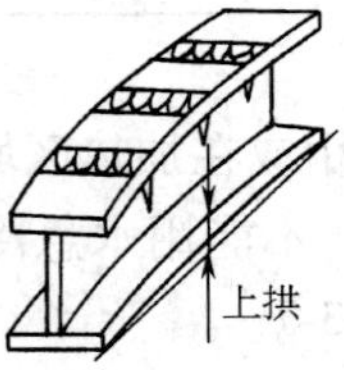	在上拱面板上用线状加热，在立板上部用三角形加热矫正

（续）

变形情况		简图	矫正要点
焊接梁	旁弯		在上下两侧板的凸起处，同时采用线状加热，并附加外力矫正

（4）高频热点矫正　高频热点矫正可以矫正任何钢材的变形，尤其对尺寸较大、形状复杂的焊件，效果显著。其原理是：通入高频交流电的感应圈产生交变磁场，当感应圈靠近钢材时，钢材内部产生感应电流（即涡流），使钢材局部的温度立即升高，从而进行加热矫正。加热的位置与火焰矫正时相同，加热区域的大小取决于感应圈的形状和尺寸。感应圈一般不宜过大，否则加热慢，加热区域大，会影响加热矫正的效果。一般加热时间为4～5s，温度约800℃。感应圈采用纯铜管制成宽5～20mm，长20～40mm的矩形，铜管内通水冷却，如图3-15所示。

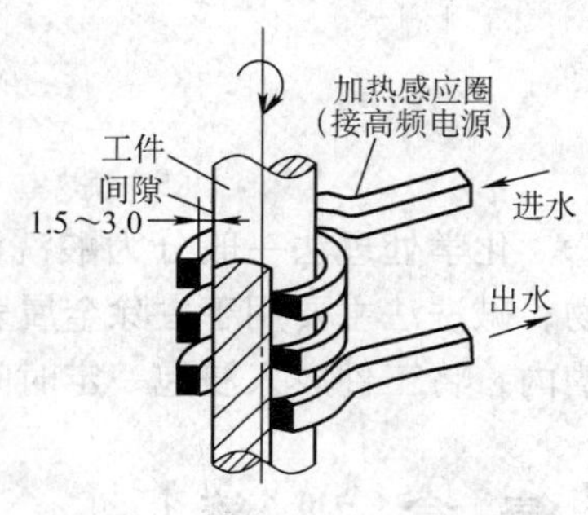

图3-15　高频热点矫正

能力知识点3　钢材的预处理

对钢材表面进行去除铁锈、油污、氧化皮清理等为后序加工做准备的工艺称为预处理。常用的预处理方法有机械法和化学法。

1. 机械除锈法

喷砂（或抛丸）是机械除锈的主要方法，喷砂（或抛丸）工艺是将干砂（或铁丸）从专门压缩空气装置中急速喷出，轰击到金属表面，将其表面的氧化物、污物打落，这种方法清理较彻底，效率也较高。但喷砂（或抛丸）工艺粉尘大，需要在专用车间或封闭条件下进行。

钢材经喷砂或抛丸除锈后，随即进行防护处理，其步骤为：

1）用经净化过的压缩空气将原材料表面吹净。

2）涂刷防护底漆或浸入钝化处理槽中，做钝化处理，钝化剂可用10%磷酸锰铁水溶液处理10min，或用2%亚硝酸溶液处理1min。

3）将涂刷防护底漆后的钢材送入烘干炉中，用加热到70℃的空气进行干燥处理。

工厂中常采用预处理生产线，如图3-16所示。

2. 化学除锈法

化学除锈法即用腐蚀性的化学溶液对钢材表面进行清理。此法效率高，质量均匀而稳定。但成本高，并会对环境造成一定的污染。

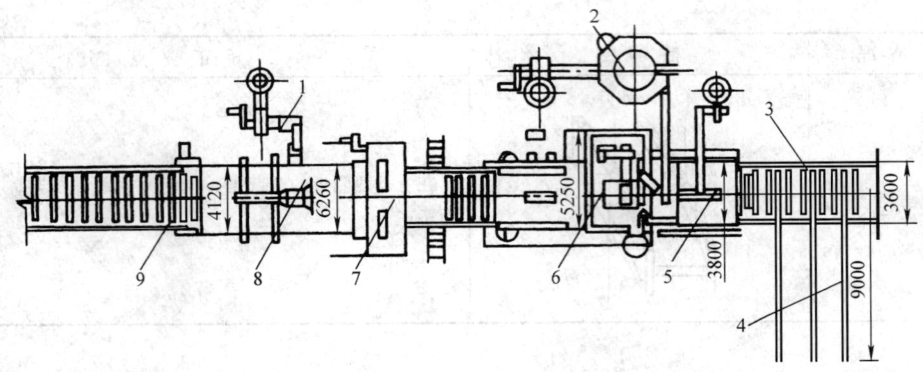

图 3-16 钢材预处理生产线

1—滤气器 2—除尘器 3—进料辊道 4—横向上料机构

5—预热室 6—抛丸机 7—喷漆机 8—烘干室 9—出料辊道

化学处理法一般分为酸洗法和碱洗法。酸洗法可除去金属表面的氧化皮、锈蚀物等污物；碱洗法主要用于去除金属表面的油污。其工艺过程，一般是将配制好的酸、碱溶液装入槽内，将工件放入浸泡一定时间，然后取出用水冲洗干净，以防止余酸的腐蚀。

【综 合 训 练】

一、理论部分

（一）填空题

1. 钢材变形的主要原因是__________、__________、__________。
2. 火焰矫正是利用其__________来矫正焊接变形。
3. 机械矫正焊接变形的原理是利用外力使构件产生__________来抵消焊接变形。
4. 钢板矫正的原理是利用轴辊对板材进行__________，使各层纤维伸长趋于一致。

（二）简答题

1. 钢材常用的预处理方法有哪几种？简述其原理。
2. 机械矫正和火焰矫正的矫正机理上有什么不同？

二、实践部分

对变形的钢板条和型钢进行手工矫正的训练。

综合知识模块三 划线、放样与下料

能力知识点1 识图与划线

一、焊接结构装配图的识读

图样是工程的语言，读懂和理解图样是进行施工的必要条件。焊接结构是钢板和各种型钢为主体组成的，因此表达钢结构的图纸就有其特点，掌握了这些特点就容易读懂焊接结构

的装配图，从而正确地进行结构件的加工。

1. 焊接结构装配图的特点

1）一般钢板与钢结构的总体尺寸相差悬殊，按正常的比例关系是表达不出来的，但往往需要通过板厚来表达板材的相互位置关系或焊缝结构，因此在绘制板厚、型钢断面等小尺寸图形时，是按不同的比例夸大画出来的。

2）为了表达焊缝位置和焊接结构，大量采用了局部剖视和局部放大视图，要注意剖视和放大视图的位置和剖视的方向。

3）为了表达焊件与焊件之间的相互关系，除采用剖视外，还大量采用虚线的表达方式，因此，图面纵横交错的线条非常多。

4）连接板与板之间的焊缝一般不用画出，只标注焊缝代号。但特殊的接头形式和焊缝尺寸应该用局部放大视图来表达清楚，焊缝的断面要涂黑，以区别焊缝和母材。

5）为了便于读图，同一焊件的序号可以同时标注在不同的视图上。

2. 焊接结构装配图的识读方法

焊接结构装配图的读识一般按以下顺序进行。首先，阅读标题栏，了解产品名称、材料、重量、设计单位等，核对一下各个焊件及部件的图号、名称、数量、材料等，确定哪些是外购件(或库领件)，哪些为锻件、铸件或机加工件。再阅读技术要求和工艺文件，正式识图时，要先看总图，后看部件图，最后再看焊件图。有剖视图的要结合剖视图，弄清大致结构，然后按投影规律逐个焊件阅读，先看焊件明细表，确定是钢板还是型钢；然后再看图，弄清每个焊件的材料、尺寸及形状，还要看清各焊件之间的连接方法、焊缝尺寸、坡口形状，是否有焊后加工的孔洞、平面等。容器的焊接装配图如图 3-17 所示。

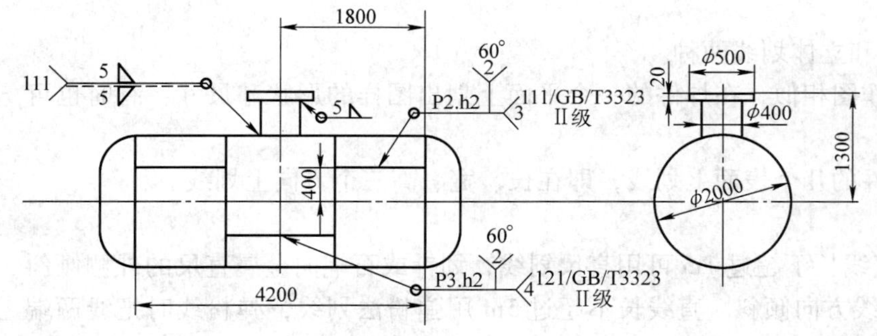

技 术 要 求

1. 焊前待焊处两侧各 30mm 处打磨见金属光泽。

2. 焊条用 E4303、ϕ3.2mm。

3. 埋弧焊用 HJ431—H08A、ϕ3mm。

4. 焊后水压试验 0.1MPa，保压 10min。

图 3-17　容器焊接装配图

由图 3-17 容器焊接装配图中可以得知：

1）容器的直径为 ϕ2000mm，长度 4200mm，在距封头与筒节焊缝 1800mm 处焊人孔，人孔直径为 ϕ400mm，人孔法兰盘与筒节圆心相距 1300mm。

2）封头与筒节焊缝、筒节与筒节焊缝用丝极埋弧焊焊接，V 形坡口，坡口根部间隙 2mm，坡口角度 60°，钝边 3mm，余高 2mm，共 4 条焊缝，焊缝经射线探伤，达到 GB/T 3323—1987标准Ⅱ级为合格。

3）筒节纵焊缝，用焊条电弧焊焊接，焊缝开 60°坡口，坡口根部间隙为 2mm，钝边 2mm，余高 2mm，共 3 条纵缝，射线检查达到 GB/T 3323—1987 标准Ⅱ级为合格。

4）人孔与筒节焊缝，插入式正面、反面用焊条电弧焊焊接，角焊缝焊脚为5mm。

5）埋弧焊用H08A焊丝、焊丝直径ϕ3mm，焊剂牌号HJ431。焊条电弧焊用焊条型号E4303，焊条直径ϕ3.2mm。

6）焊后水压试验0.1MPa，保持压力10min。

二、划线

划线是根据设计图样上的图形和尺寸，准确地按1:1在待下料的钢材表面上划出加工界线的过程。划线的作用是确定焊件各加工表面的余量和孔的位置，使焊件加工时有明确的标志；还可以检查毛坯是否正确；对于有些误差不大，但已属不合格的毛坯，可以通过借料得到挽救。划线的精度要求在0.25～0.5mm范围内。

1. 划线的基本规则

1）垂线必须用作图法。

2）用划针或石笔划线时，应紧抵金属直尺或样板的边沿。

3）圆规在钢板上划圆、圆弧或分量尺寸时，应先打上样冲眼，以防圆规尖滑动。

4）平面划线应遵循先画基准线，后按由外向内，从上到下，从左到右的顺序划线的原则。先画基准线，是为了保证加工余量的合理分布，划线之前应该在工件上选择一个或几个面或线作为划线的基准，以此来确定焊件其他加工表面的相对位置。一般情况下，以底平面、侧面、轴线为基准。

划线的准确度取决于作图方法的正确性、工具质量、工作条件、作图技巧、经验、视觉的敏锐程度等因素。除以上之外还应考虑到焊件因素，即焊件加工成型时如气割、卷圆、热加工等的影响；装配时板料边缘修正和间隙大小的装配公差的影响；焊接和火焰矫正的收缩影响等。

2. 划线的方法

划线可分为平面划线和立体划线两种。

1）平面划线与几何作图相似，在焊件的一个平面上划出图样的形状和尺寸，有时也可以采用样板一次划成。

2）立体划线是在焊件的几个表面上划线，即在长、宽、高三个方向上划线。

3. 基本线型的划法

（1）直线的划法　直线长不超过1m可用直尺划线，划针或石笔向金属直尺的外侧倾斜15°～20°划线，同时向划线方向倾斜。直线长不超过5m用弹粉法划线，弹粉线时把线两端对准所划直线两端点，拉紧使粉线处于平直状态，然后垂直拿起粉线，再轻放。若线较长时应弹两次，以两线重合为准；或是在粉线中间位置垂直按下，左右弹两次完成。直线超过5m用拉钢丝（ϕ0.5～1.5mm）的方法划线。操作时，两端拉紧并用两垫块垫托，其高度尽可能低些，然后用90°角尺下端定出数点，再用粉线以三点弹成直线。

（2）大圆弧的划法　一段直径为十几米甚至几十米的大圆弧，用一般的地规和盘尺不能适用，只能采用近似几何作图或计算法作图。

1）大圆弧作图法。已知弦长ab和弦弧距cd，先作一矩形$abef$（图3-18a），连接ac，并作ag垂直于ac（图3-18b），以相同数（图上为4等分）等分线段ad、af、cg，对应各点连线的交点用光滑曲线连接，即为所画的圆弧（图3-18c）。

2）大圆弧计算法。计算法比作法要准确得多，一般采用计算法求出准确尺寸后再划大

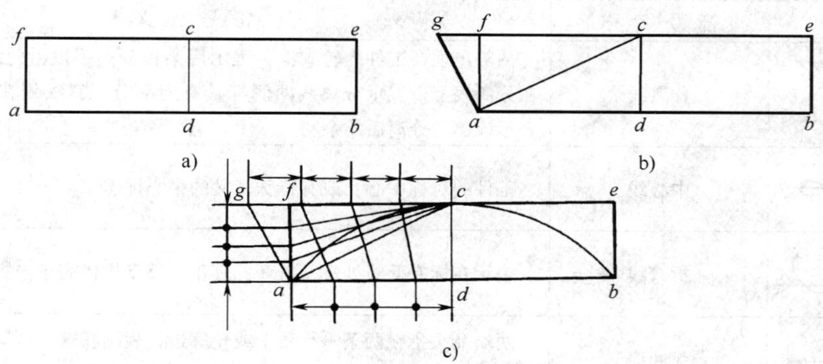

图 3-18　大圆弧的作图法

圆弧。图 3-19 为已知大圆弧半径为 R，弦弧距为 ab，弦长为 cg，求弧高（d 为 ac 线上任意一点）。

解　作 ed 的延长线至交点 f。

在△Oef 中　$Oe=R$　$Of=ad$

所以　　$ef=\sqrt{R^2-ad^2}$

因为　　$df=aO=R-ab$

所以　　$de=\sqrt{R^2-ad^2}-R+ab$

上式中，R、ab 为已知，d 为 ac 线上的任意一点，所以只要设一个 ad 长，即可代入式中求出 de 的高，e 点求出后，则大圆弧 $\overset{\frown}{gec}$ 可画出。

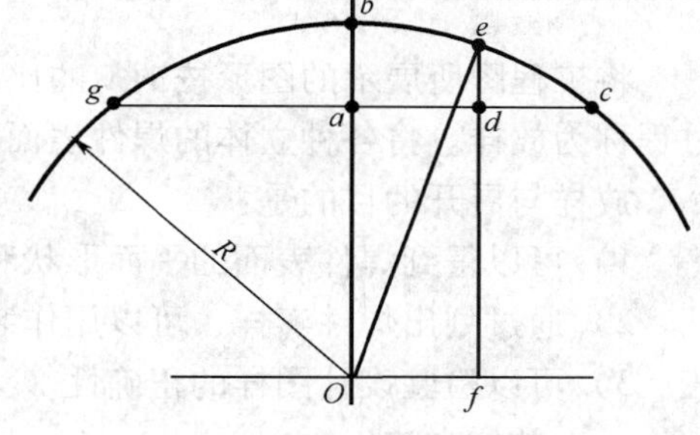

图 3-19　计算法作大圆弧

4. 划线注意事项

1）熟悉结构件的图样和制造工艺，根据图样检验样板、样杆，核对选用的钢号、规格应符合规定的要求。

2）检查钢材表面是否有麻点、裂纹、夹层及厚度不均匀等缺陷。

3）划线前应将材料垫平、放稳，划线时要尽可能使线条细且清晰，笔尖与样板边缘间不要内倾和外倾。

4）划线时应标注各种下道工序用线，例如，展开构件的素线位置、弯曲件的弯曲范围或折弯线、中心线、比较重要的装配位置线等，并加以适当标记以免混淆。

5）弯曲焊件号料时，应考虑材料轧制的纤维方向。

6）钢板两边不垂直时一定要去边。划尺寸较大的矩形时，一定要检查对角线。

7）划线的毛坯，应注明产品的图号、件号和钢号，以免混淆。

8）注意合理排料，提高材料的利用率。

5. 划线标记

划线时，为了方便下道工序的加工和防止错误的发生，通常划线时在坯料上打上标记，常见的标记符号及其含义见表 3-8。

表 3-8 标记符号及其含义

标记符号	符号名称	符号含义
	分离线	一般出现在工件的轮廓上，表示用某种分离手段沿此线分离。斜线划在分离线上，表示分离线两侧都是有用部分，斜线划在分离线的一侧，表示该侧为分离后的余料
	中心线	工件的对称中心，或有特殊意义的中心标志
反曲　反曲	折弯线	表示在标有此线处进行折弯，其正、反字样代表正向折弯或反向折弯
反曲 *R*600	弧曲线	两端箭头指在两条平行线上或轮廓边，表示在这一区间进行圆弧弯曲。*R* 后面缀有数字，表示弯曲半径。正、反字样代表正向弯曲或反向弯曲

能力知识点 2　放样与展开

将工程图所展示的图形按 1:1 的比例或一定比例在放样台或平台上画出其所需要图形的过程称为放样。将各种立体的焊件表面依次摊平在一个平面上的几何作图过程称为展开。

放样与展开的目的是：

1）可以得到焊件表面的平面形状和尺寸，用以制作各类样板。

2）通过划出焊件实样，可以用作装配基准。

3）可以检验设计图样的正确性。

一、放样方法

放样方法主要有实尺放样、展开放样和光学放样等。

1. 实尺放样

根据图样的形状和尺寸，用基本的作图方法，以产品的实际大小划到放样台的工作称为实尺放样。

（1）放样基准　放样基准是焊件上用来确定其他点、线、面位置的依据。一般可根据需要选择以下三种类型之一：

1）以两个互相垂直的平面（或线）作为基准，如图 3-20a 所示。焊件上长度方向和高度方向上的尺寸组的标注都以焊件上与该方向垂直的外表面为依据确定的，这两个互相垂直的平面就分别是长度方向、宽度方向的放样基准。

2）以两条中心线为基准，如图 3-20b 所示。焊件上长度方向和高度方向的尺寸分别和与其垂直的中心线对称，且其他尺寸也从中心线起始标注。所以这两条中心线，就分别是这两个方向的放样基准。

3）以一个平面和一条中心线为基准，如图 3-20c 所示。焊件上高度方向的尺寸是以底面为依据，则底面就是高度方向的放样基准；而宽度方向的尺寸对称于垂直底面的中心线，所以中心线就是宽度方向的放样基准。

（2）放样程序　放样程序一般包括结构处理、划基本线型和展开三个部分。结构处理又称结构放样，它是根据图样进行工艺处理的过程。一般包括确定各连接部位的接头形式、

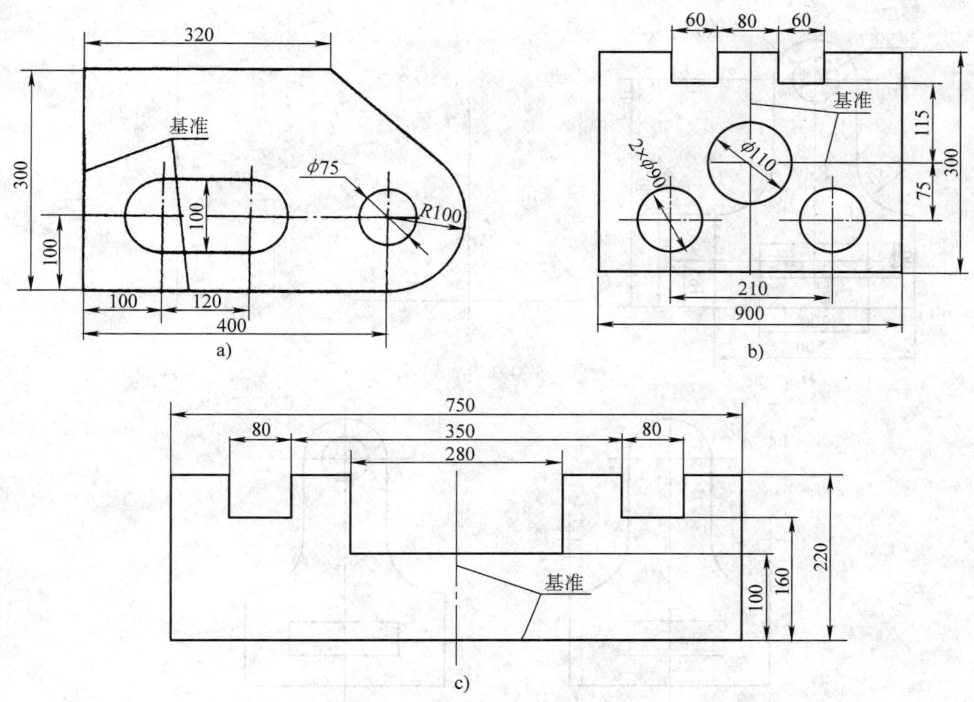

图 3-20　放样基准

a）两个互相垂直的平面　b）两条中心线　c）一个平面和一条中心线

图样计算或量取坯料实际尺寸、制作样板与样杆等。划基本线型是在结构处理的基础上，确定放样基准和划出焊件的结构轮廓。展开是对不能直接划线的焊件进行展开处理，将焊件摊开在平面上。

（3）放样实例　钢制座板的图样和放样顺序如图 3-21 所示。从其形状特点和尺寸标注的情况分析，其底边轮廓线和与其垂直的中心线是图样的设计基准也是放样基准。放样步骤如下：

1）划出零件的底边轮廓线和垂直中心线作放样基准，如图 3-21b 所示。

2）量取决定零件外轮廓的几个尺寸，在底边轮廓线上对称量取线段长 500mm，过线段两端划垂线并量取高 240mm 的点，在中心线上量取高 600mm 的点，如图 3-21c 所示。

3）划半圆弧 $R100$mm，垂直底边划 $R100$mm 半圆弧的两条切线，再确定 $R150$mm 圆弧的圆心并划 $R150$mm 圆弧，确定 90mm×300mm 方孔的位置，如图 3-21d 所示。

4）划出方孔、划出 $\phi90$mm 小孔完成放样，如图 3-21e 所示。

2. 展开放样

（1）展开原理　根据组成零件表面的展开性质，分为可展表面和不可展表面两种。

1）焊件表面能全部平整地摊平在一个平面上，而不发生撕裂或皱折，这种表面称为可展表面，即凡是以直素线为母线，相邻两条直素线能够成一个平面时（即两素线平行或相交）的曲面，都是可展表面，属于这类表面的有平面立体和柱面、锥面等。

2）如果工作的表面，不能自然平整的展开，摊平在一个平面上，就称为不可展表面，即凡是以曲线为母线或相邻两直素线成交叉状态的表面，都是不可展表面，圆球和螺旋面都

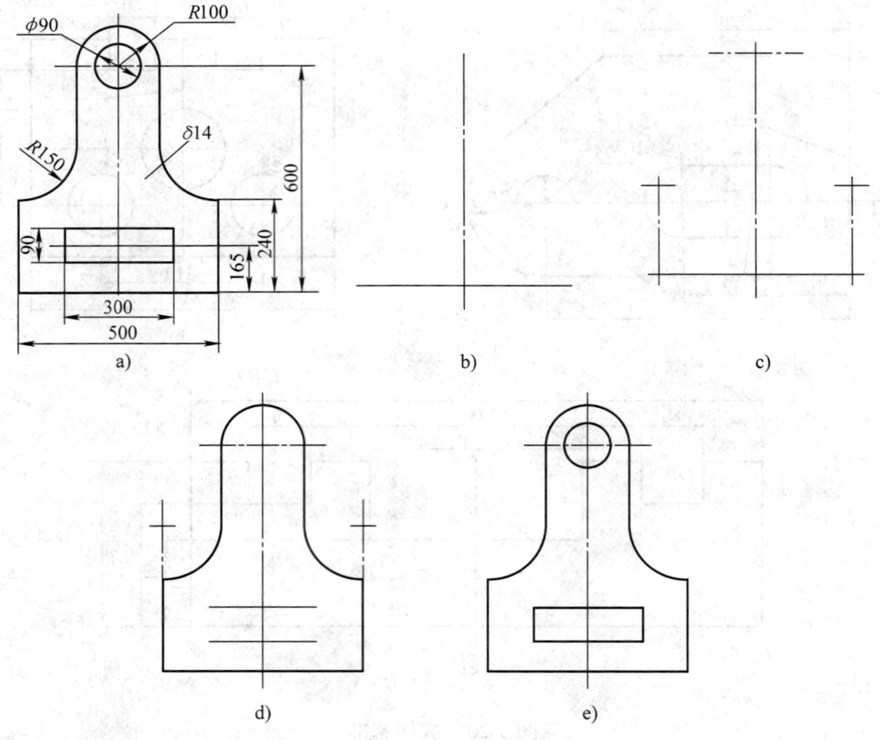

图 3-21 座板的放样

a）图样 b）划基准线 c）截取外轮廓特殊点 d）划出外轮廓 e）完成放样

是不可展表面。

（2）展开方法 有平行线法、放射线法和三角形法三种。

1）平行线展开法是将立体的表面看作由无数条相互平行的素线组成，相邻两素线及其两端线所围成的微小面积作为平面，只要将每一小平面的真实大小，依次顺序的画在平面上，就得到了立体表面展开图。所以只要立体表面素线或棱线是互相平等的几何形体，如各种棱柱体、圆柱体等都可用平行线法展开。等径圆管 90°弯头的放样基准图与平行线法展开(图 3-22)步骤如下：

① 划十字基准线并按实际尺寸划出单节圆管的轮廓线，如图 3-22b 所示。(忽略圆管的壁厚因素)。

② 在Ⅰ节的俯视图圆周上划出等分(如 12 等分)，得 1、2、3、…、7、…、3、2、1 共 12 个等分，如图 3-22c 所示。

③ 过等分点向上作投影辅助线。

④ 延长 1′~ 7′作展开基准线。

⑤ 在展开基准线上，按俯视图中素线间的排列和相互间的真实距离，截取相应的等分，得 1、2、3、…、7、…、3、2、1 共 13 个等分点，并过这些点划垂线。这相当于将素线按实际位置摊平在一个平面上。

⑥ 过主视图上每条素线的上端点，向右划一系列平行于底边的平行线，与基准线上排列的素线对应相交，得一系列交点。这一步实质上就是将主视图中反映的每条素线的实长移

到展开图上。

⑦ 圆滑连接这些交点，即完成Ⅰ节圆管的展开。Ⅱ节圆管亦可按相同方法展开。

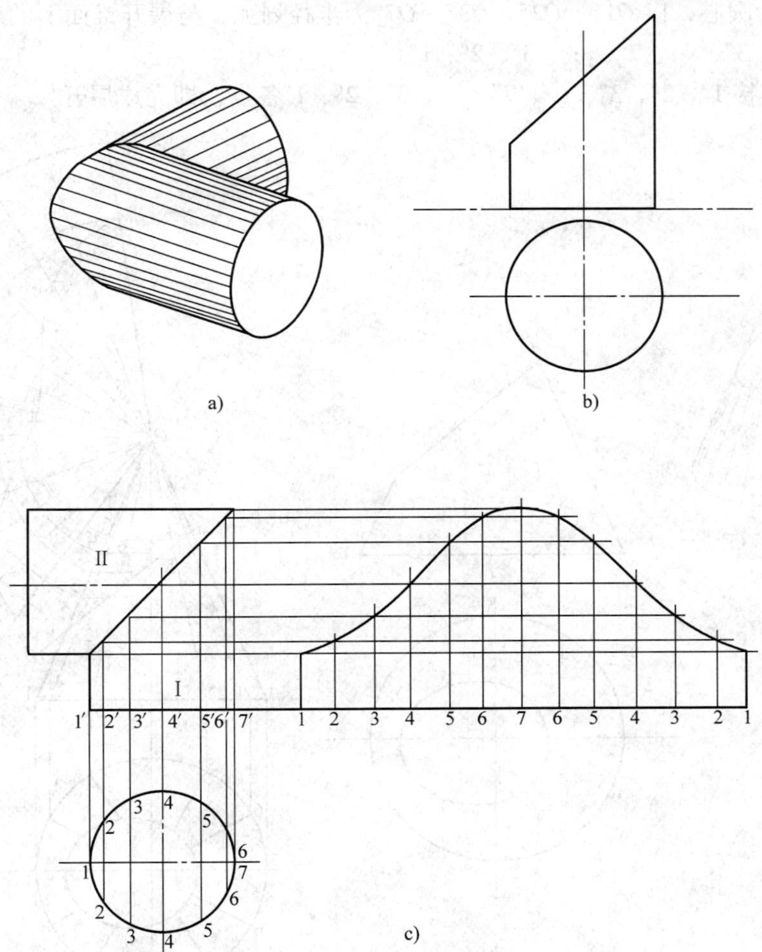

图 3-22　等径圆管 90°弯头的放样与展开

a）实体图　b）单节放样图　c）单节展开图

2）放射线展开法适用于立体表面的素线相交于一点的锥体。展开原理是将锥体表面用放射线分割成共顶的若干三角形小平面，求出其实际大小后依次将它们画在同一平面上，就得所求锥体表面的展开图。斜截正圆锥台的放样基准图与放射线法展开(图 3-23)步骤如下：

① 划十字基准线并按实际尺寸划出圆锥台的轮廓线，如图 3-23b 所示。

② 在俯视图圆周上划出等分(如 12 等分)，得 1、2、3、…、7、…、3、2、1 共 12 个等分，如图 3-23c 所示。

③ 过各等分点向上引垂线，与主视图底线相交于 1、2、3、…、7 点。过各点与锥顶连线，交斜口于 1′、2′、3′、…、7′各点。

④ 过 1′、2′、3′、…、7′各点作底线的平行线，与锥体轮廓线相交，得一系列交点 1°、2°、3°… 7°。

⑤ 以锥顶 O 为圆心，以圆锥素线实长为半径划弧，在弧上截取圆锥底圆周长并作相应等分。过各等分点与 O 连线，即将整体圆锥锥面展开。连接 O 与各等分点。

⑥ 以 O 为圆心，以 $O1°$、$O2°$、$O3°$…$O7°$为半径划弧，与展开锥面上的对应素线相交，得交点 1″、2″、3″、…、7″、…、3″、2″、1″。

⑦ 圆滑连接 1″、2″、3″、…、7″、…、3″、2″、1″各点，即完成展开。

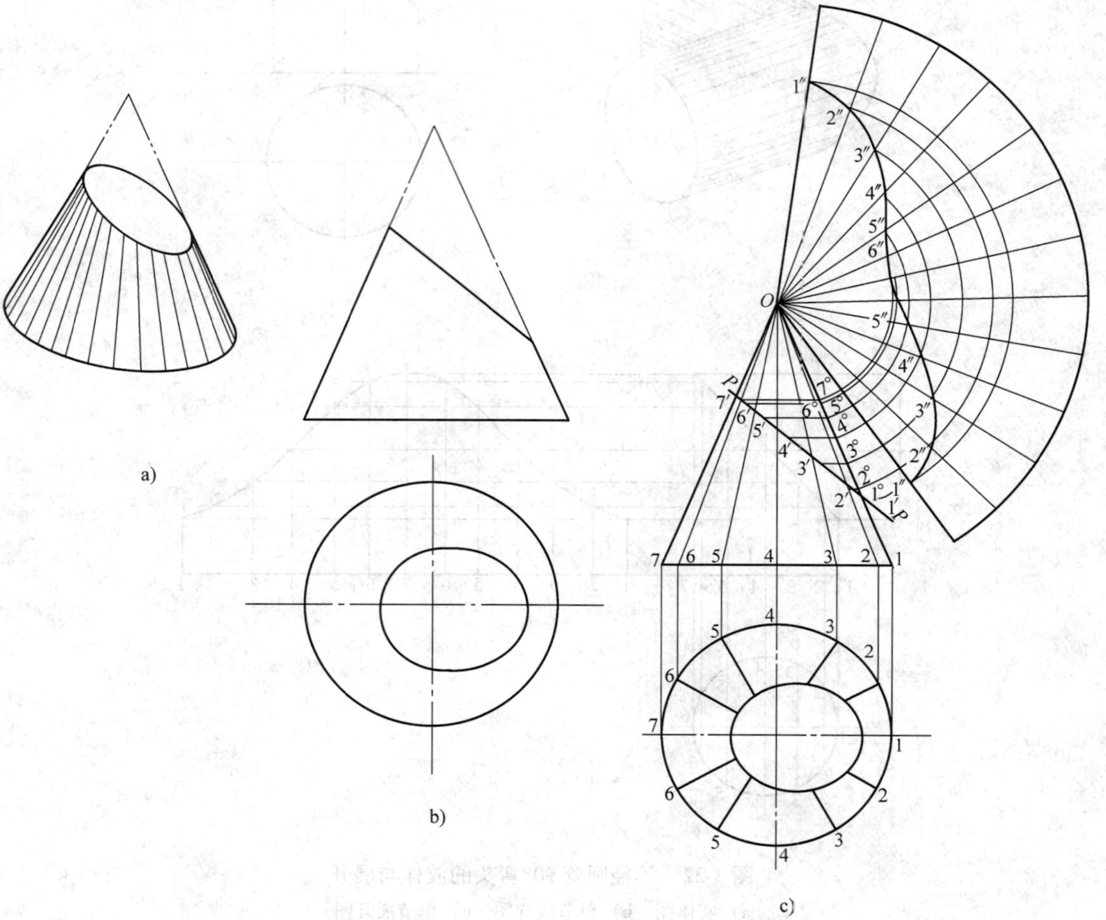

图 3-23 斜截正圆锥台的放样与展开
a）实体图 b）放样图 c）展开图

3）三角形展开法是将立体表面分割成一定数量的三角形平面，然后求出各三角形每边的实长，并把它的实形依次画在平面上，从而得到整个立体表面的展开图。上圆下方（天圆地方）接头的放样基准图与三角形法展开（如图 3-24 所示）步骤如下：

① 划一直角，以两直角边作基准划出俯视图的 1/4，即完成上圆下方件的放样基准图，如图 3-24b 所示。

② 在俯视图圆口的 1/4 圆周上划分三等分，等分点为 1、2、3、4。连接 2-A、3-A，将这一锥形弧面划分成三个三角形，如图 3-24c 所示。

③ 以俯视图反映出的三角形各边的投影长度作为一个直角边，用主视图反映出的每条

边的投影高度(本例是一个高度)作另一直角边，划直角三角形求实长，如图 3-24d 所示。

④ 用已知三角形三边作三角形，将物体表面的一系列三角形依次划在一个平面上，方口的三角形顶点用直线连接，圆口的三角形顶点依次圆滑连接，即完成上圆下方接头的展开，如图 3-24e 所示。

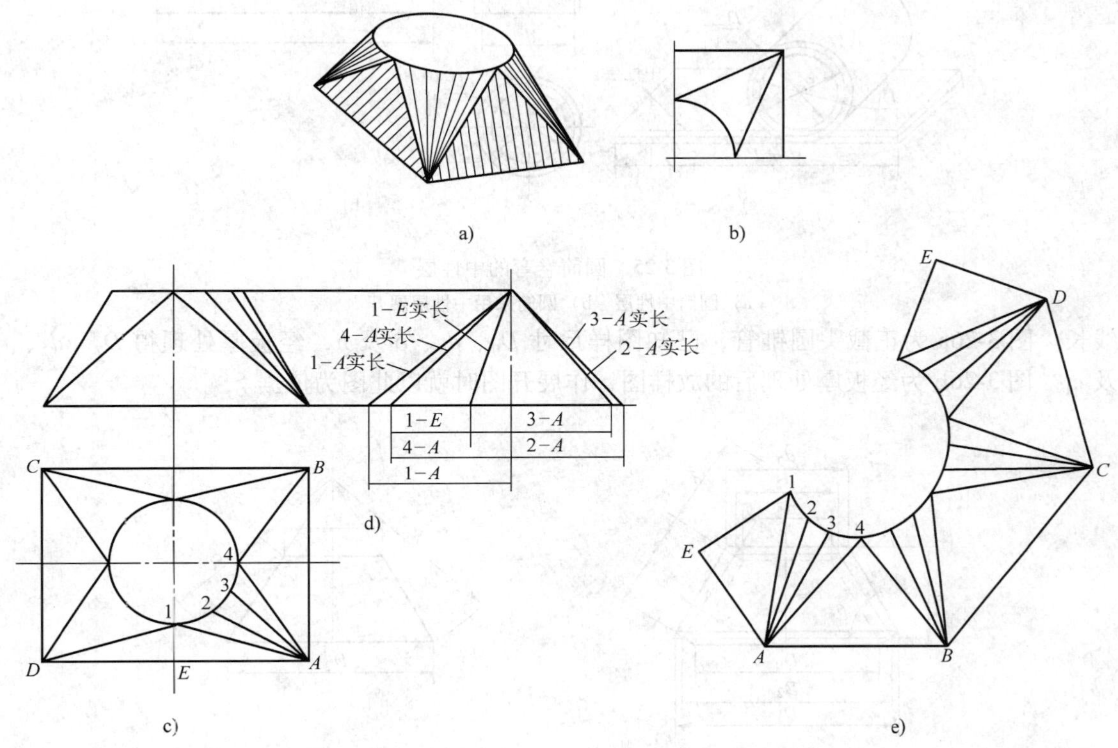

图 3-24　上圆下方接头的放样基准图与展开

3. 光学放样

用光学手段(比如摄影)，将缩小的图样投影在钢板上，然后依据投影线进行划线。

二、板厚处理

前面所讲过的各种工件表面展开，当弯曲件的板厚较小时，可直接按标注的直径或半径计算展开长，但当板厚大于 1.5mm 时，弯曲内外径相差较大，就必须考虑板厚对展开长度、高度以及相关构件的接口尺寸的影响。板厚越大，对这些尺寸的影响也越大。考虑钢板厚度而改变展开作图的图形处理称为板厚处理。

1. 中性层的确定

现将一厚板卷弯成圆筒，如图 3-25a 所示。通过图可以看出纤维沿厚度方向的变形是不同的，弯曲后内缘的纤维受压而缩短，而外缘的纤维受拉而伸长。在内缘与外缘之间必然存在弯曲时既不伸长也不缩短的一层纤维，该层称为中性层，中性层的长度在弯曲过程中保持不变，因此可作为展开尺寸的依据，如图 3-25b 所示。

2. 中性层的应用

以圆锥管展开的板厚处理为例，圆锥管展开图为扇形，厚板制成的圆锥管，展开弧长取以大端中性层为直径的圆周长。为保证高度尺寸符合图样要求，展开半径取中性层的圆锥素

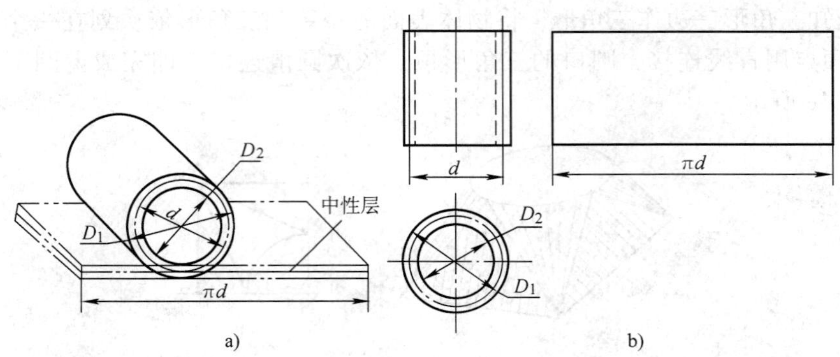

图 3-25　圆筒卷弯的中性层

a）圆筒中性层　b）圆筒采用中性层展开

线长。图 3-26a 为正截头圆锥管，已知图样尺寸 D_0、d_3、δ 及 h，经板厚处理得 D_2、d_2、r 及 c_1。图 3-26b 为经板厚处理后的放样图，作展开图时就以此图为依据。

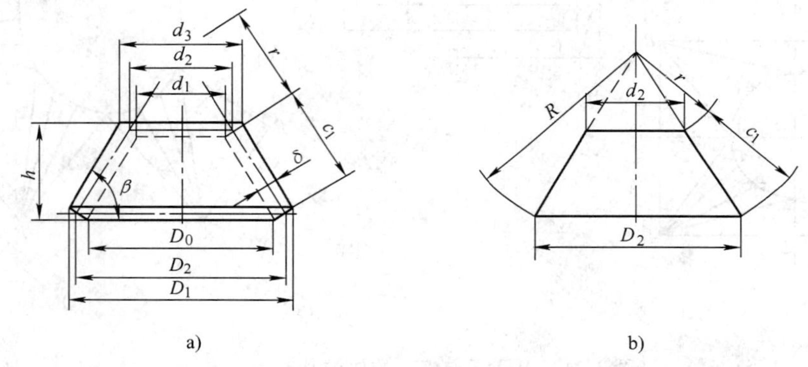

图 3-26　圆锥管的板厚处理

a）实样图　b）放样图

一般情况下，可以将板厚的中心层作为中性层来计算展开料，但如果板材较厚而弯曲半径小，中性层就会偏离中心层，这时就必须按中性层半径来计算展开长了。中性层的计算公式如下：

$$R = r + k\delta$$

式中　R——中性层半径（mm）；

r——弯板内弯半径（mm）；

δ——钢板厚度（mm）；

k——中性层偏移系数，其值见表 3-9。

表 3-9　中性层偏移系数

r/δ	0.2	0.3	0.4	0.5	0.8	1.0	1.5	2.0	3.0	4.0	5.0	>5.0
k	0.33	0.35	0.35	0.36	0.38	0.40	0.42	0.44	0.47	0.47	0.48	0.50

能力知识点3　下料

下料是用各种方法将毛坯或焊件从原材料上分离下来的工序。

1. 手工下料

（1）克切　克切与剪床的剪切原理基本相同。它最大特点是不受工作位置和零件形状的限制，并且操作简单、灵活。

（2）锯割　锯割所用的工具是锯弓和台虎钳。锯割可分手工锯割和机械锯割，手工锯割常用来切断规格较小的型钢或锯成切口。经手工锯割的焊件用锉刀简单修整后可以获得表面整齐的切断面。

（3）砂轮切割　砂轮切割是利用高速旋转的薄片砂轮与钢材摩擦产生的热量，将切割处的钢材变成“钢花”喷出形成割缝的工艺。型钢经剪切后的切口处断面可能发生变形，用锯割速度又较慢，所以常用砂轮切割断面尺寸较小的圆钢、钢管、角钢等。但砂轮切割一般是手工操作，灰尘很大，劳动条件很差。

（4）气割　将氧气和可燃气体在割炬中混合，通过割炬嘴喷出并燃烧形成高温火焰，预热金属至燃点，并在氧气的助燃作用下剧烈燃烧，在被高速氧气流吹去熔渣，形成切口。气割所需要的主要器具有乙炔瓶和氧气瓶、减压器、输气管和割炬等。

金属气割应具备下列条件：

1）金属的燃点必须低于其熔点，这是保证切割在燃烧过程中进行的基本条件。否则，切割时便成了金属先熔化后燃烧的熔割过程，使割缝过宽，而且极不整齐。

2）金属氧化物的熔点低于金属本身的熔点，同时流动性应好。否则，将在割缝表面形成固态熔渣，阻碍氧气流与下层金属接触，使气割不能进行。

3）金属燃烧时应放出较多的热。满足这一条件，才能使上层金属燃烧产生的热量对下层金属起预热作用，使切割过程能连续进行。

4）金属的导热性不应过高。否则，散热太快会使割缝金属温度急剧下降，达不到燃点，使气割中断。如果加大火焰能率，又会使割缝过宽。

综上所述，适合气割的材料主要有低碳钢、中碳钢和普通低合金钢等。

气割的过程如下：

1）开始气割时首先应点燃割炬，随即调整火焰。预热火焰通常采用中性焰或轻微氧化焰，如图3-27所示。

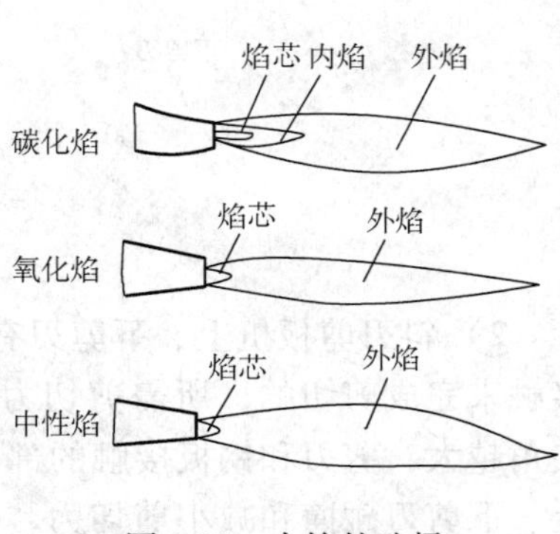

图3-27　火焰的选择

2）开始气割时，必须用预热火焰将切割处金属加热至燃烧温度（即燃点），一般碳钢在纯氧中的燃点为1100～1150℃。注意割嘴与焊件表面的距离保持10～15mm，如图3-28所示。

3）把切割氧气喷射至已达到燃点的金属时，金属便开始剧烈的燃烧（即氧化），产生大量的氧化物（熔渣），由于燃烧时放出大量的热使氧化物呈液体状态。

4）燃烧时所产生的大量液态熔渣被高压氧气流吹走。

这样由上层金属燃烧时产生的热传至下层金属，使下层金属又预热到燃点，切割过程由表面深入到整个厚度，直到将金属割穿。同时，金属燃烧时产生的热量和预热火焰一起，又把邻近的金属预热到燃点，将割炬沿切割线以一定的速度移动，即可形成割缝，使金属分离。

2. 机械下料

（1）剪切　剪切是利用上、下剪切刀刃相对运动切断材料的加工方法。根据剪刃的相对位置和形状，剪切可有龙门剪板机(直线剪切)；圆盘剪切机和振动剪床(曲线剪切)等。

龙门剪板机的结构主要包括床身、传动机构、工作机构和辅助机构等，如图 3-29 所示。

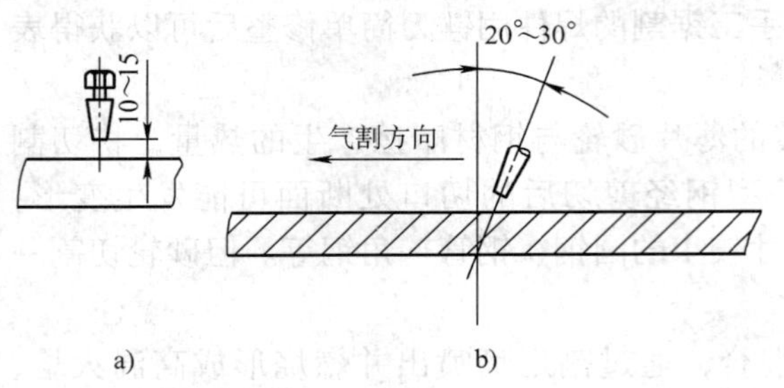

图 3-28　切割操作示意图

a）气割间隙　b）气割角度

图 3-29　龙门剪板机

1—床身　2—传动机构　3—压紧机构　4—工作台　5—托料架

根据上、下剪刃的位置不同，龙门剪板机有平刃和斜刃之分。

1）平刃剪板机上、下刀刃互相平行夹角为零，如图 3-30a 所示。剪切时，上、下刀刃全部同时作用在材料上，所需的剪切力较大。但材料受力均匀，切下的零件变形小。所以，平刃剪板机适用于一些薄板制品的下料。

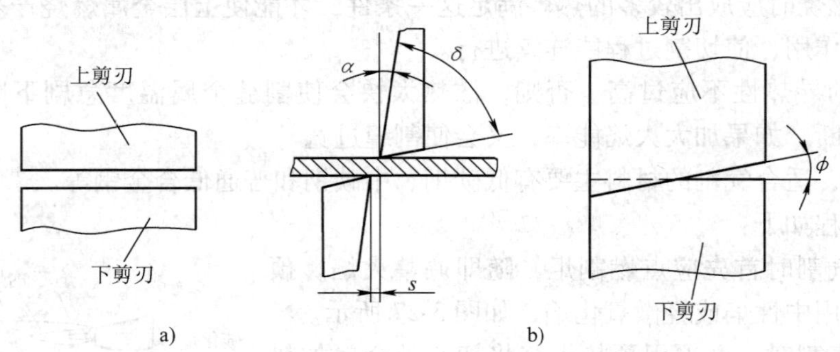

图 3-30　剪刃种类与角度

a）平刃剪切　b）斜刃剪切

2）斜刃剪板机上、下剪刃有一定夹角，如图 3-30b 所示。剪切时，剪刃是逐渐与材料接触来完成剪切的，所需剪切力较小。图中斜角 ϕ 为上、下剪刃的夹角，一般取 2°～6°。夹角越大，剪刃和钢板接触的部位越少，所需的剪切力就越小；剪刃间隙 s 的作用是防止上、下剪刃碰撞和减小剪切力，一般取 0.08～0.5mm。剪刃间隙可以调节，其大小随材料的板厚和性质而定，板材越厚，材料的抗剪强度越高，剪刃间隙就应大一些；剪切角 δ 一般为 75°～80°，目的是使剪刃容易切入材料内。剪切角的大小直接影响剪刃的强度、剪切的

质量和剪切力的大小；后角 α 一般选取 $1.5°\sim3°$，目的是减小刀刃与材料的摩擦。

斜刃剪板机可适用较大厚度钢板的剪切。但斜刃剪切时，由于剪切时材料受力不均，剪下的零件变形较大，如图 3-31 所示。

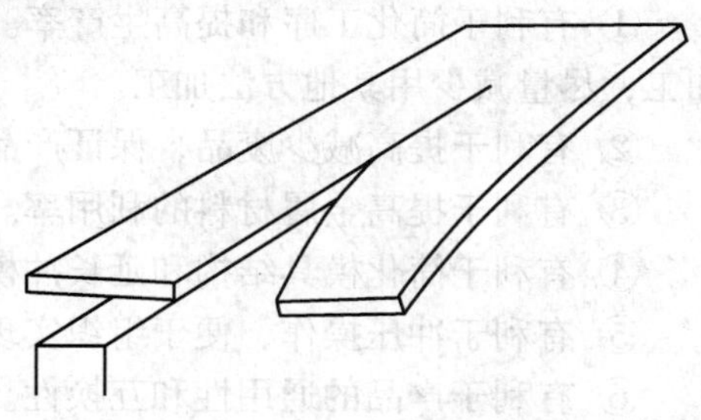

图 3-31　斜口剪床剪切弯扭现象示意图

批量生产剪板时，可以利用机床身前、后挡板配合来进行定位剪切。可以省去部分划线工作，提高生产效率和剪切质量，图 3-32 为利用挡料板的几种形式。

图 3-32a 为利用后挡料板进行定尺剪切。宽度一定的批量长方形工件，多用这种方法进行剪切。

图 3-32b、c 为利用后挡料板，结合在工作台面设置定位挡铁进行剪切。

图 3-32d 为利用前挡板进行定尺剪切。

图 3-32e、f 为利用在工作台面上设置两处定位挡铁进行剪切。

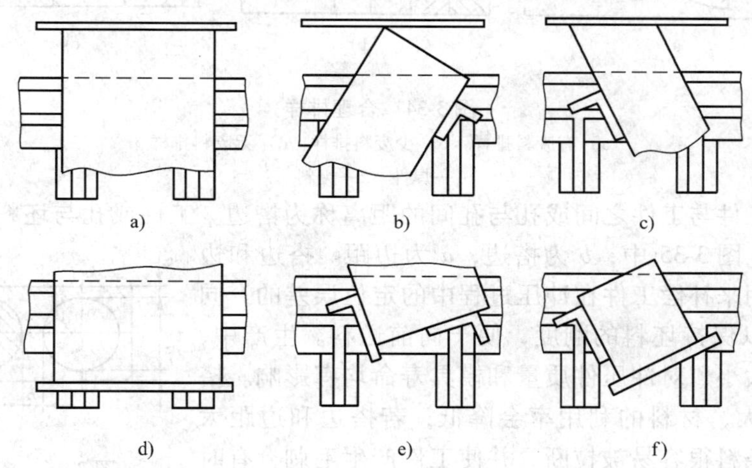

图 3-32　利用前、后挡料板剪切

圆盘剪床上的上下剪刀皆为圆盘状，剪切时上下圆盘刀以相同的速度旋转，被剪切的板料靠本身与刀刃之间的摩擦力而进入刀刃中完成剪切工作，如图 3-33 所示。圆盘剪床剪切是连续的，生产率较高，能剪切各种曲线轮廓，但所剪板料的弯曲现象严重，边缘有毛刺，一般适合于剪切较薄钢板的直线或曲线轮廓。

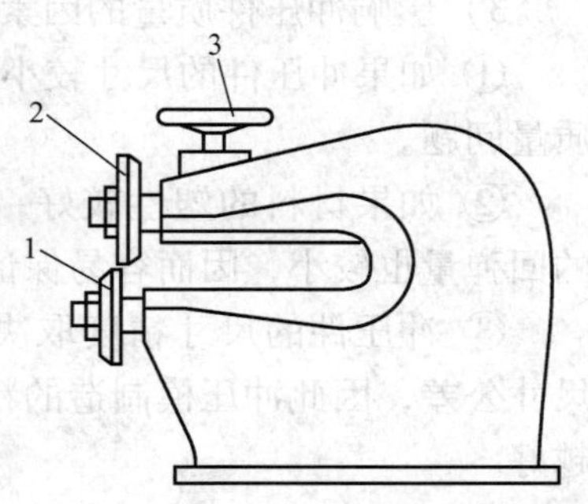

图 3-33　圆盘剪切机
1—下圆盘剪刃　2—上圆盘剪刃　3—升降柄

（2）冲裁　金属板料受力后，应力超过材料的强度极限，而使材料发生剪裂而分离的过程称为冲裁。冲裁包括落料和冲孔等工序。冲裁时，零件与坯料以封闭的轮廓线分离开，若封闭线以内是零件称为落料，若封闭线以外是零件称为冲孔。

1）冲压件的工艺性是指冲压件对冲压工艺的适应性，它包括冲压件在结构形状、尺寸大小、尺寸公差与尺寸基准等方面。在考虑、设计冲压工艺时，应遵循下列原则：

① 有利于简化工序和提高生产率。即用最少和尽量简单的冲压工序来完成全部零件的加工，尽量减少用其他方法加工。

② 有利于提高减少废品，保证产品质量的稳定性。

③ 有利于提高金属材料的利用率。减少材料的品种和规格，尽可能降低材料的消耗。

④ 有利于简化模具结构和延长冲模的使用寿命。

⑤ 有利于冲压操作，便于组织实现自动化生产。

⑥ 有利于产品的通用性和互换性。

2）合理排样。排样方法可分为有废料排样、少废料排样和无废料排样三种，如图 3-34 所示。

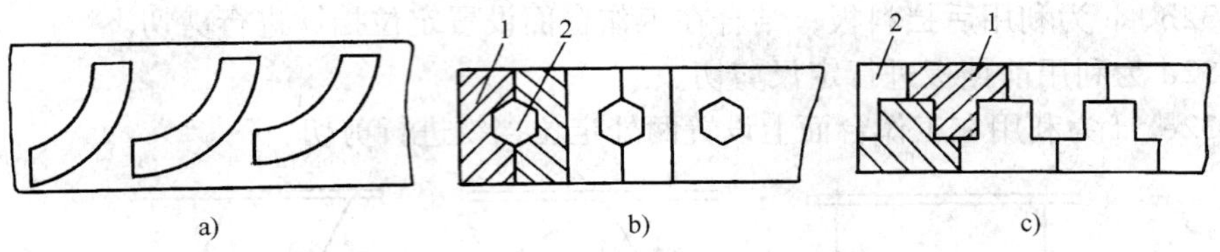

图 3-34　合理排样

a）有废料排样　b）少废料排样　c）无废料排样

1—焊件　2—废料

排料时，工件与工件之间或孔与孔间的距离称为搭边。工件或孔与坯料侧边之间的余量，称为边距。图 3-35 中，b 为搭边，a 为边距。搭边和边距的作用，是用来补偿工件在冲压过程中的定位误差的。同时，搭边还可以保持坯料的刚度，便于向前送料。生产中，搭边及边距的大小，对冲压件质量和模具寿命均有影响。搭边及边距若过大，材料的利用率会降低；若搭边和边距太小，在冲压时条料很容易被拉断，并使工件产生毛刺，有时还会使搭边拉入模具间隙中。

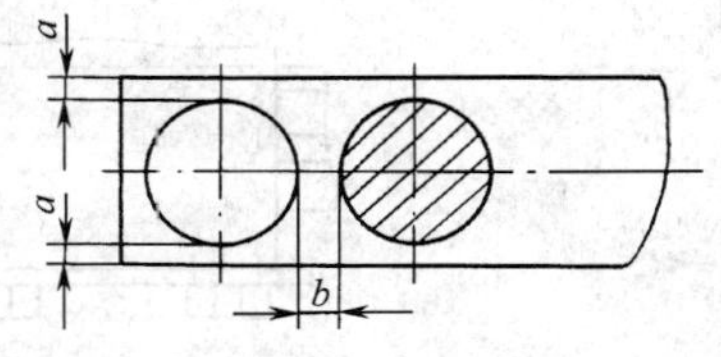

图 3-35　搭边及边距

3）影响冲压件质量的因素有以下几方面：

① 如果冲压件的尺寸较小，形状也简单，这样的零件质量容易保证。反之，就易出现质量问题。

② 如果材料的塑性较好，其弹性变形量较小，冲压后的回弹量也较小，因而容易保证零件的尺寸精度。

③ 冲压件的尺寸精度取决于上、下模具的刃口部分的尺寸公差，因此冲压模制造的精度越高，冲压件的质量也就越好。

④ 上、下模具合理的间隙，能保证良好的断面质量和较高的尺寸精度。间隙过大或过小，使冲压件断面出现毛刺或撕裂现象。

4）冲压时板料的分离过程大致可分为弹性变形、塑性变形和剪裂分离三个阶段，如图 3-36 所示。

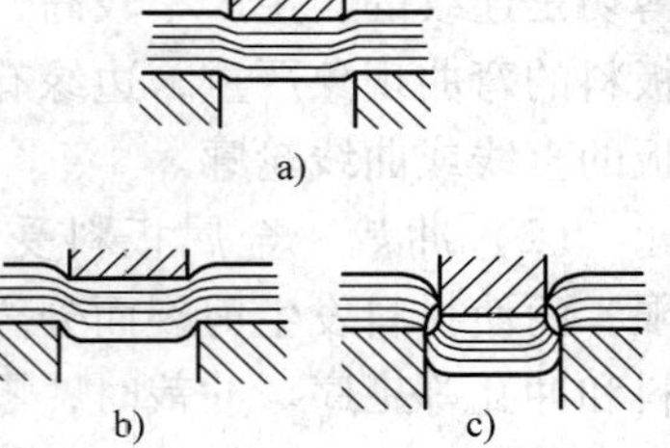

图 3-36　冲裁时板料的分离过程

a）弹性变形阶段　b）塑性变形阶段　c）剪裂分离阶段

① 弹性变形阶段是当凸模在压力机滑块的带动下接触板料后，板料开始受压。随着凸模的下降，板料产生弹性压缩并弯曲。凸模继续下降，压入板料，材料的另一面也略挤入凹模刃口内。这时，材料的应力达到了弹性极限，如图 3-36a 所示。

② 在塑性变形阶段凸模继续下降，对板料的压力增加，使板料内应力加大。当内应力加大到屈服强度时，材料的压缩弯曲变形加剧，凸模、凹模刃口分别继续挤进板料，板料内部开始产生塑性变形。此时，上下模具刃边的应力急剧集中，板料贴近刃边部分产生微小裂纹，板料开始被破坏，塑性变形结束，如图 3-36b 所示。

③ 随着凸模继续下降，板料上已形成的微小裂纹逐渐扩大，并向材料内部发展，当上下裂纹重合时，材料便被剪裂分离，板料的分离结束，如图 3-36c 所示。

5）冲压模具按其进行冲压工艺中工序的不同，可分为冲裁模具、压弯模具、拉延模具等。

（3）热切割　热切割包括数控气割、等离子弧切割、光电跟踪气割等。

1）数控气割是利用电子计算机控制的自动切割，它能准确地切割出直线与曲线组成的平面图形，也能用足够精确的模拟方法切割其他形状的平面图形。数控气割的精度很高，其生产率也比较高，适用于自动化的成批生产。数控气割是由数控气割机来实现的，该机主要由两大部分组成：数字程序控制系统（包括稳压电源、光电输入机、运算控制小型电子计算机等）和执行系统（即切割机部分），如图 3-37 所示。

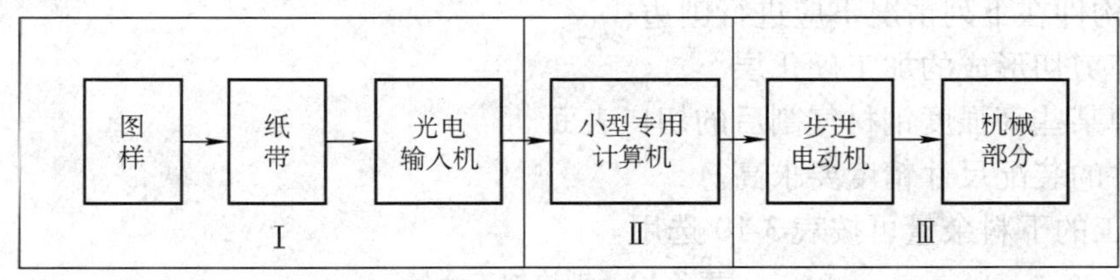

图 3-37　数控气割机工作原理方框图

2）等离子弧切割是利用高温高速等离子弧，将切口金属及氧化物熔化，并将其吹走而完成切割过程。等离子弧切割是属于熔化切割，这与气割在本质上是不同的，由于等离子弧的温度和速度极高，所以任何高熔点的氧化物都能被熔化并吹走，因此可切割各种金属。目前主要用于切割不锈钢、铝镍、铜及其合金等金属和非金属材料。

3）光电跟踪气割是一台利用光电原理对切割线进行自动跟踪移动的气割机，如图 3-38 所示。适用于复杂形状零件的切割，是一种高效率、多比例的自动化气割设备。

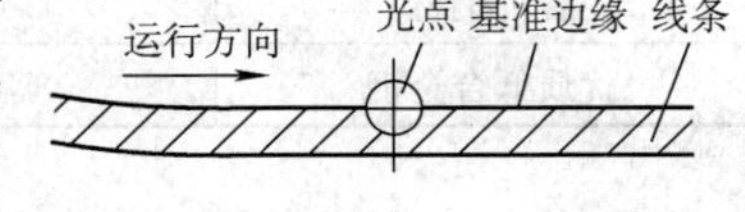

图 3-38　光电跟踪原理图

能力知识点 4　坯料的边缘加工

边缘加工主要指焊接结构零件的坡口加工。常用的方法有机械切削和气割两类。

1. 机械切削坡口

常采用刨边机、坡口加工机和铣床、刨床等。

（1）刨边机　图 3-39 是刨边机的结构示意图，在床身 7 的两端有两根立柱 1，在两立柱之间连接压料横梁3，压料横梁上安置有压紧钢板用的压紧装置2。床身的一侧安装齿条与导轨8，其上安置进给箱5，由电动机6带动，沿齿条与导轨进行往复的移动。进给箱上刀架4可以同时固定两把刨刀，以同方向进行切削；或一把刨刀在前进时工作，另一把刨刀则在反向行程时工作。

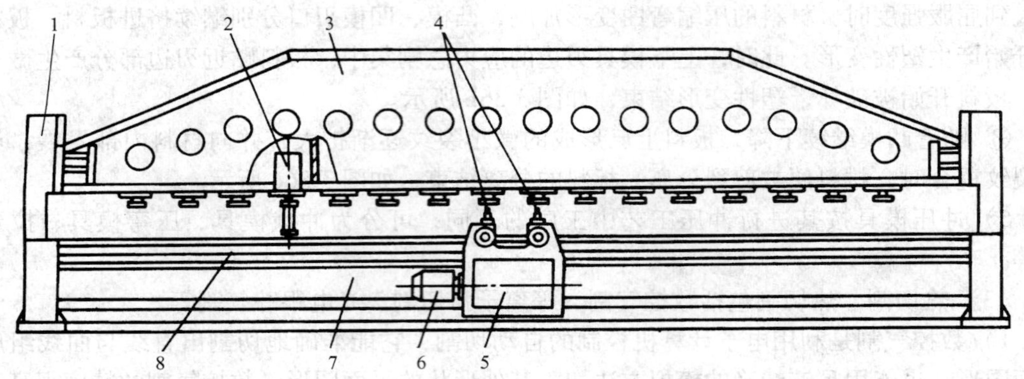

图3-39　刨边机的结构示意图

刨边机可加工各种形式的直线坡口，表面粗糙度低，加工尺寸准确，特别适用于低合金高强钢、高合金钢、复合钢板及不锈钢等加工。

焊接结构件在下列情况下应进行刨边：

1）去掉剪切形成的加工硬化层。

2）去掉某些高强度钢材气割后的切口表面。

3）零件的装配尺寸精度要求高。

刨边加工的下料余量可按表3-10选用。

表3-10　刨边加工余量

钢　材	边缘加工形式	钢板厚度 δ/mm	最小余量 Δu/mm
低碳钢	剪切机剪切	≤16	2
低碳钢	剪切机剪切	>16	3
各种钢材	气割	各种厚度	4
优质低合金钢	剪切机剪切	各种厚度	>3

（2）坡口加工机　图3-40所示为坡口加工机。这种设备体积小，结构简单，操作方便，效率高，适用于加工圆板和直板构件。它的加工最大厚度为70mm，一般不受工件直径、长度、宽度的限制。坡口加工机由于受铣刀结构的限制，不能加工U形坡口及坡口的钝边。

2. 坡口气割

单面坡口半自动气割时，可用半自动气割机来进行切割，气割规范可比同厚度直线气割时大些。采用两把割炬时，应将其中一把割炬倾斜一定角度，如图3-41所示。

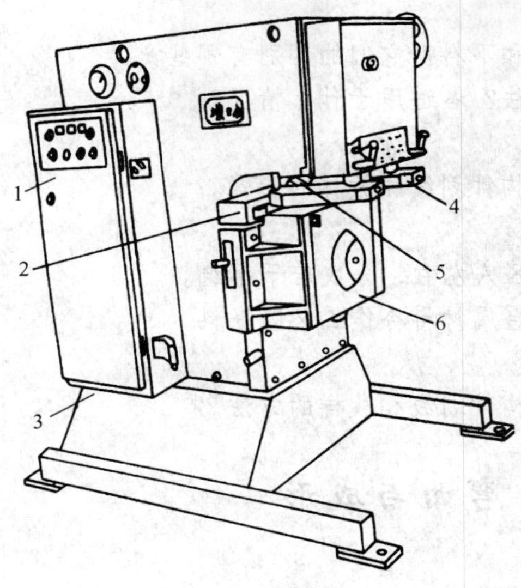

图 3-40　坡口加工机

1—控制柜　2—导向装置　3—床身　4—压紧和防翘装置　5—铣刀　6—工作台

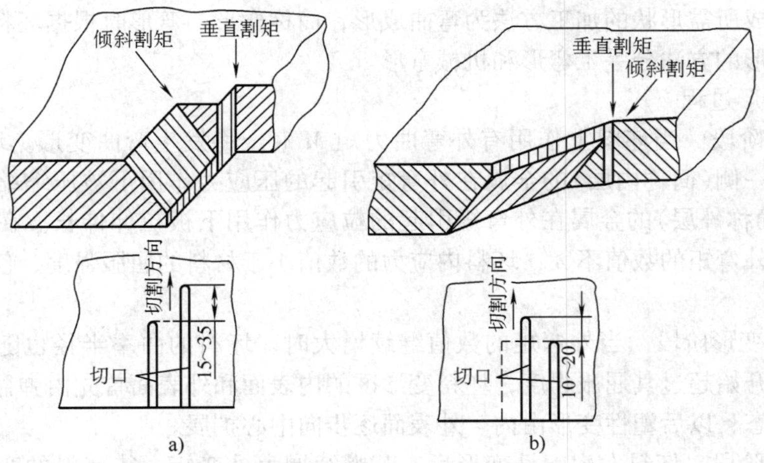

图 3-41　V 形坡口气割

【综 合 训 练】

一、理论部分

（一）填空题

1. 放样的方法有__________、__________、__________、__________。
2. 可展表面展开放样的方法有__________、__________、__________。
3. 金属气割的必要条件是__________、__________、__________。
4. 剪床中、剪切设备包括__________、__________、__________、__________。
5. 坡口加工方法主要为__________、__________、__________。

（二）简答题

1. 什么是划线、放样和下料？它们的区别有哪些？

2. 钢材下料有哪些方法？各适用于什么情况？

二、实践部分

1. 训练目标：认识结构件划线和放样的步骤。

2. 训练准备

（1）人员准备　每组8人左右，分成若干小组。

（2）资料准备　有关金属材料冷作工艺的资料。

3. 训练地点：实验室。

4. 训练办法：练习结构件划线和放样的方法。

综合知识模块四　弯曲与成形

能力知识点1　弯曲成形

将坯料弯成所需形状的加工方法为弯曲成形，简称弯形。弯形时根据坯料温度分冷弯和热弯。根据弯形的方法分手工弯形和机械弯形。

1. 弯曲成形过程

（1）初始阶段　当坯料上作用有外弯曲力矩 M 时，将发生弯曲变形。坯料变形区内，靠近曲率中心一侧（简称内层）的金属在外弯矩引起的压应力作用下被压缩缩短，远离曲率中心的一侧（简称外层）的金属在外弯矩引起的拉应力作用下被拉伸伸长。在坯料弯曲过程中的初始阶段外弯矩的数值不大，坯料内应力的数值小于材料的屈服强度，仅使坯料发生弹性变形。

（2）塑性变形阶段　当外弯矩的数值继续增大时，坯料的曲率半径也随之缩小，材料内应力的数值开始超过其屈服强度，坯料变形区的内表面和外表面首先由弹性变形状态过渡到塑性变形状态，以后塑性变形由内、外表面逐步向中心扩展。

（3）断裂阶段　坯料发生塑性变形后，若继续增大外弯矩，待坯料的弯曲半径小到一定程度，将因变形超过材料自身变形能力的限度，在坯料受拉伸的外层表面，首先出现裂纹，并向内伸展，致使坯料发生断裂破坏。

弯曲过程中，材料的横截面形状也要发生变化、无论宽板、窄板，在变形区内材料的厚度均有变薄现象。

2. 钢材的变形特点对弯曲加工的影响

钢材弯曲变形特点对弯曲加工的影响主要有以下几个方面：

（1）弯力　无论采用何种弯曲成形方法，弯力都必须能使被弯曲材料的内应力超过材料的屈服强度，实际弯力的大小要根据被弯曲材料的力学性能、弯曲方式和性质、弯曲件形状等多方面因素来确定。

（2）回弹现象　通常在材料发生塑性变形时，仍还有部分弹性变形存在。而弹性变形部分在卸载时（除去外弯矩）要恢复原态，使弯曲件的曲率和角度发生变化，这种现象叫做

回弹。回弹现象的存在，直接影响弯曲件的几何精度，必须加以控制。

影响回弹的主要因素有：

1）材料的屈服强度越高，弹性模量越小，加工硬化越激烈，弯曲变形的回弹越大。

2）材料的相对弯曲半径 r/t 越大，材料变形程度就越小，则回弹越大。

3）当弯曲半径一定时，弯曲角 α 越大，表示变形区长度越大，回弹也越大。

4）其他因素，如零件的形状、模具的构造、弯曲方式及弯曲力的大小等，对弯曲件的回弹也有一定的影响。

减小回弹常采取下列措施：

1）将凸模角度减去一个回弹角，使板料弯曲程度加大，板料回弹后恰好等于所需的角度。

2）采取校正弯曲，在弯曲终了时进行校正，即减小凸模的接触面积或加大弯曲部件的压力。

3）减小凸模与凹模的间隙。

4）采用拉弯工艺。

5）在必要时和许可的情况下，可采取加热弯曲。

（3）最小弯曲半径　材料在不发生破坏的情况下所能弯曲的最小曲率半径，称为最小弯曲半径。材料的最小弯曲半径，是材料性能对弯曲加工的限制条件。

影响材料最小弯曲半径的因素有：

1）材料塑性越好，其允许变形程度越大，则最小弯曲半径可以越小。

2）弯曲角 α 在相对于弯曲半径 r/t 相同的条件下，弯曲角 α 越小，材料外层受拉伸的程度越小而不易弯裂，最小弯曲半径可以取较小值。反之，弯曲角 α 越大，最小弯曲半径也应增大。

3）轧制的钢材形成各向异性的纤维组织，钢材平行于纤维方向的塑性指标大于垂直于纤维方向的塑性指标。因此，当弯曲线与纤维方向垂直时，材料不易断裂，弯曲半径可以小些。

4）当材料剪断面质量和表面质量较差时，弯曲时易造成应力集中使材料过早破坏，这种情况下应采用较大的弯曲半径。

5）材料的厚度和宽度等因素也对最小弯曲半径有影响。如薄板可以取较小的弯曲半径，窄板料也可取较小的弯曲半径。

在一般情况下，弯曲半径应大于最小弯曲半径。若由于结构要求等原因，弯曲半径必须小于或等于最小弯曲半径时，则应该分两次或多次弯曲，也可采用热弯或预先退火的方法，以提高材料的塑性。

能力知识点2　压弯与卷弯成形

1. 压弯

在压力机上利用模具将坯料弯曲成所需形状的加工方法称为压弯。

（1）压弯设备与模具　压弯设备主要有折弯压力机、液压机及各类机械压力机等。图 3-42 型号为 WC67Y—63/2500 液压传动折弯压力机，该压力机工作台宽度为

2500mm，公称压力为630kN。

图3-43 型号为Y21—160，公称压力为1600kN的单臂液压机。

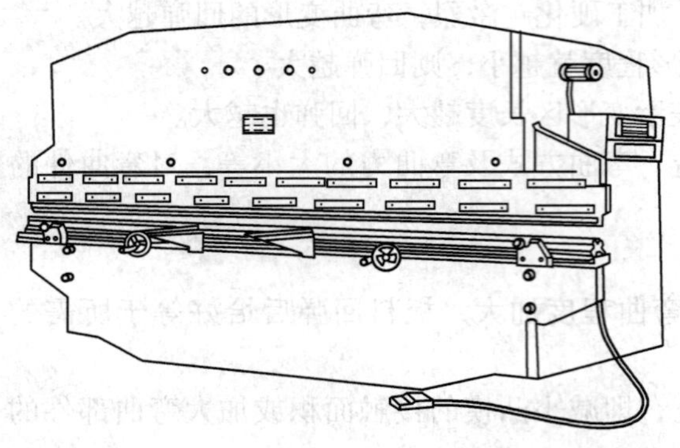
图3-42 WC67Y—63/2500型板料折弯压力机

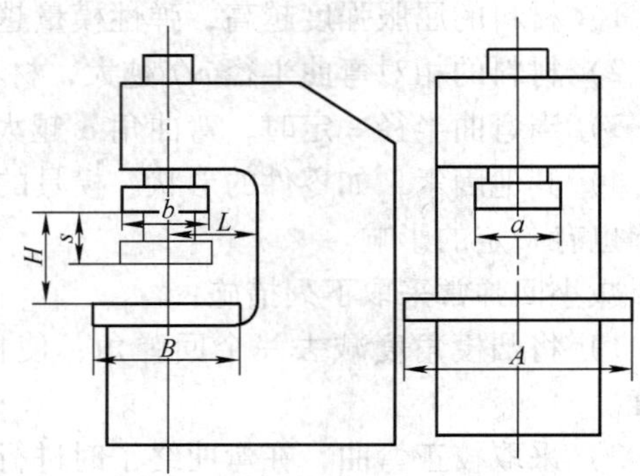

图3-43 Y21—160型单臂液压机

压力机所用模具有通用弯曲模和专用弯曲模之分。通用弯曲模如图3-44所示，一般多用于弯制多角的零件。图3-45是用来压制槽形零件的专用槽形弯曲模。

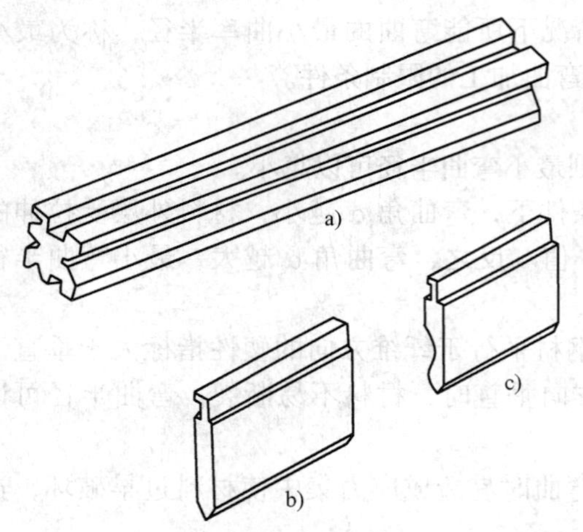

图3-44 通用弯曲模

a）通用凹模 b）、c）通用凸模

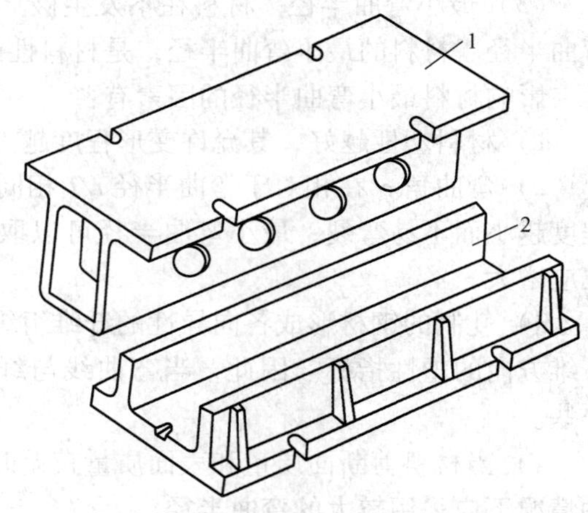

图3-45 专用弯曲模

1—凸模 2—凹模

（2）板料压弯过程 压弯成形时，材料的弯曲变形可以有自由弯曲、接触弯曲和校正弯曲三种方式，如图3-46所示。材料弯曲时，板料仅与凸、凹条线接触，弯曲圆角半径r_1是自然形成的，这种弯曲方式称做自由弯曲，如图3-46a所示；若板料弯曲到直边与凹模表面平行，而且在长度ab上互相靠紧时停止弯曲，弯曲件的角度等于模具的角度，而弯曲圆角半径r_2仍靠自然形成的，这种弯曲方式称作接触弯曲，如图3-46b所示；若将板料弯

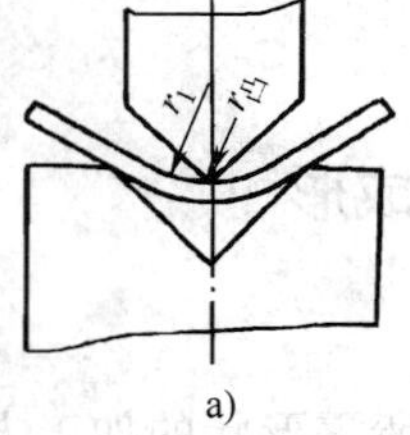

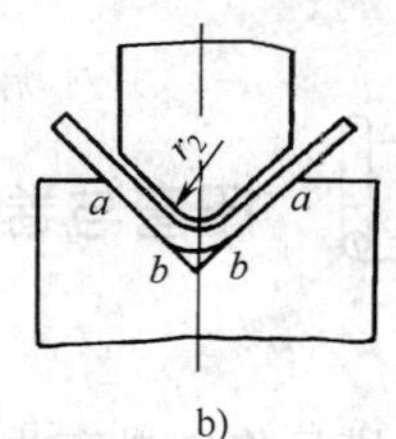

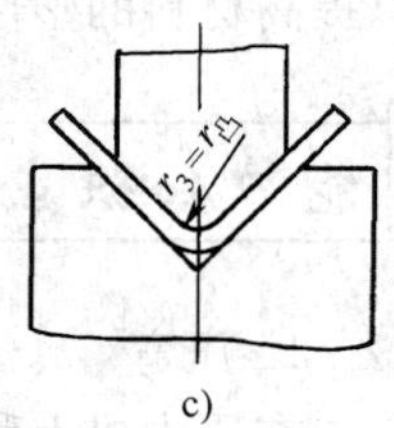

图3-46 板料弯曲时的三种变形方式

a）自由弯曲 b）接触弯曲 c）校正弯曲

曲到与凸凹模完全紧靠，弯曲圆角半径 r_3 等于模具圆角半径 r 凸时，才结束弯曲，这种弯曲方式称作校正弯曲，如图 3-46c 所示。

采用自由弯曲，所需弯力小，但工作时靠调整凹模槽口的宽度和凸模的下死点位置来保证零件的形状，批量生产时弯曲件质量不稳定，所以它多用于小批生产中大型零件的压弯。

采用接触弯曲或校正弯曲时，由模具保证弯曲件精度，弯曲件质量较高而且稳定，但所需弯曲力较大，并且模具制造周期长、费用高。所以它多用于大批量生产中的中、小型零件的压弯。

2. 卷弯

通过旋转辊轴使坯料弯曲成形的方法称为卷弯。卷弯时，钢板置于卷板机的上、下辊轴之间，当上辊轴下降时，钢板便受到弯矩的作用而发生弯曲变形，如图 3-47 所示。由于上、下辊轴的转动，通过辊轴与钢板间的摩擦力带动钢板移动，使钢板受压位置连续不断地发生变化，从而形成平滑曲面，完成卷弯成形工作。

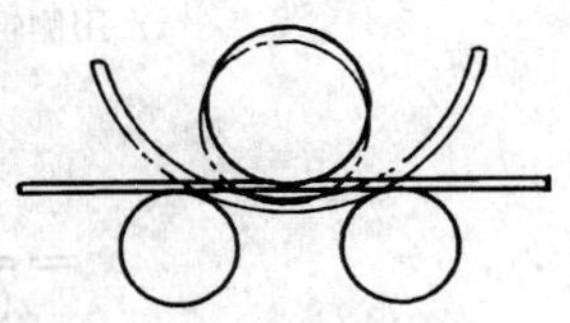

图 3-47　钢板卷弯

钢板卷弯由预弯(压头)、对中、卷弯三个步骤组成。

（1）预弯　卷弯时只有钢板与上辊轴接触的部分才能得到弯曲，所以钢板的两端各有一段长度不能发生弯曲，这段长度称为剩余直边。

常用预弯方法如图 3-48 所示。图 3-48a 所示利用通用模或成型模在压力机上压弯成形；图 3-48b 所示在三辊卷板机上用模板预弯，这种方法适用于 $\delta \leqslant \delta_0/2$，$\delta \leqslant 24$mm，且不超过设备能力的 60%；图 3-48c 所示在三辊卷板机上用垫板、垫块预弯，这种方法适用于 $\delta \leqslant \delta_0/2$，$\delta \leqslant 24$mm，并不超过设备能力的 60%；图 3-48d 所示在三辊卷板机上用垫块预弯，这种方法适用于较薄的钢板，但操作比较复杂，一般较少采用。

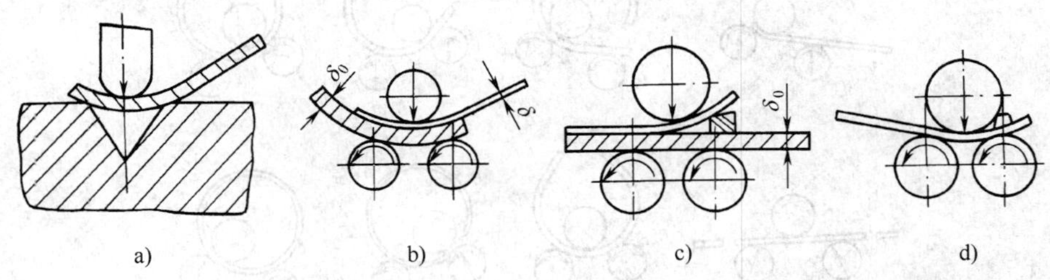

图 3-48　常用预弯方法

a）通用模压弯　b）模板卷弯　c）垫板、垫块卷弯　d）垫块卷弯

（2）对中　对中的目的是使工件的素线与辊轴轴线平行，防止产生扭斜，保证滚弯后工件几何形状准确。对中的方法有侧辊对中、专用挡板对中、倾斜进料对中、侧斜进料对中、侧辊开槽对中等，如图 3-49 所示。

（3）卷弯　图 3-50 所示为各种卷板机的卷弯过程。

能力知识点 3　板材、型材展开长度计算

1. 板材展开长计算

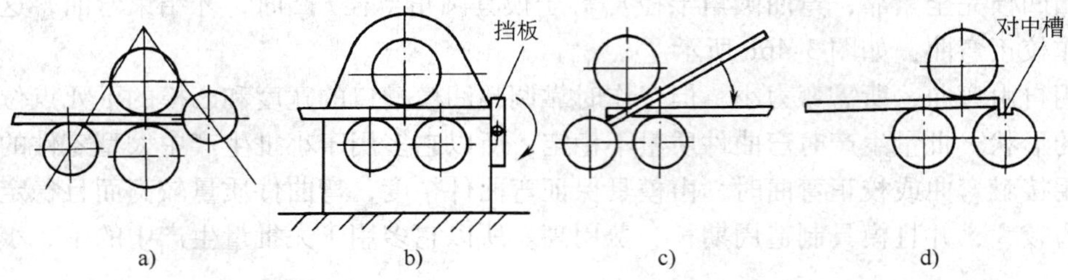

图 3-49　几种对中方法

a）用侧辊对中　b）专用挡板对中　c）倾斜进料对中　d）侧辊开槽对中

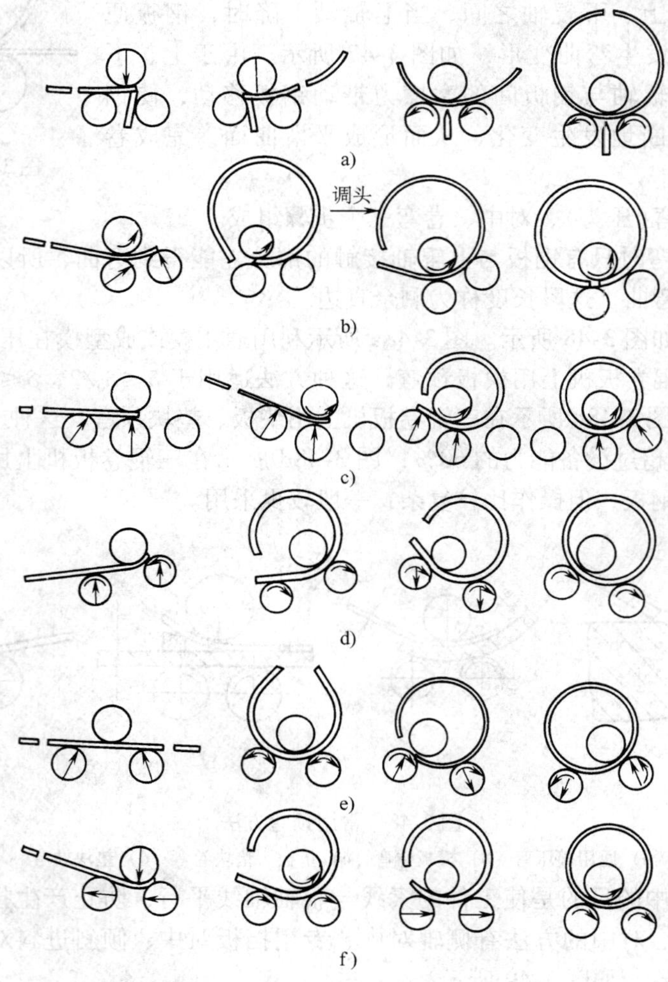

图 3-50　各种卷板机的卷弯过程

a）带弯边垫板的对称三辊卷板机　b）不对称三辊卷板机　c）四辊卷板机

d）偏心三辊卷板机　e）对称下调式三辊卷板机　f）水平下调式三辊卷板机

例 3-1　计算图 3-51 所示 U 形板料展开长度。已知 $r=60\text{mm}$，$\delta=20\text{mm}$，$l_1=200\text{mm}$，$l_2=300\text{mm}$，$\alpha=120°$，求 $L=?$

解　因为$\frac{r}{\delta}=\frac{60}{20}=3$，查表(3-9)得 $k=0.47$。

$$L=l_1+l_2+\frac{\pi\alpha(r+k\delta)}{180°}$$
$$=200\text{mm}+300\text{mm}+\frac{120°\pi(60+0.47\times20)}{180°}\text{mm}$$
$$\approx645\text{mm}$$

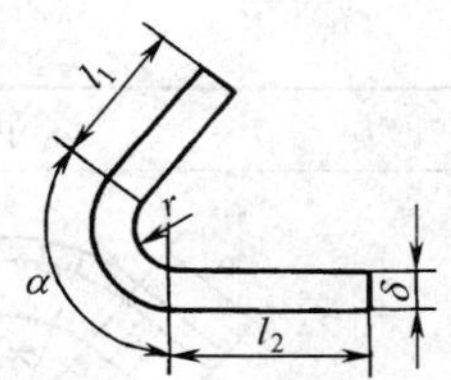

图 3-51　U 形板展开计算

实际上板料可以弯曲成各种复杂的形状，求展开料长都是先确定中性层，再通过作图和计算，将断面图中的直线和曲线逐段相加得到展开长度。

2. 圆钢料展开长计算

（1）直角形圆钢的展开计算　如图 3-52a 所示，已知尺寸 A、B、d、R，展开长度应是直段长度和圆弧段长度之和。展开长度为

$$L=A+B-2R+\frac{\pi\left(R+\frac{d}{2}\right)}{2}$$

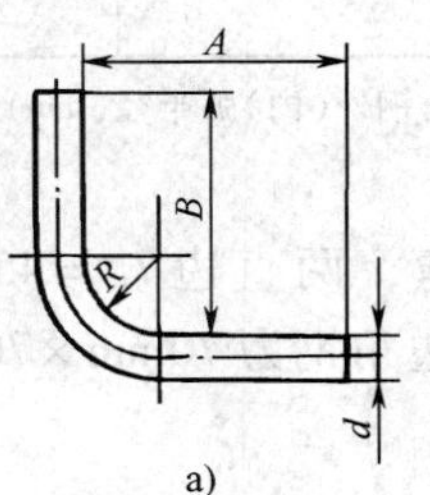

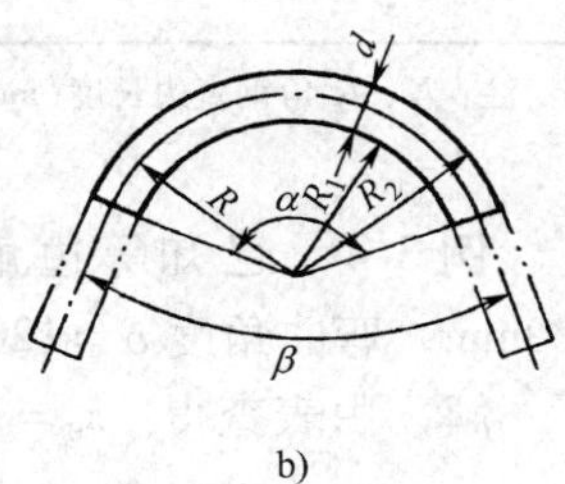

图 3-52　常用圆钢弯曲计算
a）直角形圆钢　b）圆弧形圆钢

式中　L——展开长度；
A、B——直段长度；
R——内圆角半径；
d——圆钢直径。

例 3-2　图 3-52a 中，设 $A=400$mm，$B=300$mm，$d=\phi20$mm，$R=100$mm 求它的展开长度。

解　展开长度

$$L=\left(400+300-2\times100+\frac{\pi(100+10)}{2}\right)\text{mm}$$
$$=(400+300-200+172.78)\text{mm}$$
$$\approx672.78\text{mm}$$

（2）圆弧形圆钢的展开计算　展开长度为

$$L=\pi\left(R_2-\frac{d}{2}\right)(180°-\beta)\times\frac{1}{180°}$$

例 3-3　图 3-52b 中，已知 $R_2=400$mm，$d=40$mm，$\beta=60°$，求圆钢的展开长度。

解　展开长度为

$$L=\pi(400-20)(180°-60°)\times\frac{1}{180°}$$
$$\approx795.47\text{mm}$$

3. 角钢展开长度的计算

角钢的断面是不对称的，所以中性层的位置不在断面的中心，而是位于角钢根部的重心处，即中性层与重心重合。设中性层离开角钢根部的距离为 z_0，z_0 值与角钢断面尺寸有关，

可从有关表格中查得。

等边角钢弯曲料长计算见表3-11。

表 3-11　等边角钢弯曲料长计算

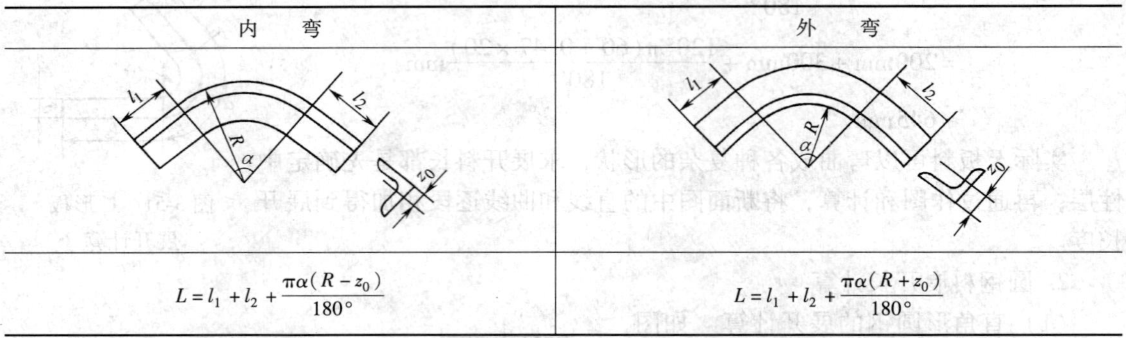

内　弯	外　弯
$L=l_1+l_2+\dfrac{\pi\alpha(R-z_0)}{180°}$	$L=l_1+l_2+\dfrac{\pi\alpha(R+z_0)}{180°}$

注：l_1、l_2 角钢直边长度(mm)；R—角钢外(内)弧半径(mm)；α—弯曲角度(°)　z_0—角钢重心距(mm)。

例 3-4　已知等边角钢内弯，两直边 $l_1=450\text{mm}$，$l_2=350\text{mm}$，角钢外弧半径 $R=120\text{mm}$，弯曲角度 $\alpha=120°$，等边角钢为70mm×70mm×7mm，求展开长度 L。

解　由表查得　$z_0=19.9\text{mm}$。

$$L=l_1+l_2+\frac{\pi\alpha(R-z_0)}{180°}$$
$$=\left(450+350+\frac{120°\pi(120-19.9)}{180°}\right)\text{mm}$$
$$\approx 1009.5\text{mm}$$

例 3-5　已知等边角钢外弯，两直边 $l_1=550\text{mm}$，$l_2=450\text{mm}$，角钢内弧半径 $R=80\text{mm}$，弯曲角 $\alpha=150°$，等边角钢为63mm×63mm×6mm，求展开长度 L。

解　由表查得　$z_0=17.8\text{mm}$。

$$L=l_1+l_2+\frac{\pi\alpha(R+z_0)}{180°}$$
$$=\left(550+450+\frac{150°\pi(80+17.8)}{180°}\right)\text{mm}$$
$$\approx 1255.9\text{mm}$$

【综 合 训 练】

一、理论部分

（一）填空题

1. 弯曲成形过程包括______、______、______。
2. 弯曲后、零件弯曲角与模具角度不一致的现象称为______。
3. 角钢的展开长度是以______作为______计算。
4. 卷板工艺过程是______、______、______。
5. 板材弯卷“对中”在四辊机上采用的方法是______。

（二）简答题

1. 何谓板厚处理？板厚处理的原则是什么？

2. 什么是最小弯曲半径？如何理解最小弯曲半径。

二、实践部分

1. 训练目标：了解钢材弯曲成形的工艺过程。

2. 训练准备

（1）人员准备　每组8人左右，分成若干小组。

（2）资料准备　有关弯曲成形的资料。

3. 训练地点：实验室。

4. 训练办法：现场教学观察生产中钢材的弯曲成形工艺。

综合知识模块五　拉延和旋压

能力知识点1　拉延

拉延是利用凸模把板料压入凹模，使板料变成中空形状零件的工序。

拉延工序如图3-53所示，为防止坯料被拉裂，凸、凹模边缘均作成圆角，其半径 $r_{凸} \leqslant r_{凹} = (5 \sim 15)\delta$；凸模和凹模之间的间隙 $Z = (1.1 \sim 1.2)\delta$；拉延件直径 d 与坯料直径 D 之比 $d/D = m$（拉延系数），一般 $m = 0.5 \sim 0.8$。拉延系数 m 值越小，则坯料被拉入凹模越困难，从底部到边缘过渡部分的应力也越大。如果拉应力超过金属的抗拉强度极限，拉延件底部就会被拉穿（图3-54a）。对于塑性好的金属材料，m 可取较小值。不能一次拉制成高度和直径合乎成品要求时，则可进行多次拉延。这种多次拉延操作往

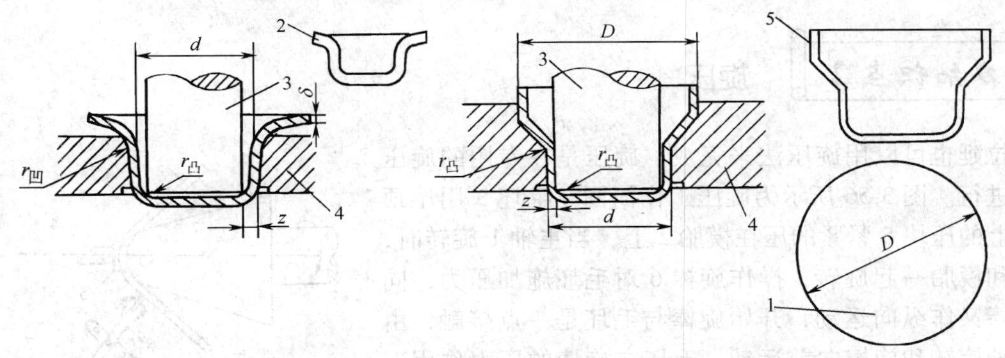

图3-53　拉延工序图

1—坯料　2—第一次拉延的产品　3—凸模　4—凹模　5—成品

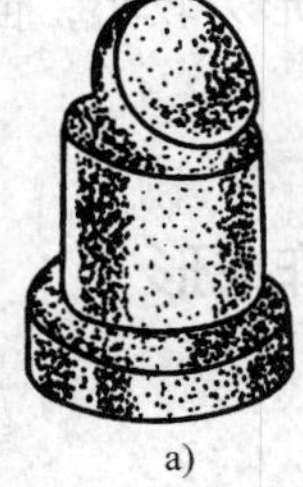

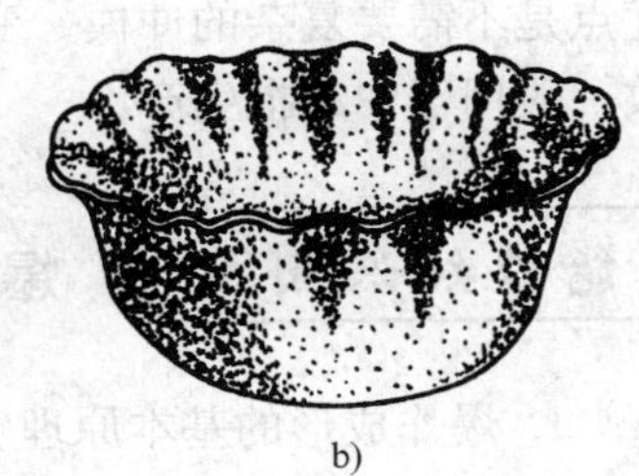

图3-54　拉延废品

a）拉穿　b）折皱

往需要进行中间退火处理，以消除前几次拉延变形中所产生的硬化现象，使以后的拉延能顺利进行。在进行多次拉延时，其拉延系数 m 应一次比一次略大。

在拉延过程中，由于坯料边缘在切线方向受到压缩，因而可能产生波浪形，最后形成折皱。拉延所用坯料的厚度越小，拉延的深度越大，越容易产生折皱(3-54b)。为了预防折皱的产生，可用压板把坯料压紧。

对拉延件的基本要求是：

1）拉延件外形应简单、对称，且不要太高，以便使拉延次数尽量少。

2）拉延件的圆角半径在不增加工艺程序的情况下，最小许可半径如图 3-55 所示。否则将增加拉延次数及整形工作。

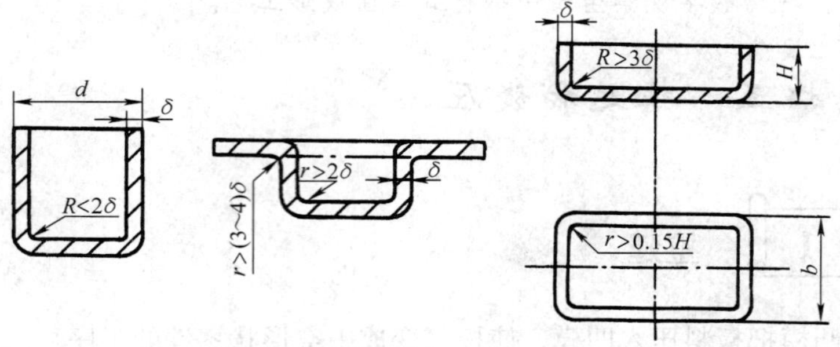

图 3-55　拉延件的最小许可半径(r、R)

能力知识点 2　旋压

拉延也可以用旋压法来完成。旋压是在专用的旋压机上进行。图 3-56 所示为旋压工作简图。毛坯 3 用尾顶针 4 上的压块 5 紧紧的压在模胎 2 上，当主轴 1 旋转时，毛坯和模胎一起旋转，操作旋棒 6 对毛坯施加压力，同时旋棒又作纵向运动，开始旋棒与毛坯是一点接触，由于主轴旋转和旋棒向前运动，毛坯在旋棒的压力作用下产生由点到线及由线到面的变形，逐渐地被赶向模胎，直到最后与模胎贴合为止，完成旋压成形。这种方法的优点是不需要复杂的冲模，变形力较小，但生产率较低，故一般用于中小批生产。

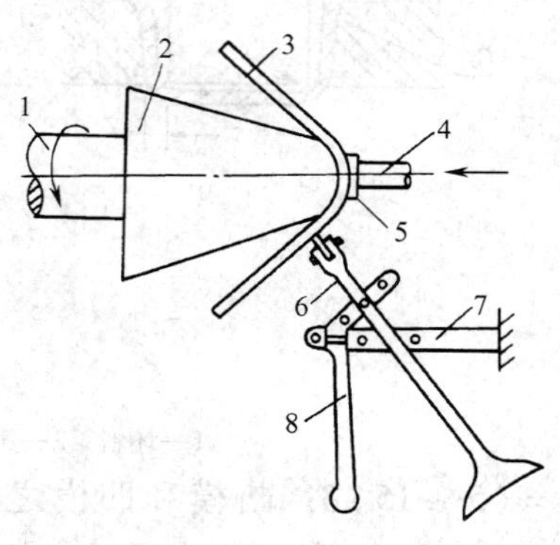

图 3-56　旋压工作简图

1—主轴　2—模胎　3—毛坯　4—尾顶针
5—压块　6—旋棒　7—支架　8—助力臂

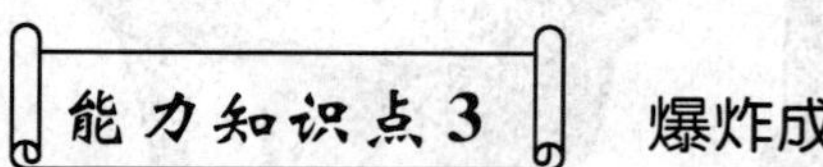

爆炸成形

1. 爆炸成形的基本原理

爆炸成形是将爆炸物质放在一特制的装置中，点燃爆炸后，利用所产生的化学能在极短的时间内转化为周围介质(空气或水)中的高压冲击波，使坯料在很高的速度下变形和贴模，从而达到成形的目的。如图 3-57 为爆炸成形装置。爆炸成形可以对板料进行多种工序的加

工，例如拉延、冲孔、剪切、翻边、胀形、校形、弯曲、压花纹等。

2. 爆炸成形的主要特点

1）爆炸成形不需要成对的刚性凸凹模，同时对坯料施加外力，而是通过传压介质（水或空气）来代替刚性凸模的作用。因此，可使模具结构简化。

2）爆炸成形可加工形状复杂，刚性模难以加工的空心零件。

3）回弹小、精度高、质量好。由于高速成形零件回弹特别小，贴模性能好，只要模具尺寸准确，表面光洁，则零件的精度高，表面粗糙度值小。

4）爆炸成形属于高速成形的一种，加工成形速度快（只需1s），操作方便，成本低、产品制造周期短。

5）爆炸成形不需要冲压设备。可成型零件的尺寸不受设备能力限制，在试制或小批生产大型制品时，经济效果显著。

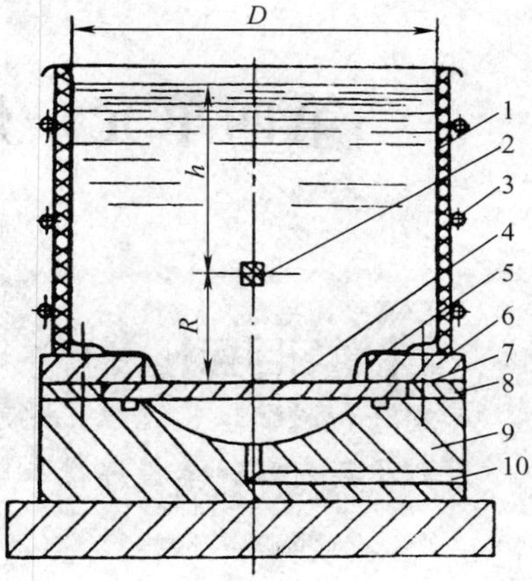

图3-57　爆炸成形装置

1—纤维板　2—炸药　3—绳　4—坯料　5—密封袋　6—压边圈　7—密封圈　8—定位圈　9—凹板　10—抽气孔

3. 爆炸成形应注意的事项

1）爆炸成形时，模腔内应保持一定的真空度，空气的存在会阻止坯料的顺利贴模，而影响零件表面粗糙度。

2）爆炸成形必须采用合理的密封装置，如果密封装置不好，会影响零件的表面质量。单件及小批生产时，可用粘土与油脂的混合物作为密封材料，批量较多时宜采用密封圈结构。

3）爆炸成形在操作中有一定危险性，因此，必须熟悉炸药的特性，并严格遵守安全操作规程。

【综合训练】

一、理论部分

1. 对拉延件的基本要求是什么？
2. 爆炸成形的主要特点是什么？

二、实践部分

参观了解拉延及旋压设备以及其生产过程。

第四单元　焊接结构的装配与焊接工艺

【学习目标】　了解焊接结构装配工艺的基本条件及特点；掌握装配工艺的基本方法和装配工艺过程；熟悉典型结构的装配工艺；了解焊接结构焊接工艺的基本原则及其内容；掌握焊接工艺方法及焊接参数的选择与确定。

综合知识模块一　焊接结构的装配工艺

装配是将加工好的零、部件按产品图样和技术要求，采用适当的工艺方法连接成部件或整个产品的过程。焊接是将已装配好的结构，用规定的焊接方法、焊接参数进行焊接加工，使各零、部件连接成一个牢固整体的工艺过程。在焊接结构生产中，装配和焊接是两道重要的生产工序，根据工艺要求通常以两种方式完成这两道工序，一种是先装配后焊接，一种是边装配边焊接。

能力知识点1　装配基本条件及装配基准

1. 装配的基本条件

对焊件进行定位、夹紧和测量，是装配工序的三个基本条件。

（1）定位　确定焊件在空间的位置或焊件间的相对位置。图4-1所示为工字梁在平台6上的装配。两翼板4的相对位置由腹板3和挡铁5定位，腹板的高低由垫铁2定位，工字梁端部由挡铁7定位。

（2）夹紧　借助夹具等外力使焊件准确到位，并将定位后的焊件固定。如图4-1所示，翼板与腹板间相对位置确定后，通过调节螺杆1实现夹紧。

（3）测量　在装配过程中，对焊件间的相对位置和各部件尺寸进行一系列的技术测量，从而鉴定定位的正确性和夹紧力的效果，以便调整。如图4-1所示，工字梁定位夹紧后，需要测量两翼板的相对平行度、腹板与翼板的垂直度（用90°角尺8测量）和工字梁高度尺寸等项指标。

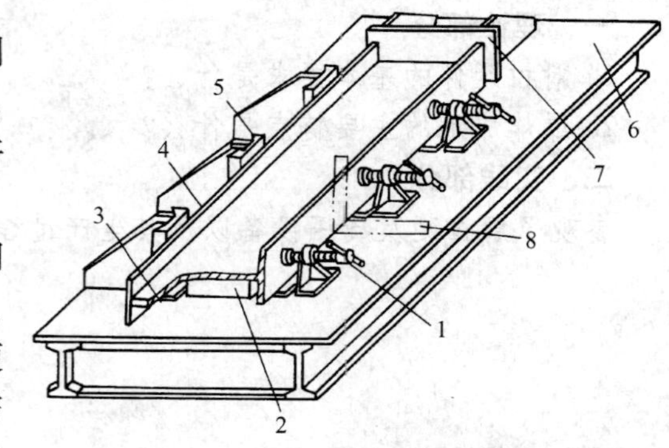

图4-1　工字梁的装配

1—调节螺杆　2—垫铁　3—腹板　4—翼板　5、7—挡铁　6—平台　8—90°角尺

例如，用90°角尺来测量两翼板与平台基准面的垂直度，以检验两翼板的平行度是否符合要求。

2. 基准的选择

基准是用来确定生产对象上各几何要素间的位置关系所依据的那些点、线、面。

基准一般分为设计基准和工艺基准两大类。设计基准是指在零件图上用来确定其他点、线、面位置的基准。工艺基准是指焊件在加工制造过程中所应用的基准，其中包括原始基准、测量基准、定位基准、检查基准和辅助基准等。

小知识　对于一个零件来说，在各个方向往往只有一个主要设计基准，而这个主要设计往往同时又用作装配基准。

在结构装配过程中，工件在夹具或平台上定位时，用来确定工件位置的点、线、面，称为定位基准。结构装配常以零件、部件的内外表面，已加工的孔及纵环向基准线，构件中心线进行定位与找正。常用构件定位找正方法见表4-1。

表4-1　常用构件定位找正方法

装配内容	简　图	找正内容	基准部件	找正工具
纵缝	c	错边 错位	外壁 端面	圆弧样板 直尺
环缝	直尺 钢丝 接紧装置	平直度 同心度	内外壁 纵向缝	直尺 钢丝架 准直仪
内件	角尺 环向线	与轴线垂直度， 与基面平行度	环向线 内壁 纵向线	角尺 水平尺 经纬仪 准直仪
管座	水平尺 直尺 H	法兰与筒体垂直度， 法兰面高度与水平度	管座孔 筒体外壁 法兰面	角尺 水平尺 直尺 量具
梁柱	水平尺 平台 垫铁 角尺	平直度 底面角尺度	外表面 端面	角尺 水平尺 平台 垫铁

例如图4-1中的平台6在装配工字梁时，既是整个结构的支承面，又是工字梁装配的定位基准。通常根据下列原则选择定位基准：

1）尽可能选用设计基准作为定位基准。

2）同一个构件上与其他构件有连接或装配关系的各个零件，应尽量采用同一定位基准，以保证构件安装时与其他构件的正确连接或配合。

3）应选择精度较高又不易变形的零件表面或棱线作为定位基准。这样可以避免由于基准面、线的变形造成的定位误差。

4）所选择的定位基准应便于装配过程中焊件的定位与测量。

图 4-2 所示为容器上各接口间的相对位置，接口的横向定位以筒体轴线为定位基准。接口的相对高度则以 M 面为定位基准。若以 N 面为定位基准进行装配，则 M 面与接口Ⅰ、Ⅱ的距离由（H_2-h_1）和（H_2-h_2）两个尺寸来保证，其定位误差是这两个尺寸误差之和，这样会使误差增大。

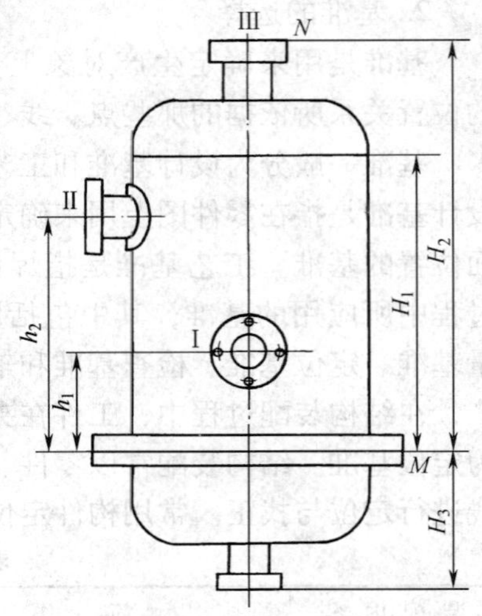

图 4-2　容器上各接口间位置

装配工作中，焊件和装配平台（或夹具）相接触的面称为装配基准面。通常按下列原则进行选择：

1）曲面和平面同时存在时，应优先选择工件的平面作为装配基准面。

2）工件有若干个平面时，应选择较大的平面作为装配基准面。

3）选择工件最重要的面（如经机械加工的面）作为装配基准面。

4）选择装配过程中最便于工件定位和夹紧的面作为装配基准面。

在实际装配中，基准的选择要完全符合上述原则，有时是不可能的，因此，在生产中应根据具体情况进行选择。

能力知识点 2　装配用工量夹具与设备

1. 装配用工具及量具

常用的工具主要有大锤、小锤、錾子、手砂轮、撬杠、扳手及各种划线用的工具等，如图 4-3 所示。所使用量具有钢卷尺、金属直尺、水平尺、90°角尺、线锤及各种定位样板等，如图 4-4 所示。

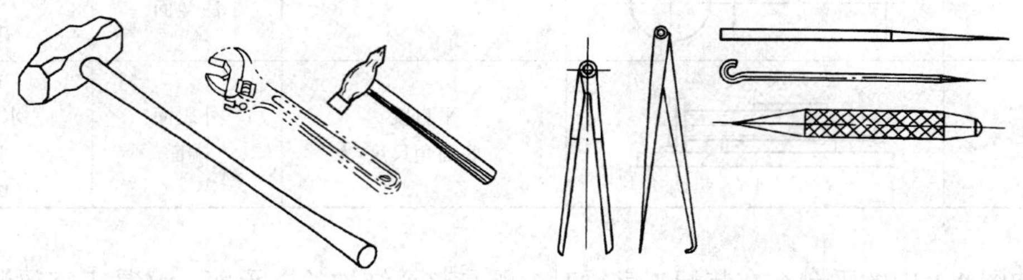
图 4-3　常用的装配工具

千斤顶是常用的一种工具，可作为夹具使用，图 4-5 所示为液压千斤顶的结构形式。液压千斤顶利用杠杆手动对液压加压，压力油将活塞顶起，可以产生顶、推的作用。使用完后，利用千斤顶的减压阀减压，将压力油放回油仓中，活塞会自动退回。千斤顶使用时，应与重力作用面垂直，不能歪斜，以免滑脱倾倒；在松软的地面使用时，应在千斤顶下面垫好枕

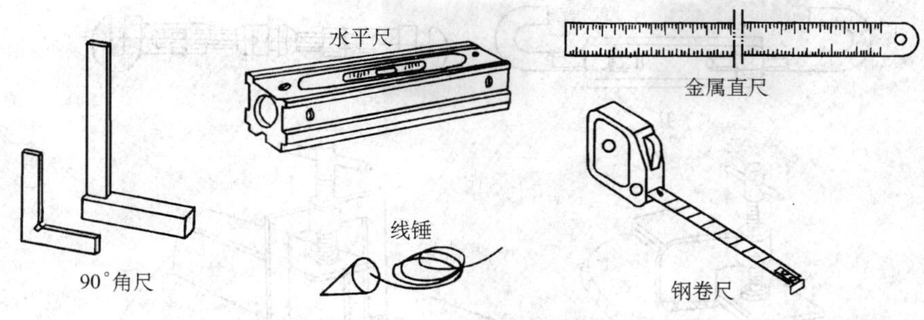

图 4-4　常用的装配量具

木，以免受力后下陷或歪斜倾倒。为防止意外，当重物升起时，重物下面要随时塞入支承垫块。

2. 装配夹具

装配夹具，是指在装配中用来对零件施加外力，使其获得可靠定位的工艺装备。它包括通用夹具和装配胎架上的专用夹具。

(1) 螺旋夹具　螺旋夹具是通过丝杆与螺母间的相对运动来传递外力，以紧固零件。它具有夹、压、拉、顶和撑等多种功能。

1）弓形螺旋夹（又称 C 形夹）是利用丝杆起夹紧作用，常用的弓形螺旋夹有如图 4-6 所示的几种结构形式。

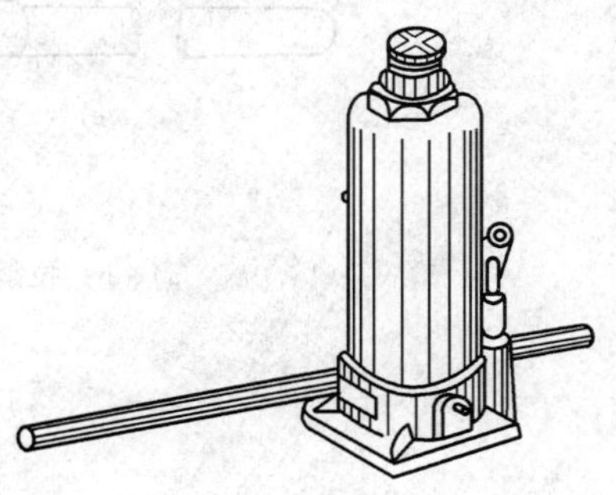

图 4-5　液压式千斤顶结构形式

2）螺旋拉紧器是利用螺母在丝杆上的相对运动起拉

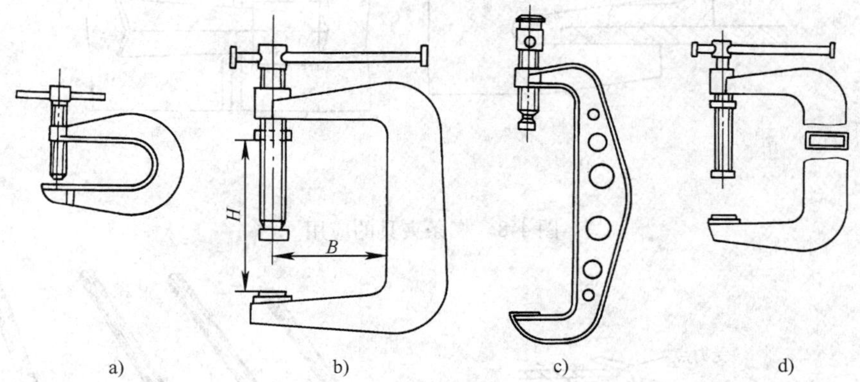

图 4-6　弓形螺旋夹的结构形式

紧作用，结构如图 4-7 所示。

(2) 楔条夹具　楔条夹具是借助机械方法获得外力，通过楔条的斜面将外力转变为夹紧力，达到夹紧焊件的目的，图 4-8 是楔条夹具的应用示例。

(3) 杠杆夹具　杠杆夹具是利用杠杆的增力作用夹持零件，图 4-9 所示为几种简易杠杆夹具的形式及应用。

3. 装配用设备

装配常用设备有平台、转胎、专用胎架等。

(1) 装配用平台

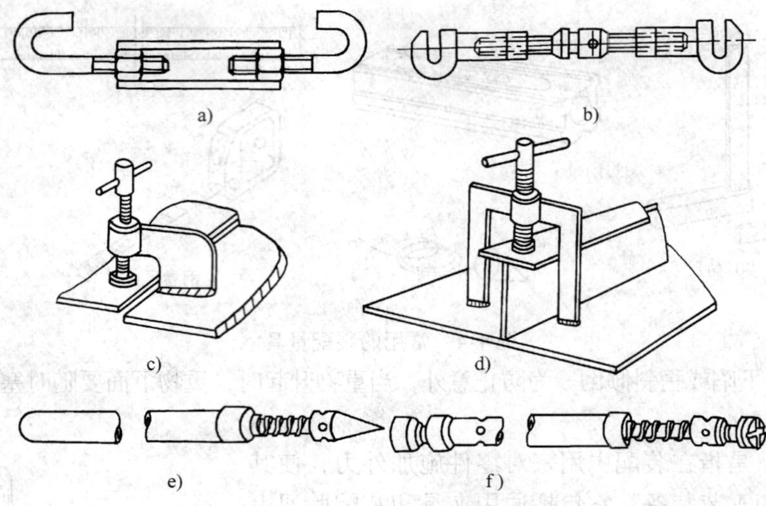

图 4-7　几种螺旋机构

a)、b) 拉紧器　c)、d) 螺旋压紧器　e)、f) 螺旋推撑器

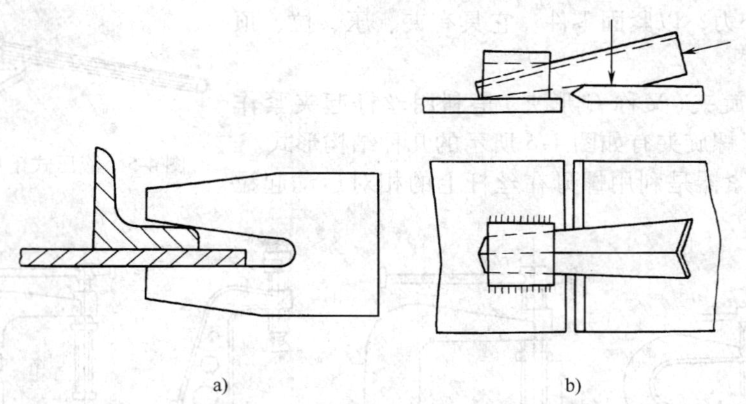

图 4-8　楔条夹具的应用

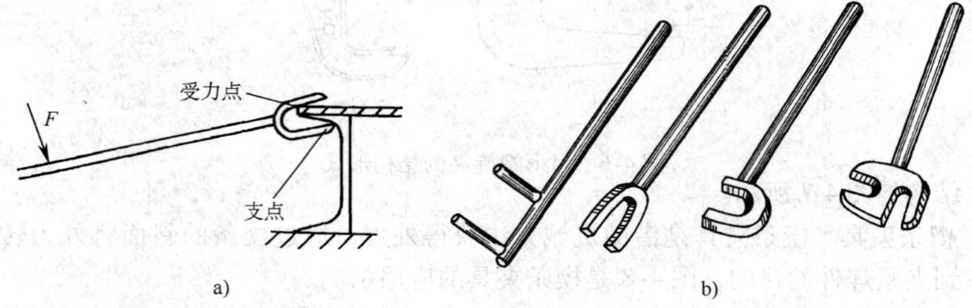

图 4-9　常用的几种简易杠杆夹具

1）铸铁平台是由许多块铸铁组成的，结构坚固，工作表面需要加工，平面度比较高。为了便于紧固工件，平台需要加工出一定数量的方形或圆形的通孔，也可以加工出一定数量的 T 形槽道。常用于进行结构的装配以及钢板和型钢的热加工弯曲。

2）钢结构平台是由型钢和厚钢板焊制而成的，它的上表面一般不经过切削加工，所以平面度不及铸铁平台。常用于制作大型焊接结构或制作桁架结构。

3）导轨平台是由安装在水泥基础上的许多导轨排列组成的，每根导轨的上表面都经过切削加工，并有紧固焊件用的螺栓沟槽。这种平台用于制作大型焊接结构件。

4）水泥平台是由水泥浇灌而成的一种简易而又适合于大面积工作的平台，浇灌前在一定的部位预埋拉桩、拉环，以便装配时用来固定焊件。在水泥平台面上还放置交叉形扁钢（扁钢面与水泥面平齐），作为导电板或用于固定焊件。水泥平台可以拼接钢板、框架和构件，又可以在上面安置胎架进行较大部件的装配。

5）电磁平台是由型钢和钢板焊制而成的平台及电磁铁组成的。电磁铁能将钢板或型钢吸紧固定在平台上，减少焊件的焊接变形。

（2）胎架　胎架经常用于某些形状比较复杂，要求精度较高的结构件，它的主要优点是

小知识　对装配用设备的一般要求

1. 平台或胎架等应具备足够的强度和刚度。

2. 平台或胎架要求水平放置，表面应光滑平整。

3. 尺寸较大的装配胎架应安置在相当坚固的基础上，以免基础下沉导致胎具变形。

4. 胎架应便于对焊件进行装、卸、定位焊等装配操作。

5. 设备构造简单，使用方便，维修容易，成本要低。

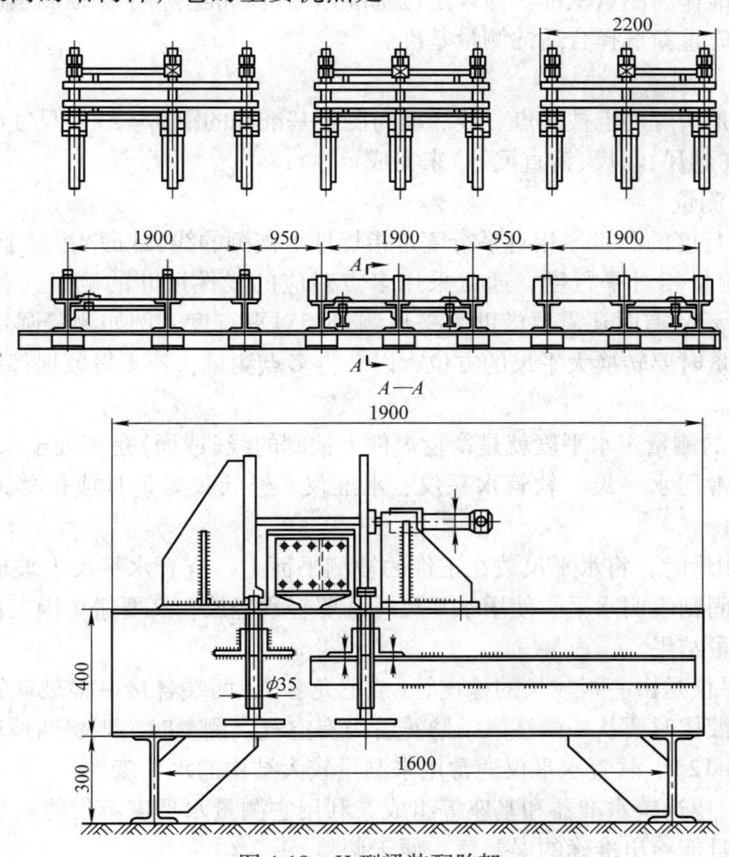

图 4-10　H 型梁装配胎架

利用夹具对各个焊件进行方便而精确的定位。利用胎架进行装配，既可以提高装配精度，又可以提高装配速度。但由于胎架制作费用较大，所以只为某种专用产品设计制造，适用于流水线或批量生产。如图 4-10 所示，H 型梁装配胎架等。

装配胎架应符合下列要求：

1）胎架工作面的形状应与焊件被支承部位的形状相适应。

2）胎架结构应便于在装配中对焊件施行装、卸、定位、夹紧和焊接等操作。

3）胎架上应划出中心线、位置线、水平线和检验线等，以便于装配中对焊件随时进行校正和检验。

4）胎架上的夹具应尽量采用快速夹紧装置，并有适当的夹紧力；定位元件应尺寸准确并耐磨，保证焊件定位准确。

能力知识点 3　装配中的测量

测量是检验焊件装配质量的一个工序，装配中的测量项目主要有线性尺寸、平行度、垂直度、同轴度及角度等。

测量中，为衡量被测点、线、面的尺寸和位置精度而选作依据的点、线、面称为测量基准。当设计基准、定位基准、测量基准三者合一时，可以有效地减小装配误差。一般情况下，多以定位基准作为测量基准。当以定位基准作测量基准不利于保证测量的精度或不便于进行测量时，就应重新选择合适的测量基准。

1. 线性尺寸的测量

线性尺寸，是指焊件上被测点、线、面与测量基准间的距离。线性尺寸的测量，主要是利用各种刻度尺（卷尺、盘尺、钢直尺等）来完成。

2. 平行度的测量

（1）相对平行度的测量　相对平行度是指焊件上被测的线（或面）相对于测量基准线（或面）的平行度。测量相对平行度，通常采用多点对应的线性尺寸的测量，若尺寸相等即平行，如图 4-11 所示。有时还需要借助大平尺测量相对平行度，例如测量圆锥台与工件下端面的平行度。测量时要转换大平尺的方位，以获得多点测量，若测得数据都相等，即锥台与工件下端面平行。

（2）水平度的测量　水平度就是衡量焊件上被测的线（或面）是否处于水平位置。

施工装配中常用水平尺、软管水平仪、水准仪、经纬仪等量具或仪器来测量焊件的水平度。

1）水平尺测量时，将水平尺放在工件的被测平面上，查看水平尺上玻璃管内气泡的位置，如气泡在中间则表明水平。使用水平尺时既要轻拿轻放，又要避免因工件表面的局部凹凸不平而影响测量结果。

2）软管水平仪是由一根较长的橡皮管（或尼龙管），两端各接一根玻璃管所构成，管内注入液体。加注液体时要从一端注入，防止管内有空气。测量时，观察两玻璃管内的水面高度是否相同（图 4-12）。软管水平仪通常用来测量较大结构的水平度。

3）水准仪由望远镜水准器和基座等组成，利用它测量水平度不仅能衡量各测点是否处于同一水平，而且能给出准确的误差值，便于调整。

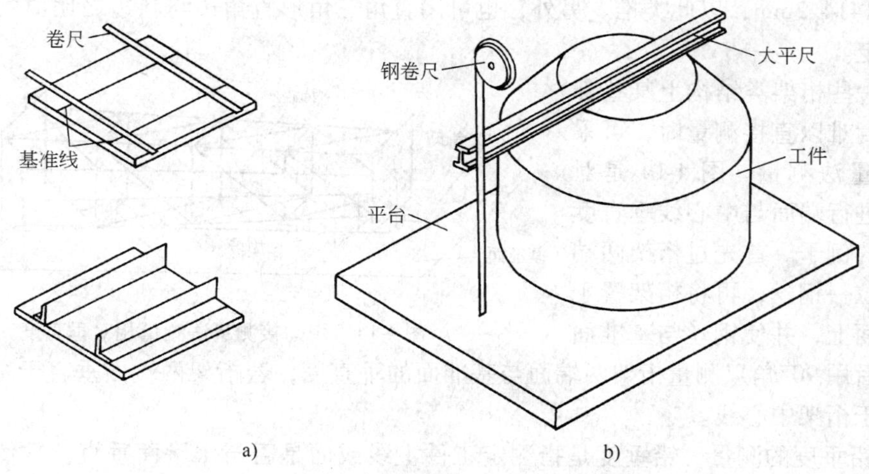

图 4-11　相对平行度的测量

a）测量角钢间相对平行度　b）用大平尺测量面相对平行度

图 4-13 是用水准仪来测量球罐柱脚水平的例子。球罐柱脚上预先标出基准点，把水准仪安置在球罐柱脚附近，用水准仪测视。如果水准仪测出各基准点的读数相同，说明各柱脚处于同一水平面；若不同，则可根据由水准仪读出的误差值调整柱脚高低。

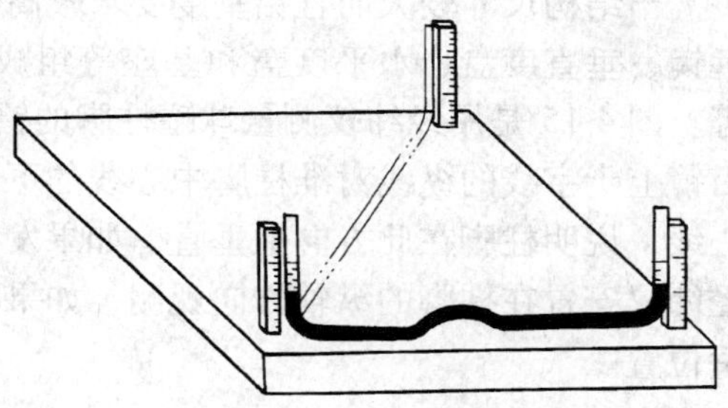

图 4-12　软管水平仪测量水平

3. 垂直度的测量

（1）相对垂直度的测量　相对垂直度是指工件上被测的直线（或面）相对于测量基准线（或面）的垂直度。很多产品在装配工作中对其垂直度的要求是十分严格的。例如高压电线铁塔等呈棱锥形的结构，往往由多节组成。装配时，技术要求的重点是每节两端面与中心线垂直。只有每节的垂直符合技术要求之后，才有可能保证总体安装的垂直度。

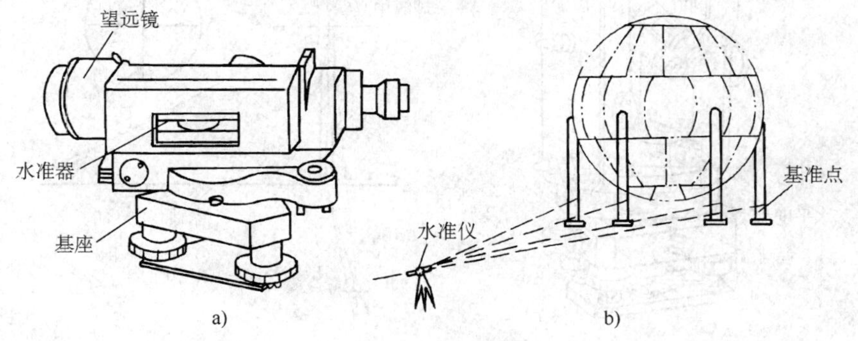

图 4-13　水准仪测量水平

尺寸较小的焊件可以利用 90°角尺直接测量；当焊件尺寸很大时，可以采用辅助线测量法，即用刻度尺作为辅助线测量直角三角形的斜边长。例如，两直角边各为 1000mm，则斜边长应为1414.2mm，以此类推。另外，也可用直角三角形直角边与斜边之比值为3∶4∶5的关系来测定。

对于一些桁架类结构上某些部位的垂直度难以直接测量时，可采用间接测量法测量。图4-14是对塔类桁架进行端面与中心线垂直度间接测量的例子。首先过桁架两端面的中心拉一钢丝，再将桁架置于测量基准面上，并使钢丝与基准面平行。然后用90°角尺测量桁架两端面与基准面的垂直度，若桁架两端面垂直于基准面，必同时垂直于桁架中心线。

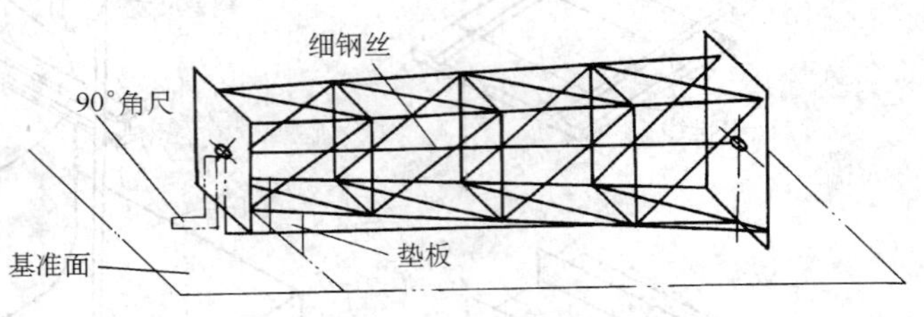

图4-14　用间接测量法测量相对垂直度

（2）铅垂度的测量　铅垂度是指测定工件上线或面是否与水平面垂直。常使用吊线锤与经纬仪进行测量。采用吊线锤时，将线锤吊线拴在支杆上，测量工件与吊线之间的距离来测铅垂度。

当结构尺寸较大而且铅垂度要求较高时，可采用经纬仪来测量铅垂度。经纬仪主要由望远镜、垂直度盘、水平度盘和基座等组成，它可测角、测距、测高、测定直线、测铅垂度等。图4-15是用经纬仪测量球罐柱脚的铅垂度实例。先把经纬仪安置在柱脚的横轴方向上，目镜上十字线的纵线对准柱脚中心线的下部，将望远镜上下微动观测。若纵线重合于柱脚中心线，说明柱脚在此方向上垂直，如果发生偏离，就需要调整柱脚。然后，用同样的方法把经纬仪安置在柱脚的纵轴方向观测，如果柱脚中心线在纵轴上也与纵线重合，则柱脚处于铅垂位置。

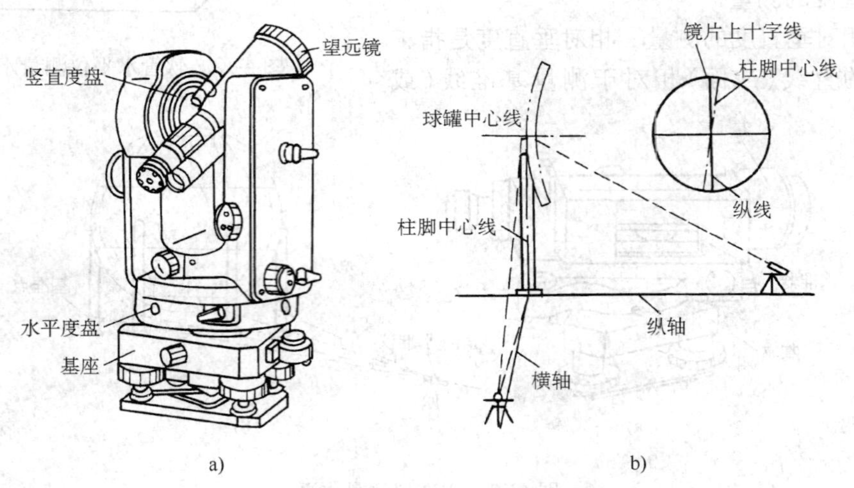

图4-15　经纬仪及其应用

4. 同轴度的测量

同轴度是指工件上具有同一轴线的几个零件，装配时其轴线的重合程度。测量同轴度的方法很多。以测量三节圆筒组成的筒体(图4-16)为例，可在各节圆筒的端面安上临时支撑，在支撑中间找出圆心位置并钻出直径为20~30mm的孔，然后由两外端面中心拉一根细钢

丝，使其从各支撑孔中通过，观测钢丝是否处于各孔中间，测得其同轴度。

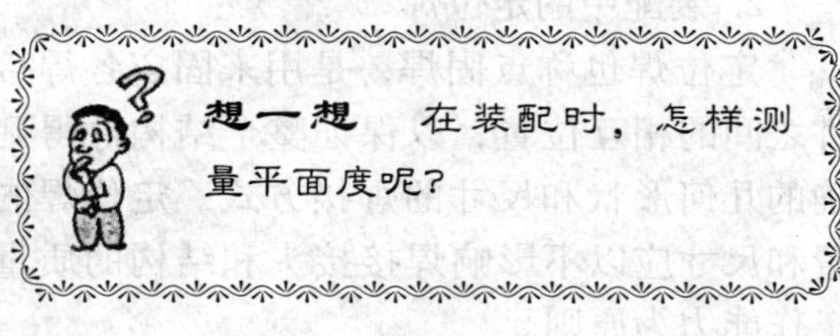

5. 角度的测量

装配中，通常是利用各种角度样板测量零件间的角度。图4-17是利用角度样板测量角度的实例。装配测量除上述常用项目外，还有斜度、挠度、平面度等一些测量项目。

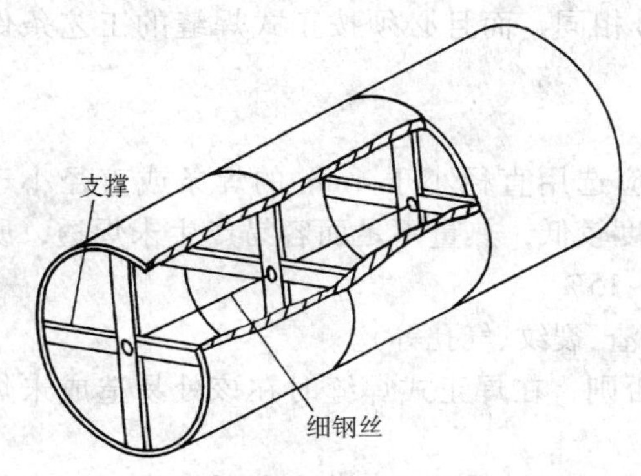

图4-16　圆筒内拉钢丝测同轴度

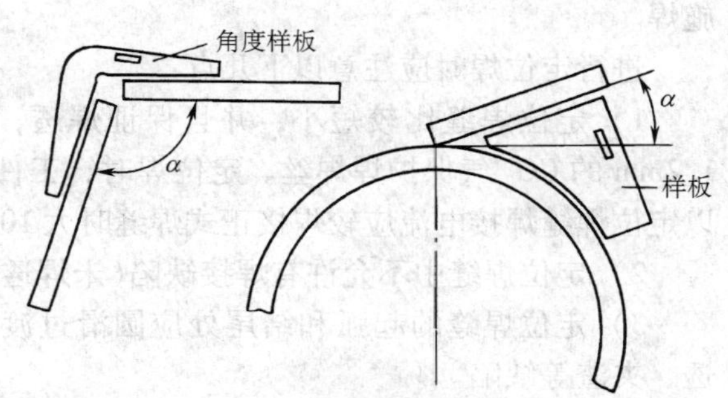

图4-17　角度的测量

能力知识点4　焊接结构的装配工艺

焊接结构装配过程中，将两个以上的焊件装配成部件的过程称为部件装配，简称部装；将焊件或部件装配成最终产品的过程称为总装。

1. 装配前的准备

装配前的准备工作，通常包括如下几方面：

（1）熟悉产品图样和工艺规程　要清楚各部件之间的关系和连接方法，选择好装配基准，确定装配方法和顺序。

（2）装配现场和装配设备的选择　依据产品的大小和结构件的复杂程度选择或安置装配平台和装配胎架。装配工作场地应尽量设置在起重机的工作区间内，而且要求场地平整、清洁，通道畅通。

（3）工量具的准备　装配中常用的工、量、卡夹具和各种专用吊具，都必须配齐并组织到场。

此外，根据装配需要配置的其他设备，如焊机、气割设备、钳工操作台、风砂轮等，也必须安置在规定的场所。

（4）零、部件的预检和除锈　产品装配前，对于上道工序转来或零件库中领取的零、部件都要进行核对和检查，以便于装配工作的顺利进行。同时，对零、部件的连接处的表面进行去毛刺、除锈垢等清理工作。

（5）正确掌握装配公差标准　制定装配工艺时必须注明结构的特殊要求及公差尺寸。特别是由若干焊件组成的结构，其结构尺寸应控制在最大与最小公差值范围之内。

2. 装配中的定位焊

想一想　在装配过程中如何保证零件的位置固定呢？

定位焊也称点固焊，是用来固定各焊接零件之间的相互位置，以保证整个结构件得到正确的几何形状和尺寸的焊接方式。定位焊的位置和尺寸应以不影响焊接接头和结构的质量及工作能力为原则。

定位焊缝一般比较短小，而且该焊缝作为正式焊缝留在焊接结构之中，故对所使用的焊条或焊丝应与正式焊缝所使用的焊条或焊丝牌号相同，而且必须按正式焊缝的工艺条件施焊。

进行定位焊时应注意以下几点：

1）定位焊缝比较短小，并且保证焊透，故应选用直径小于4mm的焊条或直径小于1.2mm的CO_2气保护焊焊丝。定位焊时，工件温度较低，热量不足而容易产生未焊透，所以定位焊缝焊接电流应较焊接正式焊缝时大10%～15%。

2）定位焊缝中不允许有焊接缺陷（未焊透、夹渣、裂纹、气孔等）。

3）定位焊缝的起弧和结尾处应圆滑过渡，否则，在焊正式焊缝时在该处易造成未焊透、夹渣等缺陷。

4）定位焊缝长度尺寸一般根据板厚选取，一般金属结构装配时定位焊缝的尺寸可参考表4-2选取，薄板可适当减小。对于强行装配的结构，因定位焊缝承受较大的外力，应根据具体情况，定位焊缝长度可适当加大，间距适当减小。对于装配后需要调运的工件，定位焊缝应能保证焊件不分离，因此，对起吊受力部分的定位焊缝，可加大尺寸或数量；或在完成一定的正式焊缝以后吊运，以保证安全。

表4-2　参考尺寸　（单位：mm）

焊接厚度	焊缝高度	焊缝长度	间距
≤4	<4	5～10	50～100
4～12	3～6	10～20	100～200
>12	～6	15～30	100～300

3. 装配工艺过程的制订

装配工艺过程制订的内容主要包括：在各装配工序上采用的装配方法，焊件、组件、部件的装配顺序，装配方法，装配技术要求，检验方法，以及选用何种能提高装配质量和生产率的装备、胎卡具和工具等。

（1）装配工艺方法的选择　零件备料及成形加工的精度对装配质量有着直接的影响，但加工精度越高，其工艺成本就越高。根据不同产品和不同生产类型的条件，经常采用的零件装配的工艺方法主要有互换法、选配法和修配法等几种。

1）互换法的实质是用控制焊件的加工误差来保证装配精度。这种装配法焊件是完全可以互换的，装配过程简单，生产率高，对装配工人的技术水平要求不高，便于组织流水作业，但要求焊件的加工精度较高。

2）选配法是考虑焊件的加工成本，适当放宽加工的公差带。装配时需挑选尺寸合适的焊件进行装配，以保证规定的装配精度要求。这种方法便于焊件加工，但装配时要由工人挑

选，增加了装配工时和装配难度。

3）修配法是指焊件预留修配余量，在装配过程中修去多余部分的材料，使装配精度满足技术要求。此种方法对焊件的制作精度可放得较宽，但增加了手工装配的工作量，而且装配质量取决于工人的技术水平。

在选择装配工艺方法时，应根据生产类型和产品种类等方面来考虑。一般单件、小批量生产或重型焊接结构生产，常以修配法为主，互换件较少，工艺的灵活性大，大多使用通用工艺装备，常为固定式装配；成批生产或一般焊接结构，主要采用互换法，也可灵活采用选配法和修配法。

（2）装配顺序的确定　在焊接结构生产时，确定部件或结构的装配顺序，不能单纯从装配工艺角度去考虑，还需从以下两个方面来确定装配—焊接顺序。

1）考虑对装配工作是否方便、焊接方法及其可焊到性因素。

2）对焊接应力与变形的控制是否有利，以及其他一系列生产问题。

恰当地选择装配—焊接顺序是控制焊接结构的应力与变形的有效措施之一。例如，选择工字梁肋板的装配顺序就有两种不同的方案：其一是将肋板与工字梁的翼缘板、腹板一起装配完毕后再进行焊接，这时翼缘焊缝对工字梁翼缘板引起的角变形是比较小的，但是四条较长的翼缘焊缝就不能采用自动焊接来完成，而在生产工字梁时采用自动焊接是合理的，为了解决上述矛盾，提高生产效率和改善焊接质量，应考虑另一个方案，即先不将肋板装配到工字断面上，待四条翼缘焊缝完成自动焊接后再进行。这样做的缺点是翼缘板角变形相当严重，为使其变形减少，需要采取预先反变形来加以预防或者采取焊后再矫正的办法。

能力知识点5　装配基本方法

焊接生产中应用的装配方式与方法，可根据结构的形状和尺寸、复杂程度以及生产性质等进行选择。

- 按定位方式分
  - 划线定位装配法
  - 工装定位装配法
- 按装配地点分
  - 焊件固定装配法
  - 焊件移动装配法
- 按装配—焊接顺序分
  - 焊件组装法
    - 随装随焊法
    - 整装整焊法
  - 部件组装法

1. 划线定位装配法

划线定位装配法是利用在零件表面或装配台表面划出工件的中心线、接合线、轮廓线等作为定位线，来确定零件间的相互位置，以定位焊固定进行装配。这种装配方法工作量大，并要求有熟练的操作技术。常用于简单的单件小批量装配或总装时的部分较小型零件的装配，尽量考虑采用通用装配夹具。

如图4-18所示，图4-18a是以划在工件底板上的中心线和接合线作定位基准线，以确定槽钢、立板和三角形加强肋的位置；图4-18b是利用大圆筒盖板上的中心线和小圆筒上的等分线（中心线）来确定两者的相对位置。

图4-19所示为钢屋架的划线定位装配。先在装配平台上按1∶1的实际尺寸划出屋架零

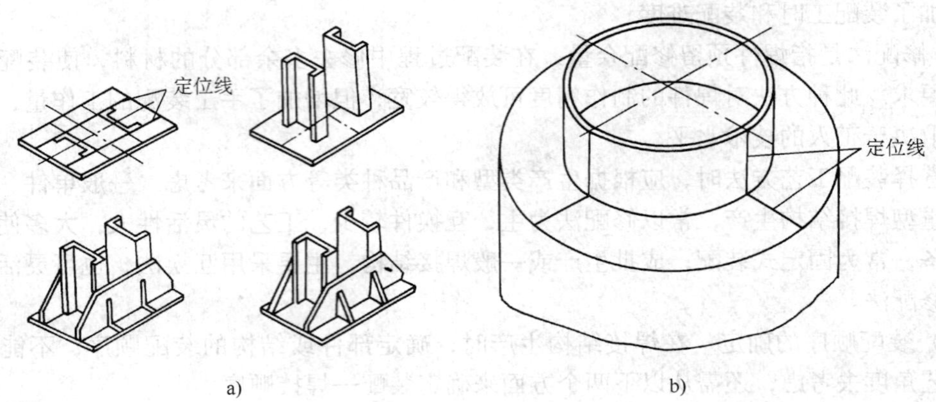

图 4-18 划线定位装配举例

件的位置和结合线(称为地样)如图 4-19a 所示。然后依照地样将零件组合起来，如图 4-19b 所示。此装配也称“地样装配法”。

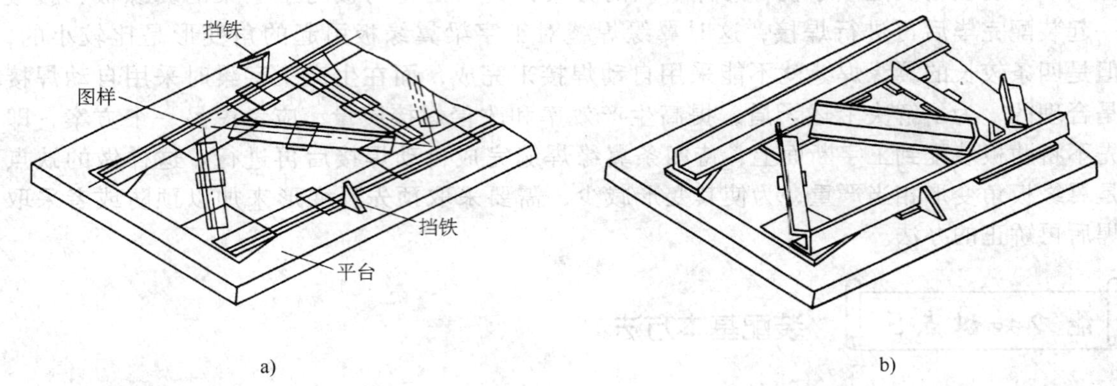

图 4-19 钢屋架地样装配

2. 工装定位装配法

(1) 样板定位装配 它是利用样板来确定零件的位置、角度等的定位，然后夹紧并经定位焊完成装配的装配方法。所使用的工艺装备需要专门设计，这种装配方法有较高的生产效率和质量。常用于钢板与钢板之间的角度装配和容器上各种管口的安装。

图 4-20 所示为斜 T 形结构的样板定位装配，根据斜 T 形结构立板的斜度，预先制作样板，装配时在立板与平板接合线位置确定后，即以样板去确定立板的倾斜度，使其得到准确定位后实施定位焊。

断面形状对称的结构，如钢屋架、梁、柱等结构，可采用样板定位的特殊形式—仿形复制法进行装配，图 4-21 所示为简单钢屋架部件装配过程：先用“地样装配法”将半片屋架装配完，然后吊起翻转后放置在平台上，再以这半片钢屋架为样板(称仿模)，在其对应位置放置对应的节点板和各种杆件，用夹具卡紧后定位焊，便复制出与仿模对称的半片新屋架。这样连续地复制装配出一批屋架，与原先用地样装配的屋架相互组合后，便成为一扇扇完整的钢屋架。

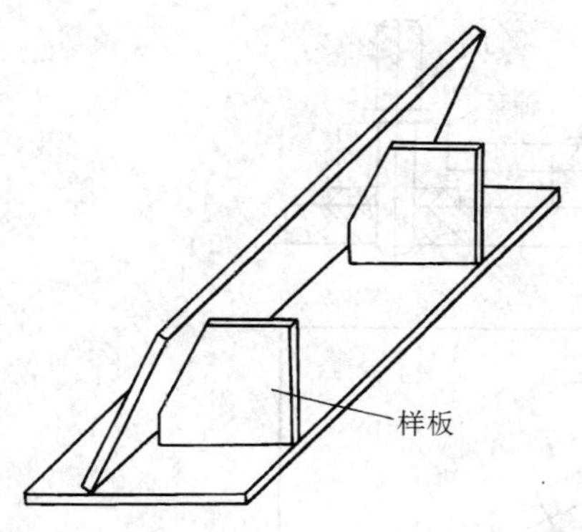

图 4-20　样板定位装配

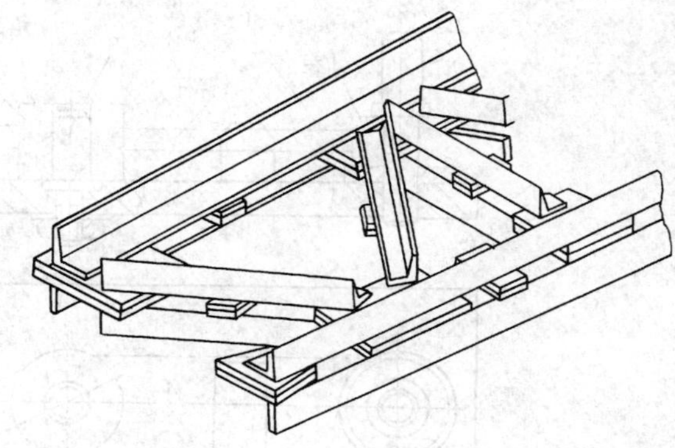

图 4-21　钢屋架仿形复制装配

（2）定位元件定位装配法　用一些特定的定位元件（如板块、角钢、销轴等）构成空间定位点来确定零件的位置，并用装配夹具夹紧装配。它不需划线，装配效率高，质量好，适用于批量生产。

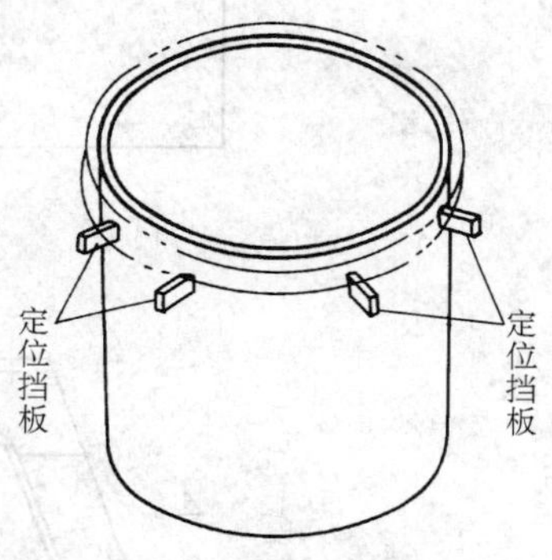

图 4-22　挡铁定位装配法

图 4-22 所示为在大圆筒外部加装钢带圈时，在大圆筒外表面焊上若干定位挡铁，以这些挡铁为定位元件，确定钢带圈在圆筒上的高度位置，并用弓形螺旋夹紧器把钢带圈与筒体壁夹紧密贴，定位焊牢，完成钢带圈装配。

图 4-23 为双臂角杠杆的焊接结构，它由三个轴套和两个臂杆组成。装配时，臂杆之间的角度和三孔距离用活动定位销和固定定位销定位；两臂杆的水平高度位置和中心线位置用挡铁定位；两端轴套高度用支承垫定位，然后夹紧定位焊完成装配。它的装配全部是用定位器定位后完成的，装配质量可靠，生产效率高。

应当注意的是用定位元件定位装配时，要考虑装配后工件的取出问题。因为零件装配时是逐个分别安装上去的，自由度大，而装配完后，零件与零件已连成一个整体，如定位元件布置不适当时，则装配后工件难以取出。

（3）胎卡具（又称胎架）装配法　对于批量生产的焊接结构，若需装配的零件数量较多，内部结构又不很复杂时，可将工件装配所用的各定位元件、夹紧元件和装配胎架三者组合为一个整体，构成装配胎卡具。

图 4-24a 所示为汽车横梁结构，它由拱形板 4、槽形板 3、角形铁 6 和主肋板 5 等零件组成。其装配胎卡具如图 4-24b 所示，它由定位挡铁 8、螺旋压紧器 9、回转轴 10 共同组合连接在胎架 7 上。装配时，首先将角形铁置于胎架上，用活动定位销 11 定位并用螺旋压紧器 9 固定，然后装配槽形板和主肋板，它们分别用挡铁 8 和螺旋压紧器压紧，再将各板连接处定位焊。该胎卡具还可以通过回转轴 10 回转，把工件翻转到使焊缝处于最有利的施焊位置焊接。

3. 随装随焊法

随装随焊法是先将若干个焊件组装起来，随之焊接相应的焊缝、然后再装配若干个焊件，再进行焊接，即装配焊接交替进行，直至全部焊件装完并焊完，成为符合要求的构件。例如，大型立式储罐和球形容器的工地建造。

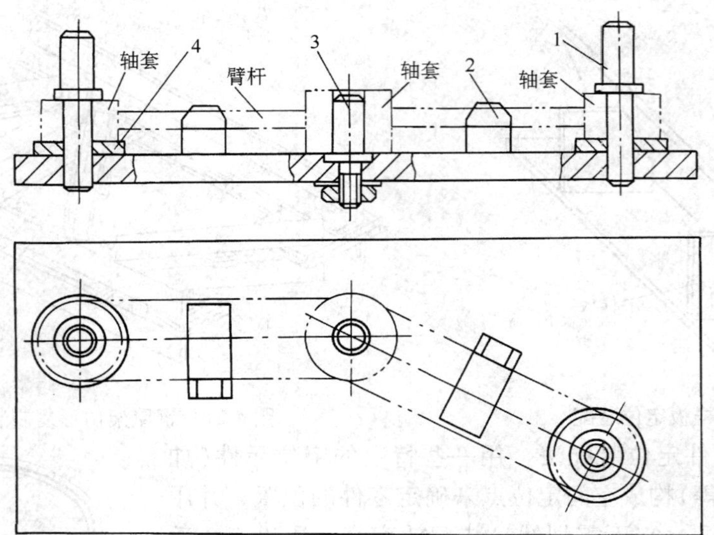

图 4-23　双臂角杠杆的装配

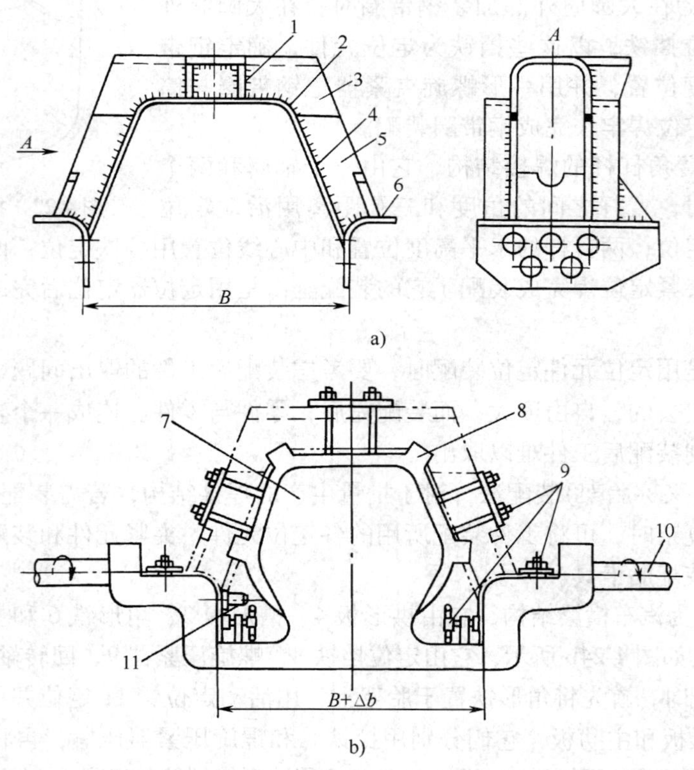

图 4-24　汽车横梁及其装配胎架

a）汽车横梁　b）焊接夹具

1、2—焊缝　3—槽形板　4—拱形板　5—主肋板　6—角形铁

7—胎架　8—挡铁　9—螺旋压紧器　10—回转轴　11—定位销

4. 整装整焊法

整装整焊法是将全部焊件按图样要求装配起来，然后转入焊接工序，将全部焊缝焊完。

5. 部件组装法

部件组装法是将整个结构分解成若干个部件，先由焊件装配成部件，然后再由部件装配—焊接成结构件，最后再把它们总装焊成整个产品结构。这种类型适合批量生产，可实行流水作业，几个部件可同步进行，有利于应用各种先进的焊接工艺和工艺装备，并简化了工艺装备的设计和制造，有利于控制焊接变形和应力，采用先进的焊接工艺方法。这种方法可适用于批量生产，将整个结构分解为若干部件的复杂结构。如铁道车辆、汽车壳体结构、起重机桥架、船体结构等。

6. 焊件固定装配法

焊件固定式装配方法是装配工作在一处固定的工作位置上装配完全部零、部件。这种装配方法一般用在重型焊接结构产品或产量不大的情况下。

7. 焊件移动装配法

焊件移动式装配方法是焊件顺着一定的工作地点按工序流程进行装配。在工作地点上设有装配的胎具和相应的工人。在产量较大的生产中或流水线生产中通常也采用这种方式。

能力知识点 6　典型结构的装配工艺

1. 钢板的拼接

钢板拼接是最基本的部件装配，多数的钢板结构或钢板型钢混合结构都要先进行这道工序。钢板拼接分为厚板拼接和薄板拼接。拼接时，焊缝应错开，防止十字交叉焊缝，焊缝与焊缝之间的最小距离应大于 3 倍板厚，而且不小于 100mm，容器结构焊缝之间通常错开 500mm 以上。

钢板拼接时还应注意以下几点：

1）按要求留出装配间隙和保证接口处平齐。

2）厚板对接定位焊可以按间距 250～300mm，用 30～50mm 长的定位焊缝固定。如果局部应力较大，可根据实际情况适当缩短定位焊缝的距离。

3）厚度大于 34mm 的碳素结构钢板和大于或等于 30mm 的低合金结构钢板拼接时，为防止低温时焊缝产生裂纹，当环境温度较低时，可先在焊缝坡口两侧各 80～100mm 范围内进行预热，其预热温度及层间温度应控制在 100～150℃之间。

4）对于厚度在 3mm 以下的薄钢板，焊缝长度在 2m 以上时，焊后容易产生波浪变形。拼板时可以把薄钢板四周用短焊缝固定在平台上，然后在接缝两侧压上重物，接缝定位焊缝长为 8mm，间距为 40mm，采用分段退焊法。焊后用锤子或铆钉枪轻打焊缝，消除应力后钢板即可平直。

图 4-25 所示为厚板拼接的一般方法。先按拼接位置将各板排列在平台上，然后将各板靠紧，或按要求留出一定的间隙。这时如果板缝处出现高低不平，可用压马调平（图 4-25b），即可施定位焊连接。定位焊位置离开焊缝交叉处和焊缝边缘一定距离，且焊点间有间距。若板缝对接采用自动焊，应根据焊接规程的要求，开或不开坡口。如不开坡口，应须先在定位焊处铲出沟槽，使定位焊缝的余高与未定位焊的接缝基本相平，不影响自动焊的质

量。对于采用埋弧焊的对接焊缝，应在电磁平台焊剂垫上进行更方便。

2. T形梁的装配

T形梁是由翼板和腹板组合而成，一般分以下两种装配：

（1）划线定位装配法　在小批量或单件生产时采用，先将腹板和翼板矫直、矫平，然后在翼板上划出腹板的位置线，并打上样冲眼。将腹板按位置线立在翼板上，并用90°角尺校对两板的相对垂直度，然后进行定位焊。定位焊后再经检验校正，才能焊接。

（2）胎卡具装配法　成批量装配T形梁时，采用图4-26所示的简单胎卡具。装配时，不用划线，将腹板立在翼板上，端面对齐，以压紧螺栓的支座为定位元件来确定腹板在翼板上的位置，并由水平压紧螺栓和垂直压紧螺栓分别从两个方向将腹板与翼板夹紧，然后在接缝处定位焊。

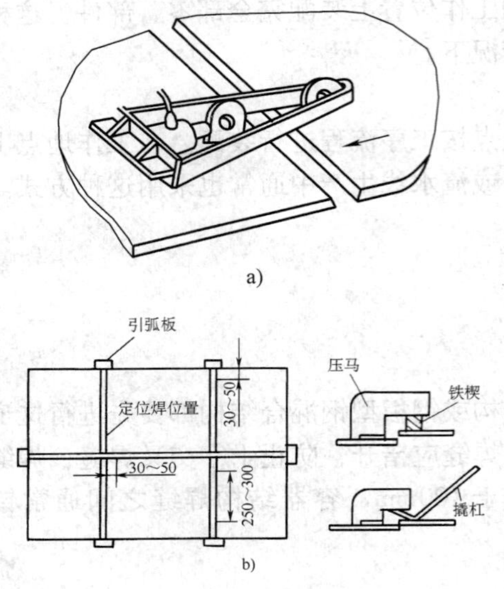

图4-25　厚板拼接

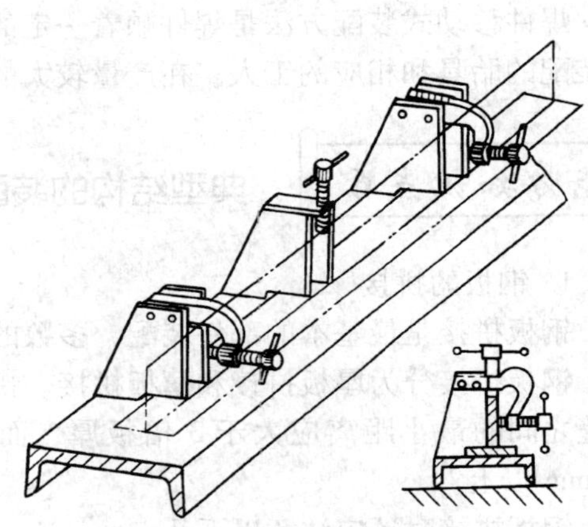

图4-26　T形梁的胎卡具

3. 箱形梁的装配

（1）划线装配法　图4-27a所示为箱形梁，是由腹板2、翼板1、4及肋板3组成。装配前，先把翼板、腹板分别矫正平直，板料长度不够时应先前进行拼接。装配时，将翼板放在平台上，划出腹板和肋板的位置线。并打上样冲眼。各肋板按位置线垂直装配于翼板上，用90°角尺检验垂直度后定位焊，同时在肋板上部焊上临时支撑角钢，固定肋板之间的距离，

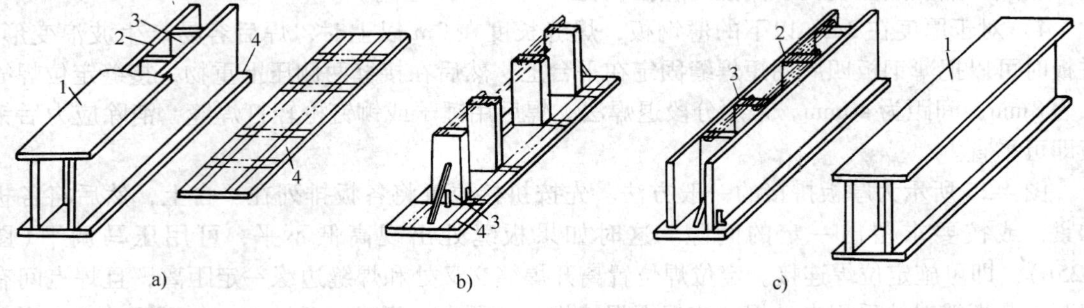

图4-27　箱形梁的装配

如图 4-27b 虚线所示。再装配两腹板，使它紧贴肋板立于翼板上，并与翼板保持垂直，用 90°角尺校正后施行定位焊。装配完两腹板后，应由焊工按一定的焊接顺序先进行箱形梁内部焊缝的焊接，并经焊后矫正，内部涂装防锈漆后再装配上盖板，即完成了整个装配工作。

想一想　箱形梁装配完以后，该怎样合理安排焊接顺序呢？

（2）胎卡具装配　批量生产箱形梁时，也可以利用装配胎卡具进行装配，以提高装配质量和工作效率。

4. 圆筒节对接装配

圆筒节对接装配的要点，在于使对接环缝和两节圆筒的同轴度误差都符合技术要求。为使两节圆筒易于获得同轴度和便于装配中翻转，装配前两圆筒节应分别进行矫正，使其圆度等符合技术要求。为防止筒体椭圆变形，可以在筒体内使用径向推撑器撑圆，如图 4-28 所示。

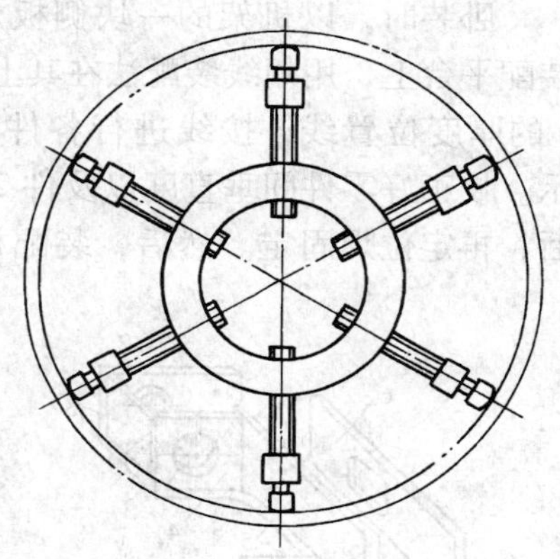

图 4-28　用径向推撑器装配筒体

筒体装配可分卧装和立装两类：

（1）筒体的卧装　筒体卧装可在装配胎架上进行，图 4-29a、b 所示为筒体在滚轮架和辊筒架上装配。筒体直径很小时，也可以在槽钢或型钢架上进行，如图 4-29c 所示。对接装配时，将两圆筒置于胎架上紧靠或按要求留出焊缝间隙，然后采用测量圆筒同轴度的方法，校正两节圆筒的同轴度，校正合格后施行定位焊。

（2）筒体的立装　对于一些直径大而长度不太大的容器可进行立装，其优点是克服了由于自重而引起的变形。立装时可采用图 4-30 所示的方法，先将一节圆筒放在平台（或水平基础）上，并找好水平，在靠近上口处焊上若干个螺旋压马。然后将另一节圆筒吊上，用螺旋压马和焊在两节圆筒上的若干个螺旋拉紧器拉紧，进行初步定位。然后检验两节圆筒的同轴度并校正，检查环缝接口情况，并对其调整合格后进行定位焊。

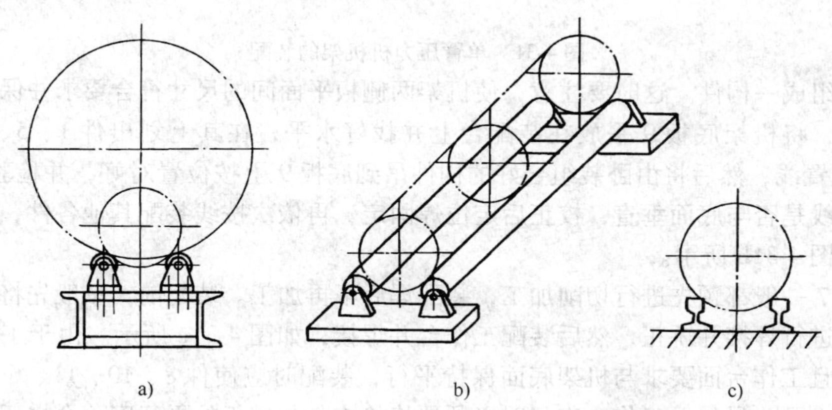

图 4-29　筒体卧装示意

5. 机架结构的装配

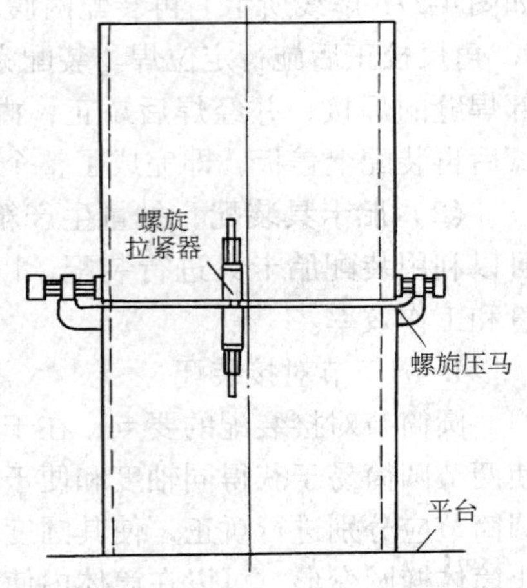

图 4-30　圆筒立装对接

单臂压力机是典型的板架结构，图 4-31 是其机架的装配过程。装配中除要保证各接缝符合要求外，主要应保证板 2 和板 4 上的两个圆孔的同轴度，轴线与机架底面的垂直度，以及工作台面 7 与机架底面的平行度等技术要求。由于机架的高度比长度、宽度大，重心位置高，所以采用先卧装后立装的方法，这样各零件的定位稳定性好。同时，采用整体装配后焊接，可增加构件的刚性来减少焊接变形。装配前，要逐一复核零件的尺寸和数量；厚板应按要求开好焊接坡口。

卧装时，以机架的一块侧板 1 为基准，将其平放在装配平台上，用划线装配法在其上面划出件 2、3、4、5、6 的厚度位置线，按线进行各件的装配，如图 4-31a 所示。校正好零件间垂直度以及件 2、4 上两个圆孔同轴度后，再定位焊固定。然后，装配机架另一块侧板，并定位焊固定，组成一构件。这时要注意，使机架两侧板平面间的尺寸符合要求并保持平行。

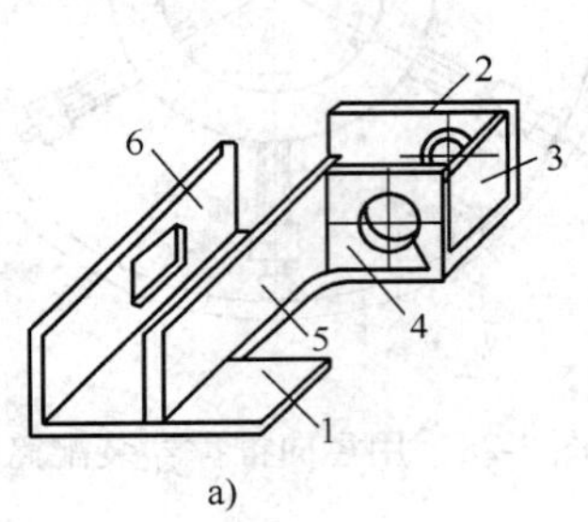

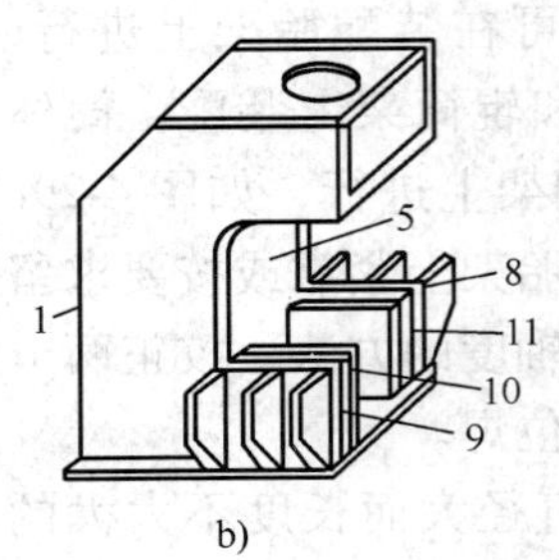

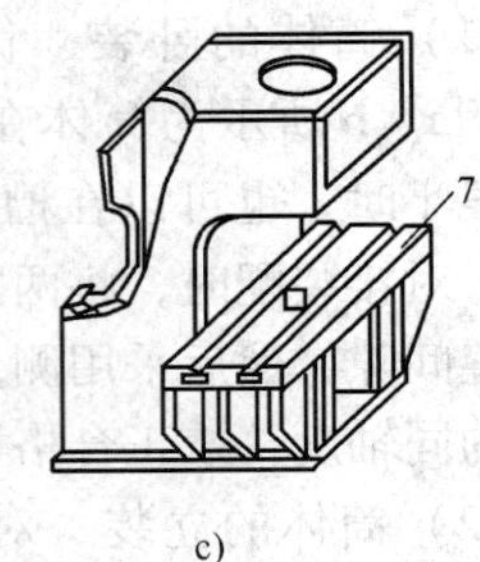

图 4-31　单臂压力机机架的装配

立装时，将机架底板 9 平放在装配台上并找好水平，在其上划出件 1、5、6、8、10、11 的厚度位置线，然后将由卧装组合好的构件吊到底板 9 上按位置对好，并检验件 2、4 上两圆孔的轴线是否与底面垂直，校正后定位焊固定。再依次按线装配其他各件，并分别定位焊固定，如图 4-31b 所示。

工作台 7 一般都预先进行切削加工，装配焊后不再加工。装配前，一般先将卧装、立装后的构件先进行焊接并矫正，然后装配工作台并焊接，如图 4-31c 所示。由于工作台焊接后矫正困难，且工作台面要求与机架底面保持平行，装配时应使件 8、10、11、6 与工作台的接触面保持水平。另外、工作台定位时必须严格检查其与底板的平行度，合格后再进行定位焊固定。

【综 合 训 练】

一、理论部分

（一）填空题

1. 装配工序的三个基本条件是__________、__________、__________。

2. 大型圆筒容器装配，采用__________方法。

3. 千斤顶在使用时，应与重力作用面__________，以免滑脱倾倒；在松软的地面使用，应在千斤顶下面__________。

4. 装配中的测量项目主要有__________、__________、__________、__________及角度等。

5. 板厚为10mm的焊接结构件的定位焊缝长度范围为__________，间距为__________。

（二）简答题

1. 什么是装配中的定位基准？简述定位基准的选择原则。

2. 什么是装配？

3. 装配定位焊时应注意哪些问题？

4. 钢板拼接时应注意什么问题？

（三）判断题

1. 定位与夹紧是装配必须首先满足的基本条件。

2. 在装配时不必考虑焊接变形。

3. 正确选用定位装置可以保证装配质量。

4. 当设计基准和定位基准统一时，可以有效的减小装配误差。

二、实践部分

自制一个箱形梁的模型。画出结构图并写明装配顺序。

1. 训练目标：了解箱形梁的装配过程。

2. 训练准备

（1）人员准备　每组10人左右，分成若干组。

（2）资料准备　模型所用的材料；箱形梁装配方案及装配时的注意事项等。

3. 训练地点：实习工厂。

4. 训练方法：全面考虑箱形梁在装配过程中可能出现的问题。

综合知识模块二　焊接结构的焊接工艺

能力知识点1　焊接工艺制订的原则和内容

1. 制订焊接工艺的原则

1）能获得满意的焊接接头。

2）焊接应力与变形要小。

3）可焊到性好，施焊方便。

4）翻转次数少，生产效率高。

5）成本低，经济效益好。

2. 焊接工艺制订的内容

1）合理选择并审定焊接结构中各接头焊缝所采用的焊接方法，并确定相应的焊接设备和焊接材料。

2）确定合理的焊接参数，和焊接次序、方向等。如焊条电弧焊时的焊条直径、焊接电流、电弧电压、焊接速度、施焊顺序和方向、焊接层数等。

表 4-3　ϕ1.6mm 药芯焊丝半机械化平角焊、船形焊焊接参数

简　图	焊接位置	操作方法	焊接电流 /A	电弧电压 /V	焊接速度 t/min	气体流量 L/min	焊丝伸出长度/mm
	平角焊	打底层 右焊法	300～340	32～34	30～40	20～25	30
	船形焊	盖面层 左焊法	280～300	31～32	40～50	15～20	15～20
	船形焊和平角焊	填充层 左焊法	250～280	30～31	40～50	20～25	20～25

3）合理选择焊丝及焊剂牌号；气体保护焊时的气体种类、气体流量、焊丝伸长度等。见表 4-3，用 ϕ1.6mm 药芯焊丝半机械化平角焊、船形焊焊接参数示例。

4）焊接热参数的选择，如预热、中间加热、后热及焊后热处理的工艺参数，主要是加热温度、加热部位和范围、保温时间及冷却速度等要求。

5）选择实用的焊接工艺装备，如焊接胎具、焊件变位机、自动焊机的引导移动装置等。

能力知识点 2　焊接工艺方法的选择

制订焊接工艺方案应根据产品的结构尺寸、形状、材料、接头形式以及对焊接接头的质量要求，加之现场的生产条件、技术水平等，选择最经济、最方便、高效率并且能保证焊接质量的焊接方法。

1. 选择焊接方法

为了正确的选择焊接方法，必须要了解各种焊接方法的生产特点及适用范围（如焊件厚度、焊缝空间位置、焊缝长度和形状等）。同时，要考虑各种焊接方法对装配工作（工件坡口要求、所需工艺装备等）、焊接质量及其稳定程度、经济性（劳动生产率、焊缝成本、设备复杂程度等）以及工人劳动条件等方面的要求。各种熔焊方法的生产特点见表 4-4。

2. 选择焊接材料

资料卡　发达国家和我国大型企业已广泛使用 CO_2 和 $Ar+CO_2$ 混合气体保护焊焊丝及药芯焊丝，它们具有含氢量低、自动化程度高、质量好、成本低、接头疲劳强度高、适用于在现场施工条件下焊接等优点，应尽量优先考虑。

表 4-4　常用熔焊方法的生产特点

<table>
<tr><th rowspan="2">熔焊工艺方法</th><th colspan="10">适用材料及适用厚度</th><th rowspan="2">适用焊缝位置</th><th rowspan="2">适用焊缝长度及形状</th><th rowspan="2">坡口准备及焊前清理要求</th><th rowspan="2">对焊接工装夹具或焊接变位机械要求</th><th rowspan="2">对焊前及焊后热处理的要求</th><th rowspan="2">生产效率、设备投资、产品质量</th></tr>
<tr><th>低碳钢</th><th>低合金钢</th><th>不锈钢</th><th>耐热钢</th><th>高强钢</th><th>铝及铝合金</th><th>镁及镁合金</th><th>钛及钛合金</th><th>镍及镍合金</th><th>铜及铜合金</th></tr>
<tr><td>焊条电弧焊(SMAW)(焊条电弧焊)</td><td colspan="5">各种厚度及难于施焊位置</td><td colspan="3">很少用</td><td>各种厚度</td><td>很少用</td><td>全位置</td><td>长短及曲线形状</td><td>不严格</td><td>一般不要求</td><td rowspan="3">根据材料性能厚度和技术条件选择</td><td>效率低，设备廉，质量人为影响大</td></tr>
<tr><td>埋弧焊(SMAW)</td><td colspan="5">一般 4mm 厚度以上</td><td colspan="2">较少用</td><td colspan="2">4mm 以上厚度</td><td>较少用</td><td>平焊</td><td>长和规则（环）的</td><td>严格，并清理光洁</td><td>根据条件必需配置</td><td>高效率、高质量，设备投资较大</td></tr>
<tr><td>CO_2 气体保护焊</td><td colspan="6">一般 1mm 以上</td><td colspan="4">3mm 以上</td><td rowspan="4">全位置</td><td>长短曲线形状，如果自动焊则要规则形状</td><td>不严格，如果自动焊则要严格</td><td>不要求，如果 CO_2 气体保护自动焊则有要求</td><td>高效率，不用清渣，设备投资低于埋弧焊</td></tr>
<tr><td>钨极氩弧焊(TIG)</td><td>少用</td><td colspan="4">4mm 以下及打底焊</td><td colspan="2">各种厚度</td><td>4mm 以下</td><td>6mm 以下</td><td>3mm 以下</td><td>短焊缝和曲线形状</td><td>同 CO_2 焊</td><td></td><td rowspan="3">一般不要求</td><td>高质量，设备投资高于焊条电弧焊</td></tr>
<tr><td>熔化极氩弧焊(MIG)</td><td colspan="2">很少用</td><td colspan="2">中等厚度以上</td><td>很少用</td><td colspan="5">中等厚度以上</td><td>长焊缝和规则形状</td><td colspan="2">同埋弧焊</td><td>高效率，高质量，设备投资高于埋弧焊</td></tr>
<tr><td>Ar + CO_2 混合气保护焊(MAG)</td><td colspan="3">各种厚度</td><td>很少用</td><td>各种厚度</td><td colspan="5">国内少见应用</td><td>同 CO_2 焊</td><td>同 CO_2 焊</td><td>同 CO_2 焊</td><td>比 CO_2 焊的质量高，其他同 CO_2 焊</td></tr>
</table>

（续）

熔焊工艺方法	适用材料及适用厚度										适用焊缝位置	适用焊缝长度及形状	坡口准备及焊前清理要求	对焊接工装夹具或焊接变位机械要求	对焊前及焊后热处理的要求	生产效率、设备投资、产品质量
	低碳钢	低合金钢	不锈钢	耐热钢	高强钢	铝及铝合金	镁及镁合金	钛及钛合金	镍及镍合金	铜及铜合金						
Ar + He 混合气体保护熔化极电弧焊	很少用					各种厚度			国内未见应用	各种厚度	全位置	同 CO_2 焊		不要求	一般不要求	更高质量，其他同氩弧焊
熔化极脉冲氩弧焊	很少用	用于薄板										长短焊缝、规则形状		极严格		高质量，设备投资大
药芯焊丝气体保护电弧焊	3mm 以上					不用		3mm 以上	不用			同 CO_2 气体保护焊				基本同 CO_2 焊（飞溅小，质量较高）
等离子弧焊	很少用		20mm 以下		很少用			20mm 以下		很少用	平焊位	长短焊、缝规则形状	极严格	有要求	一般不要求	同熔化极氩弧焊
电渣焊	50 ~ 60mm 厚度以上				很少用			50mm 以上		很少用	立焊位		不用开坡口，但留大间隙	有要求	一般要求焊后正火 + 回火处理	高效率，因晶粒粗大、韧性差，故要热处理后质量高，但设备较贵
气焊	用于薄板		很少用								全位置	短焊缝、修补	小或无间隙清理，要求不严	无要求		省投资、质量较差

选择了焊接方法以后，就可以根据焊接方法的工艺特点来确定焊接材料。确定焊接材料时，还必须考虑到材料的化学成分、焊缝的力学性能、焊接工艺性以及在高温、低温或腐蚀介质工作条件下的性能要求等。在满足使用性能和操作性能的前提下，应选用成本低、焊接参数大效率高的焊接材料。

3. 选择焊接设备

焊接设备的选择应根据已选定的焊接方法和焊接材料，还要考虑焊接电流的种类、焊接设备的功率、工作条件及生产批量等方面。

能力知识点3　焊接参数的选定

焊接参数是指焊接时为了保证焊接质量而选定的物理量的总称。焊接参数的选定主要考虑以下几方面因素：

1）深入的分析产品的材料及其结构形式，着重分析材料的化学成分和结构因素共同作用下的焊接性。

2）考虑焊接热循环对母材和焊缝的热作用，这是获得合格产品及焊接接头最小的焊接应力和变形的保证。

3）根据产品的材料、焊件厚度、焊接接头形式、焊缝的空间位置、接缝装配间隙等，去查找各种焊接方法的有关标准、资料（利用资料中经验公式、图表、曲线）图书等。

4）通过试验确定焊缝的焊接顺序、焊接方向以及多层焊的熔敷顺序等。

5）确定焊接参数不应忽视焊接操作者的实践经验。

能力知识点4　确定合理的焊接热参数

通过选择合适的焊接热参数，可以改善焊接接头的组织和性能，消除焊接应力，防止裂纹产生。

焊接热参数主要包括预热、后热及焊后热处理。

1. 预热

预热是焊前对焊件的全部或局部加热。

预热目的有以下几方面：

1）减缓焊接接头加热时的温度梯度及冷却速度，适当延长在800～500℃区间的冷却时间，改善焊缝金属及热影响区的显微组织，提高焊接接头的抗裂性。

2）有利于扩散氢的逸出，避免焊接接头延迟裂纹的产生。

3）提高焊件温度分布的均匀性，减少内应力。

2. 后热

后热是焊后立即对焊件全部（或局部）进行加热到300～500℃并保温1～2h后空冷的工艺措施，其目的是改善组织，加速氢的扩散和逸出，防止焊接区扩散氢的聚集，避免延迟裂纹的产生，所以后热也称除氢处理。对于焊后要立即进行热处理的焊件，因为在热处理过程中可以达到除氢处理的目的，故不需要另作后热。

3. 焊后热处理

热处理是指将金属加热到一定温度，在这个温度下保温一定时间，然后以一定的冷却速度冷却到室温的工艺过程。焊接结构的焊后热处理，主要目的是改善焊接接头的组织和性能，消除焊接残余应力，并能降低接头中的含氢量，提高结构的几何稳定性。

预热、后热、焊后热处理方法的工艺参数，主要由结构的材料、焊缝的化学成分、接头的拘束程度、焊接方法、结构的刚度及应力情况、承受载荷的类型、焊接环境的温度等来确定。

资料卡 由于热处理是改善和强化金属材料性能的重要手段之一，所以大多数的机器零件都要经过热处理。机床工业中需要热处理的零件占60%~70%，汽车工业中占70%~80%，而各种工具制造业则达到100%。

能力知识点5 焊接工艺评定

焊接工艺评定是为验证所拟订的焊接工艺的正确性而进行的试验过程及结果评价。

1. 焊接工艺评定的目的

一些重要结构件(如锅炉、压力容器)，焊接生产前都必须进行焊接工艺评定，目的是：其一验证施焊单位所拟定的焊接工艺是否正确；其二评定施焊单位是否有能力焊出符合有关规程和产品技术条件所要求的焊接接头。经过焊接工艺评定合格后，提出“焊接工艺评定报告”，作为编制“焊接工艺规程”时的主要依据之一。

2. 焊接工艺评定条件与规则

(1) 焊接工艺评定的条件　材料在选用与设计前必须经过(或有可靠的依据)严格的焊接性试验。焊接工艺评定的设备、仪表与辅助机械均应处于正常工作状态，钢材与所使用焊接材料必须符合相应的标准，由本单位技能熟练的焊工施焊和进行热处理。应有专人做好实焊记录，并妥善保存。

(2) 焊接工艺评定的规则　当评定对接焊缝与角焊缝焊接工艺时，均可采用对接焊缝接头形式。板材对接焊缝试件评定合格的焊接工艺，适用于管材的对接焊缝；板材角焊缝试件评定合格的焊接工艺，适用于管材与板材的角焊缝。

凡有下列情况之一者，需要重新进行焊接工艺评定。

1) 改变焊接方法。

2) 新材料或施焊单位首次焊接的钢材。

3) 改变焊接材料，如焊丝、焊条、焊剂和保护气体的成分。

4) 改变坡口形式。

5) 改变焊接参数，如焊接电流、电弧电压、焊接速度、电源极性、焊接层数等。

6) 改变热规范参数，如预热温度、层间温度、后热和焊后热处理等工艺参数。

3. 焊接工艺评定方法

焊接工艺评定的方式是通过对焊接试板所做的性能试验，判断该工艺是否合格。焊接工艺评定是评定焊接工艺的正确性，而不是评定焊工技艺。因此，为减少人为因素，试件的焊接应由技术熟练的焊工担任。

小知识　国内开展焊接工艺评定最早的焊接产品是压力容器和锅炉，并相继制定了有关的部颁标准：JB 4708—2000《钢制压力容器焊接工艺评定》和 JB 4420—1989《锅炉焊接工艺评定》。

4. 焊接工艺评定程序

1）统计焊接结构中应进行焊接工艺评定的所有焊接接头的类型及各项有关数据，如材料、板厚、管子直径及壁厚、焊接位置、坡口形式及尺寸等，确定出应进行焊接工艺评定的若干典型接头。

2）编制“焊接工艺指导书”或“焊接工艺评定任务书”。

3）焊接试件的材质必须与所生产的结构件相同。试件的类型，应根据所统计的焊接接头的类型需要来确定选取哪些试件及其数量。试件的基本形式如图 4-32 所示。图 4-32a 为板状试件；图 4-32b 为管状试件；图 4-32c 为 T 形接头试件。

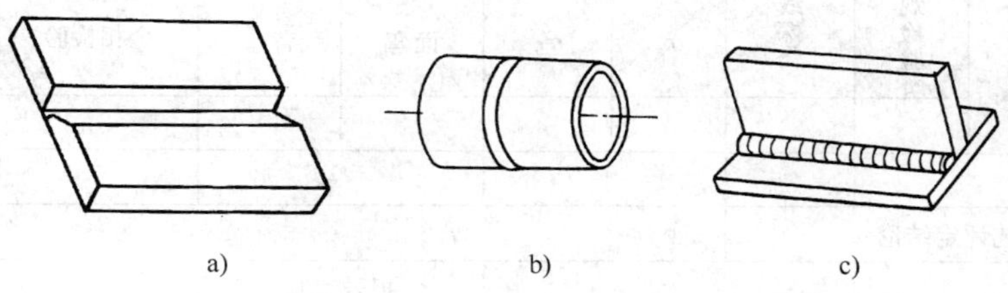

图 4-32　试件基本形式

4）焊接工艺评定所用的焊接设备应与结构施焊时所用设备相同。要求焊机状态良好，性能稳定，调节灵活。焊机上应有有关的工艺参数显示所用的仪表，如电流表、电压表、焊接速度、气体压力表和流量计等。

5）焊接工艺评定应由本单位技术熟练的焊工施焊，并且焊工需按所提供的焊接工艺指导书中规定施焊。

6）焊接工艺评定试件的焊接是关键环节，除要求焊工认真操作外，尚应有专人做好施焊记录，如焊接位置、焊接电流、电弧电压、焊接速度、气体流量等实际数值，它是现场焊接的原始资料。以便事后填进“焊接工艺评定报告”表内，作为 焊接工艺评定报告的重要依据。

7）试件焊接完即可交给力学性能与焊缝质量检验部门进行有关项目的检测。

常规性能检测项目包括：焊缝外观检验；探伤检验；力学性能检验（拉伸试验、面弯、背弯或侧弯等弯曲试验及冲击韧度试验等）；金相检验；断口检验等。

8）编制“焊接工艺评定报告”。各种评定试件的各项试验报告汇集之后，即可按表4-5编制“焊接工艺评定报告”。

表 4-5　焊接工艺评定报告表

<table>
<tr><td>编　　号</td><td colspan="4"></td><td colspan="2">日　期</td><td colspan="2">年　月　日</td></tr>
<tr><td colspan="7">相应的焊接工艺指导书编号</td><td colspan="2"></td></tr>
<tr><td>焊接方法</td><td colspan="4"></td><td colspan="2">接头形式</td><td colspan="2"></td></tr>
<tr><td rowspan="3">工艺评定
试件母材</td><td rowspan="3">钢板</td><td>材质</td><td colspan="2"></td><td rowspan="3">管子</td><td>材质</td><td colspan="2"></td></tr>
<tr><td>分类号</td><td colspan="2"></td><td>分类号</td><td colspan="2"></td></tr>
<tr><td>规格</td><td colspan="2"></td><td>规格</td><td colspan="2"></td></tr>
<tr><td>质量证明书</td><td colspan="4"></td><td colspan="2">复检报告编号</td><td colspan="2"></td></tr>
<tr><td>焊条型号</td><td colspan="4"></td><td colspan="2">焊条规格</td><td colspan="2"></td></tr>
<tr><td>焊接位置</td><td colspan="4"></td><td colspan="2">焊条烘干温度</td><td colspan="2"></td></tr>
<tr><td rowspan="2">焊接参数</td><td colspan="2">电弧电压/V</td><td colspan="2">焊接电流/A</td><td colspan="2">焊接速度(cm/min)</td><td>焊工姓名</td><td></td></tr>
<tr><td colspan="2"></td><td colspan="2"></td><td colspan="2"></td><td>焊工钢印号</td><td></td></tr>
<tr><td rowspan="3">试验结果</td><td rowspan="2">外观检验</td><td rowspan="2">射线探伤</td><td colspan="2">拉伸试验</td><td colspan="2">弯曲试验 α =</td><td rowspan="2">宏观金相检验</td><td rowspan="2">冲击韧性试验</td></tr>
<tr><td>σ_s</td><td>σ_b</td><td>面弯</td><td>背弯</td></tr>
<tr><td></td><td></td><td></td><td></td><td></td><td></td><td></td><td></td></tr>
<tr><td>报告号</td><td></td><td></td><td></td><td></td><td></td><td></td><td></td><td></td></tr>
<tr><td colspan="3">焊接工艺评定结论</td><td colspan="6"></td></tr>
<tr><td colspan="2">审批</td><td colspan="3"></td><td colspan="2">报告编制</td><td colspan="2"></td></tr>
</table>

焊接工艺评定报告中结论为“合格”，即可作为编制“焊接工艺规程”的主要依据。如果出现了焊接工艺评定项目中的一些项目未获得通过，这也是正常的，但也要做出报告，并分析原因，提出改进措施。

此时，则需针对问题，重新修改有关焊接参数，甚至改变焊接方法、焊接材料，重新组织试验，直到获得满意的结果。所以说，合理的焊接参数及热参数是在工艺评定的试验过程中确定的，并成为编制焊接工艺规程的主要依据。

【综合训练】

一、理论部分

（一）填空题

1. 选择焊接工艺方法是选择__________、__________和__________。

2. 焊接热参数包括__________、__________和__________。

3. 后热是焊后立即对焊件全部或局部进行加热到__________℃并保温__________小时后空冷的工艺措施。

（二）判断题

1. 焊接工艺评定的主要目的是测定材料焊接性能的好坏。

2. 焊接工艺评定和产品焊接样板都反应焊接接头的力学性能，所以两者的意义是一样的。

3. 焊接工艺评定的对象是焊缝而不是焊接接头。

4. 焊接工艺评定一定要由考试合格的焊工担任施焊工作。

5. 对接焊缝试件进行焊接工艺评定时，可以不做无损检验。

6. 对接焊缝和角接焊缝应分别进行焊接工艺评定。

7. 当同一条焊缝使用两种或两种以上焊接方法时，可按每种焊接方法分别进行评定。

8. 钢制压力容器上的塞焊缝一定要进行工艺评定。

9. 用添丝钨极氩弧焊替代不添丝的钨极氩弧焊时，可以不必再做焊接工艺评定。

10. 当同一条焊缝使用两种或两种以上焊接方法时，可使用两种或两种以上焊接方法焊接试件，进行组合评定。

（三）简答题

1. 焊接工艺制订的内容有哪些?

2. 焊接工艺评定的原则是什么?

3. 焊接工艺评定的目的是什么?

二、实践部分

板状对接焊缝试件和管材对接焊缝试件该怎样进行工艺评定

1. 训练目标：了解板状对接焊缝试件和管材对接焊缝试件的工艺评定过程。

2. 训练准备

（1）人员准备　每组 10 人左右，分成若干组。

（2）资料准备　板状对接焊缝试件和管材对接焊缝试件；工艺评定的相关资料。

3. 训练地点：实验室。

4. 训练方法：对焊接试件做各种力学性能实验，填写焊接工艺评定报告。

第五单元　装配—焊接工艺装备

【学习目标】 了解焊接工装的作用、分类和基本组成；掌握焊接工装夹具定位器的定位原理和使用方法；掌握使用夹紧机构的技术要领；熟悉焊接变位机械的应用。

综合知识模块一　焊接工装概述

装配—焊接工艺装备是指在焊接结构生产的装配与焊接过程中，起配合及辅助作用的夹具、机械装置或设备的总称，简称焊接工装。焊接工装夹具是将焊件准确定位并夹紧，用于装配和焊接的工艺装备。焊接变位机械是指改变焊件、焊机或焊工的位置来完成机械化、自动化焊接的各种机械装备。

能力知识点1　焊接工装的作用与分类

1. 焊接工装的作用

焊接操作在焊接结构生产全过程中所需作业工时较少（仅占25%~30%），大部分工时用于备料、装配及其他辅助工作。这些工作影响了焊接结构生产进度，特别是伴随高效率焊接方法的应用，这种影响日益突出。解决这一影响的最佳途径是大力推广使用机械化和自动化程度较高的焊接工装。

焊接工装的作用主要表现在如下几方面：

1）定位准确、夹紧可靠。

2）防止和减小焊接变形，减轻了焊接后的矫正工作量。

3）能够保证最佳的施焊位置，焊缝的成形性优良，工艺缺陷明显降低，可获得满意的焊接接头。

4）利用焊接工装进行焊件的定位、夹紧以及翻转等繁重的工作，改善了工人的劳动条件。

5）可以扩大先进工艺方法和设备的使用范围，促进焊接结构生产机械化和自动化的综合发展。

小知识　在先进的工业国家，对广泛采用的一些夹紧机构已经标准化、系列化。设计时进行选用即可。我国焊接工作者正进行着这方面的研究开发工作。个别夹紧机构已有商品供应。

2. 焊接工装的分类

焊接工装的形式多种多样，可按其功能、适用范围或动力源等进行分类。

- 按功能分
  - 装配—焊接夹具
  - 焊接变位机械
    - 焊件变位机
    - 焊机变位机
    - 焊工变位机
  - 焊接辅助装置
- 按适用范围分
  - 专用工装
  - 通用工装
  - 组合式工装
- 按动力源分
  - 手动工装
  - 气动工装
  - 液动工装
  - 电动工装
    - 电磁工装
    - 电动机工装

能力知识点 2　焊接工装的基本组成

装配—焊接夹具一般由定位元件（或装置）、夹紧元件（或装置）和夹具体组成。

焊接变位机械基本由驱动机构（力源装置）、传动装置（中间传动机构）和工作机构（定位及夹紧机构）三个基本部分组成，并通过机体把各部分连结成整体。

图 5-1 所示是一种典型的夹紧装置，力源装置（气缸）是产生夹紧作用力的装置，通常是指机动夹紧时所用的气压、液压、电动等动力装置；中间传动机构（斜楔）起着传递夹紧力的作用，工作时可以通过它改变夹紧作用力的方向和大小，并保证夹紧机构在自锁状态下安全可靠；夹紧元件（压板）是夹紧机构的最终执行元件，通过它和焊件受压表面直接接触完成夹紧；焊件通过定位销钉 6 进行定位。

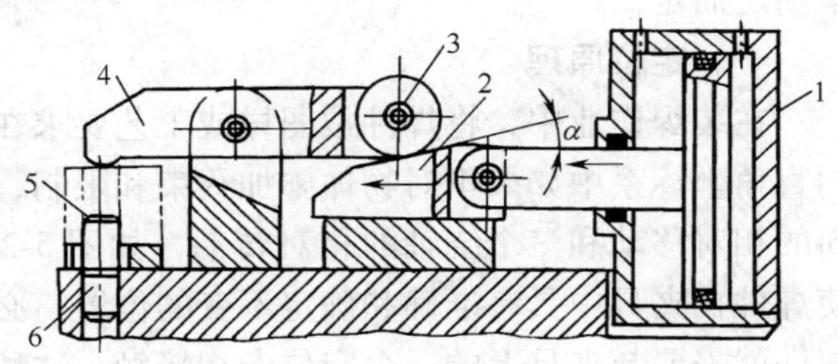

图 5-1　焊接工装的基本组成

1—气缸　2—斜楔　3—辊子

4—压板　5—焊件　6—定位销钉

【综　合　训　练】

一、理论部分

（一）填空题

1. 焊接变位机械是指改变________、________或________位置来完成机械化、自动化焊接的各种机械装备。

2. 焊接变位机械基本由________、________、________三个部分组成。

3. 装配—焊接夹具一般由________、________和________组成。

（二）简答题

1. 简述焊接工装的作用。

2. 焊接工装的种类有哪些？

二、实践部分

参观生产中常用的工装设备，并总结出设备应用的原因。

1. 训练目标：了解焊接工装设备的特点及实际应用情况。

2. 训练准备

（1）人员准备　每组 8 人左右，分成若干组。

（2）资料准备　焊接工艺装备的资料。

3. 训练地点：工厂。

4. 训练方法：参观学习。

综合知识模块二　装配—焊接夹具

能力知识点1　焊件的定位及定位器

焊接结构生产中经常采用的有装配定位焊夹具、焊接夹具、矫正夹具等。其中，定位是夹具结构设计及夹具应用的关键问题，定位方案一旦确定，则其他组成部分的总体配置也基本随之而定。

一、定位原理

在装焊作业中，将焊件按图样或工艺要求在夹具中得到确定位置的过程称为定位。在空间直角坐标系中如果不对物体施加约束和限制，会有六个自由度，即沿 Ox、Oy、Oz 三个轴向的相对移动和三个绕轴的相对转动，如图 5-2a 所示。若将坐标平面看作是夹具平面，要使焊件在夹具中具有准确和确定不变的位置，必须限制这六个自由度。每限制一个自由度，焊件就需要与夹具上的一个定位点相接触，这种用分布适当的六个定位支承点，来限制工件六个自由度，使工件在夹具中的位置完全确定，就是夹具的“六点定位规则”。将图 5-2b 中的小圆块视为定位点，依靠夹紧力 F_1、F_2、F_3 来保证焊件与夹具上定位点间的紧密接触，则可得到焊件在夹具中完全定位的典型方式。在 xOz 面上设置了三个定位点，三个定位点不能在同一条直线上，可以限制焊件沿 Oy 轴方向的移动和绕 Ox 轴、Oz 轴的转动三个自由度；在 yOz 面上有两个定位点，两定位点的连线不能与 xOz 面和 yOz 的交线垂直，可以限制焊件沿 Ox 轴方向的移动和绕 Oy 轴的转动两个自由度；在 xOy 面上设置一个定位点，用以限制焊件沿 Oz 轴方向的移动一个自由度。

焊件上这些具体表面在装配过程中叫做定位基准。根据图 5-2 可作如下分析：

1）表面 A 上的三个支承点限制了焊件的三个自由度，这个表面叫做主要定位基准。连接三个支承点所得到的三角形面积越大，焊件的定位越稳定，也越能保持零件间的位置精

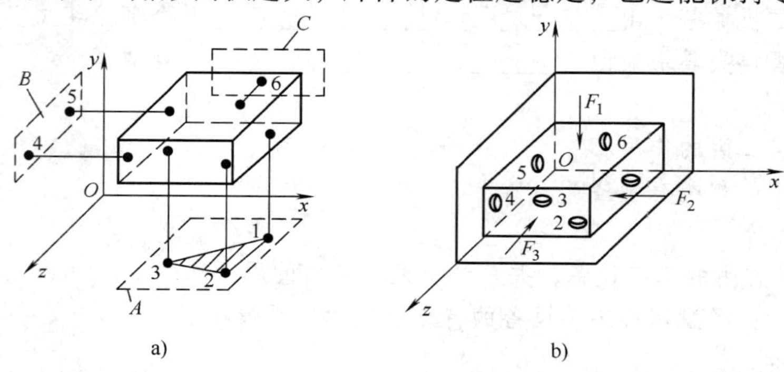

图 5-2　焊件的定位

度，同时主要定位基准面往往承受较大的外力，所以通常是选择焊件上最大表面作为主要定位基准面。

2）表面 B 上的两个支承点限制了焊件的两个自由度，这个表面叫做导向定位基准。表面 B 越长，这两个支承点间的距离越远，而焊件对准夹具平面的位置就越准确、可靠。所以通常选取焊件上最长的表面作为导向定位基准。

3）表面 C 上有一个支承点，可以限制焊件最后一个自由度，这个表面叫做止推定位基准。通常是选择焊件上最短、最窄的表面作为止推定位基准。

4）焊件的六个自由度均被限制的定位称为完全定位；焊件被限制的自由度少于六个，但仍能保证加工要求的定位称为不完全定位。在焊接生产中，为了调整和控制不可避免产生的焊接应力与变形，有些自由度是不宜限制的，故可采用不完全定位的方法。

二、定位基准的选择

选择定位基准时需着重考虑以下几点：

1）定位基准应尽可能与焊件设计基准重合。

2）应选用焊件上平整、光洁的表面作为定位基准，当定位基准面上有焊接飞溅物、焊渣等不平整时，不宜采用大基准平面或整面与焊件相接触的定位方式，而应采取一些突出的定位块以较小的点、线、面与焊件接触的定位方式。

3）定位基准夹紧力的作用点应尽量靠近焊缝区。

4）可根据焊接结构的布置、装配顺序等综合因素来考虑。

5）应尽可能使夹具的定位基准统一。这样，有利于组织生产和夹具的设计与制造。

检验定位基准选择的是否合理的标准是：能否保证定位质量，是否方便装配和焊接，以及是否有利于简化夹具结构等。

三、定位器及其应用

定位器是保证焊件在夹具中获得正确装配位置的零件或部件。定位器的形式有多种，如挡铁、支承钉或支承板、定位销及 V 形块和定位样板五类。

（1）平面定位用定位器　焊件以平面定位时常采用挡铁、支承钉(板)等进行定位。

1）挡铁是一种应用较广，可使焊件在水平面或垂直面内进行定位，如图 5-3 所示。

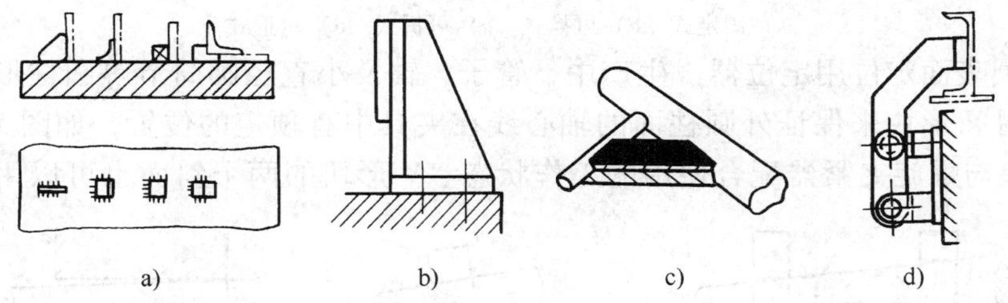

图 5-3　挡铁的结构形式

a）固定式　b）可拆式　c）永磁式　d）可退式

2）支承钉和支承板一般有固定式和可调式两种，如图 5-4 所示。

（2）圆孔定位用定位器　利用零件上的装配孔、螺钉孔或螺栓孔及专用定位孔等作为定位基准时，多采用定位销(图 5-5)和定位心轴定位。以孔为定位基准，应使孔的轴心线与夹具上相关定位元件轴心线重合(同轴)。若焊件以圆锥孔为定位基准时，用圆锥心

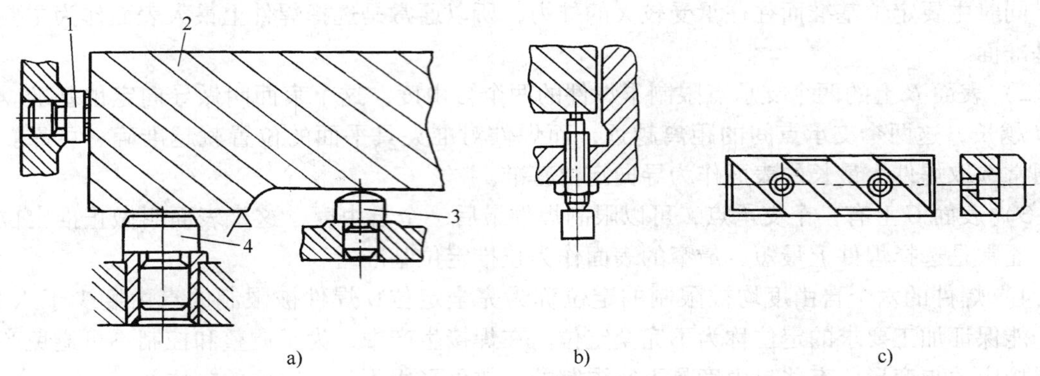

图 5-4　支承钉(板)的结构形式

a）固定式支承钉　b）可调式支承钉　c）支承板

1—齿纹头式　2—焊件　3—球头式　4—平头式

轴和圆锥销作为定位元件。零件用圆柱孔作为定位基准时，用圆锥形定位销有它特殊的优点。如图 5-6a 所示，它可以消除因定位基准的偏差所引起的径向定位误差，最大缺点是容易发生零件偏斜而造成误差，如图 5-6c 所示。解决的办法是尽量减小圆锥角，使插入定位销的零件孔壁发生弹塑性变形，零件和定位销之间由线接触变为面接触，从而消除零件的倾斜。

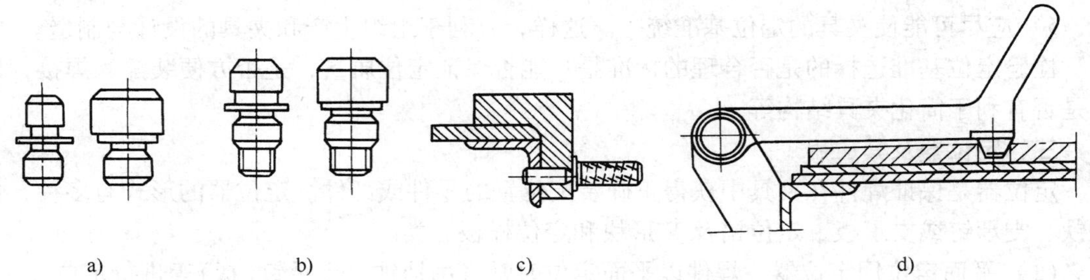

图 5-5　定位销的结构形式

a）固定式　b）可换式　c）可拆式　d）可退式

（3）外圆表面定位用定位器　生产中，管子、轴及小直径圆筒节等圆柱形焊件的固定和定位多采用 V 形块来保证外圆柱面的轴心线在夹具中有预定的位置，如图 5-7 所示。图 5-7c是 V 形块与螺旋夹紧器配合使用的工作状态。V 形块的两个斜面也可以用两滚轮来代

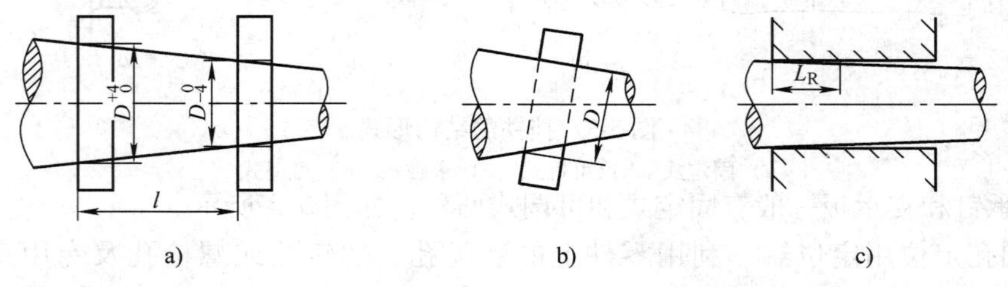

图 5-6　用圆锥体定位销定位圆柱孔

a）孔径的偏差　b）零件的偏斜　c）接触面变形定位

替，以便转动零件(图 5-7d)。

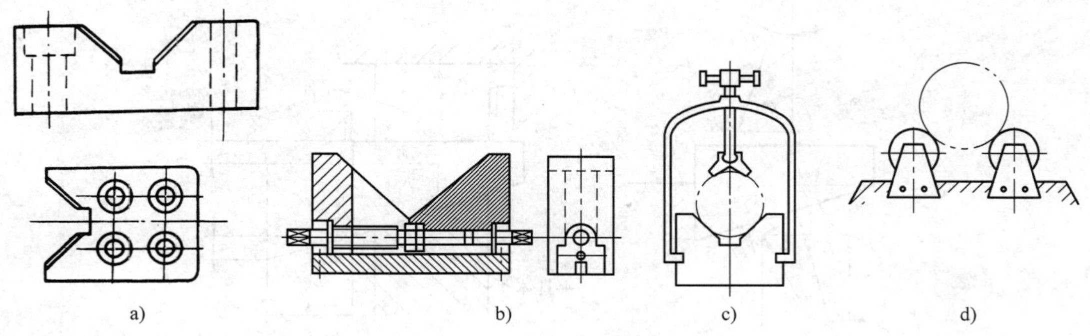

图 5-7　V 形块的结构形式与应用

a）固定式　b）可调式　c）V 形块的应用　d）滚轮代替 V 形块

工件以外圆柱为定位基准时，也可以采用定位套筒、定位环等作为定位元件。另外，定位样板可以借助零件上的圆孔、边缘、凸缘等任何支承轮廓来确定其他待安装零件的位置，如图 5-8 所示。

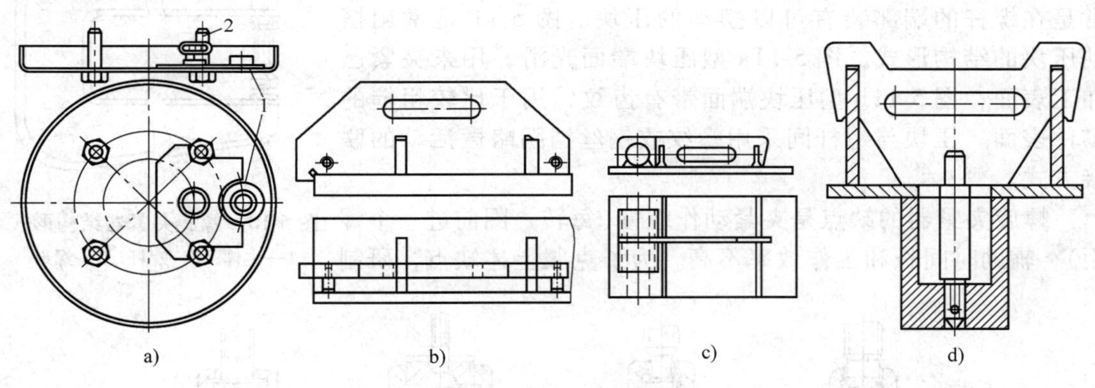

图 5-8　定位样板

能力知识点 2　焊件在夹紧机构中夹紧

利用某种施力元件或机构使焊件达到并一直保持预定位置的操作称为夹紧，用于夹紧操作的元件称为夹紧器。夹紧器是装配焊接夹具组成中最重要、最核心的部分。

小知识　在装配定位中，所有的定位方法可以单独使用，也可以同时使用，互为补充，以方便定位操作和保证定位准确。

1. 常用夹紧器

夹紧器的种类很多，常用的结构形式有以下几种：

（1）楔形夹紧器　楔形夹紧器主要通过斜面的移动所产生的压力夹紧焊件。图 5-9 所示是斜楔工作示意图。

（2）螺旋夹紧器　螺旋夹紧器一般由螺杆、螺母和主体三部分组成，如图 5-10 所示，

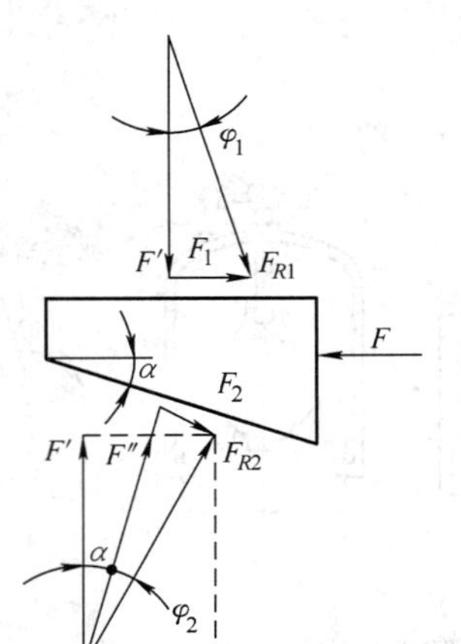

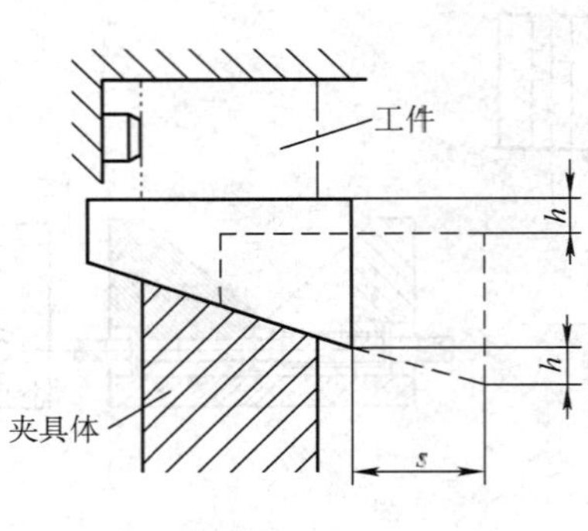

图 5-9　斜楔夹紧器工作示意图

通过螺杆与螺母的相对旋动达到夹紧工件的目的。

为避免螺杆直接压紧焊件造成表面压伤和产生位移，通常是在螺杆的端部装有可以摆动的压块。图 5-11 是常用摆动压块的结构形式。图 5-11a 型压块端面光滑，用来夹紧已加工表面；图 5-11b 型压块端面带有齿纹，用于比较粗糙的零件表面。压块与螺杆间采用螺纹或钢丝挡圈略微活动的联接方式。

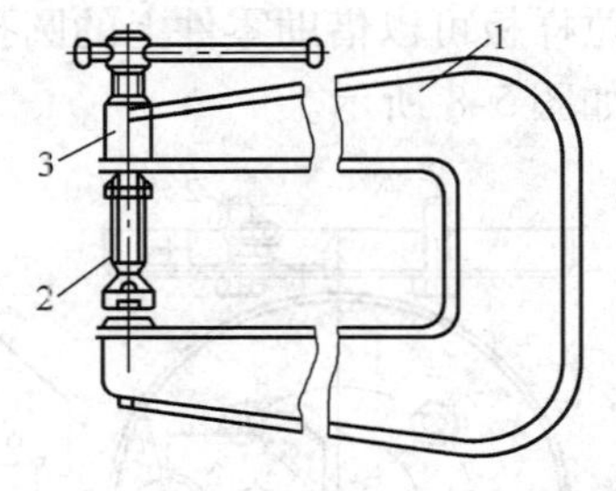

图 5-10　螺旋夹紧器结构形式
1—主体　2—螺杆　3—螺母

螺旋夹紧器的缺点是夹紧动作缓慢(每转一圈前进一个螺距)，辅助时间长和工作效率不高。为了克服上述缺点，研制出了几种快速夹紧的结构形式，如图 5-12 所示。

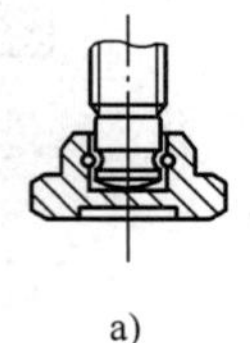
a)

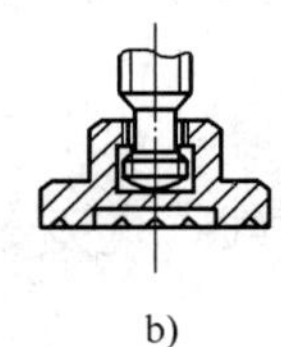
b)

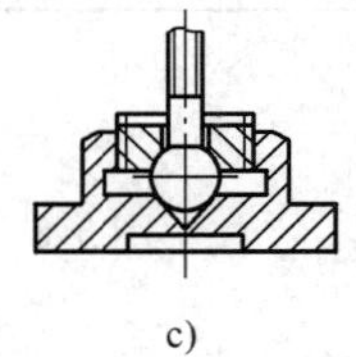
c)

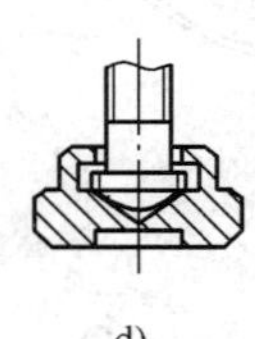
d)

图 5-11　摆动压块结构形式

螺旋夹紧器在焊接结构生产中应用很广泛，例如应用于工字梁的装配、对齐对接钢板错边以及装配压力容器人孔等，如图 5-13 所示。

(3) 偏心轮夹紧器　如图 5-14 所示。

偏心轮夹紧器夹紧动作迅速(手柄转动一次即可夹紧零件)，有一定自锁性，结构简单，但行程较短。特别适用于尺寸偏差较小、夹紧力不大及很少振动情况下的成批大量生产。

(4) 杠杆夹紧器　图 5-15a 所示是一个典型的杠杆夹紧器。当向左推动手柄时，间隙 s 增大，焊件则被松开；当向右搬动手柄时，则焊件夹紧。

图 5-15b 所示是螺旋—杠杆夹紧器，特点是夹紧力集中在三点，并很容易设计出适应各

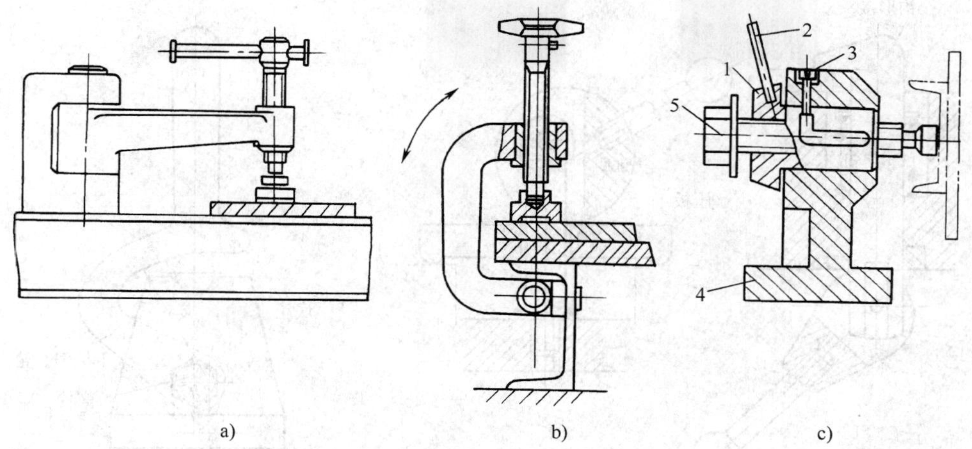

图 5-12　快速夹紧的螺旋夹紧器结构形式

a）旋转式　b）铰接式　c）快撤式

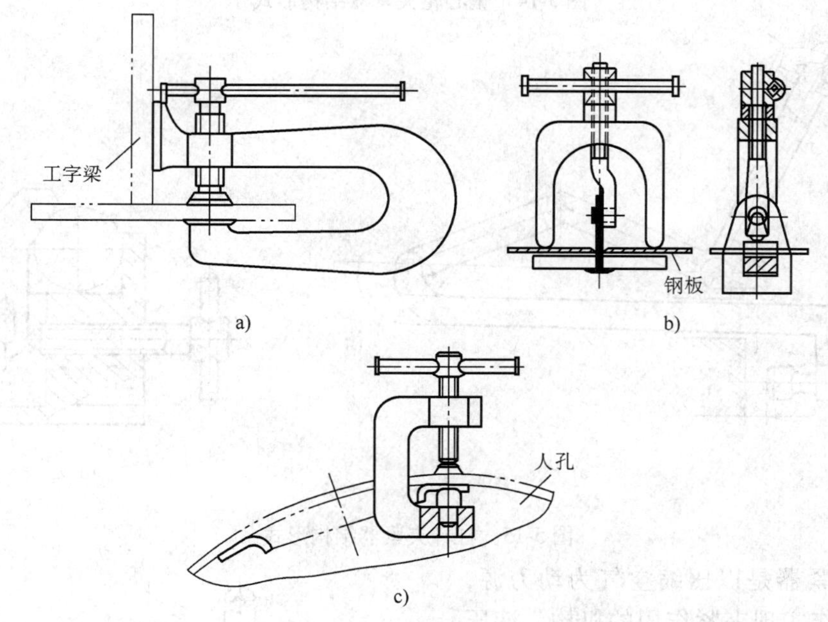

图 5-13　螺旋夹紧器结构形式

a）装配工字梁　b）对齐对接钢板错边　c）装配压力容器人孔

种夹紧位置的。

（5）铰链夹紧机构　铰链夹紧机构是用铰链把若干个杆件连接起来实现夹紧焊件的机构，如图 5-16 所示。

铰链夹紧机构的夹紧力小、自锁性能差、怕振动。但夹紧和松开的动作迅速，夹头开度大，机动灵活，焊件的装卸方便。因此，在大批量的薄壁结构焊接生产中广泛采用。

2. 气动与液压夹紧机构

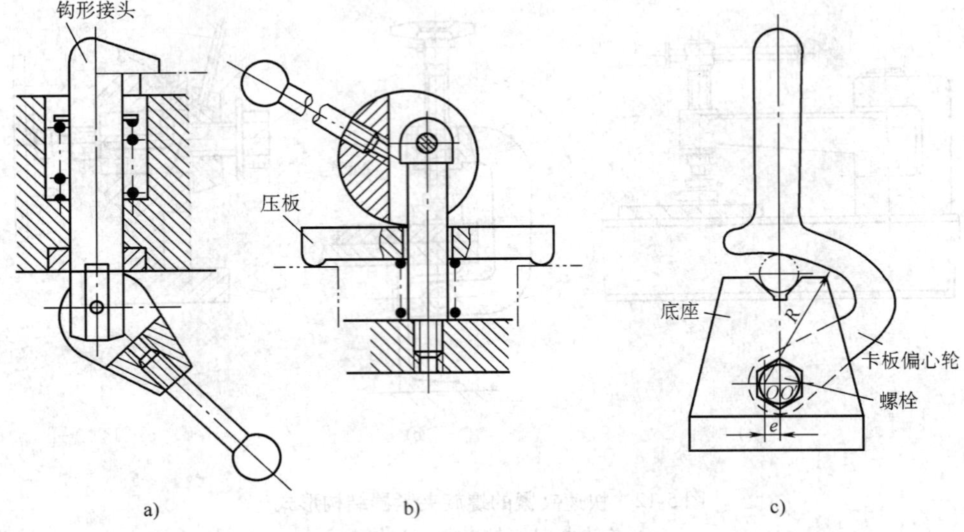

图 5-14　偏心轮夹紧器结构形式

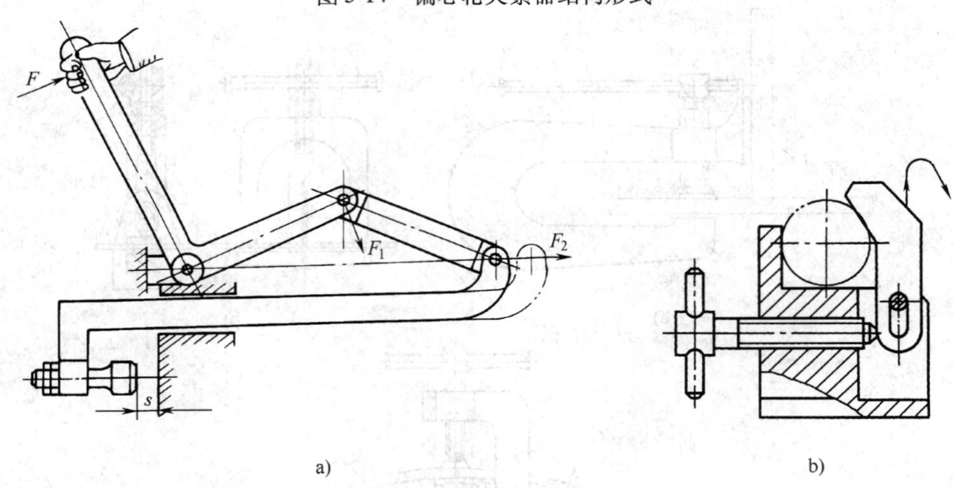

图 5-15　杠杆夹紧器结构形式

气动夹紧器是以压缩空气为动力源，推动气缸动作实现夹紧作用的机构。液压夹紧器是以压力油为动力源，推动液压缸动作实现夹紧作用的机构。

（1）气动夹紧器　气动夹紧器由气体供应系统（如管道、各种阀等）、压缩空气动力头（如气缸）、夹紧机构（通过杠杆、楔、斜槽和气动夹紧器配合）等几部分所组成。

气动夹紧器结构类型很多，表 5-1 列举了几种较为典型的示例。

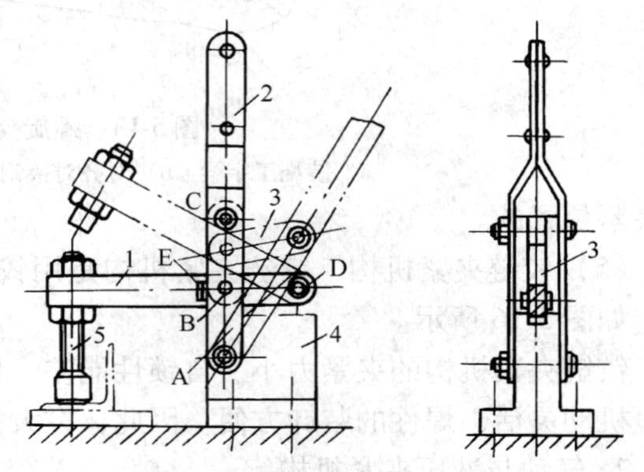

图 5-16　铰链夹紧机构结构形式

1—夹紧杆　2—手柄杆　3—连杆　4—支座（架）　5—螺杆

表 5-1　气动夹紧器的结构示例

名　称	结构举例	说　明
气动斜楔夹紧器	栓塞　斜楔　活塞杆	它是气缸通过斜楔进一步扩力后实现夹紧作用的机构，扩力比较大，可自锁，但夹紧行程小，机械效率低，其夹紧力即为气缸推力。在装焊作业中应用较少
气动杠杆夹紧器		它是气缸通过杠杆进一步扩力或缩力后来实现夹紧作用的机构，形式多样，适用范围广，在装焊生产线上应用较多
气动斜楔—杠杆夹紧器		该机构的气缸通过斜楔扩力后，再经杠杆进一步扩力或缩力，实现夹紧作用。结构形式多样，能自锁，省能源，在装焊作业中应用较广泛
气动铰链—杠杆夹紧器	气缸活塞杆	该机构的气缸首先通过铰链连接板的扩力，再经杠杆进一步扩力或缩力后，实现夹紧作用的机构。其扩力比大，机械效率高，夹头开度大，一般不具备自锁性能，多用于动作频繁、夹紧速度快、大批量生产的场合
气动杠杆—铰链夹紧器		该机构是通过杠杆与连接板的组合将气缸力传递到厚件上实现夹紧的机构。扩力比大，有自锁性能，机械效率较高，夹头开度大，形式多样，多用于动作频繁的大批量生产场合
气动凸轮—杠杆夹紧器		该机构是气缸力经凸轮或偏心轮扩力后，再经杠杆扩力或缩力后夹紧焊件。有自锁性能，扩力比大，但夹头开度小，夹紧行程不大，在装焊作业中应用较少

（2）液压夹紧器　液压夹紧器的传动系统由油箱、过滤网、电动机、液压泵、压力表、单向阀、换向阀、液压缸等基本部件组成。图 5-17 所示是液压撑圆器结构形式，适用于厚壁筒体的对接、矫形及撑圆装配。

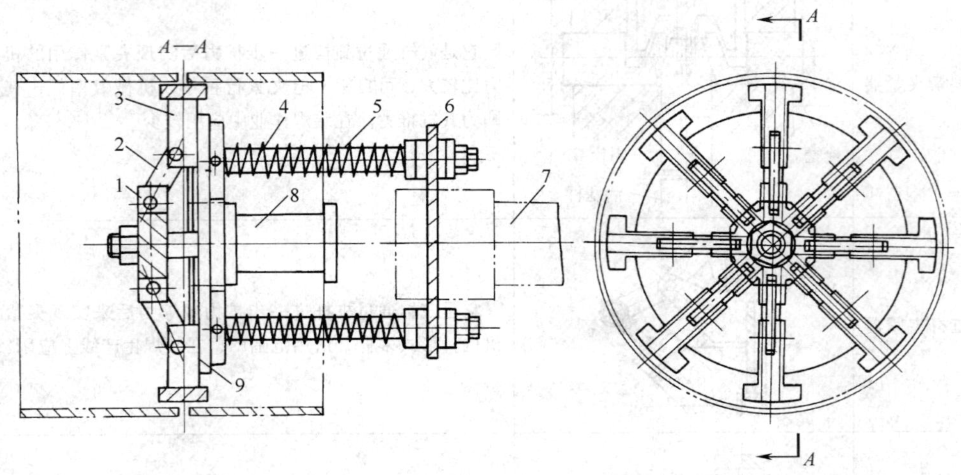

图 5-17　液压撑圆器结构形式

1—心盘　2—连接板　3—推撑头　4—支撑杆　5—缓冲弹簧
6—支撑板　7—操作机伸缩臂　8—液压缸　9—导轨花盘

3. 专用夹具

专用夹具是指在专用夹具体上，由多个多种夹紧机构和定位器组合而成的，具有专一用途的焊接工装夹具装置，是针对某种产品的装配与焊接需要而专门制作的。

图 5-18 所示是箱形梁的装配夹具，夹具的底座 1 是箱形梁水平定位的基准面，下盖板放在底座上面，箱形梁的两块腹板用电磁夹紧器 4 吸附在立柱 2 的垂直定位基准面上，上盖板放在两腹板的上面，由液压杠杆夹紧器 3 的钩头形压板夹紧。箱形梁经定位焊后，由液压缸 5 从下面把焊件往上部顶出。

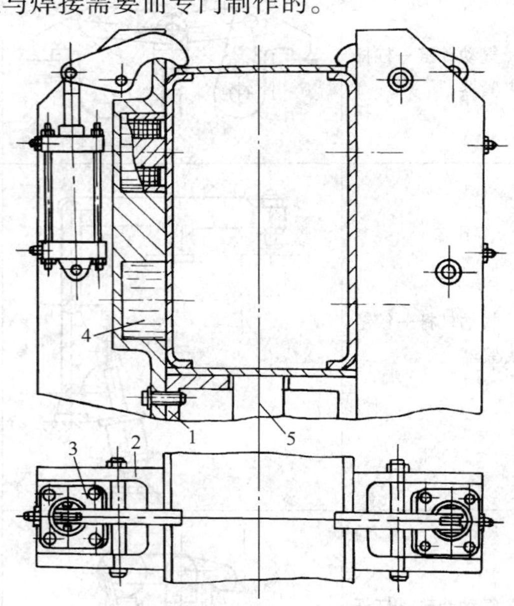

图 5-18　箱形梁装配夹具

1—底座　2—立柱　3—液压杠杆夹紧器
4—电磁夹紧器　5—液压缸

4. 组合夹具

组合夹具是由一些规格化的夹具元件，按照产品装焊的要求拼装而成的可拆式夹具。适用于品种多、变化快、批量少、生产周期短的场合，特别是在新产品的试制中更为适用。

组合夹具按基本元件的功用不同可以分为基础件、支承件、定位件、导向件、压紧件、紧固件、合成件以及辅助件等八个类别，如图 5-19 所示。

1）基础件是组合夹具的基础元件，通过它可以将其他组件连成一个整体。

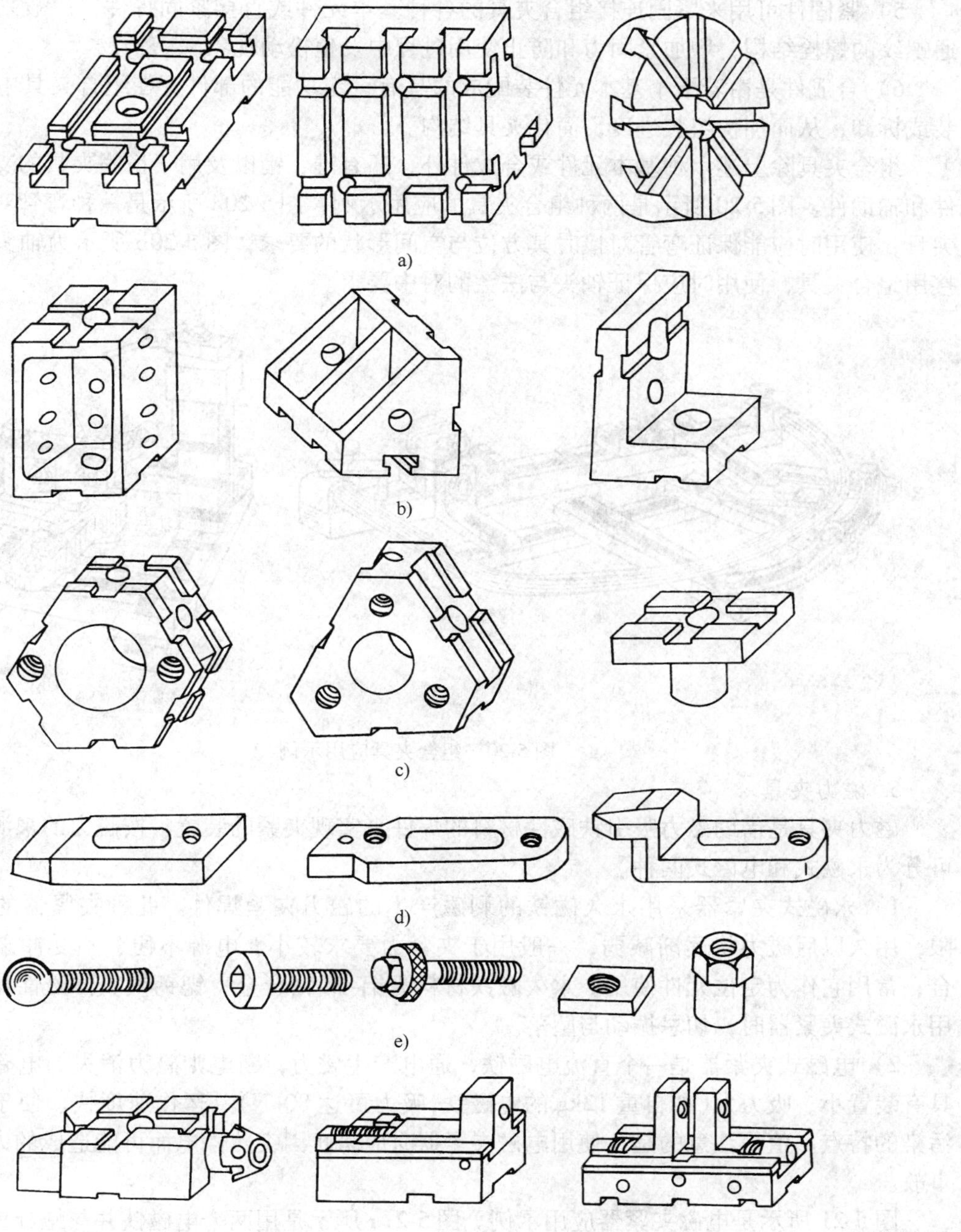

a)

b)

c)

d)

e)

f)

图 5-19 组合夹具基本元件

a）基础件 b）支承件 c）定位件 d）压紧件 e）紧固件 f）合成件

2）支承件是组合夹具的骨架元件，将定位件、合成件或导向件与基础件连接在一起。

3）定位件的主要作用是保证组合夹具各元件之间的定位精度、连接强度以及整个夹具的可靠性。

4）压紧件用于夹紧焊件的组合元件，保证焊件的正确定位，不产生位移。

5）紧固件可用来紧固连接组合夹具的各种基本元件或直接紧固焊件，一般采用细牙普通螺纹的螺栓结构，增加紧固力和防止使用过程中发生松动现象。

6）合成件是由若干个基本元件装配成的具有一定功能的部件，在组合夹具中可整体组装或拆卸，从而加快组装进度，简化夹具结构。

组合夹具除上述六种基本元件或合成件外，还有键、销以及用于稳固夹具的支架等导向件和辅助件。图5-20所示是两种组合夹具的应用示例，图5-20a所示是一种弯管对接用组合夹具，使用时应能保证弯管对接时其方位与空间形状的要求；图5-20b所示为轴头与法兰对接用组合夹具，使用时应保证轴头与法兰的对中要求。

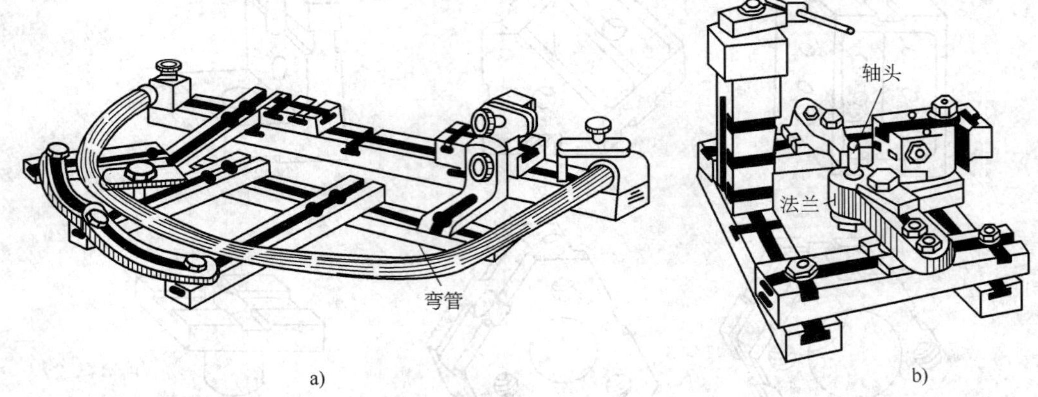

图5-20　组合夹具应用示例

5. 磁力夹具

磁力夹具是借助磁力吸引铁磁性材料的焊件来实现夹紧的装置。按磁力的来源磁力夹具可分为永磁式和电磁式两种。

1）永磁式夹紧器采用永久磁铁的剩磁产生的磁力夹紧焊件。此种夹紧器的夹紧力有限，用久以后磁力将逐渐减弱，一般用于夹紧力要求较小、电源不便、不受冲击振动的场合，常用它作为定位元件使用。永久磁铁材料为铝-镍-钴合金、锶钙铁氧体磁性材料等。使用永磁式夹紧器时，切忌振动与坠落。

2）电磁式夹紧器是一个直流电磁铁，通电产生磁力，断电则磁力消失。电磁式夹紧器具有装置小、吸力大(如自重12kg的电磁铁,吸力可达80kN)、运作速度快、便于控制且无污染的特点。值得注意的是，使用电磁夹紧器时应防止因突然停电而可能造成的人身和设备事故。

图5-21所示是电磁夹紧器应用示例。图5-21a所示是用两个电磁铁并与螺旋夹紧器配合使用矫正变形的板料；图5-21b所示是利用电磁铁作为杠杆的支点压紧角铁与焊件表面的间隙；图5-21c所示是依靠电磁铁对齐拼板的错边，并可代替定位焊；图5-21d所示是采用电磁铁作支点使板料接口对齐。

焊接生产中，采用自动焊进行板材直缝的拼接时，常在拼缝的两侧平台上布置长条状的电磁铁吸紧钢材，一般称其为电磁平台。图5-22是电磁平台与焊剂垫装置联合使用的情况。台车中部为焊剂垫的槽6，两根50～65mm直径的软管2及4可分别充气升起焊剂垫贴紧焊件背面，以保证单面焊双面成形时，焊缝反面成形良好，两侧的电磁铁8用于吸紧钢

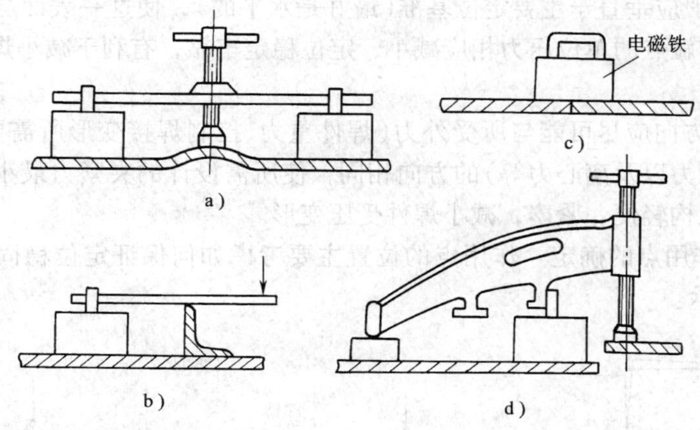

图 5-21　电磁夹紧器应用示例

板，防止板条错边、移动及减小角变形。支撑滚轮 5 在软管 3 充气后升起，以便装卸板条和对准接缝。

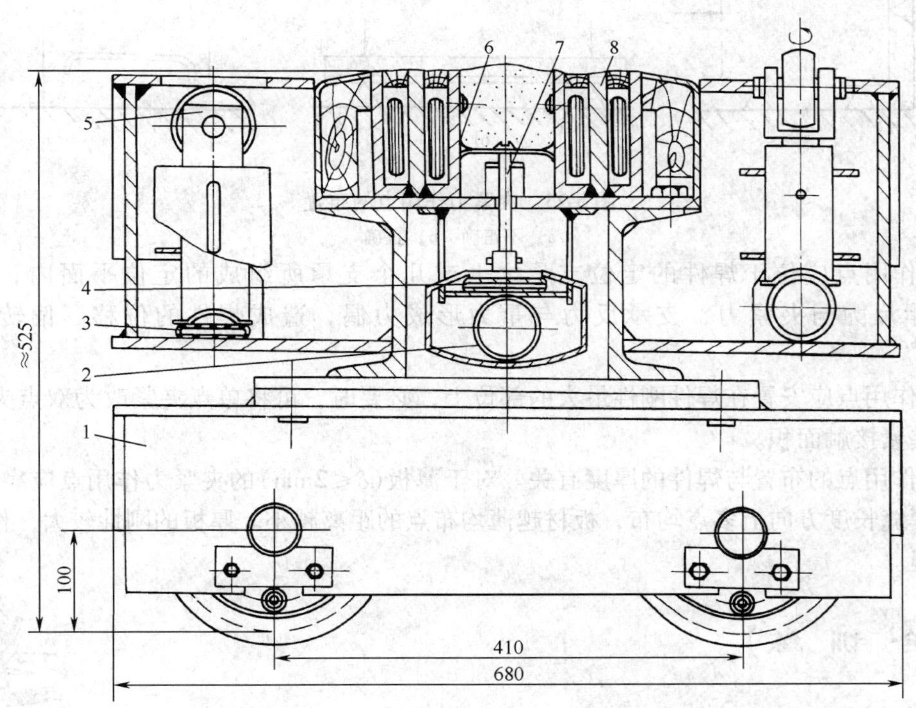

图 5-22　移动式拼板电磁平台

1—移动台车　2、3、4—压缩空气软管　5—支撑滚轮
6—帆布焊剂槽　7—焊剂垫支柱　8—电磁铁

6. 夹紧力作用方向、作用点的确定

（1）夹紧力的作用方向的确定　要求力的作用应不破坏工件定位的准确性，它主要和焊件定位基准的位置及焊件所受外力的作用方向有关。

1）夹紧力一般应垂直于主要定位基准(最好是水平的)，使这一表面与夹具定位件的接触面积最大，即接触点的单位压力相应减小，定位稳定牢靠，有利于减小焊件因受夹紧力作用而产生的变形。

2）夹紧力的方向应尽可能与所受外力(焊件重力、控制焊接变形所需要的力、工件移动或转动引起的惯性力以及离心力等)的方向相同，使所需设计的夹紧力最小，以减轻工人劳动强度，使夹紧机构轻便、紧凑，减小焊件受压变形。

(2) 夹紧力作用点的确定　作用点的位置主要考虑如何保证定位稳固和最小的夹紧变形，如图5-23所示。

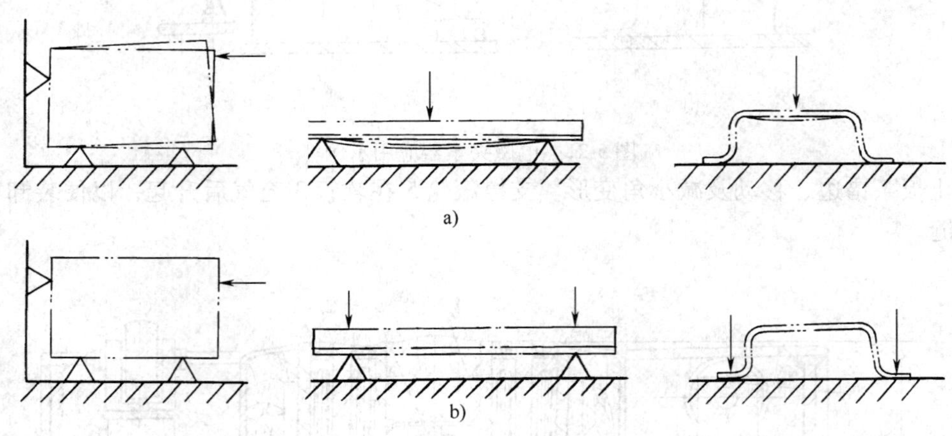

图5-23　夹紧力作用点的布置

a) 不正确　b) 正确

1）作用点应位于焊件的定位支承之上或几个支承所组成的定位平面内，以防止因受支承反力与夹紧力，支承反力与重力形成力偶，造成焊件的位移、偏转或局部变形。

2）作用点应安置在焊件刚性最大的部位上，必要时，可将单点夹紧改为双点夹紧或适当增加夹紧接触面积。

3）作用点的布置与焊件的厚度有关。对于薄板($\delta \leqslant 2$mm)的夹紧力作用点应靠近焊缝，并且沿焊缝长度方向上多点均布，板材越薄均布点的距离越小。厚板的刚性较大，作用点可远离焊缝。

【综 合 训 练】

一、理论部分

(一) 填空题

1. 定位器与工件接触的部位要有足够的________。

2. 常用的定位器有________、________、________、________和定位样板五类。焊件以平面定位时常用________和________等。

3. 常用的夹紧机构有________、________、________、________和________。

4. 夹紧力的三要素是________、________和________。

5. 电磁式夹紧器是________电磁铁，________产生磁力，________则磁力消失。

（二）简答题

1. 简述在定位基准的选择上应该注意哪些问题？

2. 对夹紧机构的基本要求有哪些？

3. 简述在确定夹紧力的大小时要考虑哪些因素？

4. 怎样合理的布置焊件上夹紧力的作用点？

5. 使用磁力夹具时，要注意哪些安全问题？

二、实践部分

用螺旋夹紧器定位工字梁。

1. 训练目标：了解工字梁的装配夹紧过程。

2. 训练准备

（1）人员准备　每组8人左右，分成若干组。

（2）资料准备　夹紧器应用资料。

3. 训练地点：工厂或实习厂房。

4. 训练方法：亲自动手，体会夹紧器的使用并注意使用和装配过程中的事项。

综合知识模块三　装配—焊接夹具设计的基本知识

能力知识点1　夹具设计的基本要求与依据

1. 夹具设计的基本要求

由于产品结构的技术条件、施焊工艺以及工厂具体情况等不同，对所选用及设计的夹具均有不同的特点及要求，其共性的要求有以下几方面：

1）夹紧可靠，刚性适当。夹紧时不破坏焊件的定位位置和几何形状，夹紧后既不使焊件松动滑移，又不使焊件的拘束度过大，产生较大的应力。

2）焊接工装夹具应动作灵活、操作方便、操作位置应处在工人容易接近和操作的部位。操作高度应设在工人最易用力的部位，当夹具处于夹紧状态时，应能自锁。为了保证使用安全，应设置必要的安全连锁保护装置。

3）焊接工装夹具应有足够的装配、焊接空间，不能影响焊接操作和焊工的观察，不妨碍焊件的装卸。所有的定位元件和夹紧机构应与焊道保持适当的距离，或者布置在焊件的下方和侧面。夹紧机构的执行元件应能够伸缩或转位。

4）在一个夹具上，定位器和夹紧机构的结构形式不宜过多，并且尽量选用一种动力源。

5）操作时应考虑焊件在装配定位焊或焊接后能顺利的从夹具中取出，还要避免焊件在翻转或吊运时损坏。

6）降低夹具制造成本，便于制造、安装和操作，便于检验、维修和更换易损零件，提高生产率，使结构的装配过程经济合理。

7）注意各种焊接方法在导电、导热、隔磁、绝缘等方面对夹具提出的特殊要求。例如，凸焊和闪光焊时，夹具兼作导电体，钎焊时夹具兼作散热体，因此要求夹具本身具有良好的导电、导热性能。

8）对于大型板焊结构的夹具，要有足够的强度和刚度，特别是夹具体的刚度，对结构的形状精度、尺寸精度影响较大，设计时要留较大的裕度。

9）尽量选用已通用化、标准化的夹紧机构及标准零部件来制造工装夹具。

2. 夹具设计的依据

原始资料应反映出焊件在生产中及本身结构上的特点及要求，这是设计夹具的依据，其内容包括：

资料卡 在夹具设计中要注意各种焊接方法（在导热、导电、隔磁、绝缘等方面）对夹具提出的特殊要求。例凸焊和闪光焊时夹具兼做导体；钎焊时夹具兼作散热体；真空电子束焊接时，枪头附近的夹具零件不能用磁性材料。

（1）夹具设计任务单　任务单中说明工件图号、夹具的功用、生产批量、对该夹具的要求以及夹具在焊件制造中所占地位和作用。

（2）焊件图样及技术条件　研究图样是为了掌握焊件尺寸链的结构、尺寸公差及制造精度等级。研究技术条件是为了明确在图样上未完全表达的问题和要求。

（3）焊件的装配工艺规程　夹具是实施工艺规程的工具，应明确说明所设计的夹具必须满足工艺规程中的一切要求。

（4）夹具设计的技术条件　这是装配焊接工艺人员根据焊件图样和工艺规程对夹具提出的具体要求，一般应包括如下内容：

1）夹具的用途，担负何种焊件的装配焊接工作以及焊件前后工序的联系。

2）所装配焊件在夹具中的位置，保证每个装配件的定位与夹紧既可靠又合理。

3）焊件定位基准、主要接头以及定位尺寸。

4）制造和安装夹具时，保证夹具的调整和检验时所需的样件及样板等。

5）对夹具的构造形式，是否翻转和移动以及夹具所用定位及夹紧件的机械化程度等提出原则性意见。

6）规定焊件焊接收缩量大小，以确定定位件和夹紧件的位置。

（5）焊接装配夹具的标准化和规格化资料　包括国家标准、企业标准和规格化夹具结构图册等。

能力知识点2　夹具设计的内容与步骤

夹具设计工作一般分为绘制草图、绘制焊接装配夹具工作总图和绘制夹具零件图三个阶段。

1. 绘制草图阶段

（1）基准的选择　基准的选择应考虑以下两点：

1）夹具的设计基准应与被装配结构的设计基准一致。

2）有装配关系的相邻结构的装焊夹具尽可能选择同一设计基准，如选用基准水平线和垂直对称轴线作为同一设计基准。

（2）绘制焊件图　设计基准确定后，在图样上按设计基准用双点画线绘制出被装配的焊件图。包括焊件轮廓及焊件要求的交点接头位置(注意包括收缩余量)。

（3）定位件和夹紧件设计　根据定位基准选择定位件和夹紧件的结构形式、尺寸及其布置。确定焊件的定位方法及定位点以及焊件的夹紧方式和对夹紧力的要求，进行必要的分析计算。

（4）夹具主体(骨架)设计　夹具体是夹具的基础件，在它上面安装组成该夹具所需的各种元件、机构和装置等，起着支承、连接作用。夹具体设计的基本要求包括：

1）具有足够强度和刚度。

2）结构简单、紧凑、合理、便于焊件装卸和清理方便。

3）安装稳定可靠。

4）夹具体结构工艺性好，应便于制造、装配和检验。

5）尺寸要稳定且具有一定精度。对铸造的夹具体要进行时效处理，对焊接的夹具体要进行退火处理。各定位面、安装面要有适当的尺寸和形状精度。

夹具体的形状与尺寸在绘制夹具总图时，根据焊件、定位元件、夹紧装置及其他辅助机构等在夹具体上的配置大体上可以确定，然后根据强度和刚度要求选择断面的结构形状和壁厚尺寸，受力大的部位可以采用肋板加强。按经验，铸造夹具体的壁厚一般取 8 ~ 25mm，焊接夹具体取 6 ~ 10mm，加强肋的厚度一般取(0.7 ~ 0.9)壁厚。加强肋高度，铸造的一般不大于壁厚的 5 倍。表 5-2 列出几种常用毛坯制造方法。

（5）完成设计草图　在充分考虑夹具的整体结构布局之后进行必要的设计计算，征求有关人员意见，并送相关部门审查，综合各种意见，对设计方案进行改进，并绘制出夹具的设计草图。

表 5-2　夹具体毛坯制造方法

制造方法	特　点	常用材料	适 用 场 合
铸造	能铸出复杂结构形状，抗压和抗振性能好，易于加工。但制造周期长，单件生产成本高	HT150 HT200	小型、复杂、批量大的夹具体和有振动的场合
锻造	可用强度较高的钢材，常用自由锻方法制成，其加工量较大	低碳钢 中碳钢	形状简单、尺寸不大，对强度和刚度要求高的场合
焊接	可用钢板、管材和型钢组合成刚性大的夹具体，生产周期短、成本低、质量轻	Q235A 等	单件、小批、大型的夹具体或新产品试制用的夹具体

2. 绘制夹具工作总图阶段

审查通过草图设计后，便可绘出夹具的正式工作总图。完成此阶段工作应注意以下几点：

（1）遵循国家制图标准　绘图比例应尽可能选取 1∶1，根据工件的大小时，也可用较大或较小的比例；通常选取操作位置为主视图，以便使所绘制的夹具总图具有良好的直观性；视图剖面应尽可能少，但必须能够清楚地表达夹具各部分的结构。

（2）正确使用线型　用双点画线绘出工件轮廓外形、定位基准和加工表面。将工件轮廓线视为“透明体”，并用网纹线表示出加工余量。

（3）合理选择定位元件　根据工件定位基准的类型和主次，选择合适的定位元件，合理布置定位点，以满足定位设计的相容性。

（4）正确确定夹紧状态　根据定位对夹紧的要求，按照夹紧原则选择最佳夹紧状态及技术经济合理的夹紧系统，画出夹紧工件的状态，还应用双点画线画出放松位置，以表示出和其他部分的关系。

（5）确定并标注有关尺寸　夹具总图上应标注的有以下尺寸：

1）夹具的轮廓尺寸：即夹具的长、宽、高尺寸。若夹具上有可动部分，应包括可动部分极限位置所占的空间尺寸。

2）工件与定位元件的联系尺寸：常指工件以孔在心轴或定位销上（或工件以外圆在内孔中）定位时，工件定位表面与夹具上定位元件间的配合尺寸。总图上应标注的主要尺寸，应包括装配尺寸、配合尺寸、外形尺寸及安装尺寸等。

定位元件与夹具体的配合尺寸公差，夹紧装置各组成零件间的配合尺寸公差等，则应根据其功用和装配要求，按一般公差与配合原则决定。

（6）明确编写技术条件　一些在视图上无法表示的关于制造、装配、调整、检验和维修等方面的技术要求，应标注在总图上。

（7）编制零件明细表　夹具总图上还应画出零件明细表和标题栏，写明夹具名称及零件明细表上所规定的内容。

3. 绘制装配焊接夹具零件图阶段

夹具总图绘制完毕后，对夹具上的非标准件要绘制零件工作图，并规定相应的技术要求。零件工作图应严格遵照所规定的比例绘制。视图、投影应完整，尺寸要标注齐全，所标注的公差及技术条件应符合总图要求，加工精度及表面粗糙度应选择合理。

在夹具设计图样全部完毕后，还有待于精心制造和实践和使用来验证设计的科学性。经试用后，有时还可能要对原设计作必要的修改。因此，要获得一项完善的优秀的夹具设计，设计人员通常应参与夹具的制造、装配，鉴定和使用的全过程。

4. 编写装配焊接夹具设计说明书

设计说明书是夹具设计计算、分析整理和总结，也是图样设计的理论根据。其内容主要包括：

1）目录。

2）夹具设计任务书。

3）产品要求分析。

4）夹具设计技术条件。

5）夹具设计基准的确定。

6）夹具设计方案的分析。

7）夹具技术经济效益评定。

8）参考资料。

小知识　夹具设计规范化的目的：

1）保证设计质量，提高设计效率。

2）有利于计算机辅助设计。

3）有利于初学者尽快掌握夹具设计的方法。

必要时，还需要编写装配焊接夹具使用说明书，包括夹具的性能、使用注意事项等内容。

能力知识点3　夹具制造精度

焊接结构的精度除与各零件备料的精度和加工工序的中间尺寸精度有关外，在很大程度上也取决于装配焊接夹具本身的精度。而夹具的精度主要是针对夹具定位件的定位尺寸及定位件的位置尺寸的公差大小而言，这要根据被装配焊件的精度确定。因此，可以看出，焊接结构的精度与工装夹具的精度有着密切的联系。夹具的制造公差与夹具元件的功用及装配要求有关，一般可分为四类：

第一类是直接与焊件接触，并且确定焊件位置和形状的各类定位元件。

第二类是虽不与焊件直接接触，但它是确定第一类元件位置的各种导向件。

第三类属于夹具内部结构(如夹紧装置)各组成零件之间相互配合的尺寸公差。

第四类是涉及夹具整体组合的基本体，如夹具的主体骨架等。

第一、二类夹具元件的精度，不仅与定位焊件的精度要求有关，还受到焊件定位表面的选择、加工方法及焊件几何形状等因素的影响。在确定夹具公差时，一般取所装配焊件的相应部分尺寸公差的0.5~0.75倍，表5-3所列公差关系仅供参考。

表5-3　夹具直线尺寸公差与产品公差的关系

产品公差	夹具公差	产品公差	夹具公差
0.30	0.18	0.75	0.32
0.36	0.20	0.91	0.42
0.40	0.21	1.00	0.50
0.42	0.21	1.50	0.65
0.50	0.23	2.00	0.90
0.55	0.23	2.50	1.10
0.60	0.28	3.00	1.35

具体制定夹具公差时，还须注意以下几个问题：

1）以焊件的平均尺寸作为夹具相应尺寸的基本尺寸。

2）定位元件与焊件定位基准间的配合，一般都按基孔制间隙配合来选用。

3）采用焊件上相应工序的中间尺寸作为夹具基本尺寸。

4）夹具上起导向作用并有相对运动的元件间的配合及没有相对运动的元件间的配合，表5-4所列是一般的选用范围。

表5-4　夹具常用配合的选择

工作形式	精度选择	示例
定位元件与工件定位基准间	H7/h6，H7/g6，H8/h7 H8/f7，H9/h9	定位销与工件基准孔
有导向作用并有相对运动元件间	H7/h6，H7/h7，H8/g6 H9/f9，H9/d9	滑动定位件与导套
没有相对运动的元件间	H7/n6(无紧固件) H7/k6，H7/js6(有紧固件)	支承钉、定位销及其衬套固定

能力知识点4　夹具结构工艺性

夹具结构的制造、检测、装配、调试及维修等方面，都可作为夹具结构工艺性好坏的评定依据。

（1）对夹具良好工艺性的基本要求

1）夹具结构的组成元件应多选用各种标准件和通用件，尽量少制造专用零件，力求结构简单，制造容易，以减少制造劳动量和降低费用。

2）各种专用零件和部件结构形状应容易制造和测量，装配和调试方便。专用夹具的制造属单件生产，当最终精度由调整或修配保证时，夹具上应设置调整和修配机构。

3）便于夹具的维护和修理。

（2）合理选择装配基准　正确选择夹具装配基准的原则有两点：

1）装配基准应该是夹具上一个独立的基准表面或线，其他元件的位置只对此表面或线进行调整和修配。

2）装配基准一经加工完毕，其位置和尺寸就不应再变动。因此，那些在装配过程中自身的位置和尺寸尚需调整或修配的表面或线不能作为装配基准。

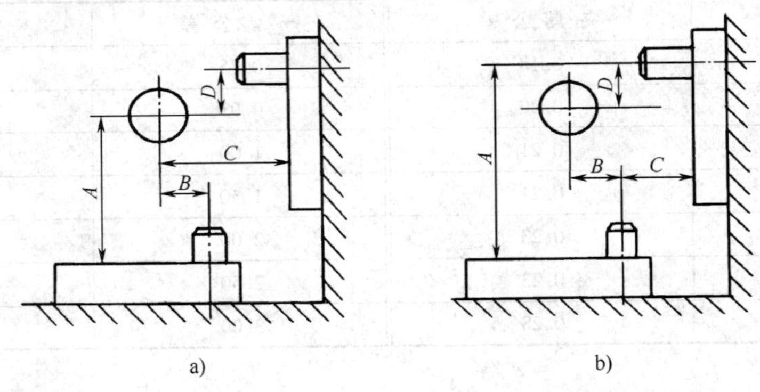

图5-24　正确选择装配基准示例

图5-24a中，A、B、C、D 4个尺寸是以孔的中心为基准，孔加工好后，以孔中心作装配基准来检验和调整定位销和支承板时，各元件彼此间不发生干扰和牵连，检验和调整很方便。图5-24b中，调整尺寸D、B时，尺寸A、C也受到影响，造成检验和调整工作复杂，且难以保证夹具精度要求。

（3）结构的可调性　夹具中的定位件和夹紧件一般不宜焊接在夹具体上，否则，结构不便于加工和调整。经常采用的是依靠螺栓紧固、销订定位的方式，调整和装配夹具时，可对某一元件尺寸较方便的修磨。还可采用在元件与部件之间设置调整垫圈、调整垫片或调整套等来控制装配尺寸，补偿其他元件的误

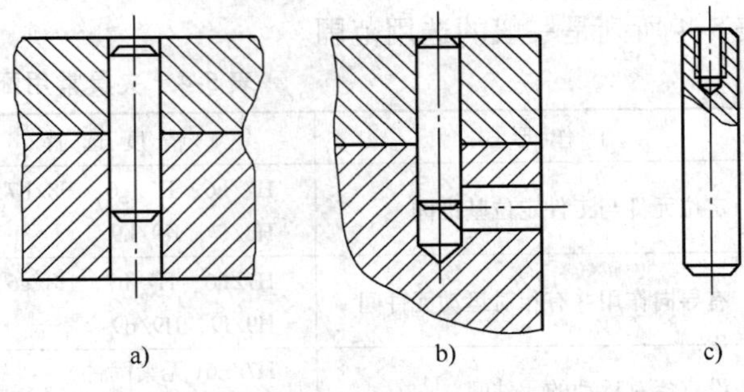

图5-25　便于维修的定位销钉结构形式

差，提高夹具精度。

（4）维修工艺性　夹具使用后的维修，可延长夹具的使用寿命。进行夹具设计时，应考虑到维修方便的问题。图5-25所示是便于维修的三种定位销钉结构形式。图5-25a所示是将销钉孔做成贯穿的通孔，拆卸时可从底部将销钉打出；图5-25b所示和图5-25c所示是因受结构位置限制，无法采用贯穿孔时，可采取加工一个用来敲击销钉的横孔或选用头部带螺纹孔的销钉。

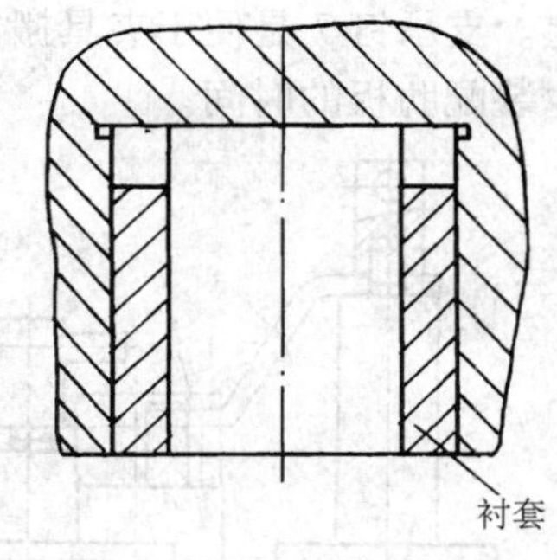

图5-26　便于维修的衬套结构形式

把无凸缘衬套类零件压入不通孔时，为方便维修时取出衬套，可选择图5-26中衬套的结构形式。图5-26所示是在衬套底部端面上铣出径向槽。

（5）制造工装夹具的材料　夹具材料的选择首先取决于夹具元件的工作条件。骨架、承重结构以刚度为主时，可选用低碳钢；载荷大并考虑强度时，可选用低合金结构钢。在定位元件中，各种支承和V形铁一般选用20钢制造，其热处理是表面渗碳0.8～1.2mm，淬火硬度60～64HRC。定位销直径大于14mm时，可选20钢表面渗碳；直径小于14mm时，常选择T7A或T8A钢材，淬火硬度均为53～58HRC。在夹紧元件中，偏心轮常用T7、T8钢，热处理60～64HRC。弹簧件选用65Mn弹簧钢制造；对于材质较软的铝、铜等工件，在保证定位准确的前提下，定位件、夹紧件材料也应相应选择较软的材料，并要限制夹紧力或加添铜铝衬垫等，以防止损伤焊件。对于机械装置中传动系统各零件的材料，应根据机械设计中的有关规定进行选用。

小知识　夹具设计的发展趋势：

1. 为提高效率，适应流水线生产应细化工艺，使用高效率夹具。

2. 为适应系列化生产需要，应发展快速可调的混型夹具。

3. 提高夹具、机具一体化程度，如多点焊机等。

4. 采用新的设计方法，如坐标法、模块法、设计法、计算机辅助设计等。

5. 提高夹具通用化、系列化、标准化水平。

能力知识点5　夹具结构实例分析

焊接结构生产中所应用的装配焊接夹具形式多种多样。在前面已经介绍了各类夹具定位件及夹紧机构的结构特点、工作原理和使用方法，同时还讨论了夹具的设计方法以及步骤。

下面就实际生产中装配焊接夹具的应用实例作简要介绍和分析。

1. 轻便夹具

这是一类用来装配由2～3个零件组成的焊件、自身结构较简单的夹具。图5-27所示是将两个肋板与一个衬套进行装配的夹具，衬套5用三棱销钉4定位，两个带孔的肋板3、8用特殊销钉2和6定位，销钉头部有一段螺纹，转动高帽螺母1可将肋板3、8夹紧在支承

面上。支承钉 7 是便于夹具搬放而设置的。特殊销钉螺纹的长度不应超过 8 ~ 10mm，可以减少装配肋板的时间。

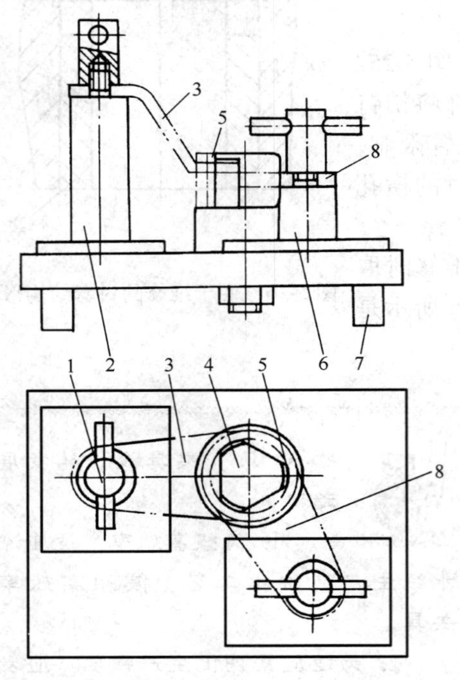

图 5-27　肋板与衬套装配夹具

小知识　夹具规范化目的：

1. 保证设计质量，提高设计效率。

2. 有利于计算机辅助设计。

3. 有利于初学者尽快掌握夹具设计方法。

2. 多位夹具

在一个夹具上同时装配几个或十几个同样的尺寸较小、外形简单的焊件时，可采用多位夹具。图 5-28 所示是焊接支架焊件的多位夹具，支架由两块板片与四段小管组成。装配焊接时，将板片装在托架侧面，依靠托架侧面挡铁和夹具体的平面进行定位，采用螺杆夹紧。托架上面开有半圆槽用来定位小管。此类夹具定位稳固，装卸焊件方便，生产效率高。

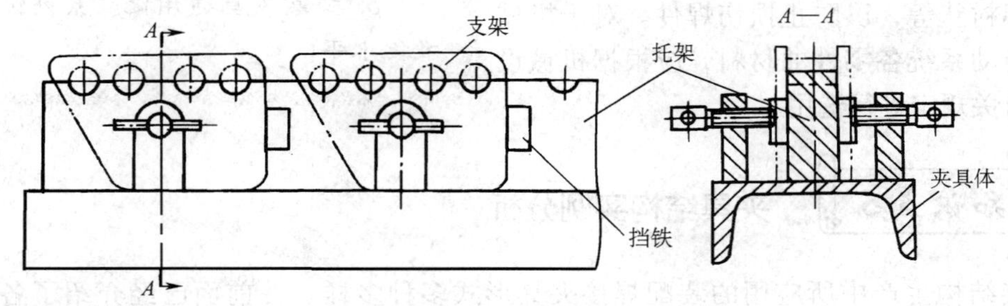

图 5-28　支架装配用多位夹具

【综 合 训 练】

一、理论部分

（一）填空题

1. 夹具设计工作一般分为________、________和________三个阶段。
2. 铸造件的夹具体用于________、________、________和有振动的场合。
3. 夹具材料的选择首先取决于________________。

（二）简答题

1. 简述夹具设计的基本要求有哪些？
2. 简述夹具体设计的基本要求。
3. 夹具工作总图的绘制过程中应注意哪些问题？

二、实践部分

拟订一个装配Π型梁所用的夹具。

1. 训练目标：了解Π型梁的装配夹具的设计要点。
2. 训练准备

（1）人员准备　每组10人左右，分成若干组。

（2）资料准备　Π型梁的装配资料及夹具设计资料。

3. 训练地点：教室。
4. 训练方法：以组为单位讨论、设计装配Π型梁所用的夹具结构设计。

综合知识模块四　焊接变位机械

焊接变位机械的主要作用是通过改变焊件、焊机及焊接工人的操作位置，达到和保持焊接位置的最佳状态，减轻工人的劳动强度，改善焊接质量，提高劳动生产率。

能力知识点1　焊件变位机械

焊件变位机械根据结构形式和承载能力的不同，主要有回转台、翻转机、滚轮架和变位机等几种类型。

1. 焊接回转台

焊接回转台是将焊件绕垂直轴或倾斜轴回转的焊件变位机械。主要用于高度不大，具有环形焊缝焊件的焊接或封头的切割工作。焊接回转台的工作台一般处于水平或固定在某一倾角位置，并能保证以焊速回转，且均匀可调。

图5-29所示是几种定向回转台的结构形式，图5-29a所示是常用的电动回转台，在工作台上安放小型焊件，它只需10W的电动机转动台面，就可使焊件生产率提高5～10倍；图5-29b中的回转台承载能力为500kg，可用人工移位，操作灵活，可通过电动（连续焊缝）或手动（单一变位）实现驱动。图5-29c所示是一种回转轴倾角在一定范围内可调的简化型回转台，用于焊接小型焊件。

2. 翻转机

焊接翻转机是将焊件绕水平轴翻转或倾斜，使之处于有利装焊位置的焊件变位机械。各种焊接翻转机的应用情况见表5-5。

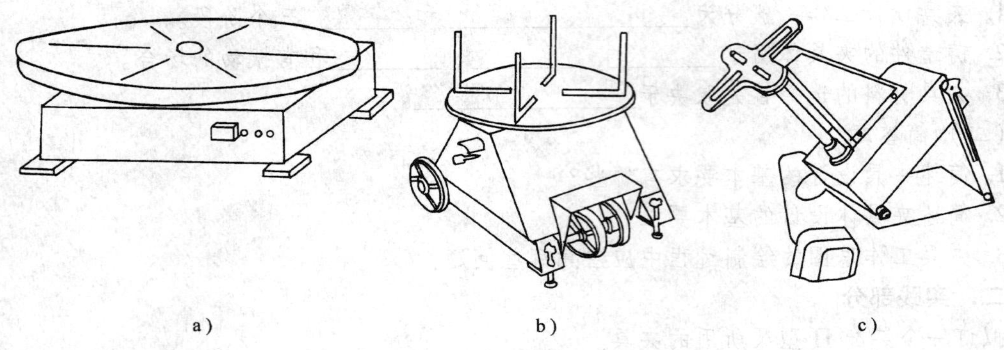

图 5-29　几种定向回转台

a）固定式回转台　b）移动式回转台　c）倾角可调式回转台

表 5-5　焊接翻转机的类型及适用范围

类　　型	变位速度	驱 动 方 式	使 用 场 合
头尾架式	可调	电动机	轴类、筒形和椭圆形焊件的环缝焊以及表面堆焊时的旋转变位
框架式	恒定	电动机或液压（旋转液压缸）	板结构、桁架结构等较长焊件的倾斜变位，工作台上还可进行装配工作
转环式	恒定	电动机	装配定位后刚度很大的梁、柱型构件的翻转变位，多用于大型构件的组对与焊接
链条式	恒定	电动机	装配定位焊后，自身刚度很强的梁、柱型构件，即非回转体构件的翻转变位
推拉式	恒定	液压	小车架、机座等非长形板结构、桁架结构焊件的倾斜变位。装配和焊接作业可在同一工作台上进行

（1）头尾架式翻转机　图 5-30 所示是一种典型的头尾架式翻转机，头架为固定式安装驱动机构，在头架 1 的枢轴上装有工作平台 2、卡盘 3 或专用夹紧器，可以翻转或按焊接速度转动，并且能自锁于任何角度，以便获得最佳焊接位置。尾架 6 可以在轨道上移动，枢轴可以伸缩，便于调节卡盘与焊件间的位置。当对短小焊件进行装焊时，

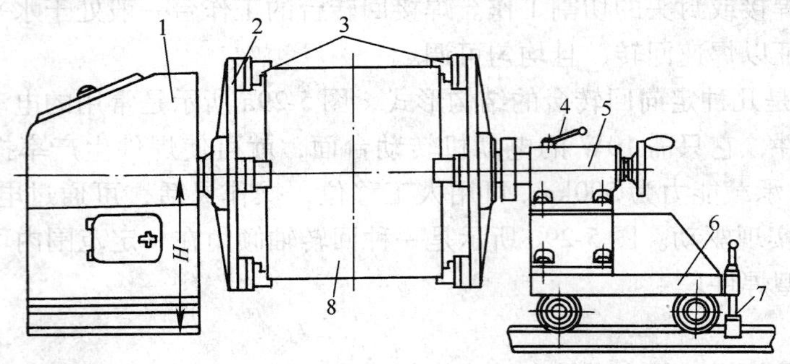

图 5-30　头尾架式翻转机

1—头架　2—工作台　3—卡盘　4—锁紧装置

5—调节装置　6—尾架台车　7—制动装置　8—焊件

可不使用尾架，单独采用头架固定翻转变位。该翻转机最大载重量为4t，加工工件直径为1300mm。安装使用时，应注意使头尾架的两端枢轴在同一轴线上，减小扭转力。我国没有对各种形式的焊接翻转机制定出系列标准，但国内已有厂家生产头尾架式的翻转机并成系列。

（2）框架式翻转机　图5-31所示是一台可升降的框架式翻转机。焊件装卡在回转框架2上，框架两端安有两个插入滑块中的回转轴。滑块可沿左右两支柱1和3上下移动，动力由电动机7、减速器6带动丝杠旋转，进而使与滑块固定在一起的丝杠螺母升降。框架2的回转是由电动机4经减速器5带动光杠上的蜗杆(可上下滑动)旋转，使与它啮合的蜗轮及与蜗轮刚性固定的框架旋转，实现工件的翻转。为了转动平衡要求框架和工件合成重心线与枢轴中心线重合。

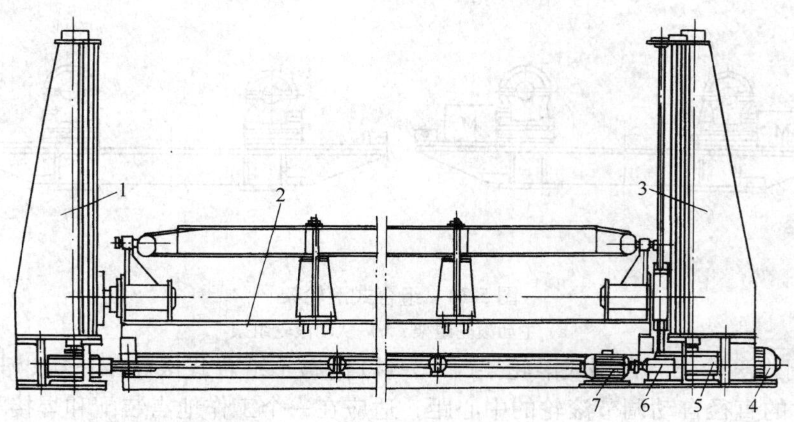

图5-31　升降框架翻转机

1、3—支柱　2—回转框架　4、7—电动机　5、6—减速器

我国汽车、摩托车等制造行业，使用的弧焊机器人加工中心，已成功地采用了国产头尾架式和框架式的焊接翻转机。

3. 滚轮架

焊接滚轮架是借助主动滚轮与焊件之间的摩擦力带动筒形焊件旋转的焊件变位机械，主要应用于锅炉、压力容器筒体的装配和焊接；适当调整主、从动轮的高度，还可进行锥体、分段不等径转体的装配和焊接。对于一些非圆长形焊件，若将其装夹在特别的环形卡箍内，也可在焊接滚轮架上进行装焊作业。

（1）长轴式滚轮架　其结构形式如图5-32所示，驱动装置布置在一侧，与一排长轴滚轮相连，另一排长轴滚轮从动。为适应不同直径筒体的焊接，从动轮与驱动轮之间的距离可以调节。由于支承的滚轮较多，有的长轴式滚轮架为一长形滚柱，直径0.3～0.4m，长度1～5m，筒体置于其上不易变形。适用于长度大的薄壁筒体，而且筒体在回转

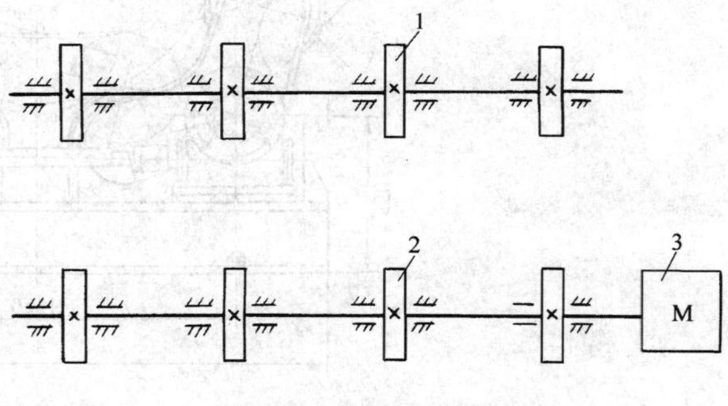

图5-32　长轴式滚轮架

1—从动滚轮　2—主动滚轮　3—驱动装置

时不易打滑，能较方便的对准两节筒体的环形焊缝。

（2）组合式滚轮架　如图5-33所示，这是一种由电动机传动的主动滚轮组架（图5-33a）与一个或几个从动轮组架（图5-33b）配合而成的滚轮架结构。每组滚轮都是相对独立地安装在各自的底座上，且每组滚轮的轮距是可调的，以适应不同直径筒体的焊接。生产中，选用滚轮组架的多少可根据焊件的质量和长度确定。焊件上的孔洞和凸起部位，可通过调整滚轮位置避开。此种滚轮架使用方便灵活，对焊件的适应性强，是目前焊接生产中应用最广泛的一种结构形式。

小知识　为了焊接不同直径的焊件，焊接滚轮架的滚轮间距应能调节，其调节方式有两种：一种是自调式的，一种是非自调式的。

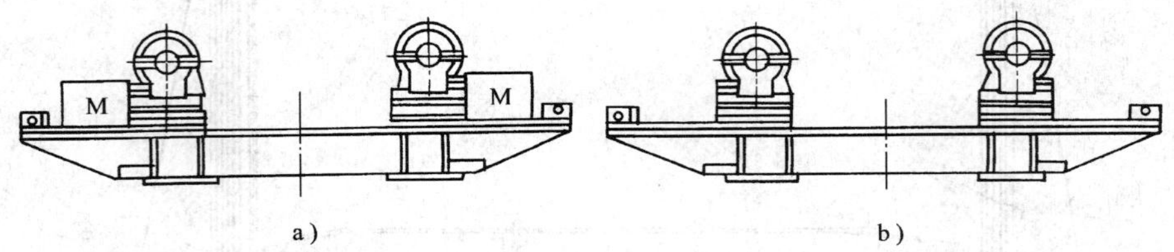

图5-33　组合式滚轮架

a）主动滚轮组架　b）从动滚轮组架

（3）自调式滚轮架　自调式滚轮架（图5-34）仍属于组合式滚轮架一类，其主要的特点是可根据工件的直径自动调节滚轮的中心距，适应在一个工作地点装配和焊接不同直径筒体的生产。此类滚轮架的滚轮对数多，对焊件产生的轮压小，可避免焊件表面产生冷作硬化现

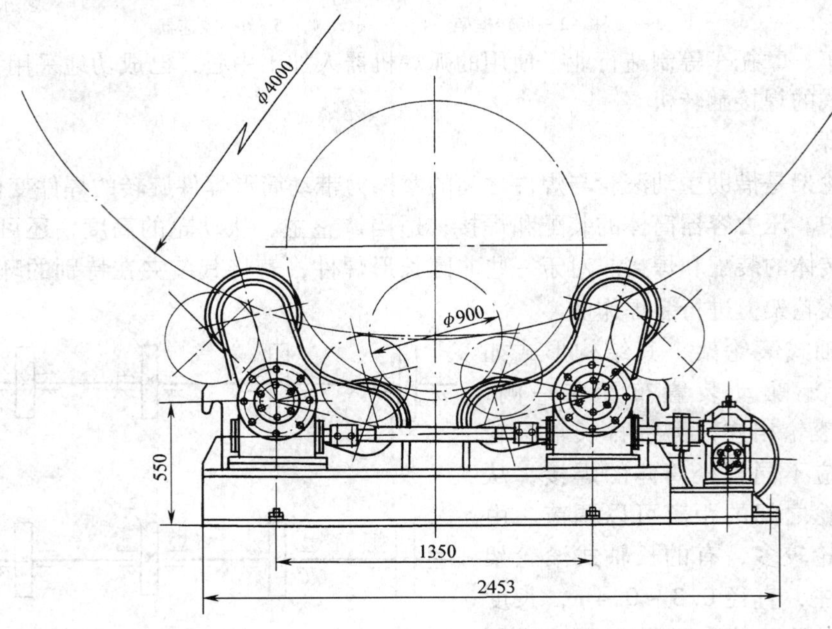

图5-34　自调式滚轮架

象或压出印痕，在滚轮摆架上设有定位装置，并可绕其固定心轴自由摆动，左右两组滚轮可以通过摆架的摆动固定在同一位置上；从动滚轮架是台车式结构，可在轨道上移行，根据焊件长度方便的调节与主动滚轮架的距离，扩大其使用范围。

焊接滚轮架的滚轮结构形式见表5-6。其中，金属材料的滚轮多用铸钢和合金球墨铸铁制作，表面热处理硬度约为50HRC，滚轮直径一般在200~700mm之间。使用时，可根据滚轮的特点以及适用范围进行选择。

表5-6　滚轮结构及特点

材　料	特　点	适用范围
钢轮	承载能力强，制造简单	一般用于60t以上的焊件和需热处理的焊件
胶轮	钢轮外包橡胶，摩擦力大，传动平稳，但橡胶易损坏	一般多用于10t以下的焊件和非铁金属容器
组合轮	钢轮与橡胶轮层相结合承载能力比橡胶轮高，传动平稳	一般用于10~60t的焊件

4. 焊件变位机

焊件变位机是集翻转（或倾斜）和回转功能于一身的变位机械。翻转和回转分别由两根轴驱动，夹持焊件的工作台除能绕自身轴线回转外，还能绕另一根轴作倾斜或翻转。因此，可将焊件上各种位置的焊缝调整到水平或“船形”易施焊位置。焊接变位机主要用于机架、机座、法兰、封头等非长形焊件的翻转变位。

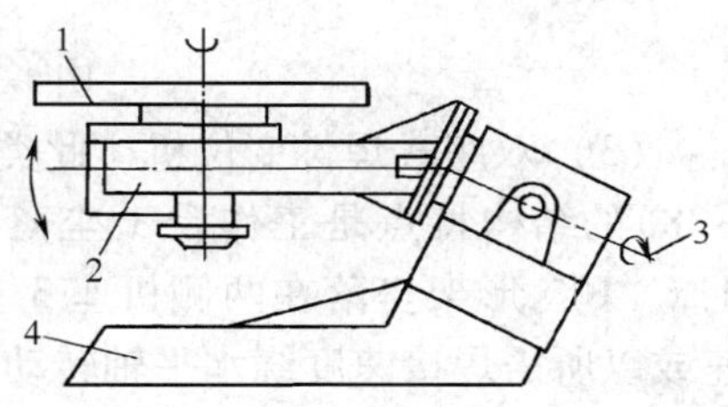

图5-35　伸臂式焊件变位机
1—回转工作台　2—旋转伸臂
3—倾斜轴　4—底座

（1）伸臂式焊件变位机　如图5-35所示，此种变位机主要用于1t以下中小型焊件的翻转变位。其工作特点是：带有T形沟槽的工作台1由电动机经过回转机构带动回转，并可规范调整工作台的回转速度，以充分满足不同焊接速度的需求。

旋转伸臂2通过电动机和带传动机构以及伸臂旋转减速器传动旋转，伸臂旋转时，其空间轨迹为圆锥面，因此，在改变焊件的倾斜位置的同时将伴随着工件的升高或下降，以满足获得最佳施焊位置的需求。在手工焊接中应用较多。该机变位范围与作业适应性好，但是整体稳定性差。

伸臂式焊件变位机的工作台回转机构中，一般安装测速发电机和导电装置，测速发电机可以进行回转速度反馈，使工作台能以稳定的焊接速度回转，以便获得优良的焊缝成形。导电装置的作用是防止焊接电流通过轴承、齿轮等各级机械传动装置时造成电弧灼伤，影响设备的精度和寿命。

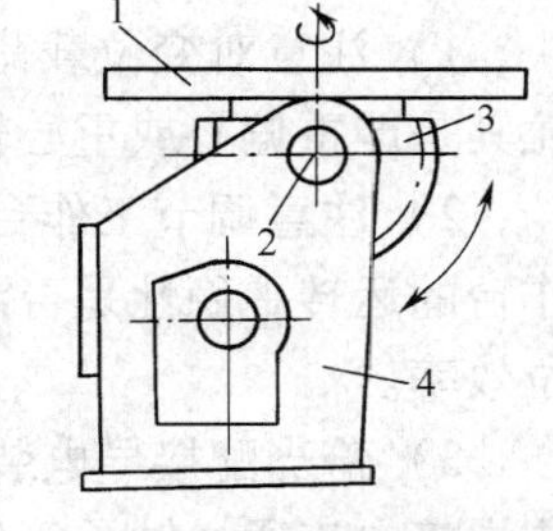

图5-36　座式焊件变位机
1—回转工作台　2—倾斜轴
3—扇形齿轮　4—机座

（2）座式焊件变位机　图5-36所示是一种常用的座式焊件变位机的结构形式，回转工作台1连同回转机构支承在两边的倾斜轴2上，工作台以焊接速度回转，通过扇形齿轮3或液压缸使倾斜轴能在140°范围内恒速倾斜。此种变位机对焊件生产的

适应性较强，稳定性好，一般不用固定在地面上，搬移方便。在焊接结构生产中应用最为广泛。

图 5-37 所示是座式焊件变位机的基本操作状态示意图，图中箭头表示焊嘴的位置和方向。变位机回转机构传动系统一般采用能均匀调速的直流电动机驱动，可保证工作时能均匀调节回转速度。工作台面上刻有以回转轴为中心的几圈圆环线，作为安装基准用来校正焊件在工作台上的安装位置，加快焊件安装速度。需要指出的是，当在变位机上焊接环形焊缝时，应根据焊件直径与焊接速度计算出工作台回转速度；当变位机仅考虑工件变位，而无焊速要求时，工作台的回转及倾翻速度可根据焊件几何尺寸及其质量加以确定。

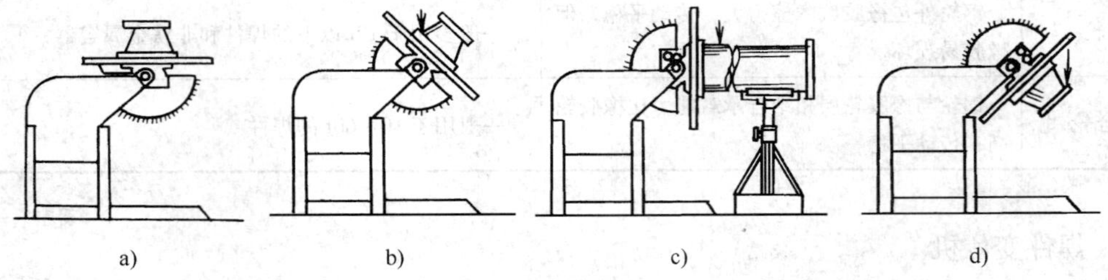

图 5-37　座式焊件变位机操作示意图

(3) 双座式焊件变位机　此类焊件变位机(图 5-38)的结构特点是工作台 1 坐落在“U”形架 2 上，“U”形架坐落在两侧机座 3 上，工作台以恒速或以所需焊接速度绕水平轴转动。

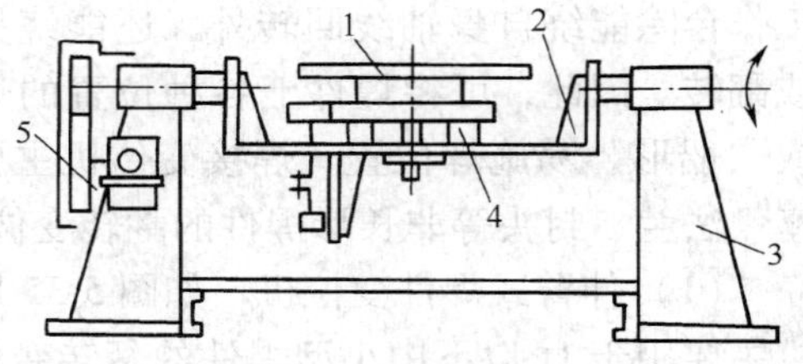

图 5-38　双座式焊件变位机

1—工作台　2—“U”形架

3—机座　4—回转机构　5—倾斜机构

双座式焊件变位机是为了获得较高的稳定性和较大的承载能力而设计制造的，特别适用于大型和重型焊件的焊接变位。由于工作台位于转轴中心线的下面，为了减小倾斜翻转时传动系统所受的阻力，在变位机右侧转轴上装有可调的平衡配重。焊件置于工作台可动部分上面，且用四个螺旋定位与夹紧装置固定。这种变位机的两套传动系统都采用蜗杆蜗轮传动系统减速，通过交换齿轮调速，故调速范围很大。

应用焊件变位机应注意以下几个问题：

1) 注意对变位载荷能力的校核，防止超载运行而产生的各种不良后果。更换焊件时，尤其是严重偏心或重心较高的焊件，应该校核最大回转力矩和最大倾斜力矩。

2) 注意调节工作台回转速度或倾斜速度，使之符合焊接速度的要求；另外，要注意工作台的运转平稳性是否满足施焊工艺的要求。回程(变位)时可适当提高转速，以便提高变位效率。

3) 恰当配接导电装置，电刷磨损后应及时更换。不能随意将焊接电缆搭在机架上，以防焊接电流通过轴承等传动副，破坏传动性能(可能引起打弧)，损伤滚动体。

4) 注意因变位机倾斜运动而引起焊接位置(施焊高度)的变化。当焊件尺寸较大时，焊工可能难以适应各条焊缝的施焊高度。这时，可提供专用焊工升降平台或采用地坑来降低焊

件的相对高度。

5）注意对倾斜角度的控制，保证焊件在最佳施焊位置，必要时应在机体上增加机械限位措施。

能力知识点2　焊机变位机械

焊机变位机(又称焊接操作机)是将焊接机头准确送达并保持在待焊位置，或是以选定的焊接速度沿规定的轨迹移动焊接机头，配合完成焊接操作的焊接变位机械。与焊件变位机械配合使用，可以完成多种焊缝，如纵缝、环缝、对接焊缝、角焊缝及任意曲线焊缝的自动焊接工作，也可以进行焊件表面的自动堆焊和切割工艺。

1. 焊接操作机

（1）平台式操作机　平台式操作机的基本结构形式如图5-39所示，将焊接机头1放置在平台2上，可在平台的专用轨道上作水平移动。平台安装在立架3上且可沿立架升降。立架坐落在台车4上，台车沿地轨运行，调整平台与焊件之间的位置。平台式操作机有单轨式和双轨式两种类型，为防止倾覆，单轨式须在车间的墙上或柱上设置另一轨道(图5-39a)；双轨式在台车上或支架上放置配重5平衡(图5-39b)，以增加操作机工作的稳定性。

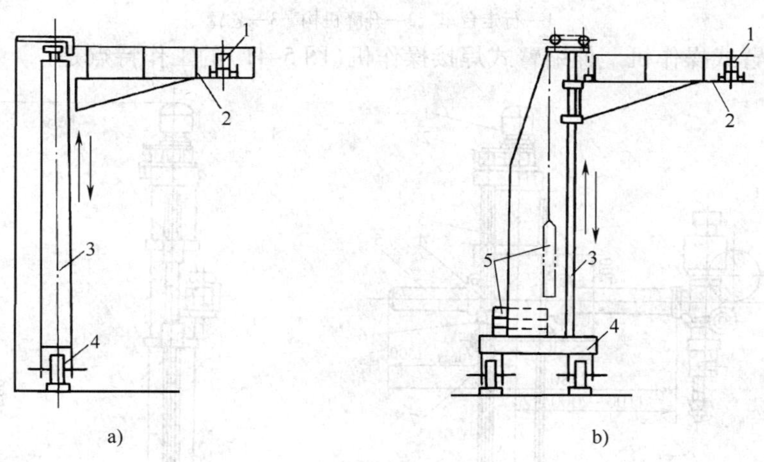

图5-39　平台式操作机结构形式

a）单轨式　b）双轨式

1—焊接机头　2—平台　3—立架(柱)　4—台车　5—配重

平台操作机主要用于筒形容器的外纵缝和外环缝的焊接。焊接外纵缝时，焊件横放置平台下固定，焊机在平台上沿专用轨道以焊接速度移动完成焊接。当焊接外环缝时，焊机固定，焊件依靠滚轮架回转完成焊接。一般平台上还设置起重电葫芦，目的是吊装焊丝、焊剂等重物，从而保证生产的连续性。平台操作机的机动性、使用范围、用途均低于伸缩臂式的焊接操作机，在国内的应用已逐年减少。

（2）悬臂式焊接操作机　如图5-40所示，悬臂式操作机主要用来焊接容器的内纵缝和内环缝。悬臂3上面安装有专用轨道，焊机在轨道上移动完成内纵缝的焊接；当焊接内环缝时，焊机在悬臂上固定，容器依靠滚轮架回转而完成工作。悬臂通过升降机构2与行走台车1相连，悬臂的升降是由手轮通过蜗杆蜗轮机构和螺纹传动机构来实现的。为便于调整悬臂高低和减少升降机构所受的弯曲力矩，安装了平衡锤用以平衡悬臂。通过行走台车的运行来调整悬臂与容器之间的位置。

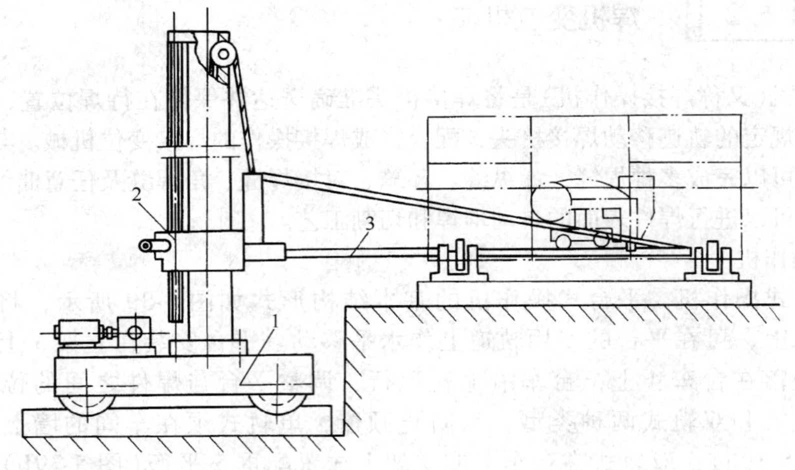

图 5-40　悬臂式焊接操作机

1—行走台车　2—升降机构　3—悬臂

（3）伸缩臂式操作机　伸缩臂式焊接操作机（图 5-41）的工作特点是：

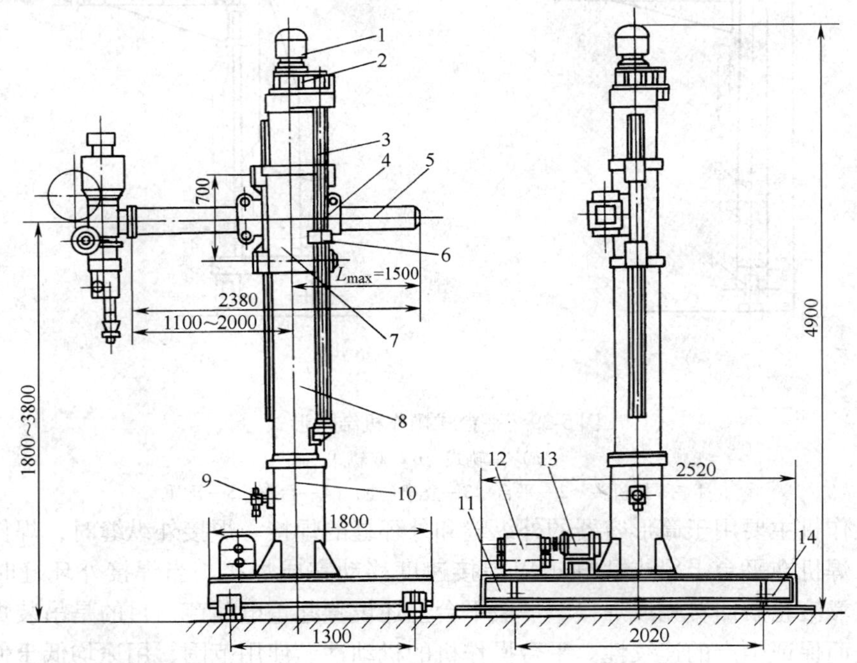

图 5-41　伸缩臂式焊接操作机

1—升降电动机　2、12—减速器　3—丝杆　4—导向装置　5—伸缩臂　6—螺母　7—滑座　8—立柱　9—定位器　10—柱套　11—台车　13—行走电动机　14—走轮

1）该操作机具有台车 11 行走，立柱 8 回转，伸缩臂 5 伸缩与升降 4 个运动。作业范围大，机动性强。

2）操作机的伸缩臂 5 能以焊接速度运行，所以与焊件变位机、滚轮架配合，可以完成筒体、封头内外表面的焊接以及螺纹形焊缝的焊接。

3）在伸缩臂的一端除安装焊接机头外，还可安装割炬、磨头、探头等工作机头，可完成切割、打磨和探伤等作业，扩大该机的适用范围。

4）该机可以完成各种工位上内外环缝和内外纵缝的焊接任务。

5）操作机的各种运动平稳，无卡楔现象，运动速度均匀。

这种操作机机动性好，作业范围大，与各种焊件变位设备箱配合，可进行回转体焊件内、外环缝、内外纵缝、螺旋焊缝的焊接，以及内外表面的堆焊，还可焊接构件上的横焊缝、斜焊缝等空间线形焊缝。是国内外应用最多的一种焊接操作机。它除了用于焊接外，若在伸缩臂前端安装上相应的作业机头。还可进行磨修、切割、喷漆、探伤等作业，用途很广泛。

（4）门桥式操作机　门桥式操作机是将焊机或焊接机头安装在门桥的横梁上，焊件置于横梁下面，门桥跨越整个焊件，通过门桥的移动或固定在某一位置后以横梁的上下移动及焊机在横梁上运动来完成高大焊件的焊接。图 5-42 所示是一种焊接容器用门桥式操作机，它与焊接滚轮架配合可以完成容器纵缝和环缝的焊接。门桥的两立柱 2 可沿地轨行走，由一台电动机 5 驱动。通过传动轴带动两侧的驱动轮运行，以保证左右轮的同步。横梁 3 由另一台电动机 4 带动两根螺杆传动进行升降。焊接机头 6 可沿横梁上的轨道沿长度方向行走。当门桥式操作机仅完成钢板的拼接或平面形的焊接任务时，横梁的高度一般是不可调的，而是依靠焊接机头的调节对准焊缝。门桥式操作机的几何尺寸大，占用车间面积多，因此使用不够广泛，主要适用于批量生产的专业车

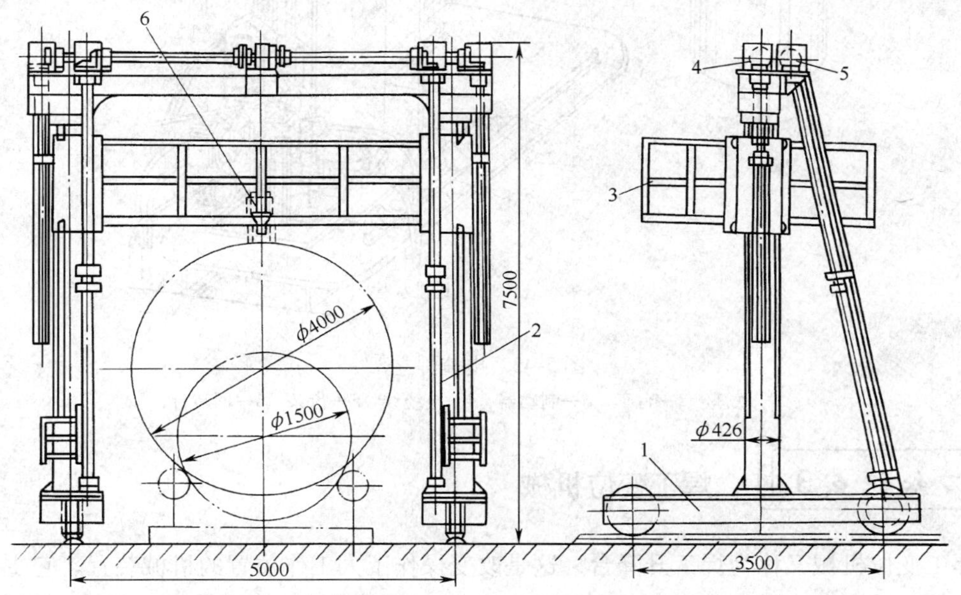

图 5-42　门桥式操作机

1—走架　2—立柱　3—平台式横梁　4、5—电动机　6—焊接机头

间。用于板材的大面积拼接和大面积金属结构以及筒体外环缝的焊接。为扩大焊接机器人的作业空间，满足焊接大型焊件的要求，提高设备的利用率，也可以将焊接机器人倒置在门式操作机。

2. 电渣焊立架

焊接生产中，许多厚板材的拼接以及厚板结构焊接常采用电渣焊方法。电渣焊生产时，焊缝多处于立焊位置，焊接机头沿专用轨道由下而上运动。由于产品结构的多样化，通常需要根据产品的结构形式与尺寸设计配备一套专用的电渣焊接机械装置—电渣焊立架，在立架上安装标准的电渣焊机头进行焊接。

图 5-43 所示是专为焊接小直径筒节纵缝的电渣焊立架。供电渣焊机头爬行的导轨安装在厚 20mm 钢板及槽钢制成的底座 1 上，底座上有台车轨道，以便安置可移动的台车 2。台车上固定可带动筒节回转的圆盘 6，圆盘回转台上有三个调节筒节水平的螺栓，台车一端装有制动器 3。这套电渣焊立架装置可以完成壁厚 60mm、长 2500mm 筒节的纵缝焊接。

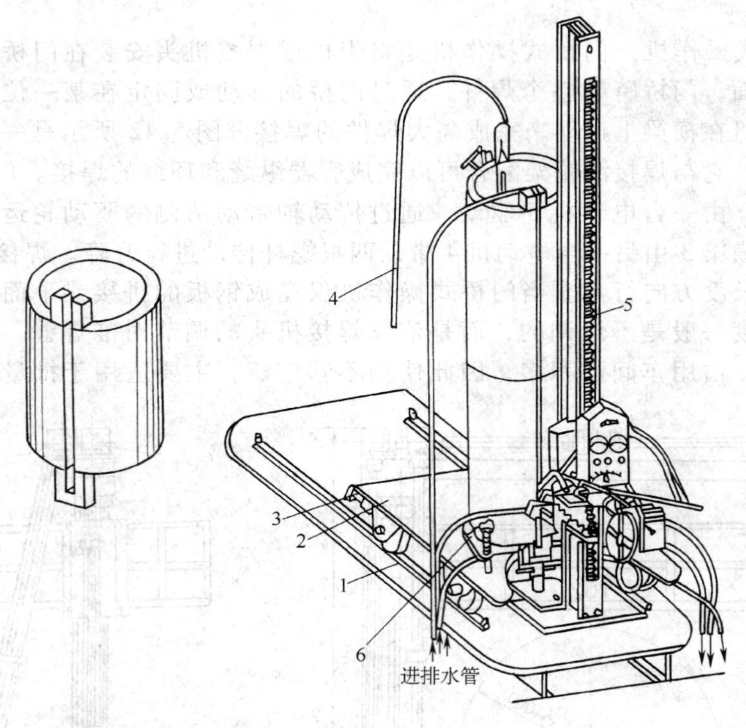

图 5-43 电渣焊立架

1—底座 2—台车 3—制动器 4—电缆线 5—齿条 6—回转台

能力知识点 3 焊工变位机械

焊工变位机械又称为焊工升降台，这是改变操作工人工作位置的机械装置。它主要用于高大焊件的手工和半机械化焊接，也用于装配作业和其他需要登高作业的场合。图 5-44 所示是一台移动式液压焊工升降台，负荷为 200kg，工作台离地面高度可在 1700 ~ 4000mm 范围内调节，同时工作台的伸出位置也可改变。底架组成 3 和立架 5 都采用了板焊结构，具有

较强的刚性且制造方便。使用时，手摇液压泵2可驱动工作台8升降，还可以移动小车的停放位置，并通过支承装置1固定。

图5-45所示为另一种焊工升降台的结构形式，它由底架6、液压缸5、铰接杆4及平台2、3等组成，可使工作台台面从地平面升高7m，依靠电动液压泵推动顶升液压缸5获得平稳的升降。当工作台升至所需高度后活动平台（即工作台）可水平移出，便于焊工接近焊件。此种升降机工作台的负荷量可达300kg。

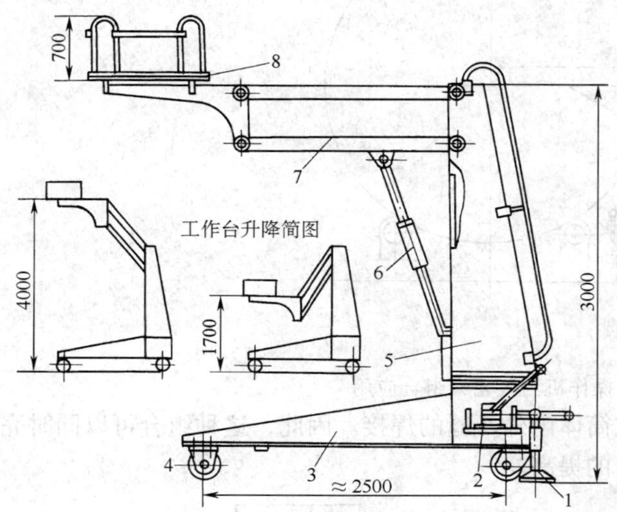

图5-44　移动式液压焊工升降台

1—支承装置　2—手摇液压泵　3—底架组成　4—走轮　5—立架　6—柱塞液压泵　7—转臂　8—工作台

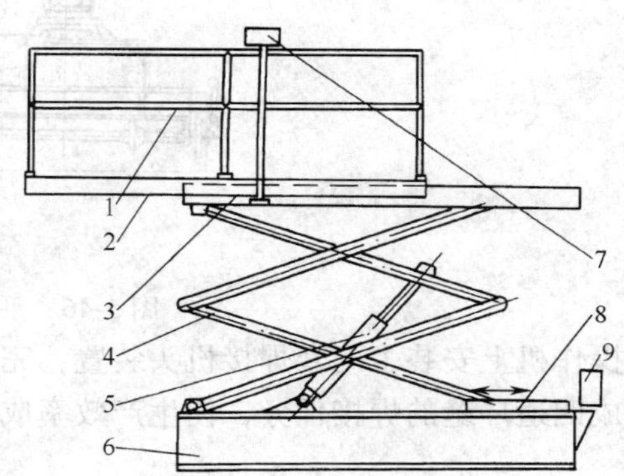

图5-45　垂直升降液压焊工升降台

1—活动平台栏杆　2—活动平台　3—固定平台　4—铰接杆　5—液压缸　6—底架（泵体）　7—控制板　8—导轨　9—开关箱

设计和使用焊工升降台时，安全因素至关重要。工作台移动要平稳，工作时不应逐渐或突然改变原定位置；其次，还应考虑到装置移动是否灵活、调节方便、快而准确的到达所要求的焊接位置，并具有足够的承载能力。为了保证焊工的人身安全，设计安全系数均在5以上，并在工作台上设置护栏，台面铺设木板或橡胶绝缘板，整体结构要有很好的刚性。

能力知识点4　焊接变位机械的组合应用

在大批量的焊接结构生产中，各类机械装备采用了多种多样的组合运用形式，这不仅可满足某种单一产品的生产要求，同时也能为具有同一焊缝形式的不同产品服务。通过组合，更加充分发挥焊接机械装备的作用，提高装配焊接机械化水平，实现高质量、高效率的生产。在前面介绍的内容中，已多次提到这种组合形式的应用。

图5-46所示是利用平台式操作机和焊接滚轮架相组合进行筒体外环缝焊接的生产实例。若在操作机上安装割炬，还可以完成筒节端部的切割任务。

图5-47所示是采用两台伸缩臂式焊接操作机与滚轮架相组合生产的实例。每台伸缩臂

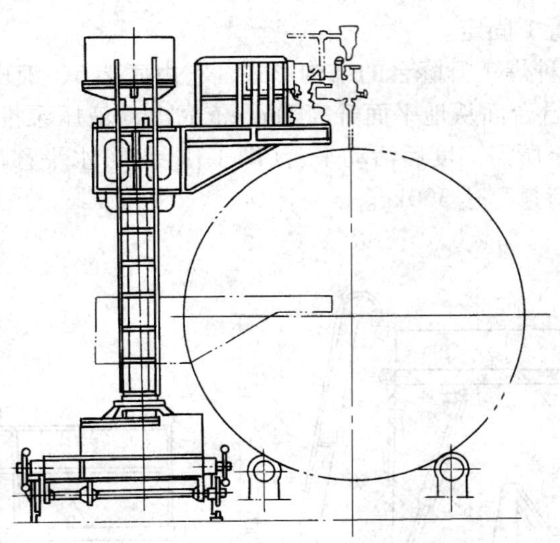

图 5-46　平台操作机与滚轮架组合应用

操作机上安装了两套焊接机头装置，完成筒体内外环缝的焊接。因此，这种组合可以同时完成四道环缝的焊接任务，使生产效率成倍的提高。

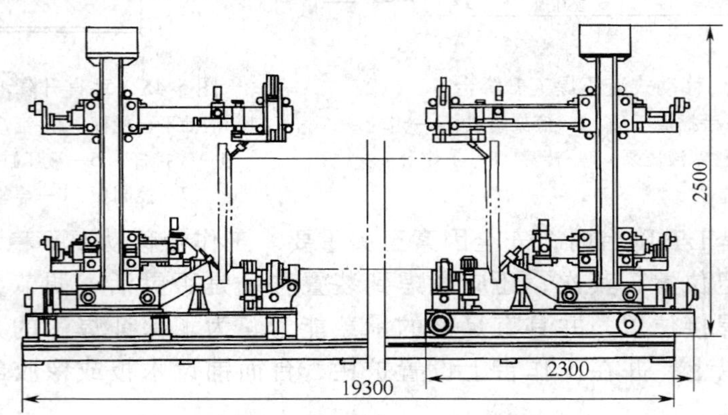

图 5-47　伸缩臂操作机与滚轮架组合应用

【综 合 训 练】

一、理论部分

（一）填空题

1. 变位机是通过________的旋转和翻转运动，使所有的焊缝处于最理想的位置进行焊接。

2. 焊接翻转机是将________绕水平轴翻转，使之处于有利施焊位置的机械。

3. ____________式焊接操作机可在各种工位进行内外纵、环缝的焊接。

4. 焊接变位机械的主要作用是通过改变________、________及________的操作位置，达到和保持焊接位置的最佳状态，减轻工人的劳动强度，改善________，提高劳动生产率。

5. 焊接滚轮架是借助主动滚轮和焊件之间的________带动________旋转的焊件变位机械，主要应用于________和________的装配和焊接。

（二）判断题

1. 平台式操作机主要用于内外环焊缝的焊接。（ ）

2. 滚轮架一般由主动轮和从动轮组成，主动轮的转速可以无级调节。（ ）

3. 伸缩臂式焊接操作机的伸缩臂做成矩形截面的目的是加强伸缩臂的刚度。（ ）

4. 平台式操作机的各项指标很好，所以应用广泛。（ ）

5. 焊工变位机械是改变操作工人的工作位置的机械装置。（ ）

（三）简答题

1. 焊接翻转机有哪几个类型？各应用在哪些方面？

2. 焊接变位机械可分为几类？

3. 应用焊件变位机时要注意哪些问题？

4. 为什么环缝埋弧自动焊需要辅助装置配合，要用到什么样的工装设备，有什么作用？

二、实践部分

小直径桶体内环缝焊接时，自动焊机不能放入筒体内部，怎样才能完成焊接？

1. 训练目标：用已学理论知识解决生产中实际问题。

2. 训练准备

（1）人员准备 每组5人左右，分成若干组。

（2）资料准备 环焊缝的焊接特点及焊接机械设备的有关资料。

3. 训练地点：教室。

4. 训练方法：分组讨论，制订合理的焊接工艺方法。

综合知识模块五 其他装置与装备

能力知识点1 装焊吊具

在焊接结构生产中，各种板材、型材以及焊接构件在各工位之间时常要往返吊运，有时还要按照工艺要求进行焊件的翻转、就位、分散或集中等作业，生产准备中的吊装工作量很大，吊装过程中若采用与工件截面形状相应的吊具，对提高输送效率、节省工时、减轻捆挂作业强度及安全生产都起着重要作用。

装焊吊具按其作用原理不同，可分为机械吊具、磁力吊具和真空吊具三类。

1. 机械吊具

图5-48所示是一种主要用于板材水平吊装的吊具。吊具成对使用，按照不同的规格，每对吊具的起重量为1000～8000kg不等，整体吊具由吊爪、压板、销轴及吊耳等组成。使用时，若将4个吊具通过链条两两并排安装在纵向起吊梁上时，既可用于较长、较薄板材的吊装，还可用于筒节、箱体等结构件的吊装。

为了保证吊具的使用安全，吊具在使用前应进行超载试验。超载量规定为额定载荷的25%，并持续10min，卸载后吊具不得有残余变形、微裂或开裂等缺陷，方可使用。

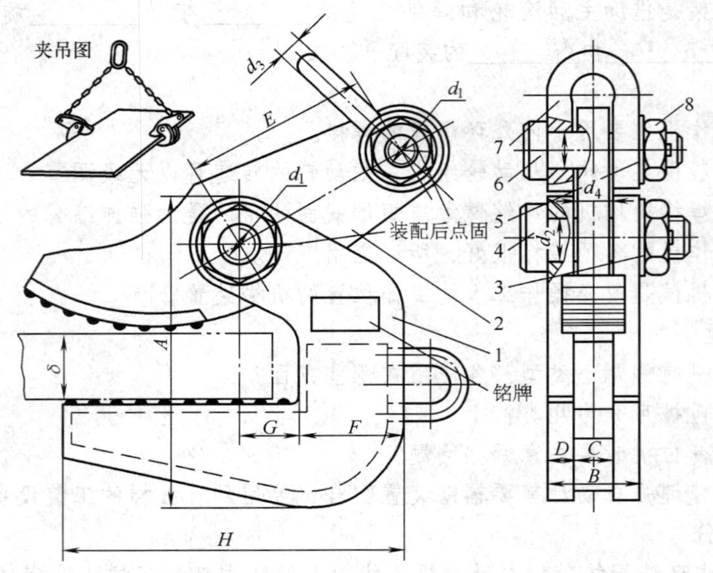

图 5-48　板材水平吊具

1—吊爪　2—压板　3、5—垫圈　4、6—销轴　7—吊耳　8—螺母

2. 磁力吊具

在磁力吊具中，有永磁式、电磁式及永磁—电磁式吊具。最后一种它是由永久磁铁和电磁铁两部分组成，利用永磁铁吸附焊件，用电磁铁改变极性以增强和削弱磁力。图 5-49 所示为一种永磁—电磁吊具的结构形式，当吊具与焊件接触的初期，给电磁铁通电并使电磁铁极性与永久磁铁的极性相同，以增加吸附力，使焊件牢牢吸附在吊具上，然后关断电流，转为仅依靠永久磁铁吸附焊件；当需要卸料时，反向给电磁铁通入电流，使其极性与永久磁铁的极性相反，抵消永久磁铁的磁力，达到迅速卸料的目的。

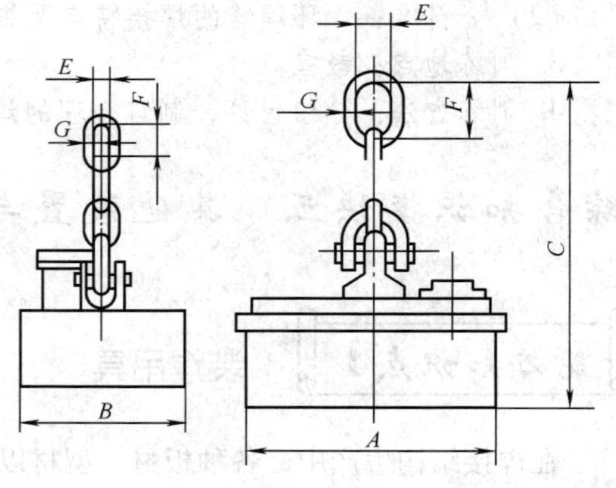

图 5-49　永磁—电磁吊具

这类吊具的优点是：其一，安全可靠，无需担心因停电和其他电器故障而发生工件坠落造成人身和设备事故；其二，省电，通电时间短，耗电量少，是一种节能型的安全吊具。应注意磁力吊具仅限于对导磁材料的吊运，而不能用来吊运铜、铝、奥氏体不锈钢等非导磁性材料。

3. 真空吊具

真空吊具的工作原理：起重装置和所承载的物料由于自身重力而产生一定的真空度，因此产生起重过程中所需要的牵引力。悬挂在一个起重吊钩上的真空起重装置会降落至物料表

面：起重装置上方的悬挂链自动松落，同时阀门开关自动置于“带负荷”状态。然后起重吊钩开始升起，物料被牢牢地吸附在真空吸盘上——实现真空起重的全过程。在放下物料时起重装置水平下降，直到悬挂链松开。

图5-50所示是一种真空吊具结构形式，它由吸盘1、照明灯2、吊架3、管路4、换向阀5及分配器6组成。工作时，依靠真空泵将吸盘内抽真空吸附焊件7。由于吸力有限，因而主要用于吊运表面平整、重量不大的薄型板材。真空吊具的工作示意图如图5-51所示。

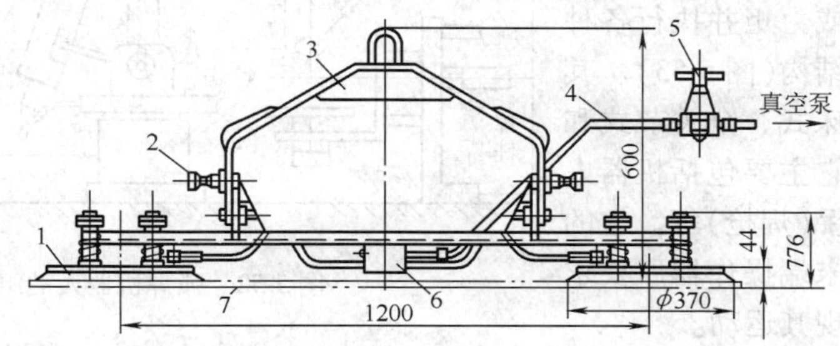

图5-50　真空吊具结构形式

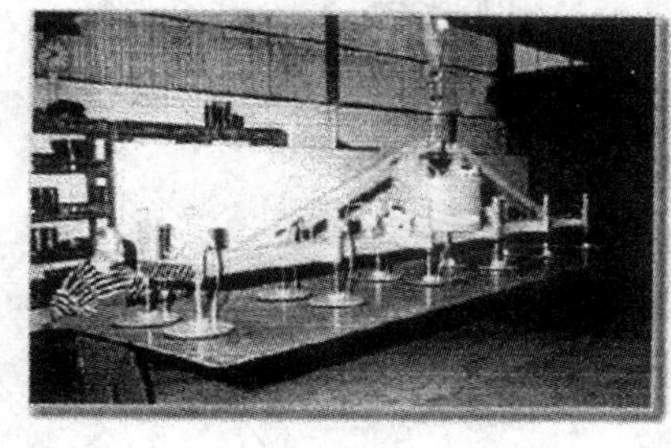

a)

b)

图5-51　真空吊具工作示意图

能力知识点2　焊接机器人简介

焊接机器人是机器人与现代焊接技术相结合，在焊接结构生产中部分地取代人的劳动，通过程序控制完成焊接作业任务的典型机电一体化产品。机器人由电脑控制管理，是行动平稳的伺服传动反馈系统，它能精确且迅速地通过指定的路径。以计算机为基础，可以很容易地对其重新编程(重新传授指令)，以使它执行新的任务和操作。

1. 弧焊机器人的基本组成

所谓弧焊机器人，一般指6轴机器人本体，夹持重量为6kg。另外，还应包括一套控制系统和焊接系统(焊接电源、焊枪及水冷系统、焊接软件系统等)。弧焊机器人应用于所有电弧焊、切割技术及类似的工艺方法中。常用的有钢的熔化极活性气体保护焊(CO_2气体保护焊、MAG焊)，铝及特殊合金熔化极惰性气体保护焊(MIG焊)，钨极惰性气体保护焊(TIG焊)以及埋弧焊。除气割、等离子弧切割及等离子弧喷涂外，还实现了在激光切割上的应用。

图 5-52 所示是一套完整的弧焊机器人系统，它包括机械手、控制系统、焊接装置和焊件夹持装置等几部分。

1）机械手又称操作机，是弧焊机器人的操作部分，是机器人为完成焊接任务而传递力或力矩并执行各种运动和操作的机械结构（图 5-53）。其结构形式主要有机床式、全关节式和平面关节等形式。它主要包括机器人的机身、臂、腕、手（焊枪）等。它的任务是精确地保证末端操作器所要求的位置，姿态和实现其运动。

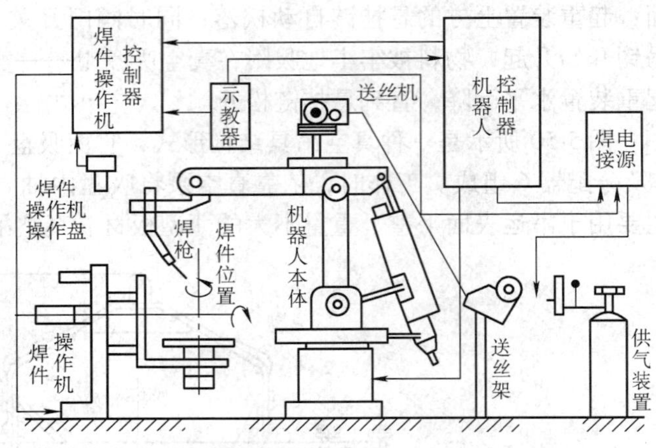

图 5-52　弧焊机器人的组成

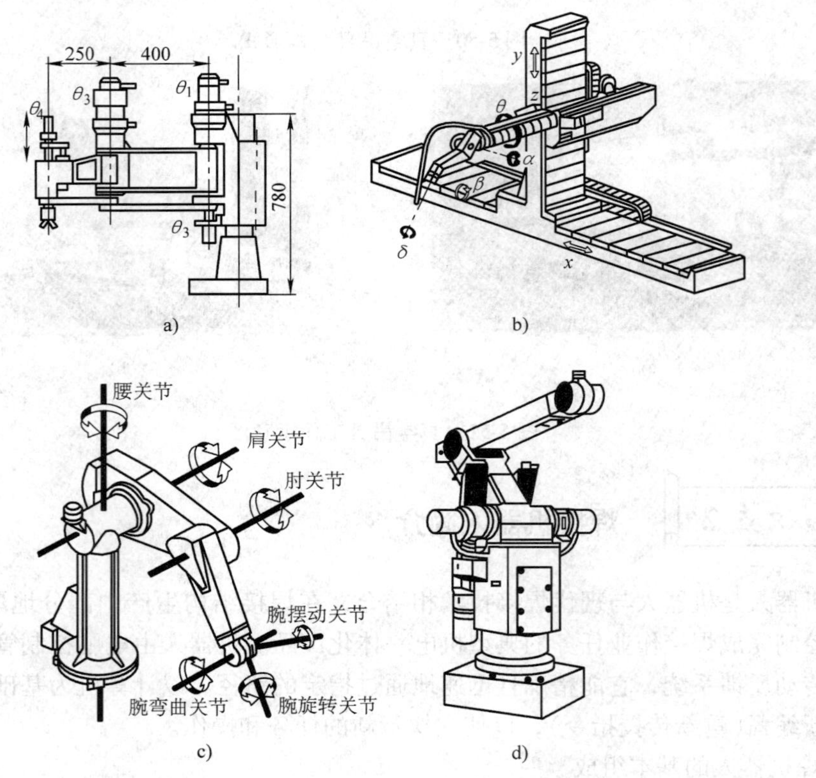

图 5-53　机械手结构形式

a）机床式机械手　b）平面关节机械手　c）偏置式全关节机械手　d）正置式全关节机械手

2）控制系统是机器人的神经中枢。它由计算机硬件、软件和一些专用电路构成，负责控制机械结构按所规定的程序和所要求的轨迹，在规定的位置（点）之间完成焊接作业的电子、电气元件和计算机系统。另外，控制系统还必须能与焊接电源通信，设定焊接参数，对引弧、熄弧、通气、断气及焊丝用尽等状态进行检测，对焊缝进行跟踪，并不断填充金属形

成焊缝。精度一般可控制在±(0.2～0.5)mm。复杂的机器人系统还有引弧失败可以重复引弧、断弧再引弧、解除粘丝、搭接缝搜索、多层焊接、摆动焊接以及焊缝的电弧跟踪或视觉跟踪功能。

3）焊接装置主要包括焊接电源和送丝、送气装置等。

4）夹持装置上有两组可以轮番进入机器人工作范围的旋转工作台。

资料卡　焊接机器人的最新应用技术

1）TCP(tool center point 工具中心点)自动校零技术。

2）双丝焊接技术。

3）激光/电弧复合焊接技术。

4）伺服焊钳技术的汽车装焊工艺中的应用。

2. 机器人的应用

焊接是工业机器人的主要工作任务，其中25%～35%的机器人用于电弧焊接，30%～40%用于完成电阻焊接任务。以国产机器人为主的汽车装焊生产线于1989年投入使用。汽车部门是工业机器人产业的主要用户(占50%～60%)，而黄色机械产品(土石搬运设备)和白色家电产品(洗衣机、冰箱等)生产部门是正在增长的用户。

采用机器人作业的工位、工段或生产线上的设备综合起来统称为机器人配套工艺装备。其综合的形式取决于焊件的特点及其生产的批量。在电弧焊时，通常要合理地分配机械手和焊件变位机械这两类设备的功能，使两类设备按照统一的程序进行作业。这样，不但简化了机器人的运动和自由度数，而且还降低了对控制系统的要求。

如图5-54所示是采用双夹具固定焊件，配合人、机器人联合使用示例。该系统是目前应用最广泛的一种形式，由两个装有装配夹具的变位器和一个回转工作台组成。操作者将焊件装配好以后，由回转工作台送入焊接工位，而焊完的焊件同时转回原位，经操作者检查、补焊后从工作台卸下。该结构紧凑，两副夹具可以进行不同的焊接程序，来实现不同的工艺要求。由于在机器人焊接中，其中一副夹具上工件时，操作者可以进行另一夹具的拆卸工作，所以，机器人的利用率较高，一般大于90%。

应用机器人配套工艺装备生产时，在一个工位上完成的工序应尽量集中。在一套设备上加工焊件，可节省辅助时间，有利于减少焊件的焊接变形，并能提高焊件的制造精度。图5-55所示是将整体装配好的焊件放在焊件变位机上由机器人改变焊枪位置进行焊接的示例。

焊接机器人的使用受到焊件结构形式、产品批量、焊接方法及质量要求、配套设备的完善程度以及调试维修技术等多种因素的影响。因此，在引进和选用机器人时应考虑以下几个方面：

1）焊件的生产类型属于多品种、小批量的生产性质。

2）焊件的结构尺寸以中小型焊接机器零件为主，且焊件的材质、厚度有利于采用电阻焊或气体保护焊的焊接方法。

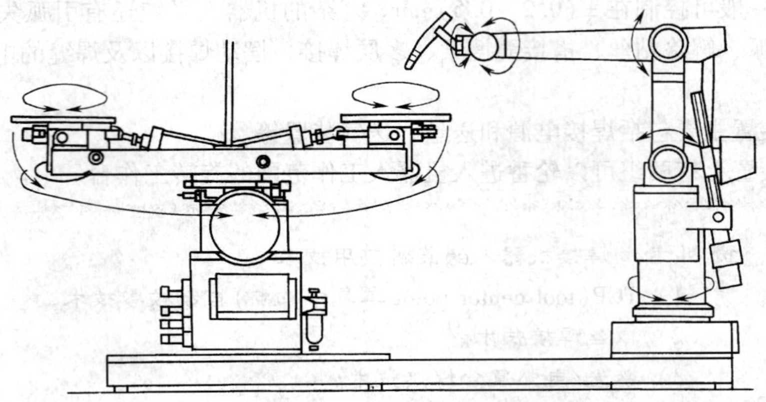

图 5-54　双夹具固定与人焊接机器人联合使用示意图

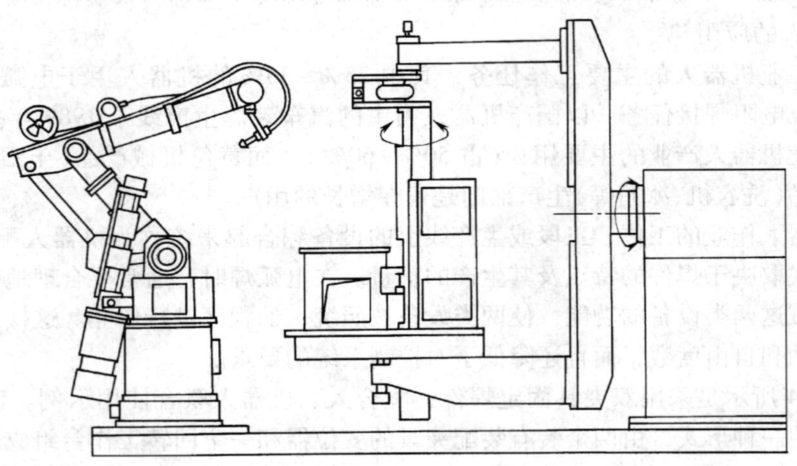

图 5-55　翻转机与机器人配合进行炉体焊接

资料卡　作为焊接机器人的最大用户，预计未来的10年我国汽车年产量要达到千万辆，现在的焊接装备远远满足不了生产需求，对焊接装备的需求量将大幅增加，焊装生产线要求更加自动化和柔性化，以适应多品种、小批量的生产要求，机器人将大量应用于焊接生产线中。对我国的机器人系统集成商来说如何抓住机遇是当前要解决的重要课题，从另一方面讲也决定着国产焊接机器人的命运。

3）待焊坯料在尺寸精度和装配精度等方面能满足机器人焊接的工艺要求。

4）与机器人配套使用的设备，如各类变位机及输送机等应能与机器人联机协调动作，使生产节奏合拍。

总之，焊接机器人的应用应注重于焊接产品的关键部位，使焊工从有害、繁重的劳动中解放出来，达到提高生产率，稳定和提高焊接质量，降低生产成本，实现自动化生产的目的。

【综 合 训 练】

一、理论部分

（一）填空题

1. 装焊吊具按其原理不同可以分为________吊具________吊具和________吊具三类。

2. 永磁—电磁吊具在工作中，利用________吸附焊件，用________改变极性来增强和削弱磁性。

（二）简答题

1. 简述机器人的工作特点。

2. 弧焊机器人的基本组成部分有哪些？

二、实践部分

应用吊具吊运板材和工字钢

1. 训练目标：了解吊运工件的方法和具体使用。

2. 训练准备

(1) 人员准备　每组 8 人左右，分成若干组。

(2) 资料准备　吊运与起重司索的相关资料。

3. 训练地点：工厂。

4. 训练方法：以组为单位，吊运板材和型钢，体会吊运的全过程及注意事项。

第六单元　焊接结构工艺分析与工艺编制

【学习目标】 了解焊接结构工艺性分析的目的、步骤及内容；熟悉工艺规程编制的基本知识、作用、内容与要求及编制的步骤；掌握焊接生产工艺过程分析的内容与方法，并通过产品实例对中等复杂焊接结构图进行工艺分析。

综合知识模块一　焊接结构工艺性分析的目的与步骤

焊接结构工艺性，是指所设计的焊接结构在具体的生产条件下能否经济地制造出来，并采用最有效的工艺方案的可行性。焊接结构工艺性是关系着一个产品制造快慢、质量好坏和成本高低的大问题，因而焊接件的结构工艺性是焊接结构设计和生产中一个比较重要的问题，是经济原则在焊接结构生产中的具体体现。

能力知识点1　焊接结构工艺性分析的目的

在工程上，焊接结构和焊接接头形式有多种多样，设计者通常可以根据用户提出的性能要求，对结构进行不同形式的选择和设计，但是这样设计或选择出来的产品结构，未必具有良好的生产工艺性。另外，具有同样使用性能的产品结构可采用不同的生产工艺制造，或简单，或复杂，结果使产品成本出现很大的差别。因此，结构生产厂要将设计好的产品图样和有关技术文件送到工艺部门，由工艺部门的技术人员对新的焊接结构进行详细的结构工艺性分析。

工艺性分析首先是在保证产品使用性能的前提下，通过分析比较，确定最佳工艺方法和措施，以取得最高的经济效益和最优的产品质量，因此在工艺性分析过程中应实事求是，多分析比较，以便确定最佳生产方案。

例如图6-1a所示的带双孔叉连杆结构形式，装配和焊接不方便；图6-1b是采用正面和侧面角焊缝连接，虽然装配和焊接方便，但因为是搭接接头，疲劳强度较低；图6-1c是采用锻焊组合结构，使接头成为对接接头形式，既保证了焊缝质量和一定的强度，又便于装配施焊，是比较合理的结构形式。

小知识　焊接结构工艺性分析总是优先考虑选用先进的焊接工艺。工艺分析的重要手段之一是成本分析和改善劳动条件。所以，要尽可能的使机械化和自动化相结合。

焊接结构工艺性分析，不能脱离企业生产

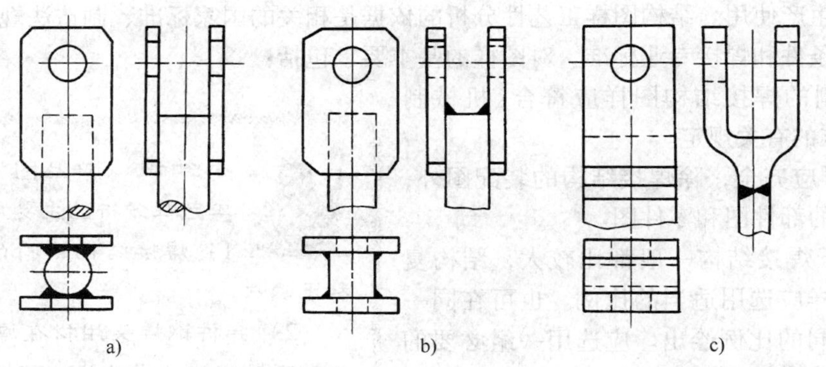

图 6-1 双孔叉连杆结构形式

纲领和生产条件(设备能力、技术水平和焊接方法等)。如图 6-2 所示的弯头，有三种形式，每种形式的工艺性都适应一定的生产条件。图 6-2a 由两个半压制件和法兰组成，若是在大量生产并有大型压床的条件下，工艺性是好的(焊缝最少)，而图 6-2b、c 就不好；图 6-2b 由两段钢管和法兰组成，在流速低、单件生产或缺乏设备的条件下，工艺性是好的(简便,容易制造)，而图 6-2a、c 就不好。图 6-2c 由许多环形件和法兰组成，在流速高又是单件生产的条件下，工艺性是好的(性能好,容易制造)，而图 6-2a、b 就不好。

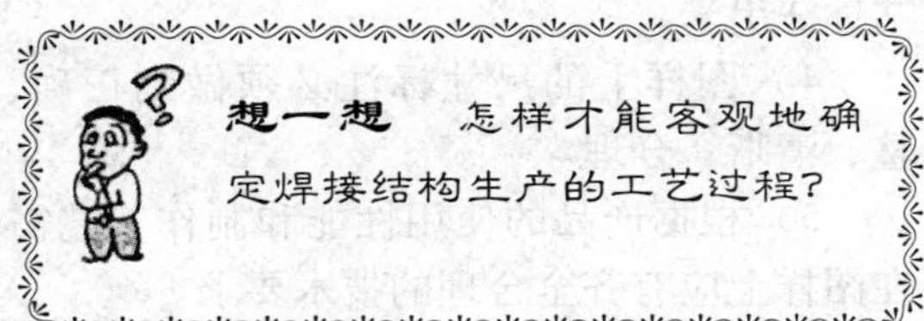

以上例子说明，结构工艺性的好坏，是相对某一具体条件而言的，只有用辨证的观点才能更有效地评价。由此可见，进行焊接结构工艺性分析的主要目的是：保证产品结构设计的合理性、生产工艺的可行性、焊接结构使用的可靠性和经济性，并且要求结构要有好的可拆卸性，要便于使用和维修。此外，通过焊接结构工艺性分析可以及时调整和解决工艺性方面的问题，加快工艺规程编制的速度，缩短新产品生产准备周期，减少或避免在生产过程中发生重大技术问题。通过焊接结构工艺性分析，还可以提前发现新产品中关键零件或关键加工工序所需的设备和工装，以便提前定货和设计。

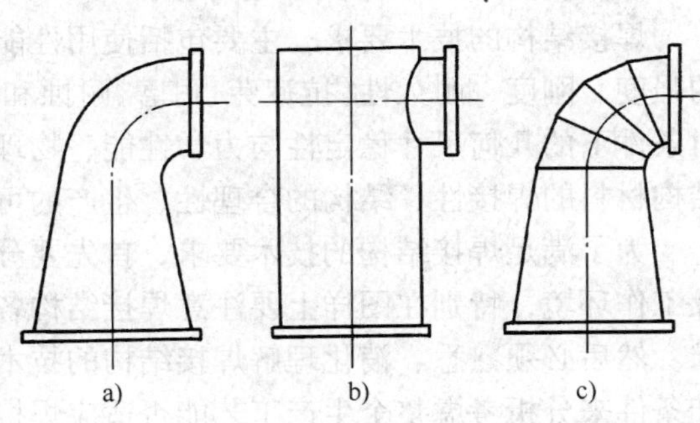

图 6-2 弯头形式

能力知识点 2 焊接结构工艺性分析的步骤

1. 对产品结构图样进行分析

制造焊接结构的图样是工程的语言，它主要包括新产品的设计图样、继承性设计图样和按实物测绘的图样等，由于这些图样工艺性完善程度不同，所以工艺分析的侧重点也有所区别。但是，在产品生产前无论哪种图样都要进行仔细分析，只有图样审查合格后，才能交付生产准备和生产使用。结构图样工艺性分析的依据是相关的国家标准、制造法规、企业的产品焊接技术条件和焊接专业标准。对图样的基本要求包括：

1）绘制的焊接结构图样应符合《机械制图》国家标准的有关规定。

2）图样应齐全，除焊接结构的装配图外，还应有必要的部件图和零件图。

3）由于焊接结构一般都比较大，结构复杂，所以图样应选用适当的比例。也可在同一图中采用不同的比例绘出。应选用一组必要的视图和表达方法，完整地表达出结构的形状、各零部件之间的相对位置和连接方式等。当产品结构简单时，可在装配图上直接把零件的尺寸标注出来。

4）图样上的尺寸标注必须做到正确、完整、清晰、合理。

5）根据产品的使用性能和制作工艺需要，在图样上应有齐全合理的技术要求。

6）当图样上不能用图形、符号表示时，应在技术要求中用文字加以说明。

小知识　产品图样的焊接工艺性分析的主要内容：

1）焊接结构选材的合理性和正确性。

2）异种钢接头用材在焊接工艺、热处理制度和力学性能方面的匹配性。

3）接头位置的可见度、可达性和可检查性(包括无损检测)。

4）焊接坡口的标准化，特别是新设计接头形式和坡口形状及尺寸的工艺性、经济性和合理性。

5）焊接材料选配的正确性。

6）接头力学性能合格指标要求的确切性和合理性。

2. 对产品结构技术要求进行分析

焊接结构的技术要求，主要包括使用性能要求和工艺性能要求。使用性能要求是指结构的强度、刚度、耐久性(抗疲劳、耐磨、耐蚀和抗蠕变等)，以及在工作环境介质和温度的相对条件下的几何尺寸稳定性与力学性能、物理性能、致密性要求等；工艺性能要求是指产品结构材料的焊接性、结构的合理性、生产的可能性、方便性和经济性。

为了满足焊接结构的技术要求，首先要分析产品的结构特点，了解焊接结构的工作性质及工作环境，特别在图样上要注意焊接结构各部分之间的关系，各接头的重要性及其加工要求。然后必须熟悉、消化理解焊接结构的技术要求以及所执行的技术标准，并结合具体的生产条件来分析考虑整个生产工艺能否适应焊接结构的技术要求，制造时有无困难，这样可以做到及时发现技术问题，提出合理的修改方案，改进生产工艺，使产品全面达到规定的技术要求。图 6-3 所示为锅筒结构图样技术要求示意图。

1）使用焊条电弧焊时，要注明焊条的牌号；使用埋弧焊时，要注明焊丝及焊剂的牌号。

2）焊接结构制造所执行的技术条件应在技术要求中写明。如××容器按 JB 2880—1981《钢制焊接常压容器》制造和验收。

3）当焊接结构装焊完毕要进行压力实验时，应注明实验介质、温度、压力和时间等。如锅炉装焊完毕按 JB/T 1612—1994《锅炉水压实验技术条件》进行水压实验，实验压力为××MPa。

4）产品出厂前若需涂漆，应在技术要求中注明所涂底漆及面漆的层数和颜色。

5）焊缝一般用焊缝代号来标注。若整个结构的焊缝要求相同，可在技术要求中说明。

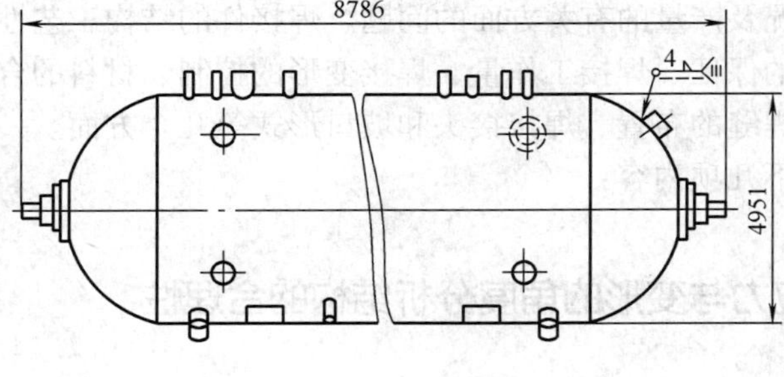

技 术 要 求

1. 按压力容器技术条件制造验收。

2. 锅筒工作压力为4.2MPa，工作温度254℃。

3. 锅筒在热处理后以5.25MPa压力进行水压实验。

4. 所有开孔的表面粗糙度均为R_a0.5μm。

5. 锅筒拼焊焊缝由工艺决定。埋弧焊焊剂为HJ431，焊丝为H08Mn2Si。

6. 管子焊接焊条为E4307。

7. 锅筒纵、环焊缝探伤按GB 3323—2005《金属熔化焊焊接接头射线照相》执行，Ⅱ级以上为合格。

8. 锅筒出厂前外表喷“天蓝色”磁漆。

图6-3　锅筒结构示意图

【综 合 训 练】

一、理论部分

（一）填空题

1. 焊接结构工艺性是指所设计的焊接结构在具体的________下，能否________制造出来，并采用最有效的________的可行性。

2. ________必须对产品进行详细的结构工艺性分析。

3. 产品结构技术要求包括________、________。

4. 当用户提出产品的性能要求后，首先应由________部门进行合理的产品结构设计，再由________部门进行工艺性分析。

（二）简答题

1. 简述焊接结构工艺性分析的目的。

2. 简述焊接结构工艺性分析的步骤。

二、实践部分

如果你是某机电安装公司项目部经理，你公司承建某工程机电安装任务，该工程特点之一是不锈钢容器和管道安装工程量较大，设计要求不锈钢管道连接采用氩—电联焊。在施工前你应该做哪些工作呢？

1. 训练目标：了解焊接结构件工艺性分析的步骤及内容。

2. 训练准备

（1）人员准备　每组10人左右，分成若干组。

（2）资料准备　有关容器和管道安装和不锈钢焊接工艺特点的资料。

3. 训练地点：教室。

4. 训练方法：对工程任务进行分析、讨论，确定焊接结构生产的可行性。

综合知识模块二　焊接结构工艺性分析的内容

在进行焊接结构工艺性分析前，除了要熟悉该结构的工艺特点和技术要求外，还必须了解被分析产品的用途、工作条件、受力情况及产量的有关方面的问题。焊接件的结构工艺性应考虑到各条焊缝的可焊到性、焊缝质量的保证、焊接工作量、焊接变形的控制、材料的合理应用、焊后热处理等因素，主要表现在焊缝的布置、焊接接头和坡口形式等几个方面。一般来讲，焊接结构工艺性分析主要包括以下几项内容：

能力知识点1　从减小焊接应力与变形的角度分析结构的合理性

焊接造成焊件不同区域的温度差，使焊缝产生局部塑性压缩变形，冷却后导致焊件变形，在焊件内部产生残余应力。焊接残余变形和应力将给生产带来许多不便，同时还会在一定条件下影响焊件的强度、刚度、受压时的稳定性、加工精度和使用寿命。因此，为降低焊接变形和应力，除了可以从工艺上采取措施外，在结构选用时考虑其合理性也是一种很有效的方法。要保证合理的焊接结构，可以从以下几方面分析：

1. 尽可能减少焊缝数量和焊缝的填充金属量

小知识　焊缝可分为平焊缝、横焊缝、立焊缝和仰焊缝四种形式，其中施焊操作最方便、焊接质量最容易保证的是平焊缝，因此，应尽量使焊缝在水平位置进行焊接。

焊缝数量对焊接接头的质量、焊接应力和焊接变形以及焊接生产率均有较大的影响。如图6-4所示的框架转角，就有两个设计方案。图6-4a是用许多小肋板，构成放射形状来加固转角，变形和应力集中现象严重。图6-4b是用少数肋板构成屋顶的形状来加固转角。图6-4b的方案不仅提高了框架转角处的刚度与强度，而且焊缝数量少，减少了焊后的变形和复杂的应力状态。

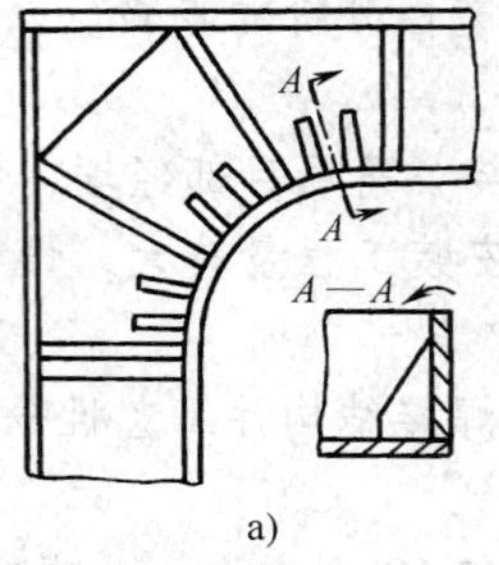

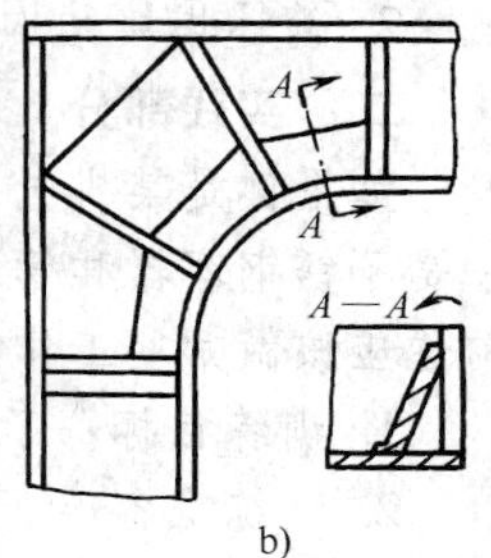

图6-4　框架转角处加强肋布置的比较

减少焊缝的有效措施是用最少的构件和最短连接尺寸，最终成为产品的过程。图6-5所示是一台卧式铣床焊接床身的结构。其特点（图中*B—B*剖面）是巧妙地用三块钢板冲压件，组焊成具有三个封闭箱体床身主体结构，焊接接头少；板底是用稍厚些的5条扁钢组焊成的边框，可减轻重量、节省材料。同时在保证连接强度条件下，正确选择坡口形式；尽量减小焊缝尺寸，严格控制焊缝高度，减少熔敷金属量。

2. 尽可能选用对称的构件截面和焊缝位置

焊缝对称于构件截面的中心轴或使焊缝接近中心轴时，可以减小收缩力形成的扭转力矩，或可以通过收缩力相互抵消的方法减小变形。因此，焊后能得到较小的弯曲变

形。如图 6-6所示各种截面构件，图 6-6a 所示构件的焊缝都在 x—x 轴一侧，最容易产生弯曲变形；图 6-6b 所示构件的焊缝位置关于 x—x 轴和 y—y 轴对称，焊后弯曲变形较小，且容易防止；图 6-6c 所示构件由两根角钢组成，焊缝布置与截面中心线并不对称，若把距中心线近的焊缝设计成连续的，把距中心线远的焊缝设计成断续的，就能减少构件的弯曲变形。

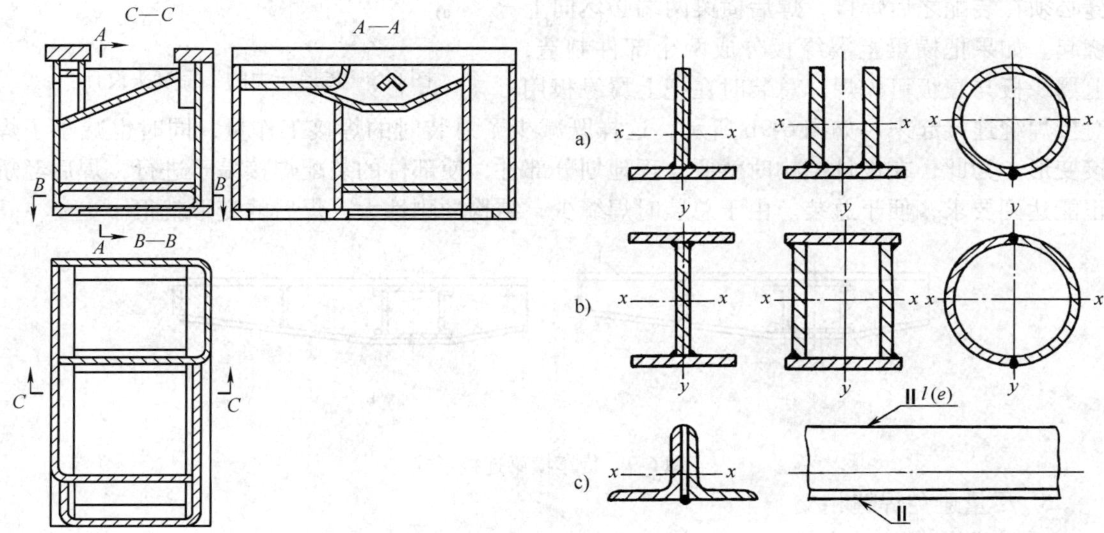

图 6-5　卧式铣床焊接床身结构　　　　图 6-6　构件截面和焊缝位置与焊接变形的关系

焊缝的对称布置在很大程度上取决于焊接结构设计的对称性。如图 6-7a 所示床身，焊缝布置缺乏对称性，在结构形成过程中，很容易产生空间的扭转变形，如改为图 6-7b、c 所示结构，则可以对称地布置焊缝与焊接顺序，在一定程度上减小焊接变形。

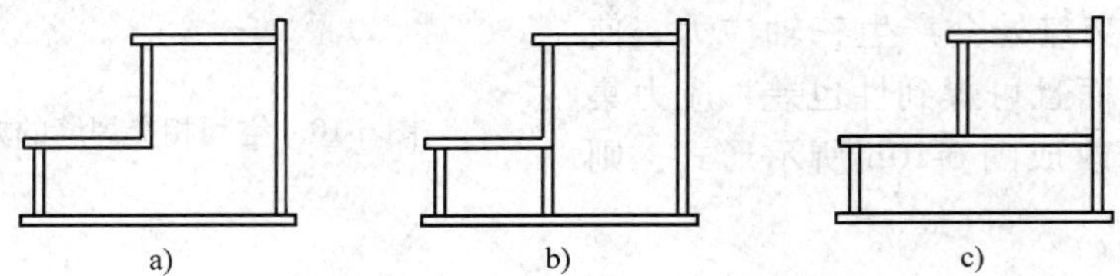

图 6-7　床身结构力求对称性

3. 尽可能地减小焊缝截面尺寸

在不影响结构的强度与刚度的前提下，可以适当减小焊缝截面尺寸或把连续焊缝设计成断续焊缝，减小塑性变形区的范围，使焊接应力与变形减少。

压力机工作台与支承板连接，若丁字接头的接触不良，如图 6-8a 所示，则需要较大的焊角尺寸。改为图 6-8b 所示形式，即预先加工两接触面，可选择较小的焊缝截面尺寸。

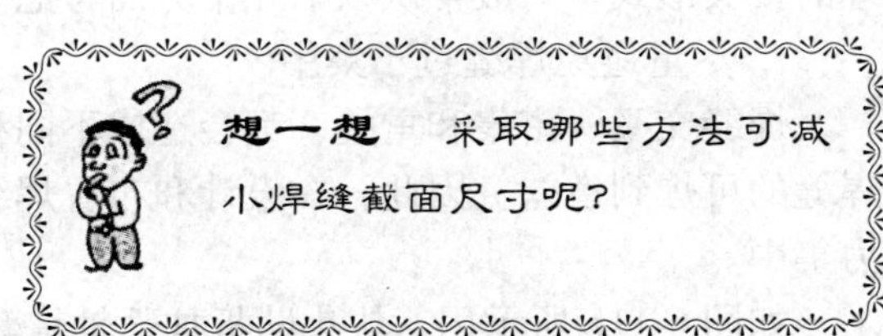

4. 采用合理的装配顺序

对复杂的结构应采用部件组装法，尽量减

少总装焊缝数量并使之分布合理，这样能大大减少整体结构的变形和应力，提高工件的质量和劳动生产率，降低产品成本。如货车底架的横梁与中梁装配，若按图 6-9a 所示来装配，则上翼缘板 1 是一块通长的钢板，它与腹板 2 间的翼缘焊缝必须在装配之后焊接，焊后横梁两端必然向上跷起。如果把横梁上翼缘板分成两个部件制造，上翼缘板与腹板可先焊，总装时在把上翼缘板用对接焊缝连接起来，如图 6-9b 所示，这样既减少了总装时的焊接工作量，同时也减小了焊接变形。为此，在设计结构时就要合理地划分部件，使部件的装配焊接易于进行，焊后经矫正能达到要求，便于总装。由于总装时焊缝少，结构的刚性大，焊后的变形就很小。

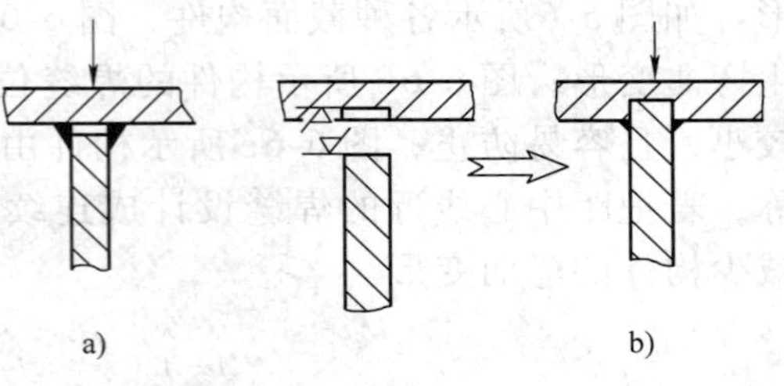

图 6-8　传递压力的丁字接头设计

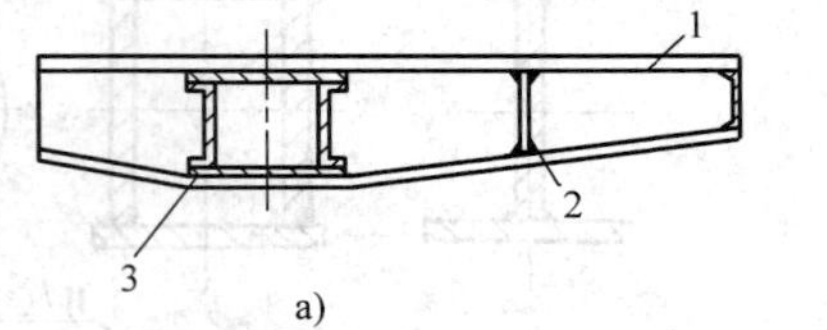

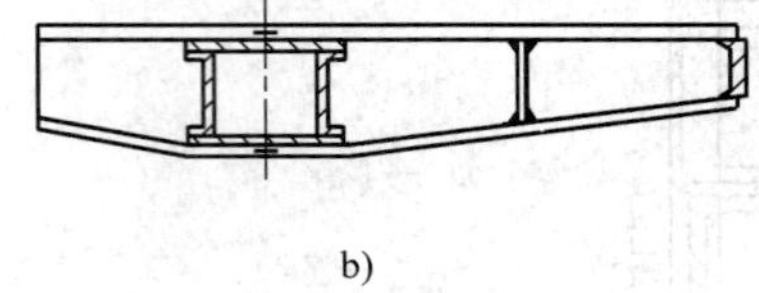

图 6-9　货车横梁连接形式

5. 尽量避免焊缝相交

为防止焊接应力与外加应力相互叠加，造成过大的应力导致开裂。不可避免相交时，应附加刚性支承，以减小焊缝所受的应力。

如图 6-10 所示三条角焊缝在空间相交。图 6-10a 所示在交点处会产生三轴应力，使材料塑性降低，而且可焊到性也差，应力集中现象严重。若改成图 6-10b 所示形式，则能克服以上缺点。

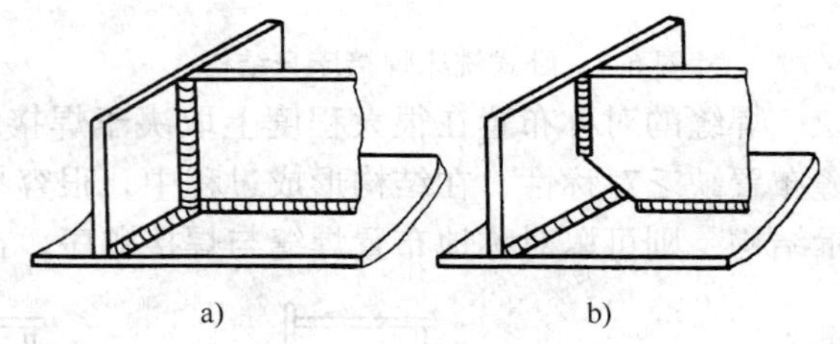

图 6-10　空间相交焊缝的方案比较

能力知识点 2　从降低应力集中的角度分析结构的合理性

应力集中不仅是降低疲劳强度的主要原因，而且也是降低材料塑性引起结构脆断的主要原因，对结构强度有很坏的影响。为了减少应力集中，应尽量使结构表面平滑过渡并采用合理的接头形式。一般常从以下几个方面考虑。

1. 尽量避免焊缝过于集中

焊缝交叉、密集和重叠，都会造成不同程度的应力集中，使材料的力学性能下降，而且焊缝的可焊到性差。因此，在设计和布置焊缝时应注意分散布置，以减小焊接变形，降低应力集中。

如图 6-11a 所示用八块小肋板加强轴承套，许多焊缝集中在一起，存在着严重的应力集

中，不适合承受动载荷。如果采用图 6-11b 所示的形式，不但降低了应力集中，工艺性也得到了改善。

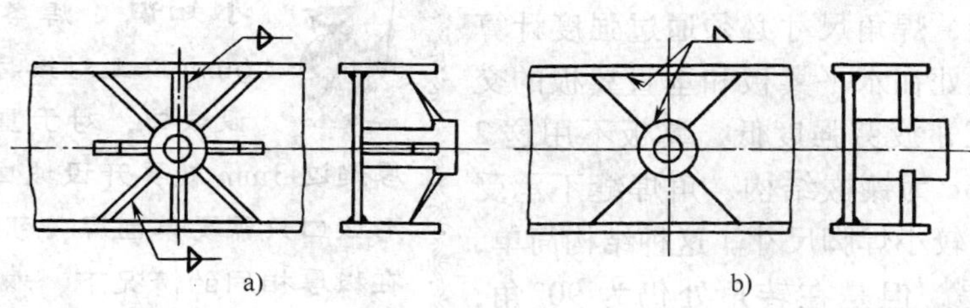

图 6-11　肋板的形状与位置比较

为了避免焊缝的密集，应保证两条焊缝间有最小的距离。两条焊缝的间距一般要求大于三倍或五倍的板厚，如图 6-12 所示。如果结构的焊缝交于一点，将产生三轴应力，塑性降低，并造成较大的应力集中，在结构设计上应作一定的改进。

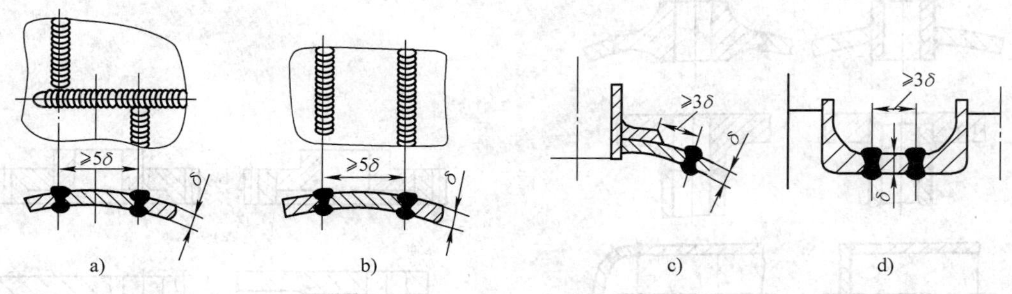

图 6-12　焊接容器中焊缝的最小距离

大型压力机的上盖板，为了合理使用材料和减轻重量，可采用厚度不等的钢板拼焊。在拼焊时要避免用图 6-13a 所示的结构，而应采用图 6-13b 所示结构，焊缝少、焊接变形易控制、接头又避开了应力集中区。

2. 尽量采用合理的接头形式

对于重要的焊接接头应开坡口，防止因未焊透而产生应力集中。应设法将角接接头、T 形接头改为应力集中系数小的对接接头，图 6-14 所示是这种转化的应用实例。将图 6-14a 的接头转化为图 6-14b 的形式，实质上是把焊缝从应力集中大的位置转移到应力集中小的地方，同时也改善了接头的工艺性。应当指出，在对接接头中只有当力能够从一个零件平缓地过渡到另一个零件上去时，应力集中才是最小的。

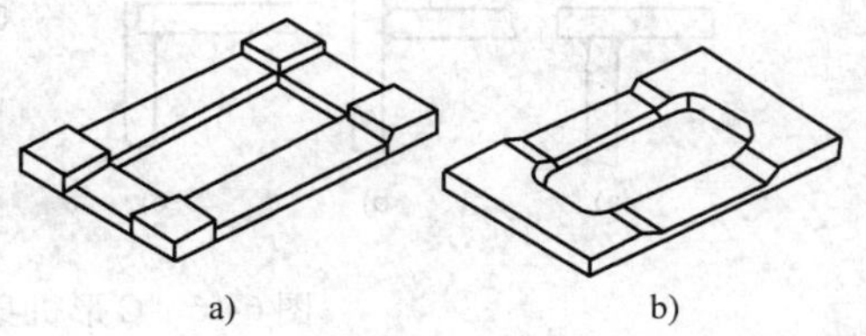

图 6-13　不等厚的横梁上盖板拼焊结构

图 6-15a 所示的焊接齿轮，把焊缝从轮缘移到轮毂上后，焊缝所承受的转矩就可相应减小，受力情况得到了改善。同理，图 6-15b 所示的轴套，增加长度，改用两侧焊缝则可分散焊缝所承受的转矩，接头的工艺性得到了改善。

C 形机身喉口转角处是应力集中区，它直接影响到机身的强度和制造工艺，应根据实际需要和可能认真设计，图 6-16 是翼板在该处的各种结构形式。图 6-16a、b 的设计不理想，焊缝均为工作焊缝，焊角尺寸必须通过强度计算来确定。焊缝正处在水平翼板和垂直翼板的交线的应力集中区，疲劳强度低，翼板不用这 2 种结构；图 6-16c 为镶嵌结构，角焊缝不承受主要载荷，可用较小焊脚尺寸。这种结构简单，加工和装配容易，但是在转角处仍为 90° 角，应力集中严重；图 6-16d、e 所示，在转角处为整块翼板，大大缓和了该处的应力集中；当水平翼板和垂直翼板厚度不同时，可采用图 6-16f、g所示结构，在转角处为圆弧，焊缝避开了应力集中区。

小知识　焊条电弧焊板厚 6mm 以上对接时，一般要开设坡口，对于重要结构，板厚超过 3mm 就要开设坡口。Y 形和 U 形坡口只需要单面焊，可焊到性较好，在板厚相同的情况下，双 Y 形坡口比 Y 形坡口节省焊接材料 1/2 左右。但必须两面都焊到，受结构形状限制。

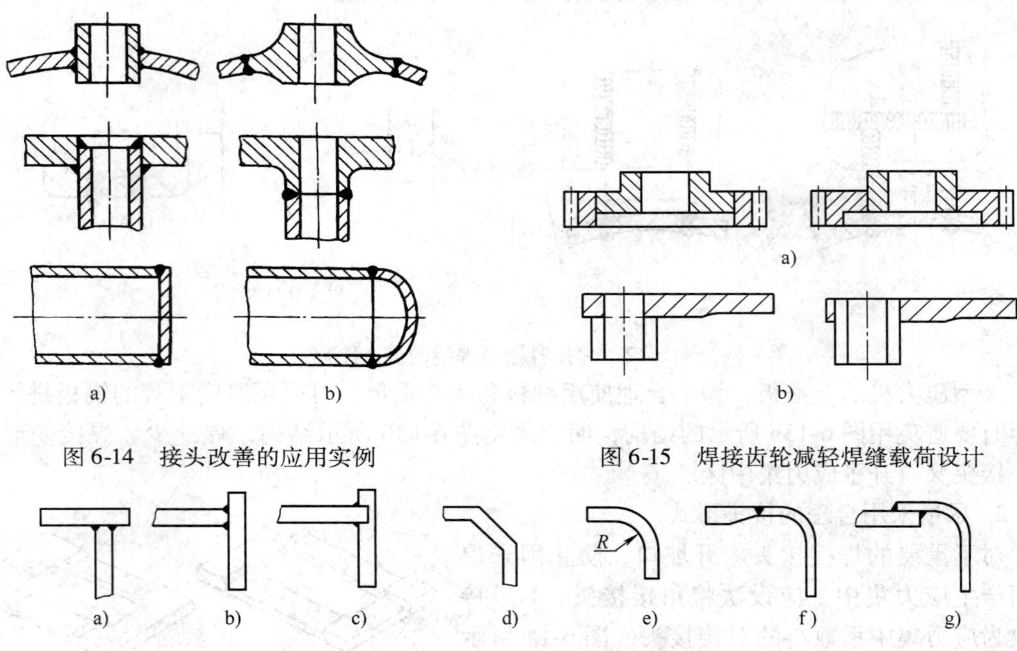

图 6-14　接头改善的应用实例

图 6-15　焊接齿轮减轻焊缝载荷设计

图 6-16　C 形机身喉口转角处翼板的结构设计

3. 尽量避免构件截面的突变

焊缝在几何形状突变或不连续处会产生应力集中，因此，在截面突变的地方必须采用圆滑过渡或平缓过渡，不要形成尖角。例如，搭接板存在锐角时(图 6-17a)，应把它改成圆角或钝角(图 6-17b)。

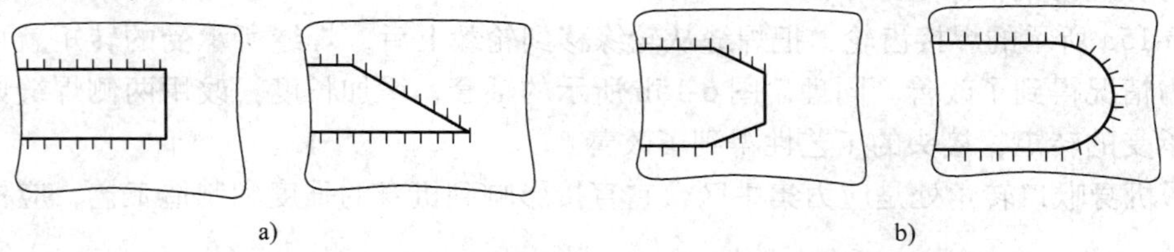

图 6-17　搭接接头中尖角过渡和平滑过渡的接头

资料卡 国家标准中规定，对于不同厚度钢板对接的承载接头，当两板厚度差 $\delta-\delta_1$ 不超过表中规定时，接头的基本形式和尺寸按厚度较大的板确定，反之则应在厚板上做出单面或双面斜度，有斜度部分的长度 $L\geqslant 3\delta-\delta_1$。

不同厚度钢板对接时允许的厚度差 （单位:mm）

较薄板厚度	≥2～5	≥5～9	≥9～12	≥12
允许厚度差	1	2	3	4

在厚板与薄板或宽板与窄板对接时，在接头两边受热不均匀而产生焊不透等缺陷，应在厚板上做出单面或双面斜度，使之平滑过渡。如图6-18所示，其中以图6-18b的形式为最好，因为它的焊缝部位应力集中最小；图6-18a、c虽然将厚零件削薄，但是在焊缝部位仍有相当大的应力集中。

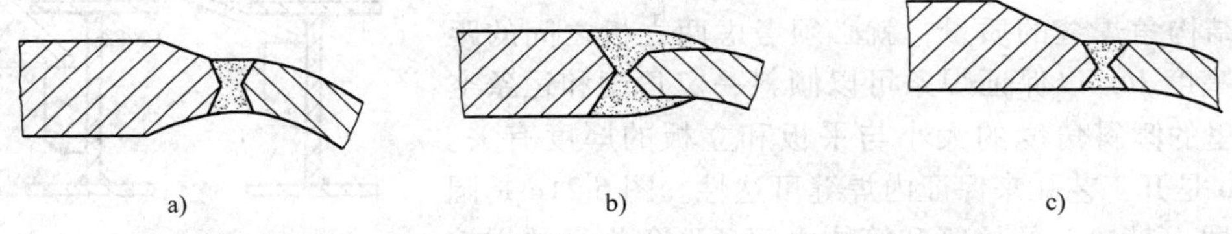

a) b) c)

图6-18 不同板厚接头的设计方案

a）可以 b）最好 c）不可以

4. 应用复合结构

复合结构具有发挥各种工艺长处的特点，它可以采用铸造、锻造和压制工艺，将复杂的接头简化，把角焊缝改成对接焊缝。这样不仅降低了应力集中，而且改善了工艺性。图6-19所示就是应用复合结构把角焊缝改为对接焊缝的实例。

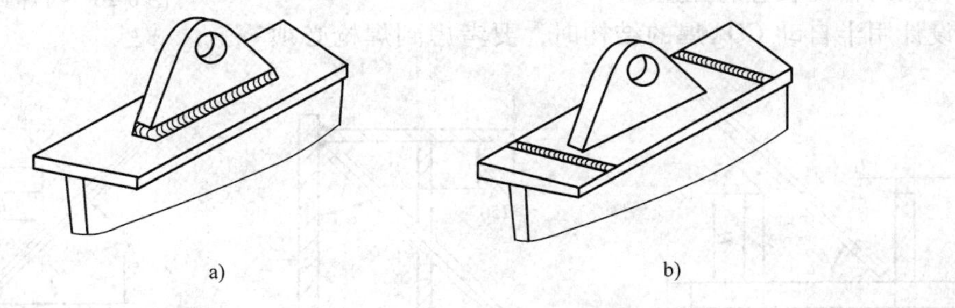

a) b)

图6-19 采用复合结构的应用实例

能力知识点3 从焊接生产工艺性的角度分析结构的合理性

工艺性不好的产品结构，不仅制造困难，而且会直接影响到产品的质量。因此在设计焊接结构时，应合理布置焊缝并采取相应的措施，尽量发挥焊接接头的优点，克服或避免其不利的方面，注意焊接接头的工艺性。焊接接头应布置在便于施工、焊接、检验（包括无损检验）的部位。焊接坡口形状和尺寸应适应所采用的焊接工艺，具有较高的抗裂性并能防止焊接变形，应保证形成全焊透的焊缝并能避免焊接缺陷。

1. 从接头的可焊到性分析

可焊到性是指结构上每一条焊缝都能很方便地施焊，获得优质焊缝的可能性。在工艺分析时要注意结构的可焊到性，避免因不易施焊而造成焊接质量不合格。同时，要避免给施工带来困难，并增加很高制造成本的结构设计。

不同的焊接方法和不同的焊接设备，要求的条件也不相同，当采用焊条电弧焊时，应该考虑到焊工能接近每一条焊缝；操作过程中能看清焊接部位且运条方便自如；尽量避免焊工处在不正常的姿势下焊接等。

图 6-20a 所示的结构设计不合理，没有必需的操作空间，很难施焊。如果改成图 6-20b 的形式，就具有良好的可焊到性。

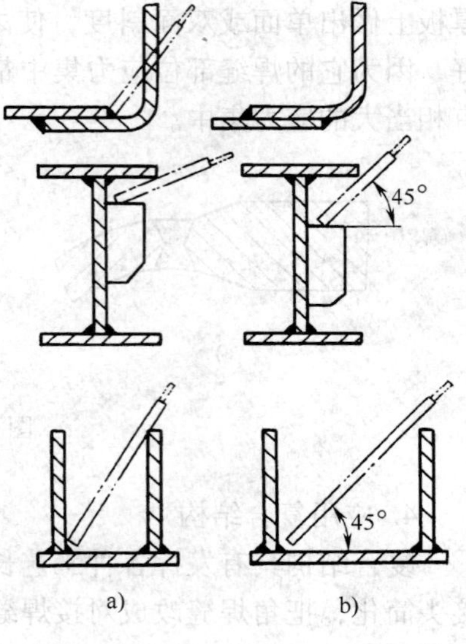

图 6-20　可焊到性比较

图 6-21a 是具有两个以上平行的 T 形接头的结构，要保证该结构角焊缝的质量，就必须考虑两立板之间的距离 B 和高度 H，以保证焊条可以倾斜一定角度和运条空间。这里的倾斜角度的大小与平板和立板的厚度有关。图 6-21b 是开工艺孔来保证内焊缝可达性。图 6-21c 是圆柱形容器上带法兰的接管和筒体之间环形角焊缝的焊接所需的操作空间。

埋弧焊的应用特点是最适合在水平（俯焊）位置下焊接平直的长焊缝或环焊缝，它需要辅助装置配合。因此，在设计结构时，就必须考虑到焊接每条焊缝有供自动焊接机头或机械手和工件之间相对运动所需的空间以及能安置相应的辅助装置的位置。

设计用半自动 CO_2 焊的结构时，要考虑到焊枪必须

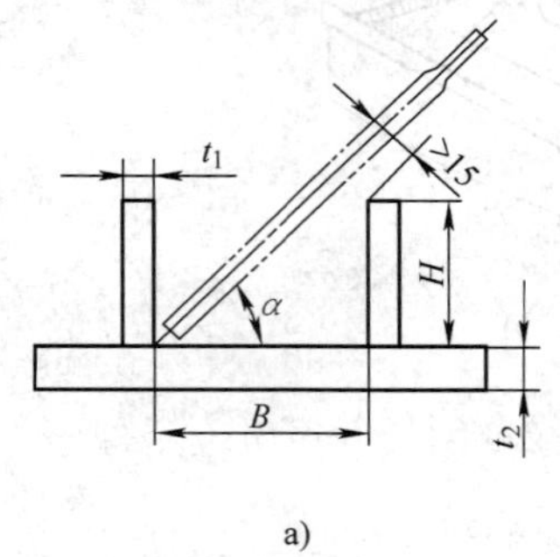

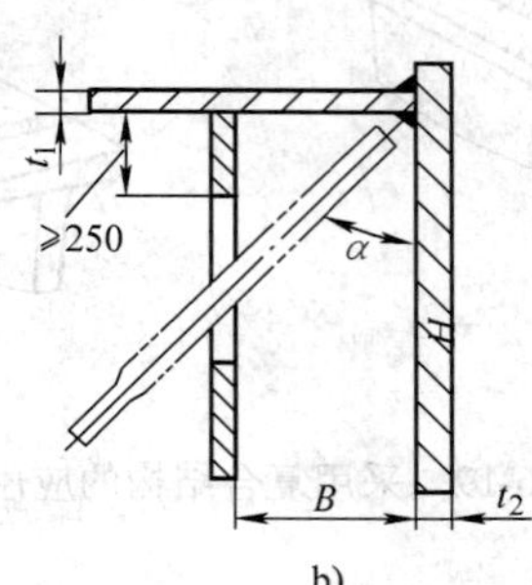

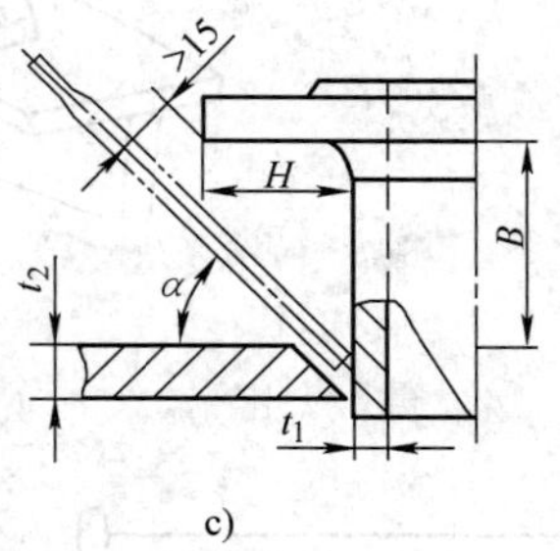

图 6-21　保证焊条电弧焊操作空间的设计

有正确的操作位置和空间才能保证获得良好的焊缝成形。焊枪的位置是根据焊缝形式、焊枪的形状与尺寸、焊丝伸出长度和接头坡口角度的大小等来确定的。图 6-22 是几种接头焊接

时焊枪的正常位置。

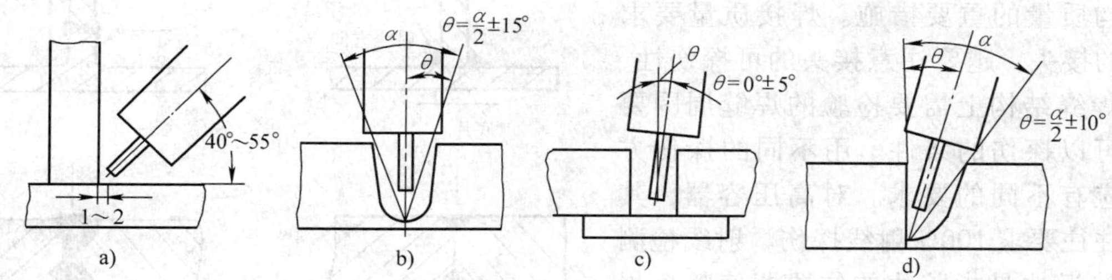

图 6-22　半自动 CO_2 焊的焊枪位置

a）角焊缝水平焊　b）V 形或 U 形坡口对接焊缝平焊

c）窄间隙对接缝平焊　d）J 形坡口对接缝平焊

α—坡口角　θ—焊枪的倾角

厚板对接时，一般应开成 X 形或双 U 形坡口，若在构件不能翻转的情况下，就会造成大量的仰焊焊缝，增加了劳动强度，焊缝质量也很难保证，这时就必须采用 V 形或 U 形坡口来改善其工艺性。可以在里面施焊的结构，里面的施焊条件差，因此，要尽可能地减少在里面的焊接工作量，可以采取用最小的坡口和小的焊角尺寸；里面要有尽可能大的操作空间以减小空气烟尘的浓度。如图 6-23 所示的内有大小隔板的箱形梁的断面结构，下盖板是在内部焊缝全部焊完后才装上的，最后焊接外侧焊缝 1 和 2。

焊接减速器箱体上的密封焊缝，不仅要保证最好的施焊条件，还要减少漏油的可能。如图 6-24a 中，如果两轴承座靠得很近，则在 m、n 处的焊缝很难施焊，无法保证焊接质量。改为图 6-24b 结构，便于施焊和质量检验。

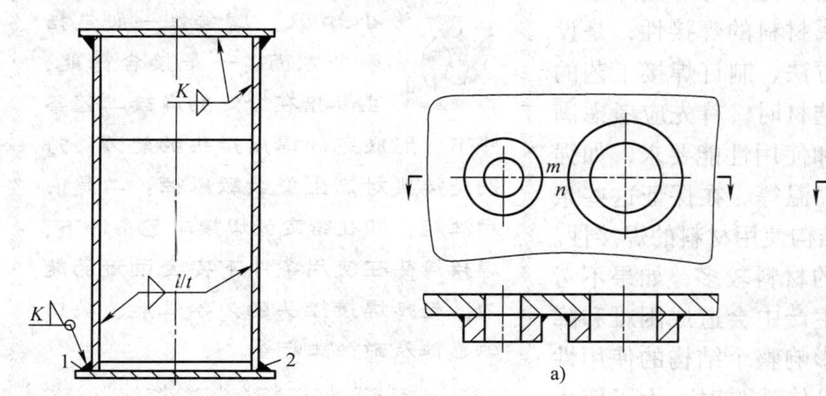

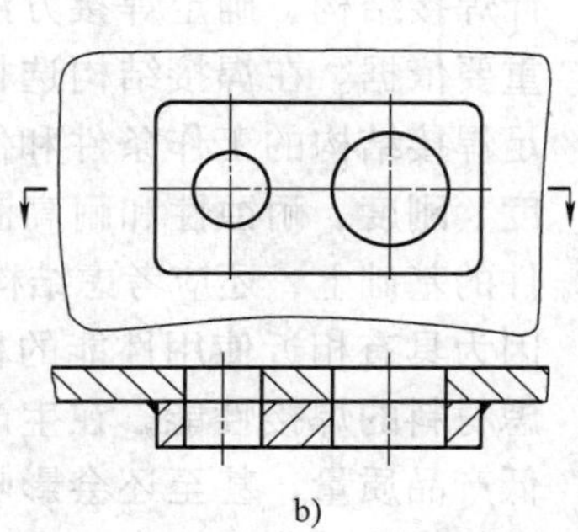

图 6-23　考虑装焊顺序的箱形梁结构

图 6-24　减速器箱体两相邻轴承座结构

电阻焊时，要考虑到点焊或缝焊施焊空间（电极位置）的焊缝布置要求，保证所设计的接头在相应的电阻焊机上方便地进行焊接。焊缝可焊到性的设计，不仅要考虑施焊的方便，还应该考虑结构使用过程中维修的方便。

2. 从接头的可探伤性分析

接头的可探伤性主要是指接头检测面的可接近性，以及几何形状与材质的检测适宜性。考虑接头的检测问题时，往往是根据必要性，而不是根据技术上的可能性来决定，所以，严格检验焊接接头质量是保证焊接结构质量的重要措施。焊接质量要求越高的接头，越要注意接头的可探伤性，即在焊缝结构上需要检验的焊缝周围要创造可以探伤的条件。用不同的探伤方法相应有不同的要求。对高压容器，其焊缝往往要求100%射线探伤。射线检测的可接近性是指胶片的位置能使整个焊缝处于探伤范围内，并能对所探伤到的缺陷完整成像。如图6-25a所示接头就无法进行射线探伤或探伤结果无效，应改为图6-25b所示的接头形式。

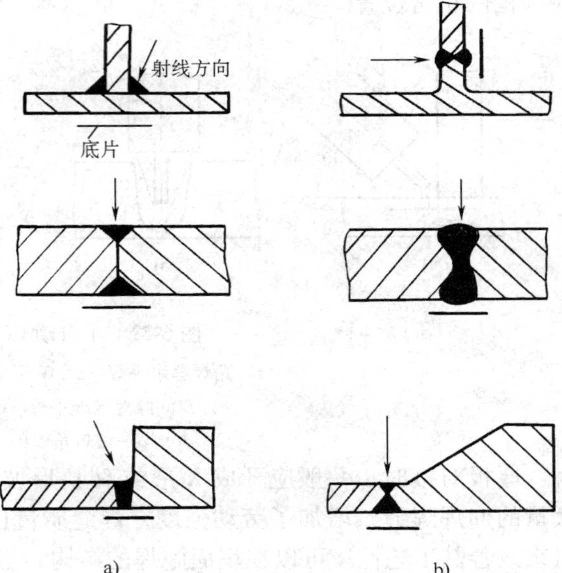

图6-25　射线探伤可探伤性比较

适用于超声波探伤的焊接接头，通常采用接触法。有探头移动的表面应尽可能做表面加工。用反射法探伤时，背面要有良好的反射面。所以，接头的根部处理与焊透是采用超声波探伤的先决条件。磁粉探伤和渗透探伤则要求在设计焊缝时留有足够的空间，用于撒放磁粉、涂布探伤剂和观察缺陷等。

3. 从材料的焊接性分析

金属的焊接性是指金属材料对焊接加工的适应性。了解及评价金属材料的焊接性，是设计焊接结构、确定焊接方法、制订焊接工艺的重要依据。在焊接结构选材时，首先应考虑满足焊接结构的工作条件和使用性能要求，如强度、刚度、耐蚀性和耐高温等。在保证这些条件的基础上，还应考虑结构使用材料的焊接性。因为具有相近使用性能的材料较多，如果不考虑材料的焊接性能，在生产中会造成困难和降低产品质量，甚至还会影响整个结构的使用性能。另外，在结构设计具体选材时，为了使生产管理方便，材料的种类、规格及型号也不宜过多。

小知识　焊接性一般包括两个方面：一是接合性能，主要指在给定的焊接工艺条件下，形成完好焊接接头的能力，特别是接头对产生裂纹敏感性；二是使用性能，即在给定的焊接工艺条件下，焊接接头在使用条件下安全运行的能力，包括焊接接头的力学性能、缺口敏感性及耐蚀性能等。

从我国实际资源出发，许多焊接结构都选用低合金高强钢来制造。低合金高强钢具有强度高，塑性、韧性好，焊接性能及其他加工性能好的特点。使用这类钢不仅能减轻结构重量，还能延长结构的使用寿命，减少维修费用等。例如，许多机器零件用35钢和45钢制造，这些钢含碳量高，强度大，作为铸钢件是最合适的，但是作为焊接件却不适宜。所以，应选用同等强度的焊接性能较好的低合金结构钢来替代。

能力知识点4 从焊接生产经济性的角度分析结构的合理性

合理地节约材料和缩短焊接产品加工时间，不仅可以降低成本，而且可以减轻产品质量，便于加工和运输，但它们有时会与制造工艺和结构合理性产生矛盾，所以在工艺性分析时应给予重视。

1. 合理利用材料

一般说来，零件的形状越简单，加工越容易，材料的利用率就越高。图6-26为法兰盘备料的三种方案，图6-26a所示结构是用冲床落料而成的，图6-26b所示结构是用多段扇形料拼接的，图6-26c所示结构是用气割板条热弯而成的。材料的利用率，按图6-26a、b、c所示方案顺序提高，但所需工时也按此顺序增加，哪种方案好要综合结构分析和经济分析比较后才能确定。若法兰直径小，生产批量大，则应选图6-26a方案；若法兰直径大且窄，批量又小，应选用图6-26c方案；而尺寸大，批量也大时，图6-26b方案就更显优越。

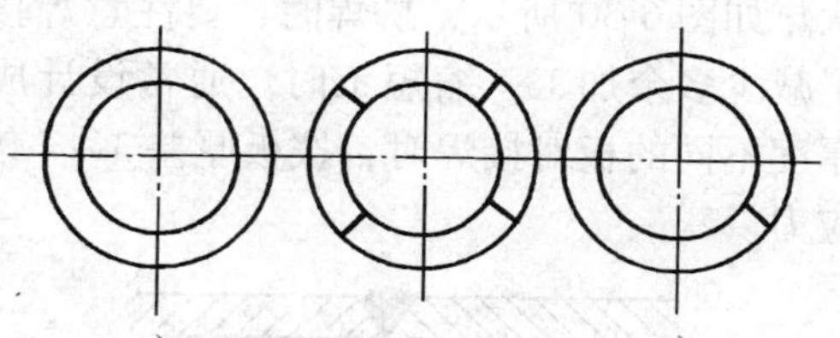

图6-26 法兰盘备料方案比较

又如图6-27是锯齿合成梁，如果用轧制的工字钢通过气割按锯齿形状切开，如图6-27a所示下料，再按图6-27b所示结构形式错位拼焊成锯齿合成梁。这种组合方式制成的梁，既可以较大幅度提高梁的刚性，同时还能节省大量的钢材和焊接工时，降低成本。

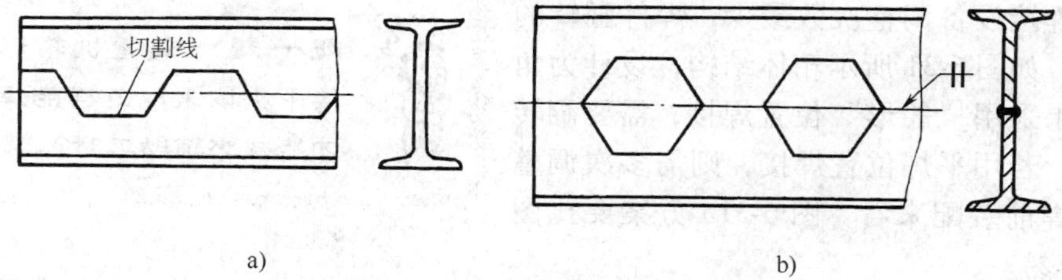

图6-27 锯齿合成梁

在焊接结构造型设计中，钢板的运用大致分为平板和成形板两种。当钢板厚度大于10mm时，一般采用平板造型；小于10mm时，则多采用成形板造型。在钢板加工设备可能条件下，采用弯曲成形和压边成形板是达到结构精练、降低生产成本的有效措施。如图6-28所示焊接底座，只需五块板和几条焊缝即可实现。

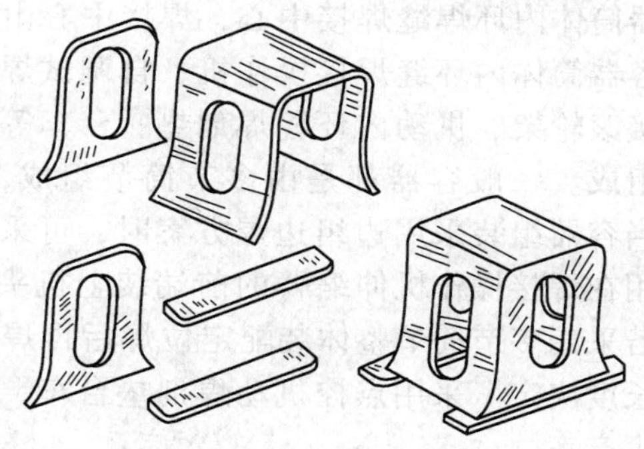

图6-28 成形板焊接底座

2. 减小焊接生产劳动量

在焊接结构生产中，如果不努力节约人力和物力，不断提高生产率和降低成本，就会失去竞争能力。这就要求除了在工艺上采取一定的措施外，还必须从设计上使结构具有良好的工艺性。减少生产劳动量的方法很多，归纳起来有以下几个方面：

（1）尽量取消多余加工　对单面坡口背面不进行清根处理的对接焊缝，若通过修整焊缝表面来提高接头的疲劳强度是多余的，因为焊缝背面依然存在应力集中。对结构中的联系焊缝，若要求开坡口或焊透也是多余的，因为焊缝受力不大。用盖板加强对接接头是不合理的设计，如图 6-29 所示。因钢板对接后能达到与母材等强度，如果再焊上盖板，会使焊缝应力集中，反而降低结构承受动载荷的能力。

机械压力机的上盖板中部需开孔，厚度较大，所以往往采用大厚度平板拼焊成所需形状。如图 6-30 所示，拼焊时，要注意焊接变形控制。厚板发生变形，其矫正十分困难，为了减少多余加工，缩短工时，通常设计成双面半 U 形坡口对接接头，正反两面交替施焊。厚度不同的板对接焊时，按板厚差 3 ~4 倍的长度内对厚板削薄，使之成为等厚对接，降低应力。

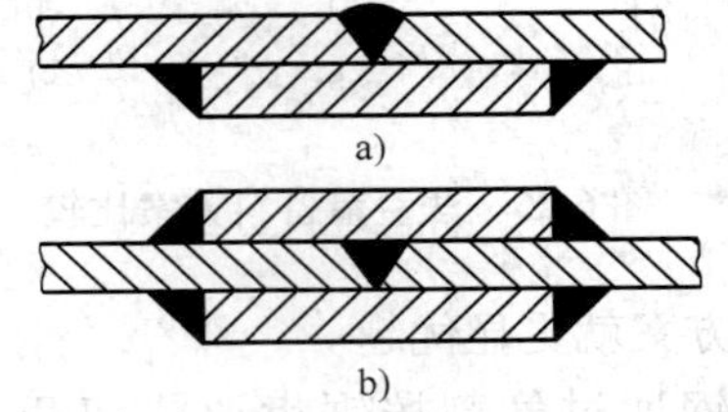

图 6-29　加盖板的对接接头

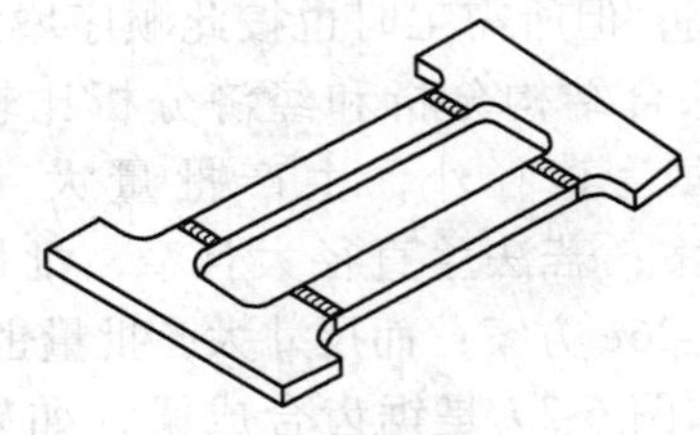

图 6-30　机械压力机下横梁盖板拼焊结构

（2）尽量减少辅助工时　焊接结构生产中辅助工时一般占有较大的比例，减少辅助工时对提高生产率有重要意义。结构中焊缝所在位置应使焊接设备调整次数最少，焊件翻转的次数最少。如图 6-31 所示箱体结构，设计为角焊缝，如果采用“船形”位置焊接，需要翻转焊件三次，若用平焊位置焊接，则需多次调整机头。从焊前装配来看，图 6-31a 方案要比图 6-31b 更容易。

想一想　起重机箱形梁的焊接中应该采取怎样的焊接顺序才能减少辅助工时？

尽可能地选用先进的焊接工装设备和焊接方法。如图 6-32 所示为大直径容器筒体内环焊缝焊接中心，焊接中心由容器筒体内环缝焊接操作机、自调试焊接滚轮架、机动内环缝焊剂垫、台车等组成。一般容器都是由多节筒节组成，当容器组装采用边组边焊方案时，可采用在焊接操作机伸缩臂的前端装上机头三维调整机构即可满足内环缝施焊的各种要求。若采用多节筒节整体装配定位焊后再焊的方案时，焊接操作机的结构形式根据筒体最大长度决定。采用点控机动焊剂垫台车，可减轻工人劳动强度，减少辅助工时，提高劳动生产率。

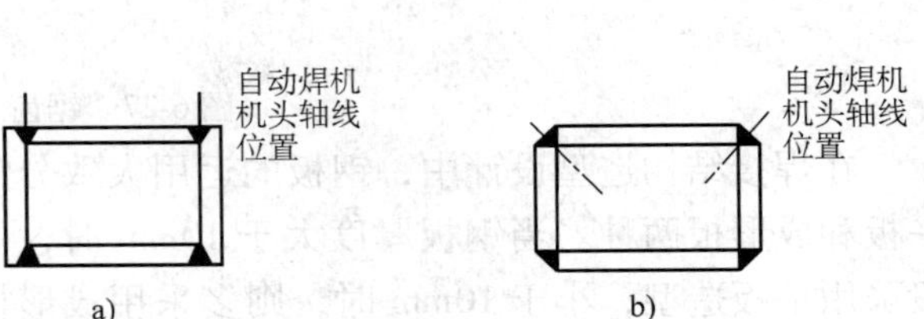

图 6-31　焊缝位置转换实例

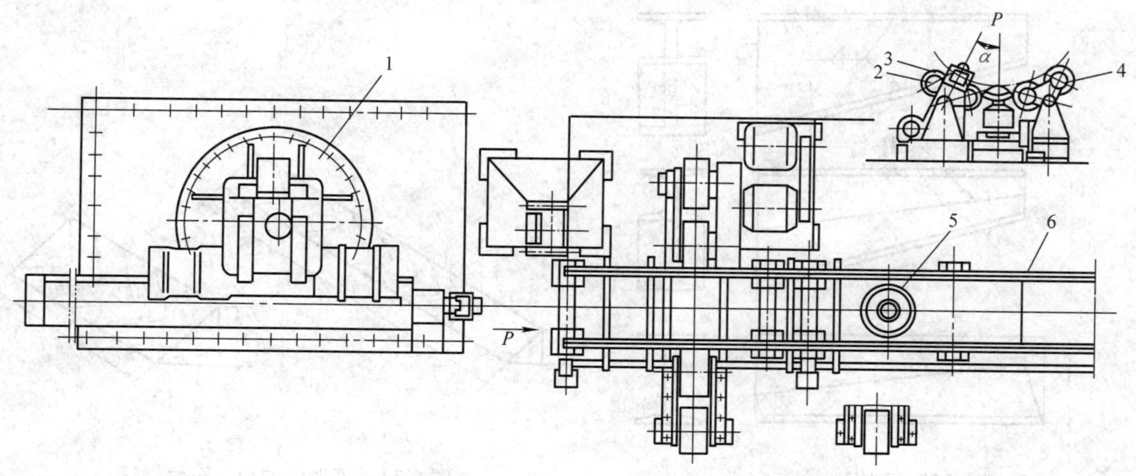

图 6-32　大直径容器筒体内环焊缝焊接中心(平面布置)
1—容器筒体内环缝焊接操作机　2—自调式焊接滚轮架(主动)　3—防轴向窜动装置
4—焊接滚轮架(从动)　5—机动内环缝焊剂垫台车　6—焊剂垫台车导轨

(3) 尽量利用型钢和标准件　型钢具有各种形状，经过轧制表面光洁平整，质量均匀可靠，经过相互组合可以构成刚性更大的各种焊接结构。对同一种结构，如果用型钢或标准件来制造，由于减少了备料工作时间，还减少了焊缝数量，因此，其工作量比用钢板制造要少得多。图 6-33 为一根变截面工字梁结构。图 6-33a 是用三块钢板组成，如果用工字钢组成，可将工字钢用气割分开(图 6-33c)，再组装焊接起来(图 6-33b)，就能大大减少焊接工作量。

小型车床焊接床身，为了提高床身刚度，不要只增加钢板厚度和大量使用肋板，而是尽可能利用型钢或钢板冲压件组合成合理的构造形式来获得，要把结构中肋板的数量或焊缝的数量减至最少。这种焊接床身结构简单、重量轻、成本低。

(4) 合理地确定焊缝形式和尺寸　首先，以对接接头的坡口加工为例，每米长对接焊缝上所焊的金属量随坡口的形式而异，厚度为 40mm 的对接焊缝，V 形坡口 14kg，X 形坡口 7. 6kg，U 形坡口 8. 3kg，双 U 形坡口 7. 2kg。从焊接工作量来看，双 U 形坡口所焊的金属量最少，最经济。但是总体看来，双 U 形坡口必须进行切削加工，而 X 形坡口可以气割加工，所以双 U 形坡口整体加工费用高。焊缝尺寸通常用等强度原则来计算求得。但是，只靠强度计算有时还是不够的，必须考虑结构的特点及焊缝布局等问题。例如，焊脚小而长度大的角焊缝，在强度相同的情况下，具有比大焊脚的短焊缝省料省工的优点，图 6-34 中焊脚尺寸为 K、焊缝长度为 $2L$ 和焊缝长度为 L、焊脚尺寸为 $2K$ 的角焊缝强度相等，但焊条消耗量前者仅为后者的一半。

3. 采用先进的焊接技术

当产品批量大，数量多的时候，应该考虑制造过程的机械化和自动化。原则上应该减少零件的数量，将短焊缝尽量改为长焊缝，并尽量使焊缝排列规则和采用同一种接头形式。

埋弧焊的熔深比焊条电弧焊大，有时不需要开坡口，从而节省工时；采用 CO_2 气体保护焊时，不仅降低成本，变形也小且不需清渣。在设计结构时应注意使接头要易于使用。如

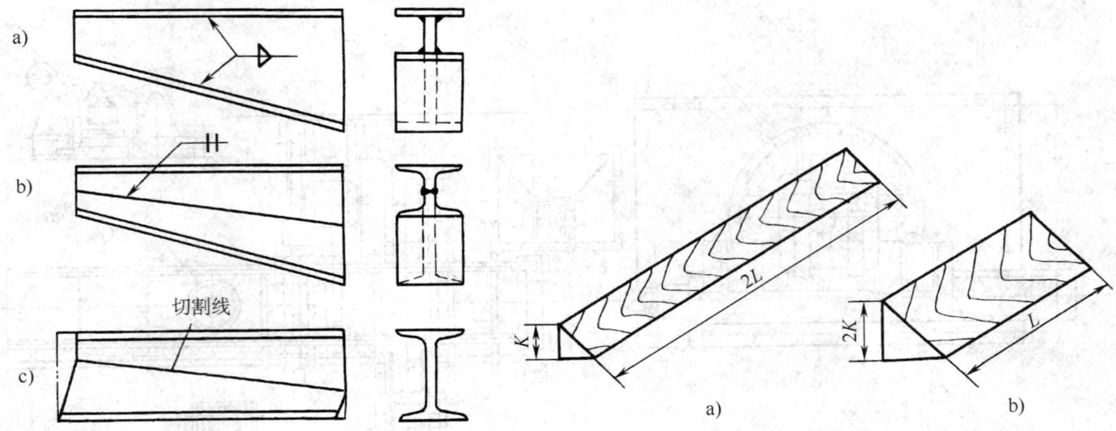

图 6-33　型钢组合工字梁　　图 6-34　等强度的长、短角焊缝

资料卡　应用焊接机器人的意义

1）稳定和提高焊接质量，保证其均一性。

采用机器人焊接时对于每条焊缝的焊接参数都是恒定的。

2）改善了工人的劳动条件。

3）提高劳动生产率。机器人没有疲劳，一天可 24h 连续生产，另外随着高速高效焊接技术的应用，使用机器人焊接，效率提高得更加明显。

4）产品周期明确，容易控制产品产量。机器人的生产节拍是固定的，因此安排生产计划非常明确。

5）可缩短产品改型换代的周期，减小相应的设备投资。

图 6-35 所示箱体结构，图 6-35a 的形式可用焊条电弧焊焊接；若做成图 6-35b 形式，还可以使用埋弧焊和 CO_2 气体保护焊。H 形梁和起重机主梁（箱形梁）的 4 条纵缝（腰缝）既可以用焊条电弧焊，也可以用埋弧焊、CO_2 气体保护焊等。

另外，还应注意焊接过程中对熔化金属的保护情况。气体保护焊时，要考虑气体的保护作用，埋弧焊时，要考虑接头处有利于熔渣形成封闭空间，尽可能减少焊接缺陷，提高产品质量和生产率。如图 6-36 所示的箱体结构，图 6-36a 有利于熔渣和保护气体形成封闭空间，对焊缝起到很好的保护作用。

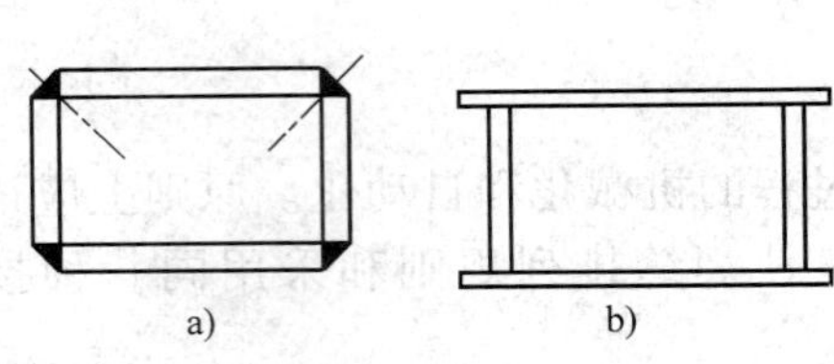

图 6-35　箱体结构

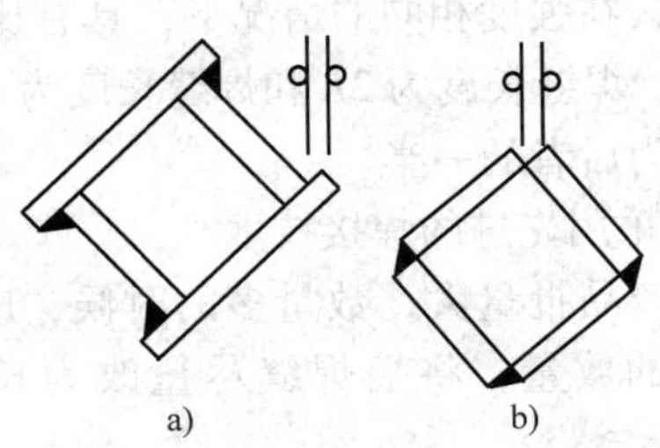

图 6-36　接头的设计有利于形成熔渣

a）正确　b）不正确

所谓“良好的结构工艺性”是指该焊接结构能在同样条件下，用优质、高产、低成本的工艺方法来制造。

［实例一］ 药芯焊丝与电焊条焊接大齿轮成本对比分析

药芯焊丝是近几十年发展起来的新型焊接材料，它兼备了焊条电弧焊的优良工艺性能和 CO_2 实心焊丝气体保护高效率自动焊的优点；在电弧高温作用下，药芯中各种物质造气、造渣，对熔滴和熔池是气、渣联合保护，明显改善了焊接工艺性能，熔滴呈喷射过渡，飞溅小（或无飞溅），焊缝成形美观，适合全位置焊接。熔敷速度高于 CO_2 实心焊丝，是焊条电弧焊的4倍左右。连续的焊接过程使焊机空载损耗降低；焊接电流通过很薄的金属外皮，其电流密度大，增加了电阻热，提高了热源利用率，综合节能20%~30%（与焊条电弧焊相比）。单位长度焊缝其综合成本明显低于焊条电弧焊，而且略低于实心焊丝。现引用某集团焊接大齿轮的数据资料来分析比较（$\phi1594 \times 440$ 齿轮35CrMo + Q235A 对焊，见表6-1）。

小知识　任何一种焊接工艺方法都不可能十全十美，一种焊接工艺之所以能够通行，必然有其一定的使用价值：或以质量取胜，或以生产率取胜，或以方法的简便、成本的低廉，设备的简易和节省劳动力取胜等。其中生产率、质量、经济效益、技术先进性和劳动强度5个方面是较为重要的指标，比较的目的不同，很难认定哪一种更为重要些。

表6-1　药芯焊丝与电焊条焊接大齿轮成本对比分析表

焊接材料	YJ502药芯焊丝	J507电焊条
焊材规格/mm	ϕ1.2	ϕ4
焊接电流/A	260~280	160~180
电弧电压/V	30~31	22~24
气体消耗/(L/min)	17	
填充金属量/kg	40.17	40.17
熔敷速度/(g/min)	112.94	23.97
熔敷效率(%)	88.84	50
焊材消耗量/kg	45.22	80.34
焊材单价/(元/kg)	14.80	6.5
焊材费用/元	669.26	522.21
燃弧时间/h	5.93	27.93
气体需要量/L	6048.60	—
气体单价/(元/L)	0.007	—
气体费用/元	42.34	—
电弧发生率(%)	60	40
作业时间/h	9.88	69.83
工时单价/(元/h)	50	50
工时费用/元	494	3491.50
耗电量/(kW·h)	81.36	273.04
电单价/(元/kW·h)	0.588	0.588
电力费用/元	47.84	160.55
总费用/元	1253.44	4174.26

药芯焊丝 CO_2 气体保护焊在船舶制造行业应用率达到65%，在锅炉压力容器行业、桥梁及钢结构、工程机械、管道安装等系统应用范围越来越大，为各行业赢得了显著的经济效益。

[**实例二**] 大直径容器筒体纵缝的焊接

大直径容器筒体纵缝的焊接采用焊接中心，实现生产的机械化和自动化过程，如图6-37所示。

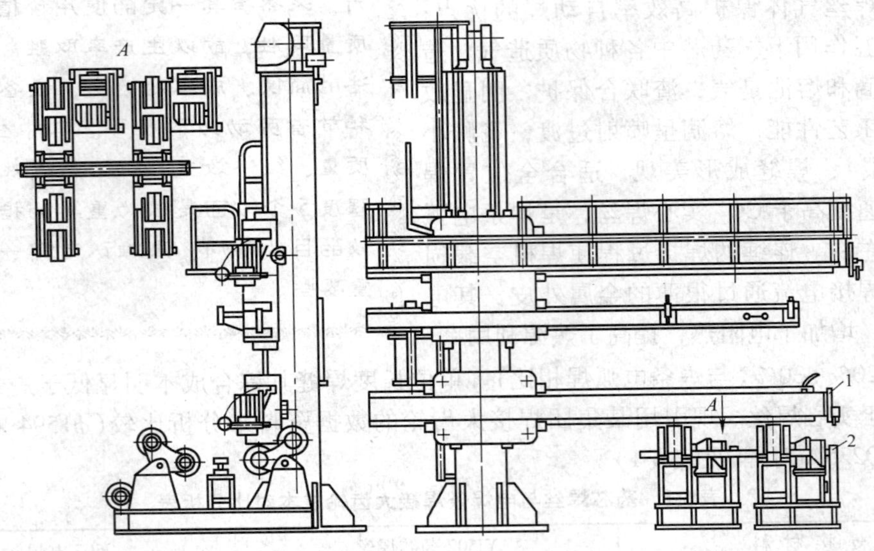

图6-37 大直径容器筒体纵缝的焊接采用焊接中心

在焊接操作机的立柱上设置了三根伸缩臂，上、下臂伸缩有两种速度：快速和正常焊接速度。快速伸缩用于调整位置，可节省辅助时间；正常焊接速度可根据施焊需要稳定而无级调节。工作时，先由下伸缩臂施焊内纵缝，再由上伸缩臂施焊外纵缝。两种伸缩臂的端部均配置了机动焊缝跟踪和焊丝伸出长度调节装置，再配置相应的传感器即可实现焊缝的自动跟踪和焊丝伸出长度的自动调节。筒节较大或较薄时，筒节柔度较大，所以设置了伸缩托梁，即托臂，支承筒节，以确保埋弧焊起弧和焊接过程稳定性。在上伸缩臂端侧和下伸缩臂端侧均可控制操作机和滚轮架、焊剂垫的各种动作和施焊，使焊接质量和焊接生产率都得到保证。

【综 合 训 练】

一、理论部分

（一）填空题

1. 当产品批量大、数量多时应考虑制造过程的________和________。

2. 在构件截面突变的地方必须采用________或________，不要形成尖角，薄板和厚板焊接对接时，应在板的接合处有一定________。

3. 对于复杂结构的焊件应采用________组装法，并合理布置焊缝，减小结构的变形。

（二）简答题

1. 为减小焊接应力与变形应如何合理布置焊缝？

2. 简述焊接结构工艺性分析的内容。

二、实践部分

讨论图6-38所示的焊接接头是否满足工艺性要求，为什么？并提出相应的改进办法。

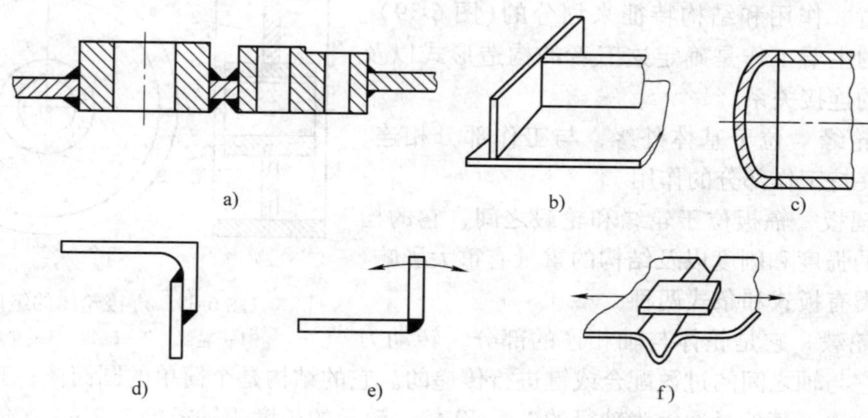

图6-38　焊接接头工艺性分析

1. 训练目标：进一步了解焊接接头的设计要点。

2. 训练准备

（1）人员准备　每组8人左右，分成若干组。

（2）资料准备　焊接结构设计的相关资料。

3. 训练地点：实习工厂。

4. 训练方法：讨论各结构中焊缝布置的情况，分析是否满足工艺性要求。

综合知识模块三　典型焊接结构工艺性分析

能力知识点1　轮的结构工艺性分析

在重型机器中许多过去用铸造方法制作的大中型机械零件，如轮、卷筒、轴承座、连杆等，已越来越多地改用焊接方法来制造。设计这类机械零件的焊接结构，最容易受传统铸造或锻造的机械零件结构形式的影响。因此，对其结构形式应仔细审查。下面以轮结构为例作些介绍。

1. 轮的工作特点

机器传动机构中的齿轮、飞轮、带轮等统称为轮。轮在工作时可能受到下列作用力：

1）轮自身转动时产生的离心力。

2）由传动轴传给的转动力矩或由外界作用的圆周力。

3）由于工作部分结构形状和所处的工作条件不同而引起的轴向力和径向力。

4）由于各种原因引起的振动和冲击力。

为保证轮子工作平稳，轮子结构必须具有轴对称性，它的几何形状多为比较紧凑的圆盘状或圆柱状。每个横截面都是对称平面，都共有一根垂直于截面的几何轴线。转动时，转动轴线要求与它重合。

2. 轮体的结构

轮体上的轮缘、轮辐和轮毂是按它们在轮体内所处的位置、作用和结构特征来划分的(图 6-39)。设计轮体的主要工作是确定这三者的构造形式以及它们之间的连接关系。

(1) 轮缘　位于基体外缘，与工作部分相连，起支承与夹持工作部分的作用。

(2) 辐板　辐板位于轮缘和轮毂之间，它的构造对轮体的强度和刚度以及结构的重量有重大影响。辐板的种类有板式和条式两种。

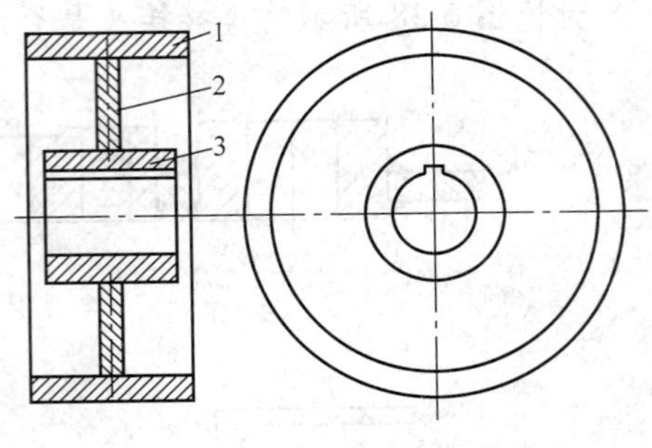

图 6-39　焊接轮体的组成
1—轮缘　2—辐板　3—轮毂

(3) 轮毂　它是轮体与轴相连的部分，转动力矩是通过它与轴之间的过盈配合或键进行传递的。它的结构是个简单的圆筒体，其内径与轴的外径相适应。其外径通常为轴径的 1.5 ~2 倍，轮毂的长度为轴径的 1.2 ~1.5 倍。

3. 焊接齿轮结构分析

齿轮毛坯多为铸件，但当齿轮直径大于 1m 时，仍采用铸造工艺生产，则废品率和生产成本都会进一步增高；另外由于齿轮的工作特点，齿轮只用一种材料制作，往往不能满足齿轮的工作特性。若改为焊接件，则可选用不同的材料以满足齿轮各部位的工作要求。如轮缘、轮毂的表面受力大，可选用强度高的低合金钢制作；轮毂所用材料的强度应等于或略高于轮辐所用材料的强度，如 Q235A 钢、35 钢或 45 钢。而辐板传递载荷，需要足够的韧性，强度要求可低些，选用 Q235 钢、Q345(16Mn)钢或低碳钢制作。铸造齿轮为一整体，轮缘与辐板，辐板与轮毂之间壁厚相差较大，往往易产生铸造应力而导致裂纹，更何况铸铁的可焊性较差，难于焊接和修补而导致报废。而焊接轮可以分开制造，最后总装。轮缘毛坯的制备方法主要取决于直径和厚度的大小，此外，还要根据生产的批量和设备能力来决定。表 6-2 为轮缘毛坯制备的集中方案。

表 6-2　轮缘毛坯的制备

制备方案	示意图	适用范围
整锻或整铸	厚 宽	1）须具有大型铸造或锻造设备 2）应用在轮毂直径小、厚度大和宽度小的情况
分段铸造然后拼焊		应用在锻造设备能力不足，轮缘厚度大的情况
钢板气割下料冷挤压成型或卷制成型后拼焊		需要专用冷挤压设备

（续）

制备方案	示意图	适用范围
钢板气割下料后拼焊		应用在轮毂直径大、厚度大和宽度小的情况
钢板卷圆后焊成筒体，然后逐个切割下来		用在具有大型卷板设备和批量生产情况

图6-40所示为焊接齿轮毛坯结构图，图6-40a为双辐板的齿轮结构，其接头形式为T形接头的角焊缝，由于轮缘和轮毂对焊缝刚性拘束应力大，整圈连续的焊接，必将产生裂纹，因此这种结构不合理。若把辐板结构改为图6-40b所示的双辐条形式，既可减少焊缝数量缓和应力，又可减轻结构的重量。其辐条均匀分布在轮缘上，大大减缓了焊接应力。但单个辐条较窄强度低，且焊接生产时，装配较困难，不易实现自动焊，因此其结构也不尽合理，一般在辐条形状简单，负载不大的轮体中采用单排辐条齿轮结构。

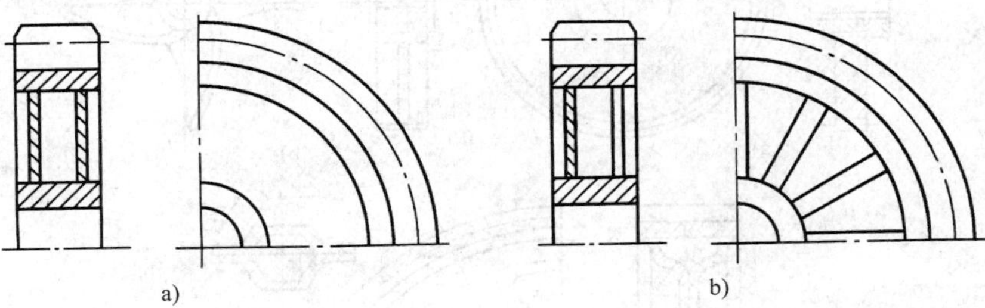

图6-40　焊接齿轮结构形式

轮毂毛坯的制造方法主要是锻造，可以锻成两半圆片，再用电渣焊焊接等方法拼接起来。考虑到加工以及它与键、轴装配方便等因素，通常选用Q235、35钢或45号钢。

4. 分析结论

从上面分析可以看出：

1）焊接齿轮的整体结构应做到匀称和紧凑，使轮体上的焊缝分布相对于转动轴线均匀对称，以保证机械平衡。

2）根据轮体上各组成部分所处的地位和工作特点不同，对材料要求不同，因此应按实际需要选择材料。同时，要注意材料的焊接性。

3）由于齿轮采用辐板式焊接结构，轮缘

小知识　电渣焊的特点及应用：

1）可以一次焊接很厚的工件，并且不用开坡口。

2）以立焊位置焊接，一般不易产生气孔和夹渣等缺陷。

3）对于调整焊缝金属的化学成分及降低有害杂质具有特殊的意义。主要应用于钢材或铁基金属的焊接，宜焊接板厚在30mm以上的金属材料。

和轮毂对焊缝刚性约束大，基体上的两条环封闭焊缝在焊接过程中最容易产生裂纹，因此，应选用抗裂性能较好的低氢型焊接材料，并在工艺上采用预热或对焊件实施对称焊接等措施。

4）从焊接齿轮受力上分析，基体是在动载荷下工作，其破坏形式主要是疲劳破坏。因此，基体的焊接结构要尽量避免一切引起应力集中的因素。如接头应开坡口，并两面施焊，焊缝应避开应力集中区，在应力集中部位采用大圆弧过渡等。

5）焊接齿轮的结构形式不应受传统结构的影响，在受力分析的基础上发挥焊接工艺的特长，通过对各构件的合理组合，有可能会获得强度高、刚性好和质量轻的新结构，从而达到事半功倍的效果。

在焊接轮的设计中，不要完全受传统结构的限制。图 6-41 所示为简化和轻便的焊接轮子，图 6-41a 为轮缘和辐板不分的小直径齿轮的结构；图 6-41b 为省去轮缘和轮毂的离心泵叶轮，直接把叶片焊到轮毂上；图 6-41c 是一个大批量生产的轻型齿轮，辐板由两块薄板冲压出来，利用电阻点焊把它们连接成一体，然后用四道环形角焊缝与轮缘、辐板焊成轮体，辐板上冲压有凸肋，因而刚性很好，装配焊接方便。

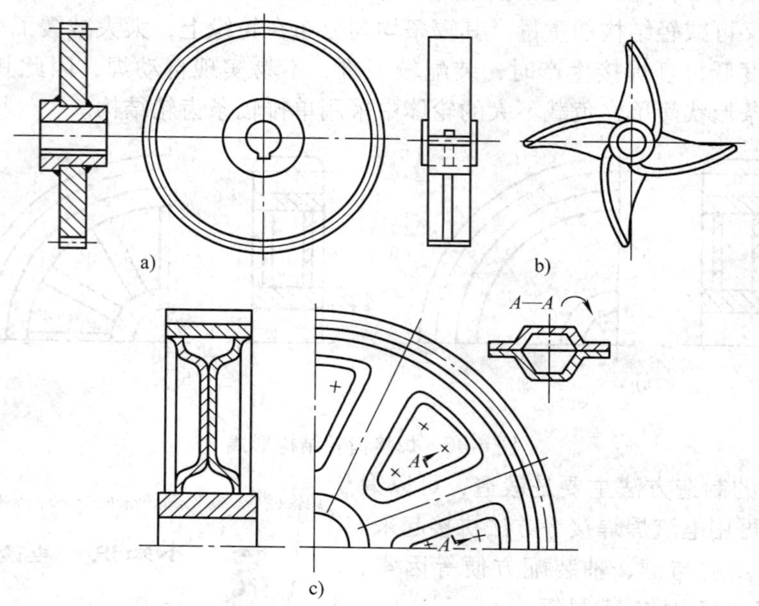

图 6-41　简化和轻便的焊接轮的结构

能力知识点 2　型钢桁架的结构工艺性分析

桁架是由拉杆和压杆组成的。这些杆件的连接点称为节点。焊接桁架是指由直杆在节点处通过焊接相互连接组成的承受横向弯曲的格构式结构。桁架中大部分杆件只承受轴心力作用，而形成轴心拉杆或轴心压杆。桁架广泛应用于建筑和桥梁，还可以做机器骨架及各种支承塔架（如电视塔、高大的输变电线用的铁塔架等）。一般来说，当构件承载小、跨度大时，采用桁架作梁类结构具有节省钢材、重量轻、可以充分利用材料的优点。同时，桁架运输和

安装方便，制造时易于控制变形。但桁架节点处均用短焊缝连接，装配费工，难于采用自动化、高效率的焊接方法，增加了制造成本。因此，一般认为跨度大于 30m，载荷较小时，使用桁架是比较经济的。

小知识　桁架的连接方式：钢桁架可以用焊接、普通螺栓联接、高强度螺栓联接或铆接等连接方式，其中焊接应用最广。

桁架的技术参数、桁架形式的确定一般与使用要求、桁架的跨度和载荷的类型及大小等因素有关。总的原则是适用、经济和制造简单。

1. 桁架的主要技术参数

桁架的主要技术参数是跨度和高度。起重机桁架的跨度是指桥架两轨道之间的距离，桁架弦杆轴线之间最大间距为桁架高度。焊接桁架的设计应满足刚度、强度和稳定性的要求。一般桁架的刚度多由桁架的高跨比控制。桁架结构的承载能力主要靠各组成杆件的强度和稳定性以及节点的强度来保证。桁架的整体稳定性通过合理的布置支承体系或横向联合结构来取得，不同用途的桁架结构应根据相应的规范进行设计。

（1）跨度　桁架的跨度一般由使用条件确定，同时应符合模数。对于建筑结构，柱网横向轴线的间距是屋架的标志跨度，以 3m 为模数。屋架的计算跨度为屋架两端支座之间的距离。根据屋架的支承方式和柱网与支承点之间的相互关系，可由标志跨度确定计算跨度。

（2）高度　桁架的高度由经济、刚度、建筑要求和运输界限等因素决定。表 6-3 给出了常用桁架的高跨比，满足此要求的桁架一般可以不做刚度验算。需要铁路运输的桁架起运单元，其最大轮廓高度不可大于 3. 85m。

表 6-3　桁架结构的高跨比

项　次	桁架类型	高跨比	备　注
1	三角形屋架	1/6 ~ 1/4	
2	梯形、平行弦和小撑式屋架	1/10 ~ 1/6	与柱钢接的梯形屋架或人字屋架的端高与跨度之比一般为 1/18 ~ 1/12
3	三铰拱屋架	1/6 ~ 1/4	斜梁截面高度与其长度之比为 1/18 ~ 1/12
4	梭形屋架	1/12 ~ 1/9	一般用于起重量小于 5t 的中轻级吊车中
5	桥式吊车桁架	1/18 ~ 1/10	
6	桥梁桁架	1/7 ~ 1/5	

2. 型钢桁架节点结构分析

桁架的结构形式和主要技术参数确定以后，通过受力分析和计算，根据工作性质的不同确定不同形式的桁架杆件截面。为了保证桁架结构的强度和刚度，杆件可采用组合截面。考虑到制造方便等因素，同一桁架杆件截面中所用的型钢种类越少越好，最多不要超过 5 种，必要时可将数量较少的小号型钢进行调整，使规格数量减少。且杆件所用角钢一般不得小于

想一想　钢屋架属于桁架结构吗？为什么？

50mm × 50mm × 5mm，钢板厚度不小于5mm，且比连接杆件的厚度大2mm，钢管壁厚不小于4mm。杆件截面宜用宽而薄的型钢组成，以增大刚度。同时，应尽量避免使用相同边长而厚度相差很小的型钢，以免施工时产生混料错误。

从桁架的技术要求及生产工艺看，分析桁架节点的主要目的是：防止在节点处产生附加力矩及减少节点处应力集中。如图6-42所示为屋顶桁架A处节点结构设计的四种形式。图6-42a节点的几何中心线不重合，将产生附加力矩，同时件1、2、3间距小，使施焊比较困难；图6-42b节点的几何中心线重合，附加力矩小，但其型钢1、3与件4的过渡尖角大，易在尖角处形成应力集中；图6-42c节点选用连接板4，使件1、2、3与件4的焊缝过长，焊后易使桁架产生变形，且增加了装配工作量，浪费材料；图6-42d节点结构采用带弧形的连接板，降低了节点的应力集中，提高了节点的承载力。为使焊缝不致太密集，并有足够长度，以满足强度要求，桁架节点处应多设置节点板，原则上桁架节点板越小越好。节点的形状越简单，切割次数就越少越好，最好采用矩形、梯形和平行四边形，即一般至少有两个边平行。

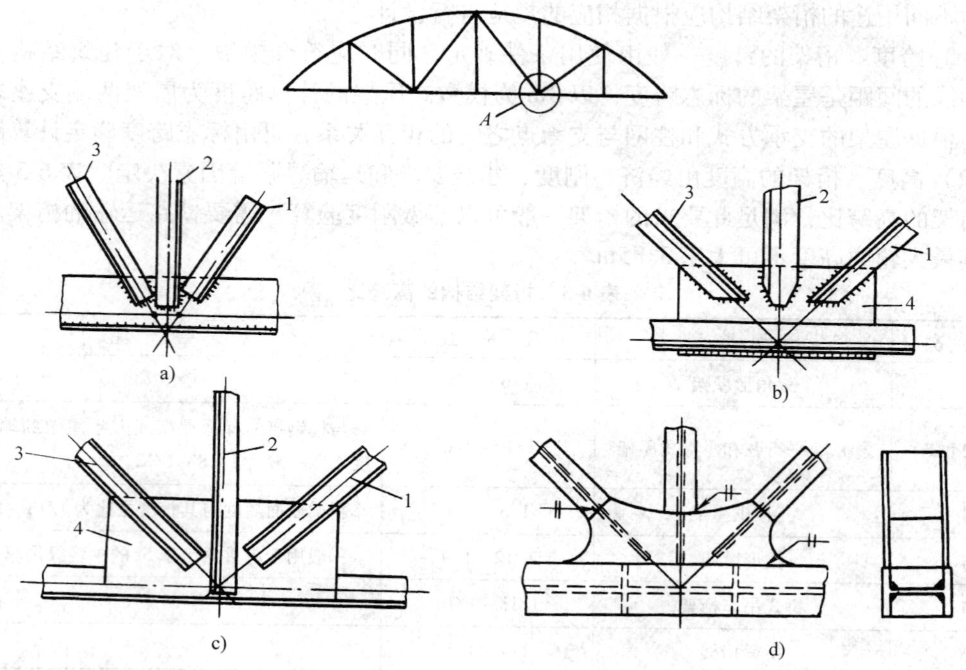

图6-42　几种节点结构形式比较

在桁架结构中，桁架弦杆、腹杆和支撑杆件与节点板的连接应采用图6-43所示的形式。承受动载荷的桁架，其弦杆和腹杆与节点板的连接方式应符合图6-44所示的要求。

3. 分析结论

从以上分析可以看出，要保证型钢桁架节点结构的合理性，必须做到以下几点：

1）杆件截面的重心线应与桁架的轴线重合，在节点处各杆应汇交于一点。为了便于制作，对角钢和T型钢可取角钢背肢（或T形钢翼缘外边缘）到重心的距离以5mm为模数。

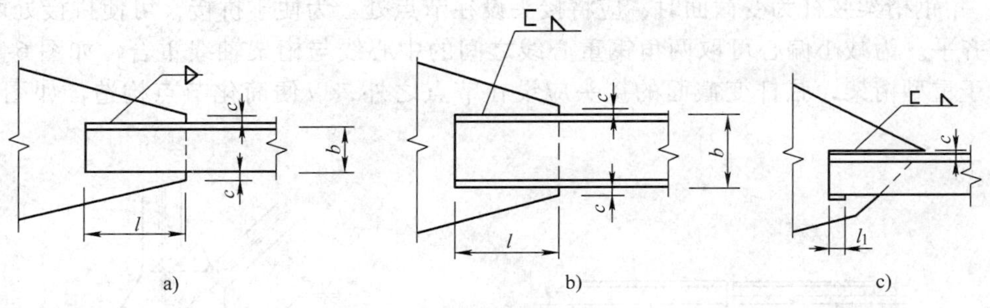

图 6-43　桁架弦杆、腹杆和支撑杆件与节点板的连接方式

a）两面侧焊　b）三面围焊　c）L 形围焊

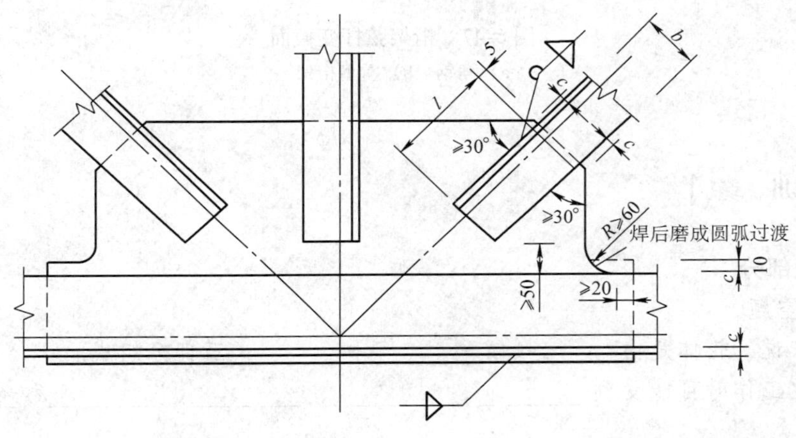

图 6-44　受动载荷的桁架弦杆和腹杆与节点板的连接形式示意图

2）桁架杆件宜直切也可斜切，但不允许有不尖角。如图 6-45a、b、c 所示较好，图 6-45d 不宜采用。

3）在铆接结构中，桁架的节点必须采用节点板；焊接桁架可有可无节点板。无节点板是将桁架的杆件直接焊接起来完成的。这种节点构造简单，重量轻、制造工时少，应优先采用。当采用节点板时，其尺寸不宜过大，形状应尽可能简单。节点板上腹杆与弦杆、腹杆和腹杆之间的间隙一般应不小于 20mm，并不宜大于 3.5 倍的节点板厚度。对直接承受动态载荷的桁架，间隙可适当放大，但不得超过 6 倍节点板厚度及 80mm，如图 6-46 所示。

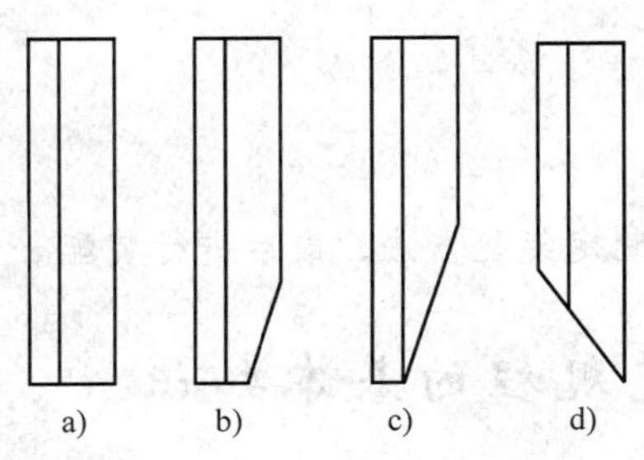

图 6-45　桁架杆件的切割

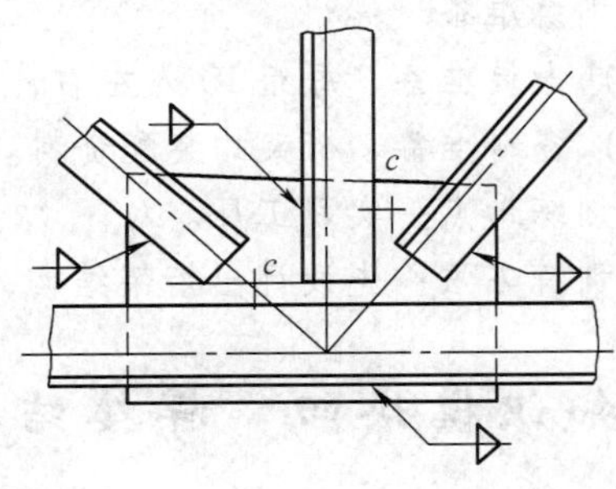

图 6-46　节点板的形状

4）角钢桁架弦杆为变截面时，应将接头设在节点处。为便于拼接，可使拼接处两侧角钢肢背齐平。为减小偏心可取两角钢重心线之间的中心线与桁架轴线重合，如图 6-47a 所示。对于重型桁架，弦杆变截面的接头应设在节点之外，以便简化节点构造，如图 6-47b 所示。

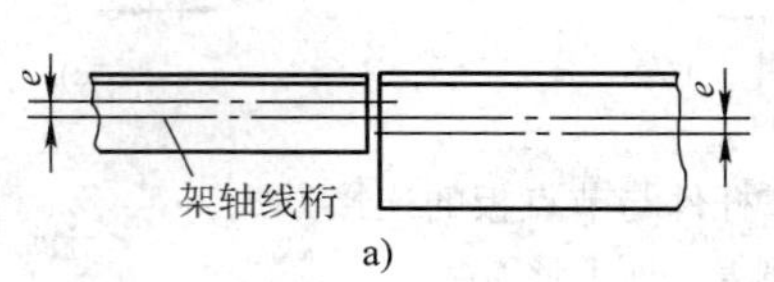

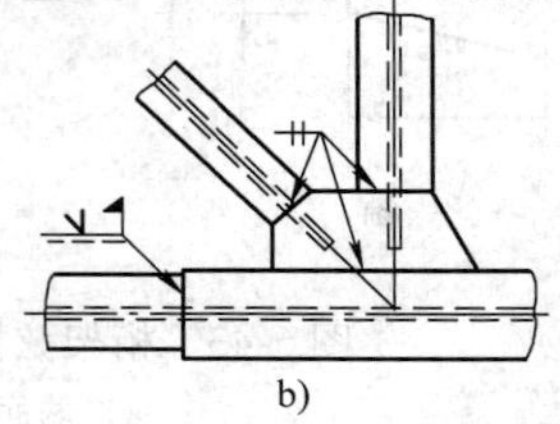

图 6-47　桁架弦杆变截面
a）角钢　b）重型桁架

【综 合 训 练】

一、理论部分

（一）填空题

1. 一般来说，轮体是由________、________和________三部分组成。

2. 轮体在工作时可能受到________、________、________、________和________等作用力。

3. 桁架结构的刚度多数情况是由________控制。

（二）简答题

1. 设计型钢桁架节点时应注意哪些问题？

2. 桁架的定义及结构特点。

3. 简述在焊接轮体的设计中应该考虑哪些问题？

二、实践部分

设计一个简单桁架，说明它的装配过程及操作要领。

1. 训练目标：通过实践体会桁架的装配过程及操作要领。

2. 训练准备

（1）人员准备　每组 10 人左右，分成若干组。

（2）资料准备　桁架的装配资料。

3. 训练地点：实习工厂。

4. 训练方法：先设计出桁架结构，然后根据图样制定装配方法，最后进行装配。

综合知识模块四　焊接结构生产工艺规程的基本知识

焊接工艺规程(简称 WPS)，又称焊接细则，是用文件的形式将装配内容、顺序、操作

方法和检验项目等规定下来，作为指导装配工作和组织装配生产的依据。它是以科学理论为指导，结合现场的生产条件，在实践的基础上分析总结制订出来的。在新产品投产之前和对旧产品进行改造时，都要编制工艺规程。焊接工艺规程是以焊接工艺评定报告为依据，用来指导焊接生产工艺的技术文件。也可以说它是制造焊接件所有关的加工和实践要求的细则文件，可保证由熟练焊工或操作工操作时质量的再现性。

资料卡　按照美国锅炉与压力容器法规的有关条款，对焊接工艺规程可做如下定义：焊接工艺规程是一种经济评定合格的书面焊接工艺文件，用以指导按法规的要求焊制产品焊缝。

能力知识点1　生产过程和工艺过程

通过人们的劳动使原材料或零件毛坯的形状和性质发生变化的过程，称作生产过程。焊接结构的生产过程简略的说就是将各种金属轧制的成材或其他金属坯料，经一系列加工最终制成具有一定用途的金属构件或产品的过程。在生产过程中，除了进行一些直接改变工件形状或性质的主要工作外，还要进行一部分辅助工作，如原材料的准备、原材料或零件的运输、产品的包装等等。因此说，生产过程是从原材料（或毛坯）到成品（或半成品）之间所有劳动过程的总和。

为了生产某一产品，要经过一个或几个不同的加工工艺过程来完成。如齿轮的制造，要经过铸造（或锻造）毛坯、退火处理、机加工铣齿（或磨齿），高频淬火等不同生产加工的工艺过程。所谓工艺过程是指逐步改变原材料、毛坯或半成品的几何形状、尺寸、相对位置和物理机械性能，使其成为产品或半成品的那一部分生产过程。工艺过程是生产中的主要部分。例如铸造、焊接、热处理、机加工、冲压等等。原材料经过整个生产过程中一系列的加工工艺过程后，得到人们需要的产品。所以说工艺过程是产品生产过程中处理某一技术问题所采取的技术措施。

小知识　工业产品的生产过程包括：

1）生产技术准备过程。
2）生产工艺过程。
3）辅助生产过程。
4）生产服务过程。

焊接结构生产过程的内容十分广泛，从产品开发、生产和技术准备到毛坯制造、装配、焊接，影响的因素和涉及的问题多而复杂。工厂为了具有较强的应变能力和竞争能力，现代工厂逐步用系统的观点看待生产过程的各个环节及它们之间的关系。即将生产过程看成一个具有输入和输出的生产系统。用系统工程学的原理和方法组织生产和指导生产，能使工厂的生产管理科学化；能使工厂按照市场动态及时地改进和调节生产，不断更新产品以满足社会的需要；能使生产的产品质量更好、周期更短、成本更低。

在现代焊接产品的制造中，为了提高劳动生产率，便于组织生产，一件产品的生产过程，往往是由许多专业化的工厂联合完成的。如一台压力容器的大部分零、部件的制造，整台设备的装配、试车、检验和涂装等都是在容器生产厂进行的。但大型容器中的封头、各种接管、密封件、标准人手孔、大型锻件和其他有关标准件等，则多是由别的专业工厂而制造。一个工厂的生产过程可以划分为不同车间的生产过程。例如，焊接车间的生产过程、铸造车间的生产过程、装配车间的生产过程等。因此，任何工厂（或车间）的生产过程，是指该工厂（或车间）直接把进厂（或车间）的原料和半成品变成成品的各个劳动过程的总和。

能力知识点2　工艺过程的组成

焊接结构的加工工艺过程是指由金属材料（包括板材、型材和其他零、部件）通过各种工序，然后采用焊接加工的方法，改变毛坯的形状、尺寸、相对位置使其成为焊接结构产品的过程。将工艺过程各项内容写成文件，就是工艺规程。工艺过程由工序、工位、工步等组成。

1. 工序

金属结构的制造过程是比较复杂的，不可能只在一个地点完成，根据它的技术要求和结构特点，往往是在多个地点，由多组人员使用多台设备经过一系列加工步骤共同完成的。工序是指一个（或一组）工人，在一个工作地点，对同一个（或同时对几个）工件连续完成的那部分工艺过程。工序是组成工艺过程的基本单元。工序划分的主要依据是加工工艺过程中工人、工作地（或设备）、工件是否变动和工作是否连续等四个因素来考虑，其中任何一个要素变动了就成了不同的工序。

想一想　如果让你焊一个200mm×100mm×100mm的长方形的蓄水箱，至少需要哪些道工序呢？

焊接结构生产工艺过程的主要工序有放样、划线、下料、成形加工、边缘加工、装配、焊接、矫正、检验、涂装等。对于一个产品，其主要工序形成的工艺过程简称工艺路线或工艺流程。

2. 工位

工位是工序的一部分。在某一工序中，焊件所用的加工设备和所处的加工位置是在变化的。工件在加工设备上所占的每一个工作位置称为工位。例如在转胎上焊接工字梁上的四条焊缝，如果用一台焊机，工件需转动四个角度，即有四个工位，如图6-48a所示。如果用两台焊机，焊缝1、4同时对称焊→翻转→焊缝2、3同时对称焊，工件只需装配两次，即有两个工位，如图6-48b所示。

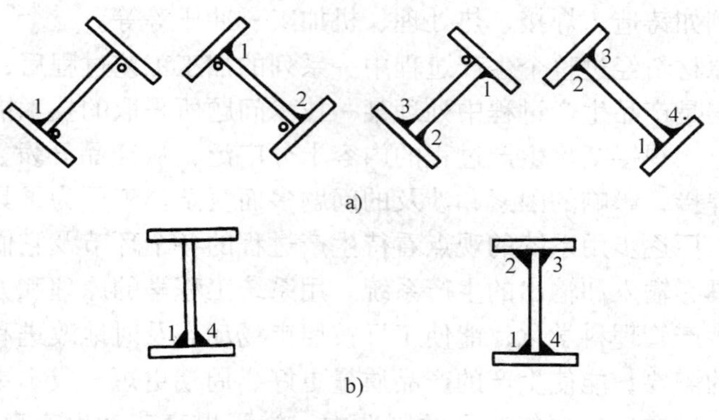

图6-48　工字梁焊接工位
a）四个工位　b）两个工位

3. 工步

工步是工艺过程的最小组成部

分，它还保持着工艺过程的一切特性。工件在某一个加工工序内所使用的加工设备、工装夹具和工艺规范均保持不变的条件下所完成的那部分动作称为工步。每一个工步只定义一种具体操作。构成工步的某一因素发生变化时，一般认为是一个新的工步。例如圆筒形容器筒节纵向焊缝要焊两层，两层焊接参数不同，则纵向焊缝焊接这一道工序就由两个不同的工步所组成，否则，纵向焊缝焊接这道工序即由一个工步所组成。再如厚板开坡口对接多层焊时，打底层用 CO_2 气体保护焊，中间层和盖面层均用焊条电弧焊，一般情况下，盖面层选择的焊条直径较粗，电流也大一些，则这一焊接工序是由三个不同的工步组成。

另外，对于生产中连续进行的若干个相同的工步，生产中习惯视为一个工步。如在多层厚壁容器的焊接过程中，多层焊接时，焊丝直径、设备、焊接参数等均保持一致，习惯上称为一个工步。

【综 合 训 练】

一、理论部分

（一）填空题

1. 焊接工艺规程是以焊接________为依据，指导________的技术文件。
2. 生产过程是从________、________和________之间所有劳动过程的总和。
3. 工艺过程是指由________经过一系列加工工序，组装成________的过程。
4. 工艺过程包括________、________和________其中________是工艺过程最小的组成部分。

（二）简答题

1. 简述工序划分的依据。
2. 解释工序、工位、工步的含义。

二、实践部分

分析讨论箱式起重机梁的焊接主要包括哪些道工序。

1. 训练目标：通过讨论分析箱式起重机梁的焊接工艺过程；理解焊接结构的生产及工艺过程。

2. 训练准备

（1）人员准备　每组 10 人左右，分成若干组。

（2）资料准备　箱式起重机梁的产品图样及技术要求。

3. 训练地点：工厂。

4. 训练方法：仔细观察箱形起重机梁的焊接工艺过程。

综合知识模块五　焊接结构工艺规程的编制

焊接结构生产的准备工作中，生产工艺规程的编制占有重要地位。由工艺分析、工艺方案编制形成了焊接生产工艺流程，根据规范进行焊接试验或焊接工艺评定，在此基础上进行生产工艺规程设计，编制各种工艺规程文件。

能力知识点1 焊接工艺规程的作用

在新产品投产之前和对旧产品进行改造时，都要编制工艺规程。焊接工艺规程是以焊接工艺评定报告为依据，用来指导焊接生产工艺的技术性文件。也可以说它是制造焊接件所有关的加工和实践要求的细则文件，可保证由熟练焊工或操作工操作时质量的再现性。从形式上讲，工艺规程是一种指导性文件，就内容而言，它记载了一个完整的加工工艺过程。

制订工艺规程是焊接生产中的一项技术措施，它在生产中的作用归纳起来有以下几点：

1. 工艺规程是指导焊接生产的主要技术文件

工艺规程是在总结技术人员和广大工人实践经验的基础上，根据一定的工艺理论和必要的工艺试验制订出来的。按照合理的焊接工艺规程进行生产，能保证工件在满足正常工作和安全运行的条件下实现产品质量稳定，可靠地达到用户的要求，提高劳动生产率，获得良好的经济效益。

2. 工艺规程是生产、组织和生产管理的基本依据

根据工艺规程，工厂可以进行各方面的生产技术准备工作，如焊接材料(焊条、焊丝、气体、焊剂)的准备、钢铁材料的准备(种类、接头形式、坡口加工等)、设备的调试与检修专用工装设备的设计和制造、生产成本的核算和人员的安排等等。并及时调度生产任务，调整生产计划。在整个工艺实施中，还可随时随地监控到整个生产过程，使生产能够有节奏地连续进行下去，减少废品的产生。

3. 工艺规程是新建工厂或扩建、改建旧厂的技术基础

在新建工厂或扩建、改建旧工厂、车间时，只有根据生产纲领和工艺规程才能真正地确定生产所需的设备的种类、规格、数量和布局，进行车间的平面设计、确定生产人员包括焊工的等级和人数及安排辅助部门等。

4. 工艺规程是交流先进经验的桥梁

学习和借鉴先进企业的工艺规程，可以大大地缩短企业研制和开发的周期。同时企业之间的相互交流，能提高技术人员的专业能力和技术水平。焊接工艺规程必须由生产该焊件的企业自行编制，不得沿用其他企业的焊接工艺规程，也不得委托其他单位编制用以指导本企业焊接生产的焊接工艺规程。要求规程的内容必须符合本企业的生产实际，同时要经过相应的焊接工艺评定试验，证实其正确性和合理性。因此，焊接工艺规程也是技术监督部门检查企业是否具有按法规要求生产焊接产品资格的证明文件之一。目前已成为焊接结构生产企业认证检查中的必查项目之一。所以说，焊接工艺规程是企业质量保证体系和产品质量计划中最重要的文件。

小知识 工艺规程的类型有：

1）专用工艺规程。

2）通用工艺规程。

3）标准工艺规程。

工艺规程一经工艺管理部门审定后，即成为生产中的技术法规，任何人都必须严格遵守，不得随意改动。但是随着时间的推移，新工艺、新技术、新材料、新设备的不断涌现，

以及人们对产品质量、数量要求的变化，产品性能要求的提高，工艺规程在实施过程中逐渐会出现某些不适应的问题，可能相对会变得落后，因此，遇到问题和发现缺点应及时对工艺规程进行修订和更新，使其更为合理和先进，不然工艺规程将失去指导意义。

能力知识点2　编制工艺规程的依据

工艺规程设计的依据是产品的工艺方案，以及有关的焊接试验和焊接工艺评定等，此外，编制人员制订工艺规程时，应全面考虑产品的技术要求、接头性能、产品结构特点、所用钢种的基本特性、生产车间现有的工艺装备、所积累的生产经验、焊工技能水平、文明生产条件和劳动保护设施等。其中包括：

1. 产品图样

产品图样是制订焊接工艺规程的基础，图样包括焊接结构总装图和零、部件图。从总装图中可以掌握产品结构的技术要求和特点、焊缝的位置、材料的牌号及壁厚、检验的方法和验收标准、焊接节点和坡口的形式等。制订焊接工艺规程时，一定要考虑产品验收的质量标准，并在工艺规程中明确表示出来。如焊缝外表的几何尺寸要求、探伤的方式及合格标准，水压实验的试验压力等。从零、部件图可以掌握零、部件的焊接方法、材料、坡口形式等最基本而详尽的资料，是编制焊接工艺卡的主要依据。编制人员在掌握这些资料后就可对设计图样和技术要求进行分析，认为不妥之处应与用户或设计者及时沟通，双方共同协商解决，根据最终图样和技术要求确定焊接制造工艺。

2. 国标和部颁标准

目前，关于焊接方面的国家标准和机械部标准已经很多，内容涉及与产品研制、开发、生产、检验有关的方方面面。要求工艺人员在编制工艺规程时，应根据本厂的具体生产条件，制定本厂有关的技术标准，厂标原则上应符合相应的布颁标准和国家标准。在技术上应不低于相应的部标和国标，仅是根据本厂的具体情况做适当的选择和补充，可以参照类似焊接结构产品的工艺规程及国内外新技术和新资料等。

3. 产品的生产纲领和生产类型

生产纲领是指企业在计划期内应当生产的某种产品或零、部件的产量(包括废品)和进度计划。计划期常为一年，所以生产纲领也就是年产量。生产纲领不同，工装夹具设计的内容和要求也不相同。按照生产纲领的大小，焊接生产可分为三种类型：单件生产、成批生产、大量生产。生产类型的划分见表6-4。不同的生产类型，其特点是不一样的，因此所选择的加工路线、设备情况、人员素质、运输能力、厂房规模以及工艺文件等也不尽相同。

（1）单件生产　当产品的种类繁多，数量较小，重复制造较少时，其生产性质可认为是单件生产，生产过程各工作点工作完全不重复。一般冶金矿山、重型机械制造厂的焊接车间多属于此种形式。编制工艺规程时，应选择适应性较广的通用装配焊接设备、起重运输设备和其他工装设备，这样可以在最大程度上避免了设备的闲置。使用机械化生产是得不偿失的，所以可选择技术等级较高的工人进行手工生产。加工质量和生产率在很大程度上依靠操作者的技术水平。应充分挖掘工厂的潜力，尽可能降低生产成本。编制的工艺规程应简明扼要，只需粗定工艺路线并制定必要的技术文件。

（2）大量生产　当产品的种类单一，数量很多，某一种产品长期的不间断的在同一工作地点进行生产。如汽车、拖拉机等。工件的尺寸和形状变化不大时，其性质接近于大量生产，因为要长时间重复加工，所以宜采用机械化、自动化水平较高的流水线生产，每道工序都由专门的机械和工装完成，加工同步进行，生产设备负荷越大越好。对于大量生产的产品，要求制订详细的工艺规程和工序，尽可能实现工艺典型化、规范化。

（3）成批生产　生产产品品种比较多，成批制造相同的焊件，根据批量的大小，成批生产又可分为大批、中批和小批量生产。小批生产和单件的工艺特点十分接近；而大批生产与大量生产的工艺特点比较接近，因此他们间常相提并论。成批生产的产品具有周期性重复加工的特点，机械化程度介于单件生产和大量生产之间。应部分采用流水线作业，但加工节奏不同步。应有较详细的工艺规程。

表 6-4　生产类型划分

生产类型		产品类型及同种零件的年产量/件		
		重型	中型	轻型
单件生产		5 以下	10 以下	100 以下
成批生产	小批生产	5～100	10～200	100～500
	中批生产	100～300	200～500	500～5000
	大批生产	300～1000	500～5000	5000～50000
大量生产		1000 以上	5000 以上	50000 以上

4. 工厂或车间现有的生产条件

编制工艺规程的目的是指导生产，能更好地把产品制造出来。工艺规程应切实可行，不切合工厂生产实际的工艺规程，即使再先进、再合理也是不可取的。制订工艺规程是不能脱离工厂或车间现有的生产条件的。要与选定的装配—焊接工艺相适应；划分零件数量适当，装配焊接工作量最少、各工种工作量均衡、工种交替少、易于流水作业等。现有生产条件是指：

小知识　在编制工艺规程，填写工艺文件时，必须规定产品生产材料消耗定额和劳动消耗定额，以利于科学组织生产，确保企业的经济效益。

（1）车间现有的生产设备　主要包括卷板机、剪板机、焊机、冲压设备、胎夹具、工艺装备等。

（2）车间的辅助能力　主要包括起重能力和运输能力，它们是正常生产的保障。

（3）材料的储备情况　包括生产原材料和焊接材料(焊丝、焊条等)。

（4）人员状况和管理水平　工人的技术水平，能否满足新产品制造的要求。

能力知识点 3　编制工艺规程的步骤

工艺规程是否合理，直接关系到生产组织能否正常运行。制订的工艺规程，既要保证焊接生产质量达到产品图样的各项技术要求，又要有较高的劳动生产率，保证产品在用户的规定期限内交付使用，同时还要减少人力、物力等方面的消耗，节约资金，降低成本。工艺规

程编制过程要严紧、细致，其步骤是：

1. 技术准备工作

产品的装配图和零件工作图、技术标准、其他有关资料以及本厂的实际情况，是编制工艺规程最基本的原始资料。在进行技术准备工作时应做好以下几项工作：

1）汇集所需的各种原始技术资料，审核产品图样的完整性和正确性，做到心中有数，其作用有两个：及时发现遗漏，尽量把问题和不足暴露在生产前，使生产少受损失；明确产品的结构形状，使零、部件间的相对位置和连接方式等，作为选择加工方法的基础。

2）研究产品的特点、技术要求和验收的质量标准，并在熟悉的基础上掌握这些标准。验收的质量标准是对产品装配图和零件工作图技术要求的补充，是工艺技术、工艺方法及工艺措施等决策的依据。要研究产品各项技术要求的制定依据，以便根据这些依据在工艺上采取不同的措施；找出产品的主要技术要求和关键零、部件的关键技术，以便采用合适的工艺方法，采取可靠的措施。

3）分析研究生产纲领，根据生产类型和生产性质确定工艺类型和工艺装备等。

4）掌握国内外同类产品生产现状及先进的工艺。

5）掌握工厂的生产条件，这是编制切实可行的工艺规程的核心问题。要深入现场了解设备的规格与性能，工装设备的使用情况及制作能力，工人的技术素质等。

2. 产品的工艺过程分析

所谓的工艺过程分析是指对整个焊接产品的结构、材料、加工方法和技术要求进行研究，提出问题并解决问题的过程。在技术准备的基础上，根据图样深入研究产品结构和备料、成形加工、装配焊接工艺的特点，对关键零、部件或工序应进行分析研究。通过对产品结构技术要求的分析，寻求产品从原材料到成品的制造过程中所用的工艺方法，预见可能出现的技术难题并加以研究。以生纲领为依据，进一步提出几种可行的工艺方案，然后经过全面的分析、比较或试验，最后选出一个最好的工艺路线方案。

3. 拟订工艺路线

拟订工艺路线是把组成产品的零、部件的加工顺序排列出来的过程，也可以说是确定装配方法和组织形式，划分装配单元和装配顺序的过程。它是在工艺分析的基础上完成的，是编制工艺规程的总体构思和布局和基本框架。拟订工艺路线要完成以下内容：

（1）加工、装配方法的确定　确定各零、部件在备料、成形加工、装配和焊接等各工序所采用的加工方法和相应的工艺措施。加工和装配方法的确定主要取决于产品的结构特点和生产纲领，并要考虑到企业现有的生产技术条件、设备以及产品生产类型的性质。

小知识　安排装配顺序的一般原则为：先下后上，先内后外，先难后易、先重大后轻小，先精密后一般。

（2）划分装配单元和加工顺序的确定　将产品划分为套件、组件和部件等装配单元是制订工艺规程中最重要的一个步骤，这对大批、大量生产结构复杂的产品尤为重要。合理地安排加工顺序能减少不必要的运输、存储工作，同时能使各个工序衔接紧凑，提高生产效率。焊接结构生产是一个多工种的生产过程，根据产品结构特点，考虑到加工方便，焊接应力与变形以及质量检查等方面问题，合理安排加工顺序。这里尤其要注意装配—焊接顺序的确定，零、部件的装配—焊接和最后的总装顺序不同，结构的残余应力和变形是不一样的，因此对产品的尺寸、加工质量有很大影响。

(3) 加工设备和工装的确定　根据已确定的各工序的加工方法及本单位现有的生产条件，选择合适的加工设备、工具、量具和夹具等，并对非标准设备提出简图和技术要求。

(4) 确定工时定额及工人的技术等级　目前装配的工时定额大都根据实践经验估计，工人的技术等级并不作严格规定。但必须安排有经验的技术熟练的工人在关键的装配岗位上操作，以把好质量关。

拟订工艺路线和工艺过程分析的关系十分密切，拟订工艺路线的过程就是产品生产方案论证、确定的过程。产品的工艺路线并不是唯一的，在拟订工艺路线时要提出两个以上的方案，对不同的工艺路线进行分析，确定最合理的、最经济的工艺路线。尤其对关键复杂的工艺路线，在拟订时要深入车间、工段、生产班组调查了解，征求经验丰富的老工人的意见，以便拟订出最合理的工艺路线方案。工艺路线的拟订，一般从粗略到详细，最后经过试验或试生产确定下来。

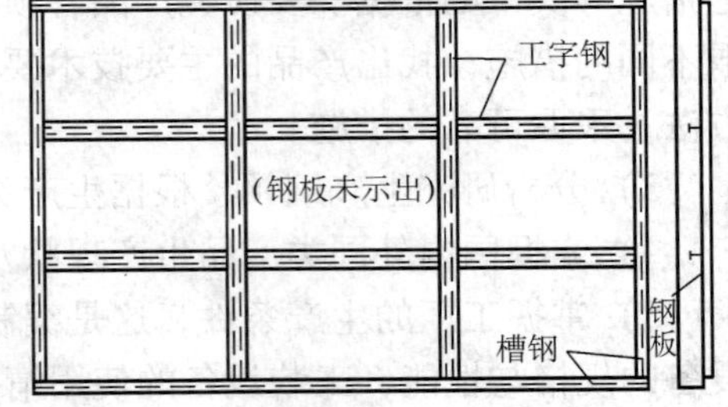

图 6-49　框架结构图

工艺路线一般是绘制出装配焊接过程的工艺流程图，并附以工艺路线说明，也可以用表格的形式表示。如图 6-49 为某一框架结构，图 6-50 为它的工艺流程图。设计人员、生产人员、技术人员要对其进行试生产，找出不妥之处加以改进，确定最后工艺路线，用来填写工艺文件，指导生产。

钢板 → 划线 → 切割 → 矫正 ↓

型钢 → 划线 → 切割 → 矫正 → 批修 → 放样 → 装配型钢 → 焊接 → 矫正 → 装钢板 → 焊接 ↓

包装 ← 涂装 ← 整理 ← 批修 ← 矫正

图 6-50　框架结构的工艺流程图

最佳的工艺路线是：

1) 在保证产品质量的前提下，工艺路线最短，工序少，采用了较为先进的设备和方法，生产率高。

2) 设备的利用率高，消耗的材料少，材料的利用率高。

3) 在产品制造过程中，生产路线应符合车间的布置，零、部件无折返现象。

4) 生产中要保证安全，工人劳动强度低，劳动条件好。

5) 工艺路线应符合工厂的条件，产品能顺利地制造出来且经济效益可观。

小知识　焊接工艺规程编制程序的两种模式：①对于一般不受安全监督的焊接结构，焊接工艺规程可直接按产品图样、技术条件、工厂有关的焊接标准以及已积累的生产经验数据进行编制。经过一定的审批程序后即可下发生产部门使用，且无需事先通过焊接工艺评定。②对于必须受安全监督的重要焊接结构，每一份焊接工艺规程必须有相应的焊接工艺评定报告作支持。

4. 编写工艺规程

拟订的工艺路线经审查、批准后，为了便于组织和指导生产，同时作为技术准备的依据，还需要编写工艺文件。工艺文件是生产活动中所遵循的规律和依据，工艺文件有多种形式，如产品零、部件明细表、工艺流程图等。工艺规程是一种重要的工艺文件形式，它反映了设计的基本内容。焊接结构生产中常用的工艺规程的文件形式主要有工艺过程卡片、工艺卡片、工序卡片、工艺守则等，见表6-5。

表6-5　工艺规程常用的文件形式

文件形式	特　点	选用范围
工艺过程卡片	它是描述零件整个加工工艺过程全貌的一种工艺文件。是制订其他工艺文件的基础，是进行技术准备、编制生产计划和组织生产的依据。通过工艺过程卡可以了解所需要的加工车间、加工设备及工艺装备	单件小批生产
工艺卡片	按产品或零、部件的某一工艺过程阶段编制，以工序为单位详细说明各工序内容、工艺参数、操作要求及所用设备与工装，表示了每一个工序的详细情况	各种批量生产
工序卡片	在工艺卡片基础上，针对某一工序而编制，比工艺卡片更详尽，规定了操作步骤，每一工步内容、设备、工艺参数、工艺定额等，常用工序简图来表示，表明本工序完成以后的零件形状、尺寸公差、零件的定位和装配及装夹方式等	大批量生产和单件小批生产中的关键工序
工艺守则	它是焊接结构生产过程中的各个工艺环节应遵守和执行的制度。针对某一种焊接方法，某一种操作工艺或某一种材料的焊接工艺专业工种而编制的基本操作规程，具有通用性	单件、小批多品种生产

与焊接有关的几种工艺规程格式如下：

1）工艺规程幅面和表头、表尾及附加栏，见表6-6。

2）焊接工艺卡片，见表6-7。

3）装配工艺过程卡片，见表6-8。

4）装配工序卡片，见表6-9。

5）工艺守则，主要包括守则的适用范围，与加工工艺有关的焊接材料，加工所需要的设备及工艺装备，工艺操作前的准备以及操作顺序、方法、工艺参数、质量和安全技术等内容，见表6-10。

表 6-6　工艺规程幅面、表头、表尾及附加栏格式

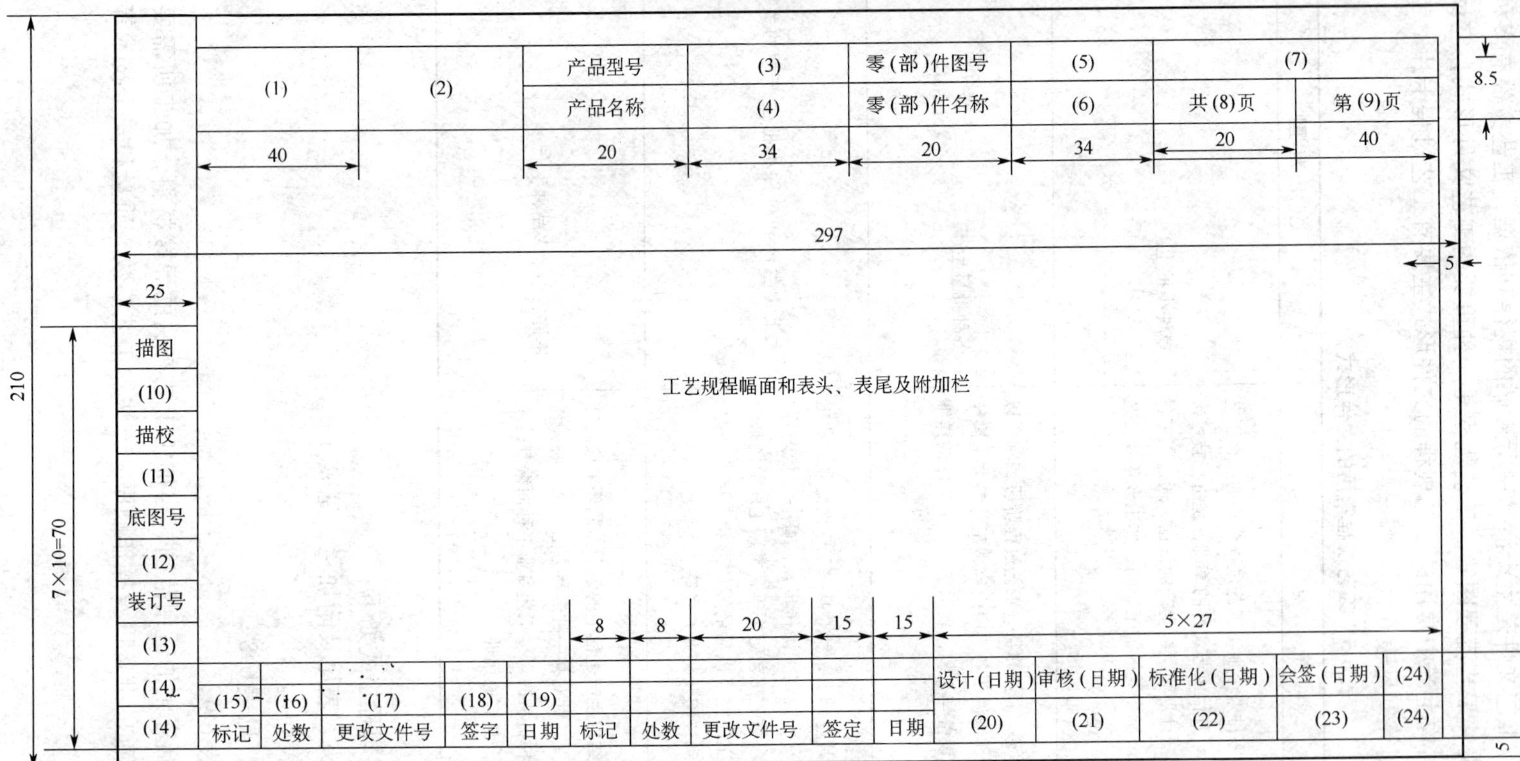

注：表中(　)填写内容：

(1) 企业名称。

(2) 文件名称。

(3)～(6) 按产品图样中的规定填写。

(7) 按 JB/Z 254 规定填写文件编号。

(8)～(9) 分别用阿拉伯数字填写每个零件卡片的总页数和顺页数。

(10)～(11) 分别由描图员和校对者签字。

(12)～(14) 装订号。

(15) 填写每次更改所使用的标记，一律用ⓐ、ⓑ、ⓒ、……。

(16) 填写同一次更改处数，一律用 1，2，3，…填写。

(17) 填写更改通知单的编号。

(18) 更改人签字。

(19) 填写更改日期。

(20)～(23) 责任者签字并注明日期。

表 6-7　焊接工艺卡片

焊接工艺卡片	产品型号		零件名称			
	零件图号		零件名称		共 页	第 页

简图 (17)
88

主要组成件				
序号	图号	名称	材料	件数
(1)	(2)	(3)	(4)	(5)
10	26	20	26	14

8　　21×8

	工序号	工序内容	设备	工艺装备	电压或气压	电流或焊嘴号	焊条、焊丝、电极 型号	焊条、焊丝、电极 直径	焊剂	其他规范	工时
描图	(6)	(7)	(8)	(9)	(10)	(11)	(12)	(13)	(14)	(15)	(16)
描校											
底图号											
装订号											
	8		20	24	15	15	15	15	15	15	10

										设计(日期)	审核(日期)	标准化(日期)	会签(日期)	
标记	处数	更改文件号	签字	日期	标记	处数	更改文件号	签字	日期					

注：表中(　)填写内容：

(1) 序号用阿拉伯数字 1，2，3，…填写。

(2)～(5) 分别填写焊接的零、部件图号名称，材料牌号和件数，按设计要求填写。

(6) 工序号。

(7) 每道工序的焊接操作内容和主要技术要求。

(8)～(9) 设备和工艺装备分别填写其型号或名称，必要时写其编号。

(10)～(16) 可根据实际需要填写。

(17) 绘制焊接简图。

表 6-8　装配工艺过程卡片

	装配工艺过程卡片		产品型号		零件图号		
			产品名称		零件名称	共　页	第　页
工序号	工序名称	工序内容	装配部门	设备及工艺装备	辅助材料		工时定额 /min
(1)	(2)	(3)	(4)	(5)	(6)		(7)
8	12	19×8	12	60	40		10
		8					

描图
描校
底图号
装订号

										设计(日期)	审核(日期)	标准化(日期)	会签(日期)	
标记	处数	更改文件号	签字	日期	标记	处数	更改文件号	签字	日期					

注：表中(　)填写内容：

(1) 工序号。

(2) 工序名称。

(3) 各工序装配内容和主要技术要求。

(4) 装配车间、工段或班组。

(5) 各工序所使用的设备和工艺装备。

(6) 各工序所需使用的辅助材料。

(7) 各工序的工时定额。

表 6-9　装配工序卡片

10	10	20	装配工序卡片				产品型号		零件图号			
							产品名称		零件名称		共　页	第　页
工序号	(1)	工序名称	(2)	车间	(3)	工段	(4)	设备	(5)	工序工时	(6)	
简图			60	10	20	10	20	10	40	25		
(7)												

尺寸标注：16，8，8，8×8

	工步号	工步内容	工艺装备	辅助材料	工时定额/min
	(8)	(9)	(10)	(11)	(12)
描图					
	8		50	50	10
描校					
底图号					
装订号					

标记	处数	更改文件号	签字	日期	标记	处数	更改文件号	签字	日期	设计（日期）	审核（日期）	标准化（日期）	会签（日期）

注：表中（　）填写内容：

（1）工序号。

（2）装配本工序的名称。

（3）执行本工序的车间名称或代号。

（4）执行本工序的工段名称或代号。

（5）本工序所使用的设备型号名称。

（6）本工序工时定额。

（7）绘制装配简图或装配系统图。

（8）工步号。

（9）各工步名称、操作内容和主要技术要求。

（10）各工步所需使用的工艺装备型号名称或其编号。

（11）各工步所需使用的辅助材料。

（12）各工序的工时定额。

表 6-10　工艺守则格式

	(工厂名称)			( )工艺守则(1)				(2) 共(3)页	第(4)页
	(5)								
描图									
(6)									
描校									
(7)									
底图号									
(8)						资料来源	编　制	(签字)(18)	(日期)
装订号							审　核	(19)	(23)
	5					(16)	标准化	(20)	
(9)	(11)	(12)	(13)	(14)	(15)	编制部门	批　准	(21)	
(10)	标　记	处　数	更改文件号	签　字	日　期	(17)		(22)	

注：表中填写内容：

（1）工艺守则的类别，如“焊接”、“热处理”等。

（2）工艺守则的编号(按 JB/Z 254 规定)。

（3）~（4）该守则的总页数和顺页数。

（5）工艺守则的具体内容。

（6）~（15）填写内容同“表头、表尾及附加栏”的格式(表 6-7)中的(9)~(18)。

（16）编写该守则的参考技术资料。

（17）编写该守则的部门。

（18）~（22）责任者签字。

（23）各责任者签字后填写日期。

目前，在各单位应用最广的有焊接工艺守则和焊接工艺卡两种形式。有一些行业产品制造工艺复杂或有特殊要求，统一格式难以表达时，可以在行业范围内或本企业内部建立统一格式，限在本范围内使用。

编写工艺规程并不是简单的填写表格，而是一种创造设计过程。须把工艺方案中尚未解决的原则具体化，同时要解决工艺方案中尚未解决的具体施工问题。如确定加工的详细顺序，选用设备的型号规格，确定工艺要求，加工量、工艺参数、材料消耗、工时定额等，是一件细致、繁重的工作。现在已逐渐用微机来编制。

小知识　焊接工艺卡直接发到焊工手里，指导生产的焊接工艺文件。对于重要的产品应做到“一点一卡”，即一个焊接节点有一张焊接工艺卡。

编制工艺规程时除必须考虑前述设计原则外，还应达到下列要求：

1）工艺规程应做到正确、完整、统一和清晰。

2）工艺规程的格式、填写方法、使用的名词术语标准化和通用化，物理量名称及符号应符合有关标准规定，计量单位采用法定计量

单位。

工艺规程中所用的名词术语应统一采用国家标准 GB/T 3375—1994《焊接术语》中规定的名词术语，不应采用本企业的习惯用语。物理量名称及符号应符合国家标准GB 3102. 2 ~8—1993。

资料卡　工艺规程的审批程序

工艺规程编制好以后，要经过审查、会签，最后批准。

工艺工程师设计→主管工艺师审核→生产车间(1. 审核装配焊接工作的可完成性　2. 判断所选用设备是否合理)会签→工艺处批准。

标准化审核按 JB/Z 338. 7—1988 进行。

3）插图描绘要符合制图标准。尺寸及公差应标注清晰、正确。焊接顺序和焊道层次可用数字标注，焊接方法可用箭头表示。

4）同一产品的各种工艺规程应协调一致，不得相互矛盾。结构特征和工艺特征相似的零、部件，尽量设计具有通用性的工艺规程。

5）每一栏中填写的内容要简明扼要、文字规范，字体端正，笔画清楚、排列整齐，语言清晰易懂。数字不连写，不许涂改。对于难以用文字说明的工序或工序内容，应绘制示意图，并标注加工要求。

6）在充分利用本厂现有生产条件基础上，尽可能采用国内外先进工艺技术和经验。

7）在保证产品质量基础上，尽可能提高生产率和降低消耗，又必须考虑生产安全和工业卫生(环境保护)，采取相应措施。

5. 制订加工工艺过程实例

筒体加工工艺过程的制订。如图 6-51 所示为一冷却器的筒体。

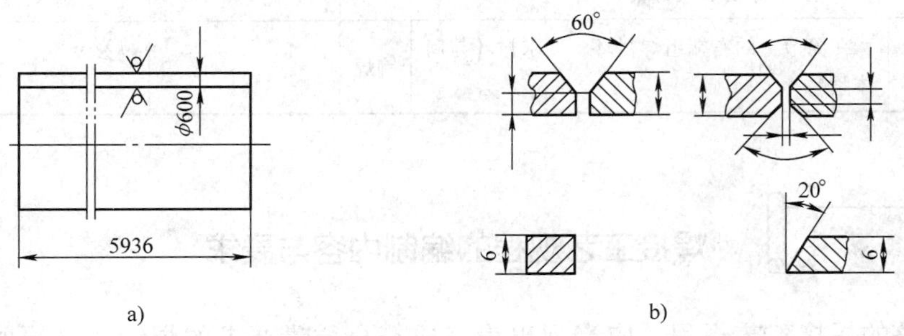

图 6-51　圆筒形筒体

(1) 主要技术要求　筒节数量：4(整个筒体由 4 个筒节组成)。

材料：Ni-Cr 不锈钢。

椭圆度 $e(D\max - D\min)$：≤6mm。

组对筒体：长度公差为 5. 9mm，两端平行度公差为 2mm。

检验：试板做晶间腐蚀试验；焊缝外观合格后，进行 100% 射线探伤。

(2) 筒体制造的工艺过程　该筒体为圆筒形，结构简单。筒体总长为 5936mm，直径为 φ600mm，分为 4 段筒体制造。由于筒节直径小于 800mm。可用单张钢板制作，筒节只有一条纵焊缝。每个筒节开坡口、卷制成形、纵缝焊完后按焊接工艺组对环焊缝，并焊接。然后，进行射线探伤。具体内容填入筒体加工工艺过程卡，见表6-11。

表6-11　筒体加工工艺过程卡

筒体加工工艺过程卡			产品型号		部件图号		共　页
			产品名称	筒体	部件名称		第　页
工序	工序名称	工 序 内 容		车间	工艺装备及设备	辅助材料	工时定额
0	检验	材料应符合国家标准要求的质量证书		检验			
10	划线	号料、划线，筒体由4个筒节组成，同时划出400(500)mm×135mm试块一副		划线			
20	切割下料	按已划线的尺寸切割下料		下料	等离子弧切割机		
30	刨边	按图样要求刨各筒节坡口		机加	刨边机		
40	成形	卷制成形		成形	卷板机		
50	焊接	组对焊缝和试板，除去坡口及其两侧的铁锈、油漆；按焊接工艺组焊纵缝试板		焊机	自动焊	焊丝、焊剂	
60	检验	1. 纵焊缝外观合格，按GB 3323标准进行100%射线探伤Ⅱ级合格 2. 试板按“规程”附录二要求合格 3. 按GB 1223做晶间腐蚀实验		检验	射线探伤设备		
70	校形	校圆：$e \leqslant 3$mm		成形			
80	组焊	按焊接工艺组对环焊缝		铆焊	自动焊	焊丝、焊剂	
90	检验	环焊缝外观合格后，按GB 3323标准100%射线探伤Ⅱ级合格		检验	射线探伤设备		
100	焊接	在筒节1的右端组焊衬环，要求衬环与筒体紧贴		铆焊			

能力知识点4　焊接工艺规程的编制内容与要求

一份完整的焊接工艺规程，应当列出为完成符合质量要求的焊缝所必须的全部焊接参数，除了规定直接影响焊缝力学性能的重要工艺参数外，也应规定可能影响焊缝质量和外形的次要工艺参数。具体项目包括：

1. 焊接材料

1）焊接材料包括焊条、焊丝、焊剂、气体、电极和衬垫等。

2）应根据母材的化学成分、力学性能、焊接性能并结合产品的结构特点和使用条件综合考虑，选用合适的焊接材料。

3）焊缝金属的性能应高于或等于相应母材标准规定值的下限或满足图样规定的技术要求。

2. 焊接准备

1）焊接坡口的选择应使焊缝金属填充量尽量少；避免产生焊接缺陷，减小焊接残余变形和应力，有利于操作。

2）坡口制备时，对碳素钢和 $\sigma_b \leqslant 540\text{MPa}$ 的碳锰低合金钢，可采用冷、热加工方法；$\sigma_b > 540\text{MPa}$ 碳锰低合金钢、铬钼低合金钢和高合金钢应采用冷加工，若采用热加工，则用冷加工方法去除表面层。

3）焊接坡口应平整，不得有裂纹、分层、夹渣等缺陷，尺寸符合图样规定。

4）应将坡口表面及两侧的水、锈、油污和其他有害杂质清除干净。

5）奥氏体钢坡口两侧应刷防溅剂，防止飞溅沾附在母材上。

6）焊条、焊剂要按规定烘干、保温，焊丝需除油、锈，保护气体应干燥。

7）根据母材的化学成分、焊接性能、厚度、焊接接头拘束度、焊接方法和焊接环境等综合因素确定预热与否及其预热温度。

8）采用局部预热时，应防止局部应力过大，预热范围为焊缝两侧各不小于焊件厚度的3倍，且不小于100mm。

9）焊接设备等应处于正常工作状态，安全可靠，仪表应定期检验。

10）定位焊缝不得有裂纹、气孔、夹渣。

11）避免强行组装。

3. 焊接要求

1）焊接环境的风速：气体保护焊时大于2m/s，其他焊接方法大于10m/s；相对湿度大于90%；雨、雪环境，焊件温度低于 -20℃时应采取措施，否则不能焊接。

2）当焊件温度为0～20℃时，应在始焊处100mm范围内预热到15℃以上。

3）禁止在非焊接部位引弧。

4）电弧擦伤处的弧坑应补焊并打磨。

5）双面焊时需清理焊根，显露出正面打底的焊缝金属，对于自动焊并经试验能保证焊透的焊缝，可以不作清根处理。

6）层间温度不超过规定的范围，预热焊时层间温度不得低于预热温度。

7）每条焊缝尽可能一次焊完，当焊接中断时，对于冷裂纹较敏感的焊件应及时采取后热、缓冷等措施，重新施焊时，要按规定进行预热。

8）采用锤击法改善焊缝质量时，第一层及盖面层焊缝不应锤击。

4. 焊后热处理

1）根据母材的化学成分、焊接性能、厚度、焊接接头拘束度、产品使用条件和有关标准，综合确定是否需要进行焊后热处理。

2）焊后热处理应在补焊后及压力试验前进行。

小知识　压力容器焊后热处理方法：

1）炉内加热，应优先采用。

2）在炉内分段进行加热：重点加热长度不应小于1500mm。炉外部分应采取保温措施。

3）局部热处理方法B、C、D类型焊接接头（按国标GB 150—1998《钢制压力容器》内有关焊接接头分类），球形封头与圆筒相连的A类焊接接头以及缺欠焊补部位用此加热方法。

3）应尽可能进行整体热处理，当采用分段热处理时，焊缝加热的重叠部分长度至少为1500mm，加热区以外的部分应采取措施防止有害的温度梯度。

4）焊件进炉时炉内温度不得高于400℃。

5）焊件升温至400℃以后，加热区升温速度不得超过200℃/h，最小为50℃/h。

6）焊件升温期间，加热区任意5000mm长度内的温差不得大于120℃。

7）焊件保温期间，加热区的最高温度与最低温度的差值不宜大于65℃。

8）焊件温度高于400℃时，加热区冷却速度不得超过260℃/h，最小为50℃/h。

9）焊件出炉时炉温不得高于400℃，出炉后应在静止的空气中冷却。

10）炉外热处理的加热方法，应该求内外壁和焊缝两侧温度均匀。

5. 焊缝返修

1）对需要返修的焊接缺陷应分析其产生原因，提出改进的措施，按标准进行焊接工艺评定，编制返修工艺。

2）焊缝同一部位返修次数不得超过2次。

3）返修前将缺陷彻底清除干净。并要再查清其准确位置、深度及范围。

4）如需预热，预热温度应比原焊缝预热温度适当提高。

5）返修焊缝的质量、性能应与原焊缝相同。

6）要求热处理的焊件，在热处理后进行返修补焊时，必须重新进行检验，然后进行热处理。

小知识 在制订热处理工艺规程时，要充分体现以下几点：

（1）先进性 充分利用新技术、新工艺。

（2）经济性 用最低的消耗和成本。

（3）安全性 保证施工安全，降低环境污染。

6. 焊接检验

1）焊前检验包括：母材、焊接材料；焊接设备、仪表、工艺装备；焊接坡口、接头装配及清理；焊工资格证书、焊接工艺文件。

2）焊接过程中检验包括：焊接参数、执行工艺情况、执行技术标准及图样规定情况。

3）焊后检验包括：施焊记录、焊缝外观及尺寸、后热及焊后热处理、无损检测、焊接工艺规程、压力试验、密封性试验等。

对于一般的焊接结构和非法规产品，焊接工艺规程可直接按产品技术条件，产品图样，工厂有关焊接标准、焊接材料和焊接工艺实验报告以及已积累的生产经验数据进行编制。经过一定的审批程序即可投入使用，不需要先经过焊接工艺评定。

对于受监督的重要焊接结构和法规产品，每一份焊接工艺规程都必须有相应的焊接工艺评定报告作为支持，即应根据已评定合格的工艺评定报告来编制焊接工艺规程。如果所拟订的焊接工艺规程的重要焊接参数，已超出本企业现有的焊接工艺评定报告中规定的参数范围，则该规程必须按所规定的程序，进行焊接工艺评定实验，只有经评定合格的工艺规程，才能用于指导生产。

焊接工艺规程原则上是以产品接头形式为单位进行编制的。图6-52为液化气体运输车容器焊缝示意图，容器技术特性：壳体的设计压力为1.77MPa，设计温度为50℃，实验压

力为2.655MPa，工作介质为液化石油气，焊缝系数为1.0，容器类别为Ⅲ类。工艺规程的内容应包括接头编号示意图(表6-12)、焊接材料汇总(表6-13)、接头工艺卡(表6-14)等。罐车壳体的纵、环焊缝，筒体接管焊缝，封头等处的焊缝都应分别编制一份焊接工艺规程。罐车壳体的纵焊缝(代号A1～A6)，环缝(代号B1～B6)采用相同的焊接方法(埋弧焊)相同的重要工艺参数，则可以用一份焊接工艺评定报告(02-2)，来支持纵缝和环缝两份焊接工艺规程。如果某一焊接接头需要采用两种或两种以上的焊接方法制成，则这种焊接接头的焊接工艺规程应以相对的两份或两份以上的焊接工艺评定报告为依据。

目前，计算机和网络技术应用日益普及，计算机辅助工艺过程设计(CAPP)系统，以克服传统工艺过程设计的缺点和推进工艺设计自动化为主要目标，它将经过标准化和优化的工艺或编制工艺的逻辑思想——工艺人员长期积累的知识和经验存入计算机，计算机在编制工艺时，在读取有关信息后，进行检索标准工艺，用专家系统进行选择或设计工艺，删除或编辑。用预先确定的逻辑迅速编制出完整而详细的工艺文件。可使用户获得符合企业实际条件的优化工艺方案，极大地提高了企业的生产效益，并已成为趋势。

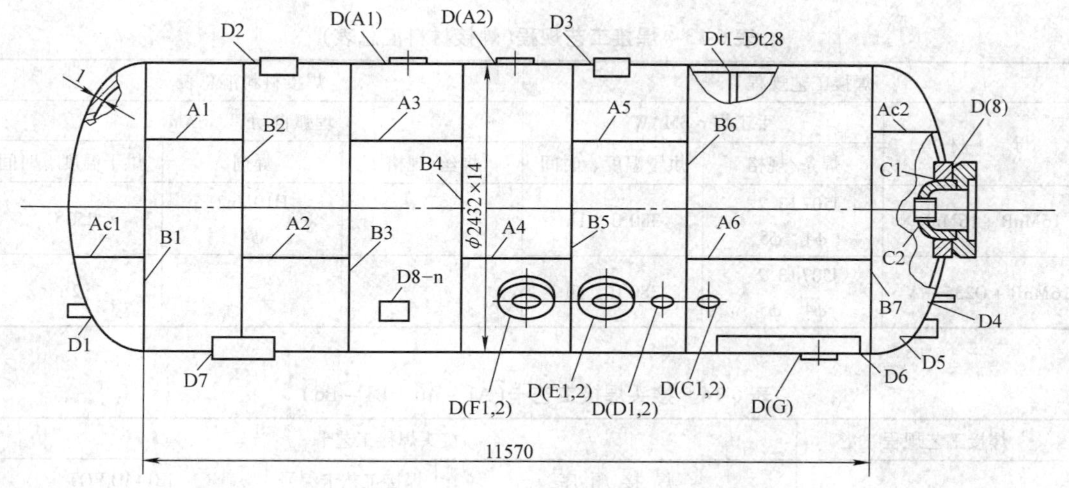

图6-52　液化气体运输车容器示意图

表6-12　焊接工艺规程(接头编号示意图)

接头编号	焊接工艺卡编号	焊接工艺评定编号	焊工持证项目	无损检测要求
Dt1～Dt28	YA05S1BOT	02-1	SMAW-Ⅱ-2FG(K)-12/68-F3J D2-24J	100% PT
D8—n D2、D3	YA04S1BOT	02-1	SMAW-Ⅱ-2FG(K)-12/68-F3J D2-24J	100% PT
D1、D4、D5	YA03S1AOT	02-1	SMAW-Ⅱ-2FG(K)-12/68-F3J D2-24J	100% PT
D(D1,2) D(C1,2)	JB11S1COT	02-116 02-1	SMAW-Ⅱ-2FG(K)-12/68-F3J D2-24J	100% PT
D(G)　D(B) D(E1,2)　D(F1,2) D(A1)　D(A2)	JB22S1COT	02-117 02-144 02-1	SMAW-Ⅱ-2FG(K)-12/68-F3J D2-24	100% PT

（续）

接 头 编 号	焊接工艺卡编号	焊接工艺评定编号	焊工持证项目	无损检测要求
C2	JB10S1AOT2	02-116 02-1	SMAW-Ⅱ-2FG(K)-12/68-F3J D2-24J	100% PT
C1	JB10S1AOT1	02-1 02-144	SMAW-Ⅱ-2FG(K)-12/68-F3J D2-24J	100% PT
B7	JB14V1VOT	02-3	SMAW-Ⅱ-2FG(K)-12/68-F3J D2-24J	100% RT
A1～A6 B1～B6	JB14MVOT	02-2	SMAW-Ⅱ-1G(K)-12-F3J SAW-1G(K)-07/09 M2-5　D2-5J	100% RT
Ac1　Ac2	JB14M1VOT	02-28	SAW-1G(K)-07/09 M2-5	100% RT

表 6-13　焊接工艺规程（焊接材料汇总表）

焊接工艺规程			焊接材料汇总表		
母　　材	手工焊　SMAW		埋弧自动焊　SAM		
	焊条/规格	烘干温度、时间	焊丝/规格	焊剂	烘干温度、时间
16MnR＋16MnR	J507ϕ3.2、ϕ4、ϕ5	380℃　1h		H10Mn2 ϕ4	250℃
16MnR＋Q235—A	J507ϕ3.2、ϕ4、ϕ5	380℃　1h			2h

表 6-14　接头焊接工艺卡（A1～A6　B1～B6）

焊接工艺规程	接头焊接工艺卡						
	焊 接 顺 序		焊接工艺卡编号	JB14M1VOT			
	1	清理坡口，检查坡口尺寸和表面质量	图号				
	2	用 B7 第一层工艺规范从外侧进行定位焊，长度 30～50mm	接头名称	A1～A6，B1～B6			
	3	焊接内侧第 1，2 层	接评编号	02-2			
2±1　6±1　14(16)　14　1　2　60°±5°	4	从外侧进行气刨清根后，用砂轮修	焊工持证项目	M2-5　SAW-1G(K)-07/09			
	5	焊接外侧第 3 层	检验	序号	本厂	锅检所	第三方或用户
	6	焊后清理飞溅		1	√		
	7	外观检查		7	√		
	8	无损检测		8	√	√	
	9	焊后热处理					
母材　16MnR　厚度/mm	14(16)						

（续）

焊接工艺规程				接头焊接工艺卡							
母材	16MnR	厚度/mm	14								
焊接位置	平焊	施焊技术	直焊道								
预热温度	室温			层道	焊接方法	焊条牌号	焊条规格	电流种类与极性	电压/V	焊接速度	电流/A
层间温度	≤150℃			1～3	SAW	H10Mvn2hj431	φ4	DCEP	32～34	22～24	500～650
焊后热处理	600～650℃　1h			B7 第一层	SMAW	J507	φ4	DCEP	22～24	140～180	140～170
后热处理											
钨极直径											
喷嘴直径											
脉冲频率											
脉宽比%											
气体成分	气体流量 L/min	正面： 背面：									

注：手工焊 mm/根；气体保护焊 mm/vmin；埋弧焊 m/h。

【综　合　训　练】

一、理论部分

（一）填空题

1. 焊接工艺规程是将焊接工艺过程的内容，按一定格式写成的______，是以______为指导，结合________的生产条件，在________基础上分析总结制订出来的。

2. 常用的工艺规程有________、________、________和________四种。

3. 焊接结构件的焊后热处理工序应安排在________后，在________前进行。

4. 用锤击法改善焊接质量时，________层和________层焊逢不应锤击。

（二）简答题

1. 简述焊接工艺规程的作用。

2. 简述编制工艺规程的依据有哪些？

3. 解释下列名词术语

生产过程、工艺过程、工艺规程、生产纲领

4. 编制焊接工艺规程的步骤有哪些？

二、实践部分

参照图 6-52 液化气体运输车容器示意图，试拟订其他类型焊缝的工艺规则。

1. 训练目标：了解工艺规程编制所设计的内容及步骤。

2. 训练准备

（1）人员准备　每组6人左右，分成若干组。

（2）资料准备　工艺规程的相关资料。

3. 训练地点：教室。

4. 训练方法：体会编制工艺规程的过程。

第七单元　典型焊接结构的生产工艺

【学习目标】　了解桥式起重机桥架的组成、主要部件的结构特点、技术标准，掌握桥式起重机桥架的装配与焊接工艺；了解有关压力容器的基本知识、分类及特点，掌握低、中压压力容器的制造工艺过程；了解船体结构的类型、特点和结构焊接的工艺原则；熟悉船体建造的工艺方法。

综合知识模块一　桥式起重机桥架的生产工艺

能力知识点1　桥式起重机的组成、主要部件的结构特点及技术标准

起重机是用于对物料作起重、运输、装卸和安装等作业的机械设备。起重机结构形式包括桥式起重机、门式起重机、塔式起重机、汽车起重机等多种。其中，以桥式起重机应用最广，其结构的制造技术具有典型性，掌握了它的制造技术，对于其他起重机结构的制造都有借鉴作用。

1. 桥式起重机桥架的组成

桥架是起重机典型结构之一，是桥式起重机的主要承载结构。桥式起重机的桥架结构如图7-1所示，它主要由主梁（或桁梁）、栏杆（或辅助桁架）、端梁、走台（或水平桁架）、轨道及操纵室等组成。

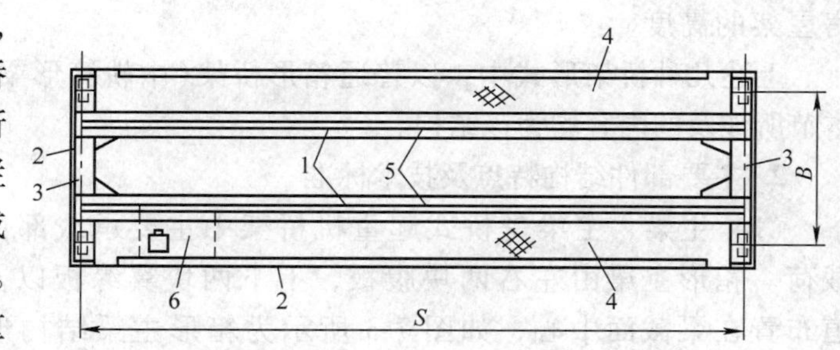

图7-1　桥式起重机桥架

1—主梁　2—栏杆　3—端梁　4—走台　5—轨道　6—操纵室

桥架的外形尺寸取决于起重量、跨度、起升高度及主梁结构形式。桥式起重机桥架常见的结构形式，如图7-2所示。

（1）普通箱形桥架（中轨箱形梁桥架）　如图7-2a所示，该桥架由两根主梁和两根端梁组成。主梁外侧分别设有单层或双层走台，轨道放在箱形梁的中心线上，轨道上的小车载荷依靠主梁上翼缘板和肋板来传递，因而桥架承载能力受限制，高速运转时，桥架水平刚性较差。但该结构工艺性好，主梁、端梁等部件均可采用自动埋弧焊，生产率高；制造过程中主梁的变形量较大。

(2) 偏轨箱形梁桥架　如图7-2b所示，它由两根偏轨箱形梁和两根端梁组成。小车轨道是安装在上翼缘板边缘主梁腹板顶上，载荷直接作用在主腹板上。主梁多为宽主梁形式，依靠加宽主梁来增加桥架水平刚性，同时利用主梁腹腔及上翼缘板作为上下走台，而省去走台等辅助结构，主梁制造变形较小。这种桥架结构多用于大重量的起重机、冶金起重机等。

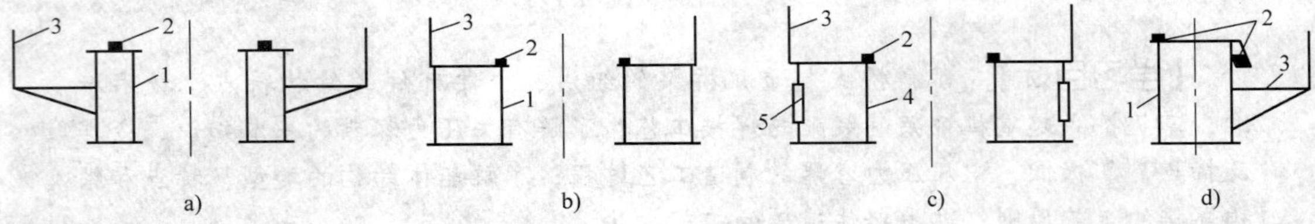

图7-2　桥式起重机桥架结构形式

a）中轨箱形梁桥架　b）偏轨箱形梁桥架　c）偏轨空腹箱形梁桥架　d）箱形单主梁桥架

1—箱形主梁　2—轨道　3—走台　4—工字形主梁　5—空腹梁

(3) 偏轨空腹箱形梁桥架　如图7-2c所示，该桥架与偏轨箱形梁桥架基本相似，仅将轨道安置在梁中心线与主腹板之间，轨道距梁的中心线约为1/4梁宽。该结构可省去主腹板外侧小肋板，可改善轨道的安装工艺性。但增加了横肋板与上翼缘板连接焊缝的局部应力，若处理不当会造成焊缝开裂。副腹板上开有许多矩形孔洞，可减轻自重，使梁内通风散热，同时便于内部维修。但制造比偏轨箱形梁麻烦，较窄的偏轨梁外侧仍需要上下走台等辅助结构，重载起重机不宜采用。

(4) 箱形单主梁桥架　如图7-2d所示，它由一根宽翼缘偏轨箱形主梁与端梁不在对称中心连接，以增大桥架的抗倾翻力矩能力。小车偏跨在主梁一侧使主梁受偏心载荷，最大轮压作用在主腹板顶面轨道上，主梁上要设置一到两根支承小车倾翻滚轮的轨道。该桥架制造成本低，主要用于起重量较大、跨度较大的门式起重机，可降低厂房屋架的高度。

上述几种桥架形式中，以普通箱形桥架(中轨箱形梁桥架)最为典型，应用最为广泛，本节所涉及的内容均为该结构。

2. 主要部件结构特点及技术标准

(1) 主梁　主梁是桥式起重机桥架中主要承载部件，它同时承受垂直载荷和水平载荷。箱形主梁由左右两块腹板，上下两块翼缘板以及若干长、短肋板组成，小车轨道布置在梁截面中心，如图7-3所示为箱形主梁结构形式。梁上除布置有横向大肋板外，还在梁的全长范围内布置小肋板，以增强上翼缘板和腹板承压区的刚度。同时在

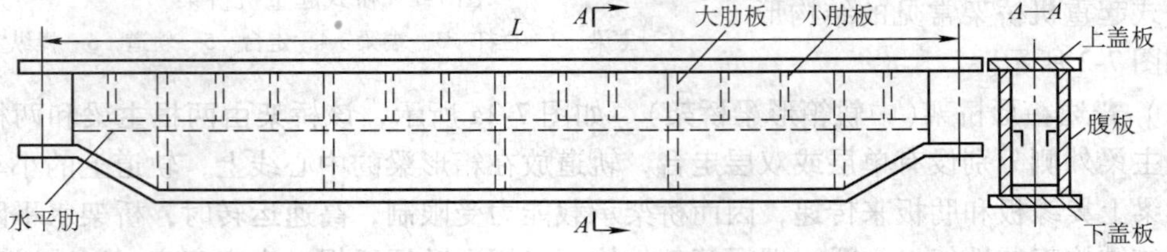

图7-3　桥式起重机箱形主梁结构形式

腹板承压区腹板的内侧或外侧布置纵向水平肋(如用扁钢、角钢或槽钢等)，进一步提高梁的稳定性及承载能力。

为保证起重机的使用性能，主梁在制造中应遵循一些主要技术要求，如图 7-4 所示。

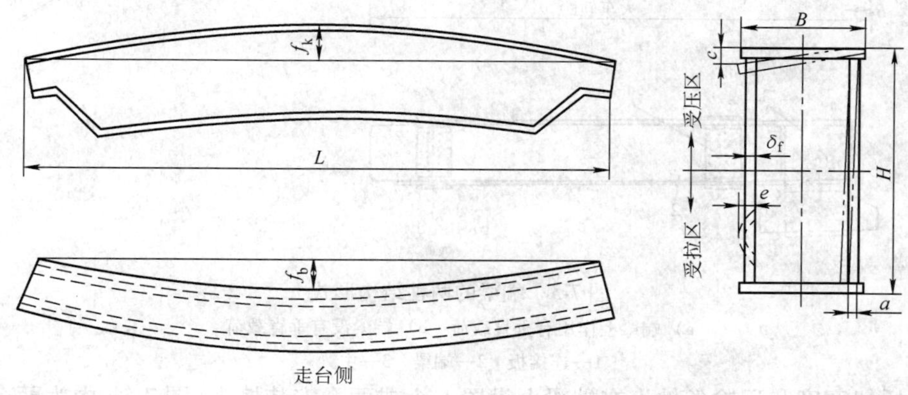

图 7-4　箱形主梁主要技术要求

起重机主梁在载荷作用下会产生弹性的下挠变形，给承载小车的运行增加阻力。为了补偿主梁的这种下挠变形，因此主梁应满足一定的上拱要求，其上拱度 $f_k = L/700 \sim L/1000$(L 为主梁跨度)；为了补尝焊接走台时的变形，主梁向走台一侧应有一定的旁弯 $f_b = L/1500 \sim L/2000$；主梁高度和跨度之比 $h/L = 1/14 \sim 1/18$(大跨度时 h/L 取大值)；主梁两腹板间的距离与跨度之比在 1/50 ~ 1/60；上翼缘板厚度由局部稳定性要求决定。

主梁腹板的波浪变形除对刚度、强度和稳定性有影响外，也影响表面质量，所以对波浪变形要加以限制，以测量长度 1m 计，腹板波浪变形 e，在受压区 $e < 1.2\delta_f$；主梁翼缘板和腹板的倾斜会使梁产生扭曲变形，影响小车的运行和梁的承载能力，因此一般要求上翼缘板水平度 $C \leqslant B/250$；腹板垂直度 $a \leqslant H/200$；另外，各肋板之间距离公差应在 ±5mm 范围之内。

(2) 端梁　端梁是桥式起重机桥架组成部分之一，一般采用箱形结构，并在水平面内与主梁刚性连接，端梁按其受载情况可分为下述两类：

小知识　在新标准中已经取消了跨度小于 16m 的主梁可不预制上拱的规定。上拱是主梁设计和制造中的主要问题。实际生产中可采用多种方法获取规定的上拱值。①利用焊缝的收缩应力制造上拱；②火焰矫正法制取上拱；③腹板预制上拱法。

1) 端梁受有主梁的最大支承压力，即端梁上作用有垂直载荷。结构特点是大车车轮安装在端梁的两端部，如图 7-5a 所示。此类端梁应计算弯矩，弯矩的最大截面是在与主梁连接处 A—A、支承截面 B—B 和安装接头螺孔削弱的截面。

2) 端梁没有垂直载荷，结构特点是车轮或车轮的平衡体直接安装在主梁端部，如图 7-5b 所示。此类端梁只起联系主梁的作用，它在垂直平面几乎不受力，在水平面内仍属刚性连接并受弯矩作用。

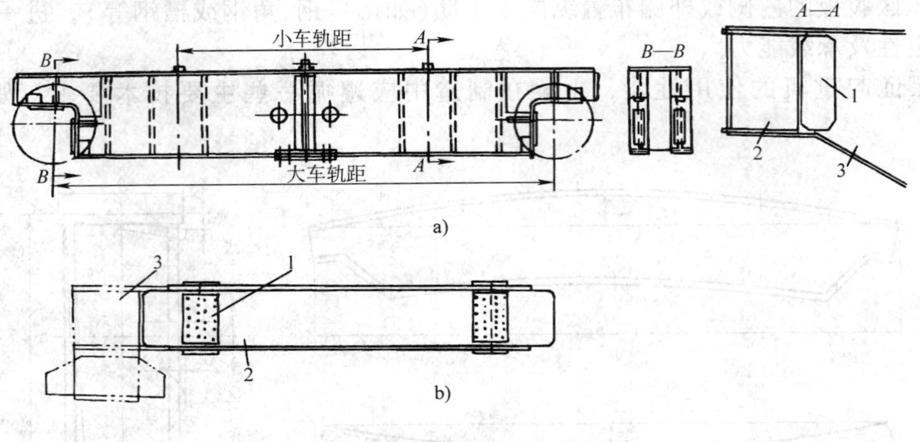

图 7-5 端梁的两种结构形式

a）端梁上作用有垂直载荷 b）端梁没有垂直载荷

1—连接板 2—端梁 3—主梁

依据桥架宽度和运输条件，在端梁上设置一个或两个安装接头(图 7-5b 中为两个接头)，即将端梁分成两段或三段，安装接头目前都采用高强螺栓连接板。对端梁的主要技术要求是：

盖板水平倾斜 $b \leqslant B/250$（B 为盖板宽度）；

腹板垂直偏斜 $h \leqslant H/250$（H 为腹板高度）。

同时对两端的弯板有特殊要求，端梁两端弯板(图 7-6a)是安装角型轴承箱及走轮的，大车轮、轴和轴承等零部件装在角型轴承箱内，然后用螺栓紧固在端梁的弯板上，弯板压制成90°焊接在腹板上。角型轴承箱两直角面及止口板均经过机械加工，而弯板是非加工面。如弯板直角偏大，则安装角型轴承箱止口板与弯板的间隙大，需加垫片调整，这样既费事，又难以保证质量，因而通常要求弯板直角偏差，折合最外端间隙不大于 1.5mm，同时为保证桥架受力均匀和行走平稳，应控制同一端梁两端弯板高低差≤5mm，并且要求同一车轮两弯板高低差 $g \leqslant 2$mm，如图 7-6b所示。

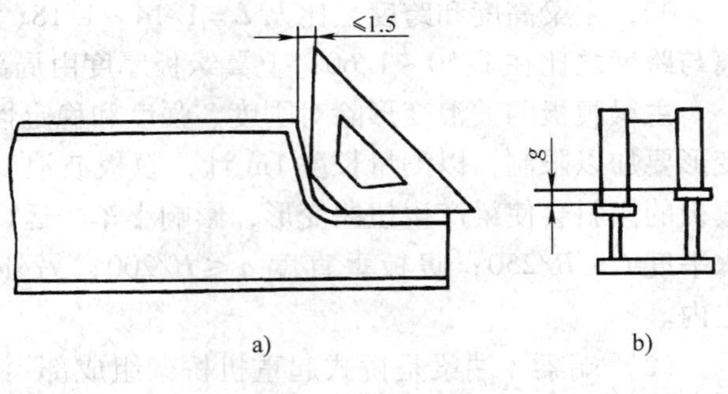

图 7-6 对端梁弯板的要求

a）弯板直角偏差 b）弯板高低偏差

（3）小车轨道 起重机轨道有四种：方钢、铁路钢轨、重型钢轨和特殊钢轨。中小型起重机采用方钢和轻型铁路钢轨；重型起重机采用重轨和特殊钢轨，钢轨一般按车轮轮压来选定。中轨箱形梁桥架的小车轨道安放在主梁上翼缘板的中部，轨道多采用压板固定在桥架上，如图 7-7 所示。

为保证小车正常运行和桥架承载的需要，小车轨道安装时应满足以下主要要求：对同截面小车两轨道的高低差 c 有一定限制，一般当轨距 $T \leqslant 2.5$m 时，$c \leqslant 3$mm；轨距 $T > 2.5$m 时，$c \leqslant 5$mm，如图 7-8 所示。同时，两轨道应相互平行，轨距偏差为 ±5mm。小车轨道的

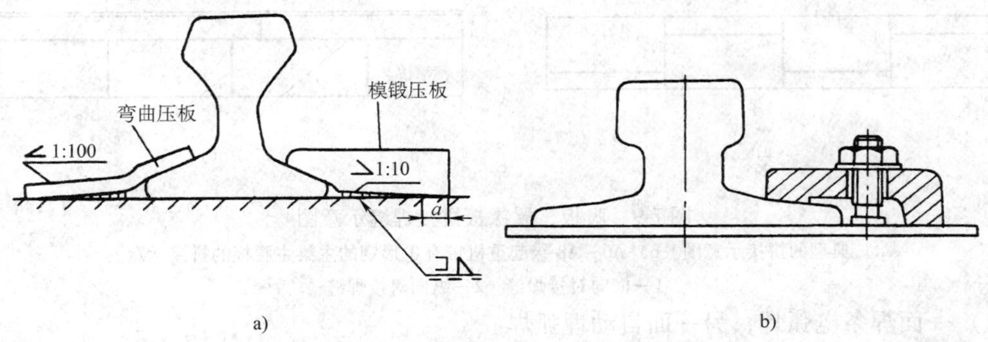

图 7-7　轨道压板形式（$a=10$mm，无斜度）

a）焊接压板　b）螺栓压板

局部弯曲也有限制，一般在任意2m范围内不大于1mm。

对较长轨道需设置接头，为了使接头部位有足够的承载能力，除上翼缘板有足够的厚度外，必须将接头放置在大肋板上，并将钢轨端部加工成45°斜接头。导轨虽不是结构件，但导轨接头设置与主梁的受力、寿命密切相关。因此，在设计导轨焊接接头的时候要特别注意。小车轨道用电弧焊制成一个整体。焊后不得扭曲和有显著的局部变形，并打磨焊缝使其平整。与桥架组装时，应预先在上翼缘板划出轨道位置线，然后装配，最后定位焊轨道压板。为了防止主梁焊接变形，可采用多名焊工沿跨度均匀分布，同时施焊轨道纵缝。

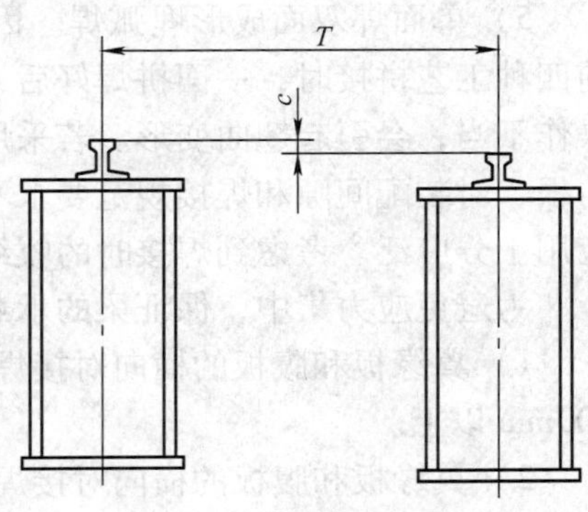

图 7-8　同一截面小车轨道高低

资料卡　当起重小车经过非整体式轨道的接头时，冲击载荷往往会造成梁加强肋板的开裂。因此，近年来对重型的起重机，甚至较低吨位的起重机均已采用焊接整体轨道。

能力知识点2　主梁及端梁的制造工艺

1. 主梁制造工艺要点

（1）拼板对接焊工艺　主梁长度一般为10～40m，梁长、梁宽或梁高会超出钢板供货规格，它的腹板与上下翼缘板需要用多块钢板拼接而成，翼缘板多采用直缝和斜缝对接，应力较大部位一般采用斜对接。典型的拼接示意图如图7-9a所示；图7-9b所示是A6～A8级起重机带有T形钢的主梁主腹板的拼接示意图。

所有拼缝均要求焊透，并要求通过超声波或射线检验，其质量应符合射线探伤标准GB 3323—2005规定的Ⅱ级（GB/T 11345—1989规定的Ⅰ级）。根据板厚的不同，拼板对接焊工艺包括：

1）开坡口双面焊条电弧焊。

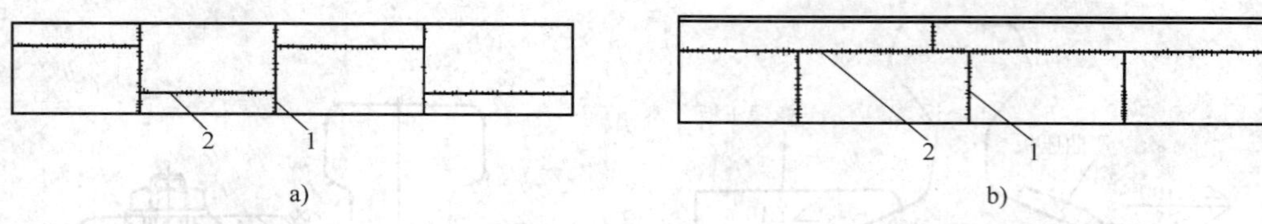

图 7-9　腹板、翼缘板拼接焊缝示意图

a）典型的拼接示意图　b）A6 ~ A8 级起重机带有T形钢的主梁主腹板的拼接示意图

1—横向对接焊缝　2—纵向对接焊缝

2）一面焊条电弧焊，另一面自动埋弧焊。

3）双面自动埋弧焊。

4）气体保护焊。

5）单面焊双面成形埋弧焊。因此，箱形梁制造的主要技术问题即是焊接变形的控制。前四种工艺拼接时，一面拼焊好后，必须把焊件翻转并进行清根等工序。如拼板较长，翻转操作不当，会引起翘曲变形。若采用单面焊双面成形埋弧焊，具有焊缝一次成形、不需翻转清根、对装配间隙和焊接规范要求不十分严格等优点。因此，钢板厚度在 5 ~ 12mm 之间时，应用十分广泛。考虑到焊接时的收缩，拼板时应留有一定的收缩余量。

为避免应力集中，保证梁的承载能力，对拼接部位有一定的要求：

1）翼缘板和腹板的横向对接焊缝不允许布置在梁的同一截面上，对接焊缝应相互错开 200mm 以上。

2）翼缘板和腹板的横向对接焊缝还应与梁的大小加强肋板的角焊缝相互错开，与大加强肋板错开距离要大于 150mm，与小加强肋板错开距离应不小于 50mm。同时，翼缘板及腹板的拼板接头不应安排在梁的中心附近，一般应离梁中心 2m 以上。

为防止拼接板时角变形过大，可采用反变形法。双面焊时，第二面的焊接方向要与第一面的焊接方向相反，以控制变形。

（2）肋板的制造　在设计中梁的腹板厚度通常取的很薄，长肋板中间一般开有减轻孔，以达到节约金属，减轻结构重量的目的，它可以用整料或零料拼接制成；短肋板用整料制成。但是梁易失稳，设置肋板的目的就是为了提高梁的稳定性，所以说肋板的正确设计对腹板和翼缘板的稳定性及装配质量都有影响，所以对其尺寸、间距提出一定的要求。具体要求为：肋板宽度差不能太大，只能为 1mm 左右；长度尺寸允许有稍大一些的误差；肋板的四个角应保证 90°，尤其是肋板与上盖板接触处的两个角更应严格保证直角，这样才能保证箱形梁在装配后腹板与上盖板垂直，并且使箱形梁在长度方向不会产生扭曲变形。箱形梁的肋板通常是在内部设定。只有当肋板与腹板之间不便焊接操作时，才可以将肋板设置在外面，或用管子贯穿两腹板，在外部实施焊，如图 7-10 所示。

想一想　在箱形主梁的装配中是以什么作为基准来组装腹板的?

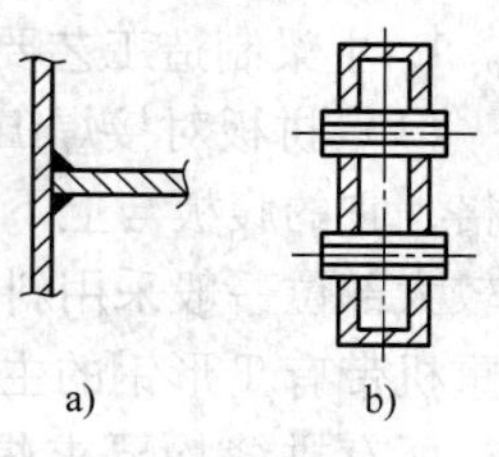

图 7-10　箱形梁肋板设置

a）内焊　b）外焊

（3）腹板上拱度的制备　为了补偿主梁自重、载荷和焊接残余变形而产生的下挠变形，

为满足技术要求规定的主梁上拱度要求，腹板应预制出数值大于技术要求的上拱度（即预制出工艺上拱值），上拱沿梁跨度对称跨中均匀分布。具体可根据生产条件和所用的工艺程序等因素来确定，一般跨中上挠度的预制值 f_m 可以取（1/350～1/450）L。目前，上挠曲线主要有二次抛物线、正弦曲线以及四次函数曲线等制作方法，如图7-11所示。

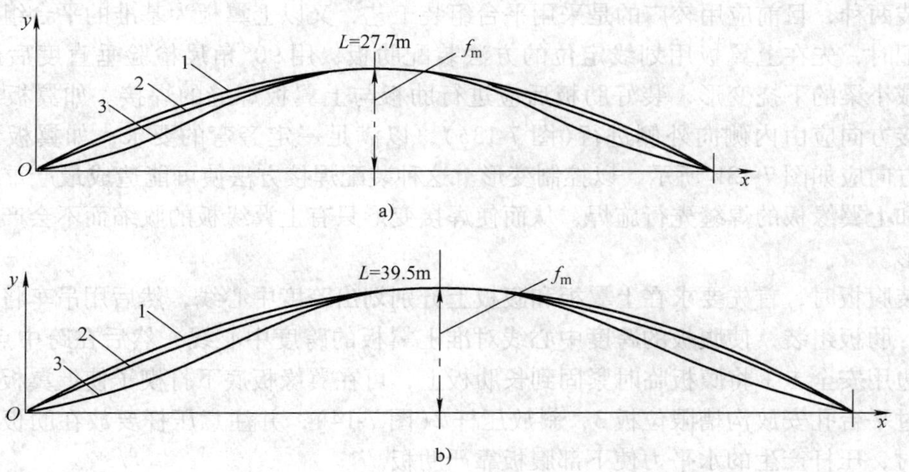

图7-11　预制腹板上拱曲线

a）27.5m主梁上拱曲线　b）39.5m主梁上拱曲线

1—预制值二次抛物线　2—正弦曲线　3—四次函数曲线

腹板上拱度的制备方法多采用先划线后气割，切出具有相应的曲线形状。在专业生产时，也可采用靠模气割。图7-12所示为靠模气割示意图，气割小车1由电动机驱动，四个滚轮4沿小车导轨3作直线运动，运动速度为气割速度且可调节。小车上装有可作横向自由移动的横向导杆7，导杆的一端装有靠模滚轮6沿着靠模5移动。靠模制成与腹板上拱曲线相同形状的导轨，导杆上装有两个可调节的气割嘴2，割嘴间的距离应等于腹板的高度和割缝宽度之和。当小车沿导轨运动时，就能割出与靠模上拱曲线一致的腹板。

小知识　预制的上拱值在制造过程中会减小，导致上拱减小，原因有：

1）梁的自重。

2）在梁的上弦布置有众多大、小肋板、轨道压板等，使上弦的焊缝多于下弦，上弦的焊缝收缩应力大于下弦。

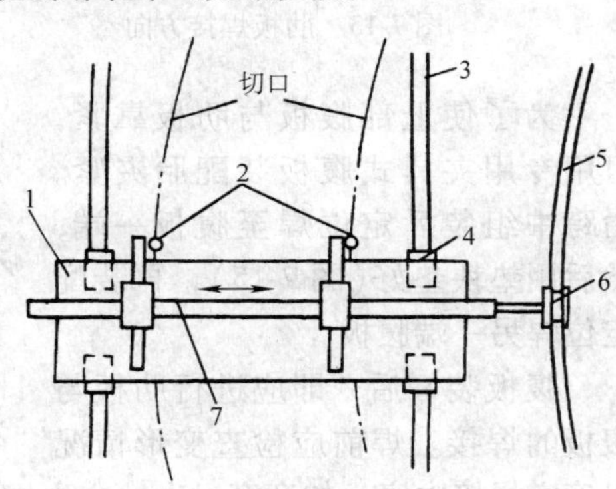

图7-12　腹板靠模气割示意图

1—气割小车　2—气割嘴　3—小车导轨　4—滚轮　5—靠模　6—靠模滚轮　7—横向导杆

由于梁的上弦布置有众多的肋板、纵向加强杆焊缝和轨道压板等。他们的焊缝会使上弦的收缩应力超过下弦，从而导致预顶上拱值的减小。另外，考虑到梁的自重等因素，预制腹板时，工艺上拱值应大于设计上拱值，即一般在(1.5L/1000)～(1.7L/1000)之间选取，L为主梁的跨度。

(4) 装焊π形梁　π形梁由上翼板、腹板和肋板组成，组装定位焊有机械夹具组装和平台组装两种，目前应用较广的是采用平台组装工艺，又以上翼板为基准的平台组装应用较广。装配时，先在上翼板用划线定位的方法装配肋板，用90°角尺检验垂直度后进行定位焊，为减小梁的下挠变形，装好肋板后应进行肋板与上翼板焊缝的焊接。如翼板未预制旁弯，焊接方向应由内侧向外侧进行(图7-13a)，以满足一定旁弯的要求；如翼板预制有旁弯，则方向应如图7-13b所示，以控制变形。这种装配焊接方法使可能造成最严重下挠的大小肋板和上翼缘板的焊缝先行施焊，从而使焊接变形只有上翼缘板的收缩而不会产生过大的挠曲变形。

组装腹板时，首先要求在上翼板和腹板上分别划出跨度中心线，然后用吊车将腹板吊起与翼板、肋板组装，使腹板的跨度中心线对准上翼板的跨度中心线，然后在跨中点定位焊。腹板上边用安全卡1将腹板临时紧固到长肋板上，可在翼缘板底下打楔子使上翼板与腹板靠紧，通过平台孔安放沟槽限位板3，斜放压杆2(图7-14)，并注意压杆要放在肋板处。当压下压杆时，压杆产生的水平力使下部腹板靠严肋板。

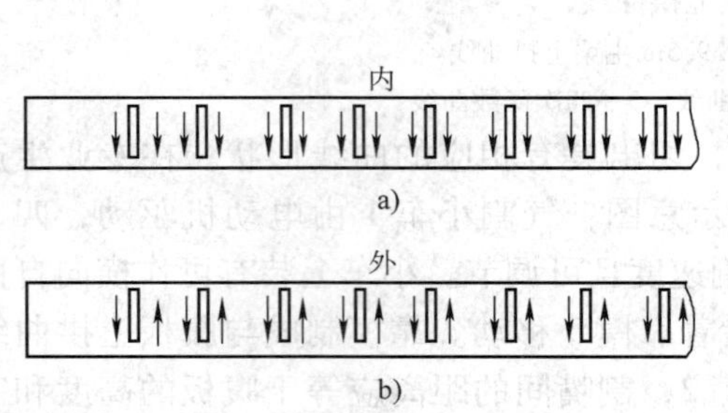

图7-13　肋板焊接方向

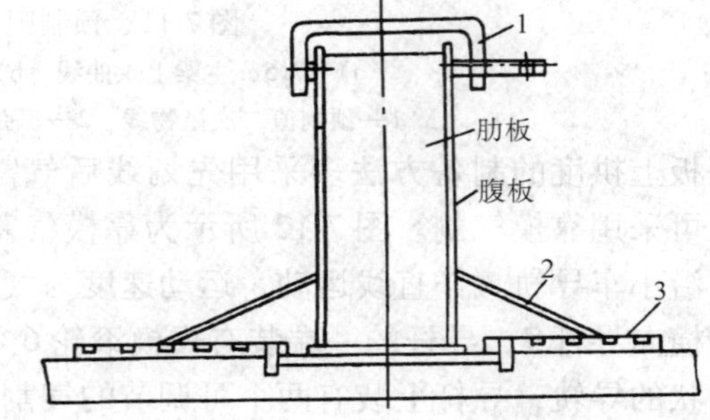

图7-14　腹板夹卡图
1—安全卡　2—压杆　3—限位板

为了使上部腹板与肋板靠紧，可用专用夹具式腹板装配胎夹紧。由跨中组装后定位焊至腹板一端，然后用垫块垫好(图7-15)，再装配定位焊另一端腹板。

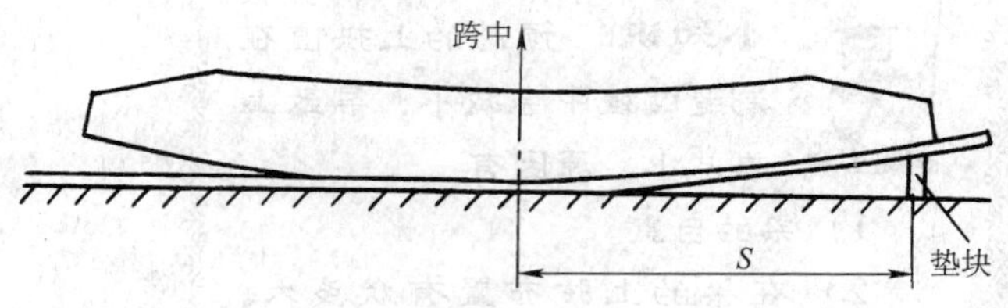

图7-15　腹板装配过程

腹板装好后，即应进行肋板与腹板的焊接。焊前应检查变形情况以确定焊接次序。如旁弯过大，应先焊外腹板焊缝；如旁弯不足，应先焊内腹板焊缝。对π形梁内壁所有焊缝，尽可能采用CO_2气体保护焊，以减小变形，提高生产效率。为使π型梁的弯曲变形均匀，应沿梁的长度方向由偶数焊工对称施焊。

(5) 下翼板的装配　下翼板的装配关系到主梁最后成形质量。装配时先在下翼板上划出腹板的位置线，将π型梁吊装在下翼板上，两端用双头螺杆将其压紧固定，如图7-16所

示。然后用水平仪和线锤检验梁中部和两端的水平和垂直度及拱度，如有倾斜或扭曲时，用双头螺杆单边拉紧。下翼板与腹板的间隙应不大于 1mm，检验调整合格后，从梁的中间向两端两面同时进行定位焊。主梁两端弯头处的下翼板可借助起重机的拉力进行装配定位焊。

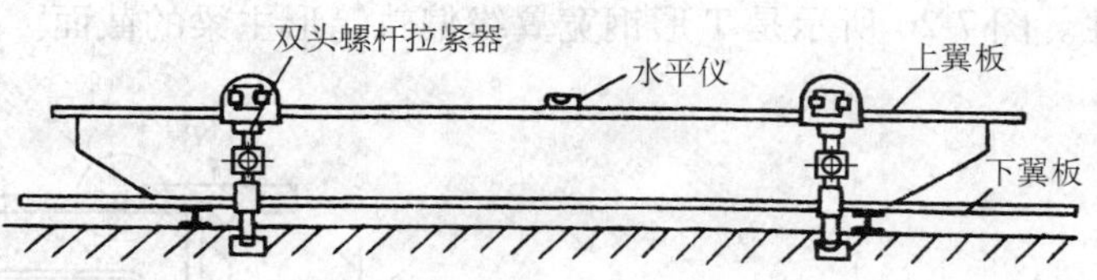

图 7-16　下翼板的装配

（6）主梁纵缝的焊接　主梁用四条纵向角焊缝将翼缘板和腹板连接在一起。焊缝的焊接顺序视梁的拱度和旁弯的情况而定。当拱度不够时，应先焊下翼板左右两条纵缝。拱度过大时，应先焊上翼板左右两条纵缝。采用自动埋弧焊焊接四条纵缝时，可采用如图 7-17 所示的焊接方式，焊接时从梁的一端直通焊到另一端。图 7-17a 所示为“船形”位置单机头焊，主梁不动，靠焊接小车移动完成焊接工作。平焊位置可采用双机头焊（图 7-17b、c），其中图 7-17b 所示为靠移动工件完成焊接，图 7-17c 所示为通过机头移动来完成焊接操作。焊接这四道焊缝时，利用梁的自重还可以做拱度的适当调节。为保证焊缝能自由收缩，减少焊接残余应力，应留一段（约 500mm）翼缘板焊缝在安装现场焊接，在焊接时从中心向两端焊。并采用合适的施焊顺序，如图 7-18 中的数码 1 ~ 5。拼接部位端部平齐，防止运输时端部破损。

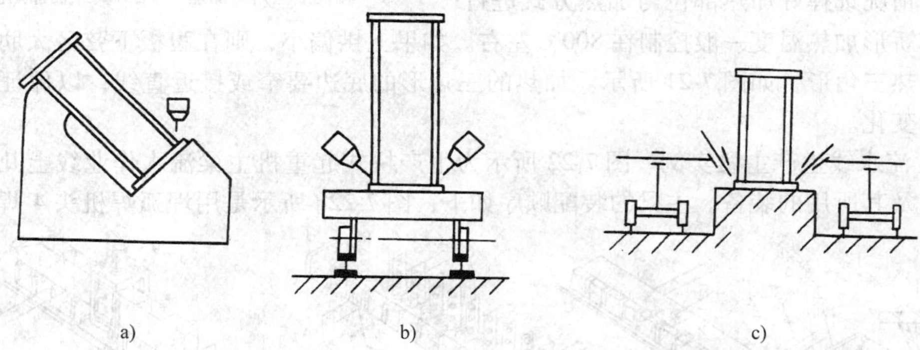

图 7-17　主梁纵缝自动埋弧焊

a）“船形”位置单机头焊　b）工件移动的双机头焊接　c）机头移动的双机头焊接

当采用焊条电弧焊时，应采用对称的焊接方法，即把箱形梁平放在支架上，由四名焊工同时从两侧纵缝的中间分别向梁的两端对称焊接，焊完后翻身，以同样的方式焊接另外一侧的两条纵缝。

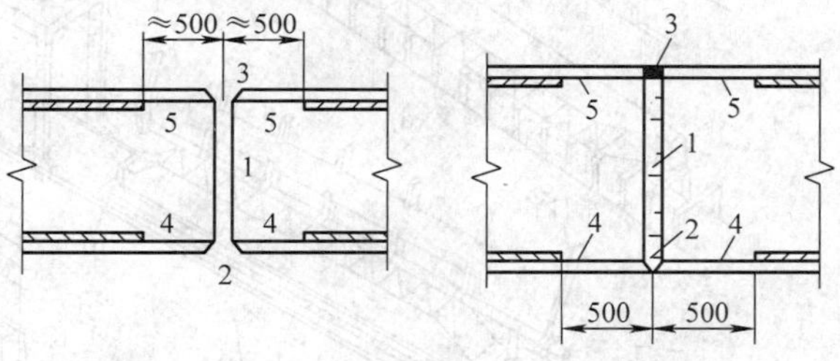

图 7-18　腹板和翼缘板的安装拼接

承受大载荷的起重机，特别是冶金起重机主梁的承载角焊缝要求焊透，如图 7-19所示，但焊接制造难于保证焊缝在全长上都能均匀焊透，一般必须在背面用电弧气刨作清根处理。清根会使主梁产生较大的变形，并增加工期和成本。因此，近年来在 A6 ~ A8 工作级别的主梁设计中采用 T 形轧制钢来替代熔透角焊缝。解决了主梁制造的困难，减少了应力集中程度和增加了承轨部位的可靠

性。图 7-20 所示是 T 形钢宽翼缘偏轨箱形主梁的截面。

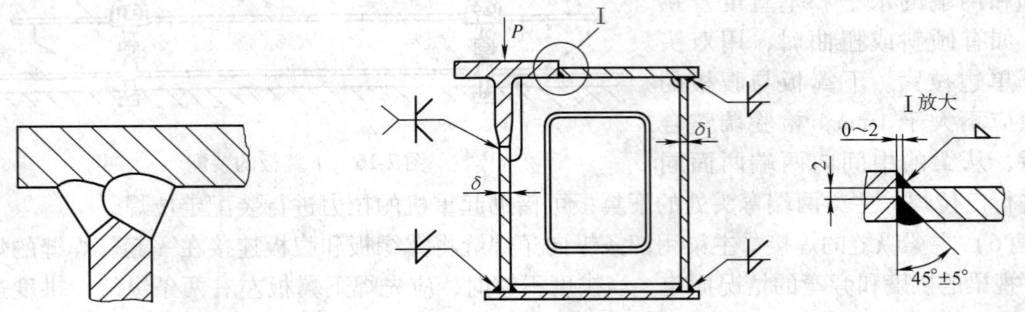

图 7-19 熔透角焊缝断面　　图 7-20 T 形钢宽翼缘偏轨箱形主梁的截面

（7）主梁的矫正　箱形主梁装焊完毕后应进行检查，每根箱形梁在制造时均应达到技术条件，如果变形超过了规定值，应进行矫正。较原始的矫正方法是锤击或重压，通常在加热状态下进行。但应用较多的则是火焰矫正法，根据变形情况选择好加热部位与加热方式进行矫正，其矫形加热温度一般控制在 800℃左右。如果上拱偏小，则在腹板下弦区大肋板部位用火焰加热三角形，如图 7-21 所示。加热的三角形的底边要窄或接近直线，以保证主梁上拱均匀的变化。

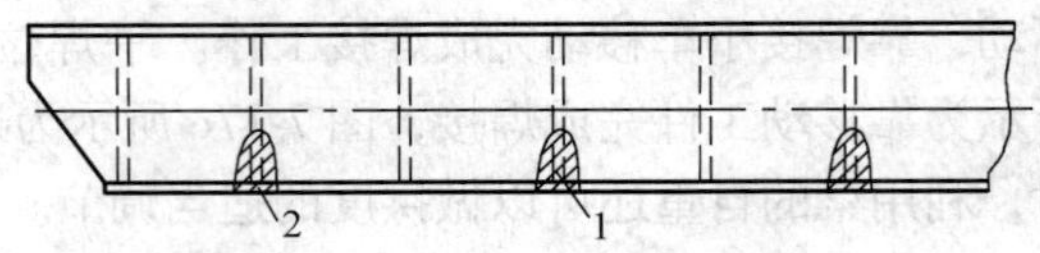

图 7-21 火焰矫正法制取上拱

1—腹板上三角形加热区　2—翼缘板加热区

（8）流水线生产主梁实例　图 7-22 所示为生产桥式起重机主梁流水作业线上几个主要生产环节及其所用的装备。主梁的装配顺序如下：图 7-22a 所示是用埋弧焊机头 4 焊接上翼

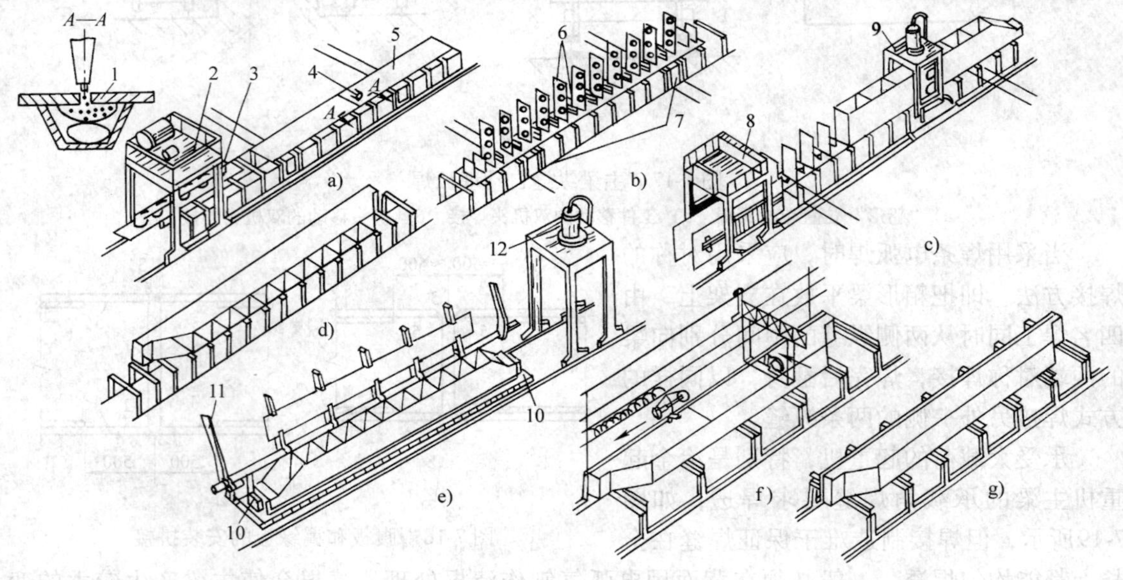

图 7-22 流水线上装焊主梁

1—焊剂垫　2、8、9、12—行走龙门架　3—真空吸盘

4—焊机头　5—上翼板　6—肋板　7—小车　10—液压千斤顶　11—翻转机

板5的拼接焊缝(内侧)，依靠龙门架2通过真空吸盘3把上翼缘板送至拼焊地点；图7-22b所示是安装肋板6；图7-22c所示由龙门架8运送和安装腹板，再由龙门架9上的气动夹紧装置使腹板贴紧肋板和上翼板，然后进行定位焊；图7-22d所示有两个工作台同时工作，主梁翻转90°处于倒置状态后，焊接腹板里侧的拼接焊缝和肋板焊缝，焊完一侧后，翻转180°再焊另一侧；图7-22e所示位置是装配下翼缘板，用液压千斤顶10压住主梁两端，再由翻转机11送进下翼缘板，在龙门架12的气动夹紧装置的压紧下进行定位焊，全部定位后松开主梁，然后焊接上翼缘板外面的拼接焊缝；图7-22f所示是焊接箱形主梁外侧的纵向角焊缝和腹板的拼接焊缝；图7-22g所示是进行质量检验，整个箱形主梁即告完成。

2. 端梁的制造工艺要点

箱形主梁桥架的端梁都采用钢板焊成的箱形结构，并在水平面内侧与主梁刚性连接。生产中，一般将端梁焊接成整体后再从安装接头部割开制成装配接头，即把端梁分成2~3段，通过螺栓连接，以便拆开运输。装配接头可采用连接板连接或角钢连接两种形式，如图7-23所示。

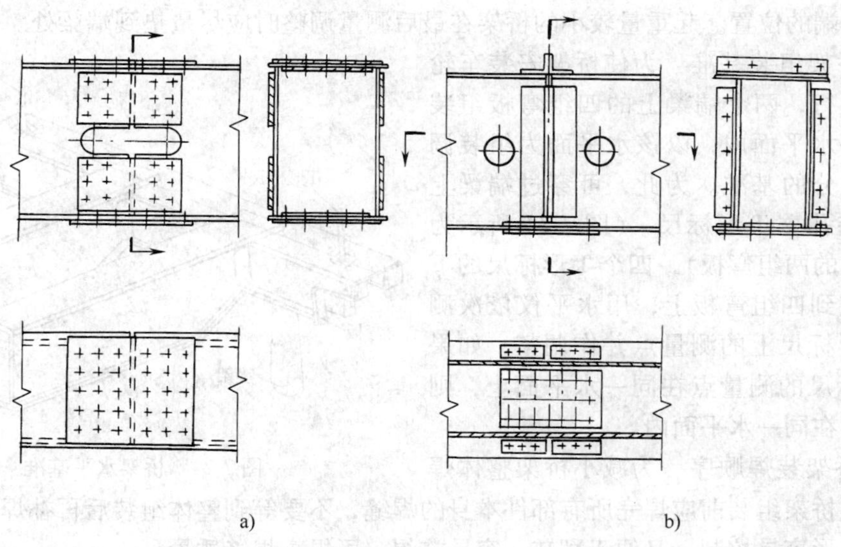

图7-23 端梁安装接头形式

a）连接板连接 b）角钢连接

考虑到端梁与主梁连接焊缝均在端梁内侧，因此在组装焊接端梁时应注意各焊缝的方向与顺序，使端梁与主梁装焊前有一定的外弯量。端梁制造的大致工艺过程如下：

(1) 备料 包括上、下翼缘板、腹板、肋板及两端的弯板。弯板是整个端梁制作的关键，装焊中必须严格保证弯板的角度。弯板采用压制成形，各零件应满足技术规定。

(2) 装焊 首先肋板与上翼缘板装配并焊接，再装配两腹板并进行定位焊，然后安装弯板。为了保证一端的一组弯板能在同一平面内，可预先在平台上用定位胎将其连成一体。组装弯板后，要用水平尺检查弯板水平度并调节两端弯板的高度公差在规定范围内。接着进行端梁内壁焊缝的焊接，先焊外腹板与肋板、弯板的焊缝，再焊内腹板与肋板、弯板的焊缝，然后装配下翼缘板并定位焊。最后焊接端梁四条纵焊缝，而且下翼缘板与腹板纵缝应先焊。考虑到端梁与主梁的焊缝均在梁的内侧，因此在组焊端梁时应注意各焊缝的方向与顺序，使端梁在与主梁焊接前有一定的外弯量。

端梁制好后同样应对主要技术要求进行检验，不符合规定的部位应进行矫正。

能力知识点3　桥架的装配与焊接工艺

桥架组装焊接工艺，包括已制好的主梁与端梁组装焊接、组装焊接走台、组装焊接小车轨道与焊接轨道压板等工序。主梁的外侧焊有走台，主梁腹板上焊有纵向角钢与走台相连。

1. 桥架装焊工艺选择

（1）作业场地的选择　由于户外环境易造成桥架外形尺寸的变化，所以组装应尽量选择在厂房内进行。必须在露天条件下作业时应随时进行测量，以便对尺寸进行修正。

（2）垫架位置的选择　由于自重对主梁拱度有影响，主梁垫架位置应选择在主梁的跨端或接近跨端的位置。起重量较小的桥架在最后测量调整时应尽量垫到端梁处。

（3）桥架组装基准　为使桥架安装车轮后能正常运行，两个端梁上的四组弯板组装时应在同一水平面内，以该水平面为组装调整桥架各部分的基准。为此，可穿过端梁上翼板的吊装孔立T形标尺，（图7-24所示为一个端梁上的两组弯板），四个T形标尺的下部分别固定到四组弯板上，用水平仪依次测量四个T形标尺上的测量点并作调整，如果四个T形标尺的测量点在同一水平面上，则四组弯板即在同一水平面内。

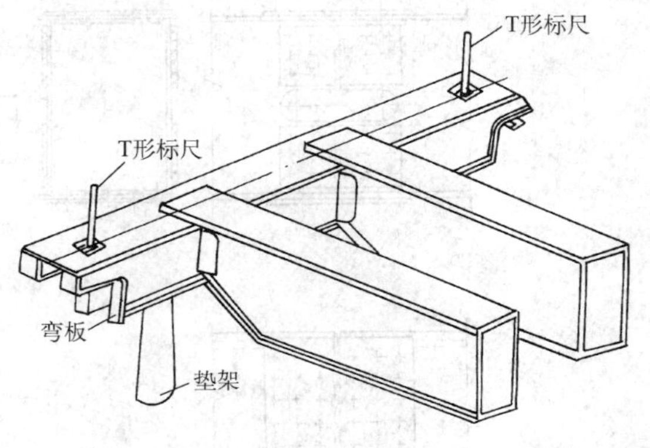

图7-24　桥架水平基准

（4）桥架装焊顺序　为减小桥架整体焊接变形，在桥架组装前应焊完所有部件本身的焊缝，不要等到整体组装后再补焊。这是因为部件焊接变形容易控制，又便于翻转，容易施焊，可提高焊缝质量。

2. 桥架组装焊接工艺要点

（1）主、端梁组装焊接　将分别经过阶段验收的两根主梁摆放到垫架上，通过调整，应使两主梁中心线距离、对角线差及水平高低差等均在相应的规定之内。然后，在端梁上翼板划出纵向中心线，用直尺将弯板垂直面的位置引到上翼板，与端梁纵向中心线相交得基准点，以基准点为依据划出主梁装配时的纵向中心线，而后将端梁吊起划线部位与主梁装配，用夹具将端梁固定于主梁上翼板上，调整端梁应使端梁上翼板两端的A'、C'、B'、D'四点水平度差及对角线$A'D'$与$B'C'$之差在规定的数值内，如图7-25所示。同时，穿过吊装孔立T形标尺，用水准仪测量调整，保证同一端梁弯板水平面的标高差及跨度方向标高差不超过规定数值，所有这些检查合格后，再进行定位焊。

主梁与端梁采用的焊接连接方式有直板和三角板连接两种，如图7-26所示，在主梁的两侧腹板由连接直板用角焊缝焊在端梁腹板上，翼缘板则由三角板用对接焊缝连接。直板连接板传递垂直剪力，三角板形成水平面内的刚性连接并传递水平弯矩。主、端梁组装焊接时

的主要焊缝有主梁与端梁上、下翼缘板焊缝、直板焊缝或三角板焊缝。为减小变形与应力，应先焊上翼缘板焊缝，然后焊下翼缘板焊缝，再焊直板或三角板焊缝；先焊外侧焊缝，后焊内侧焊缝。

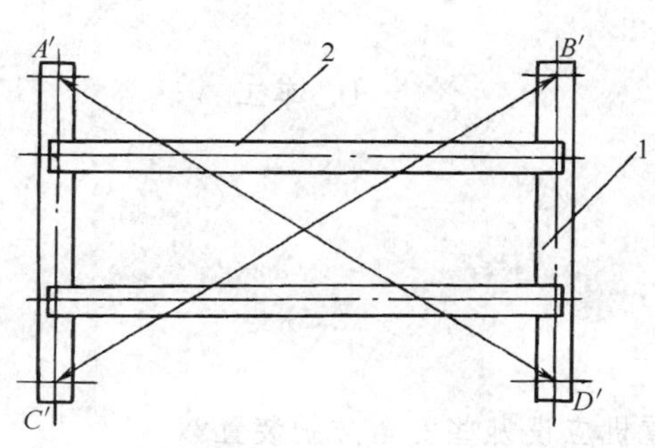

图 7-25　主梁与端梁组装

1—端梁　2—主梁

图 7-26　主梁与端梁焊接连接

a）直板连接　b）三角板连接

（2）组装焊接走台　为减小桥架的整体变形，走台的斜撑与连接板（图 7-27）要按图样尺寸预先装配焊接成组件，再进行桥架组装焊接。组装时，按图样尺寸划出走台的定位线，走台应与主梁上翼缘板平行，即具有与主梁一致的上拱曲线。装配横向水平角钢时，用水平尺找正，使外端略高于水平线且定位焊在主梁腹板上，然后组装定位焊斜撑组件（连接板和斜撑），再组装定位焊走台边角钢。走台边角钢应具有与走台相同的上拱度。走台板应在拼接宽的纵向焊缝完成后进行矫平，然后组装定位焊在走台上。整个走台的焊缝焊接时，为减小应力变形，应选择好焊接顺序，水平外弯大的一侧走台应先焊，走台下部焊缝应后焊。

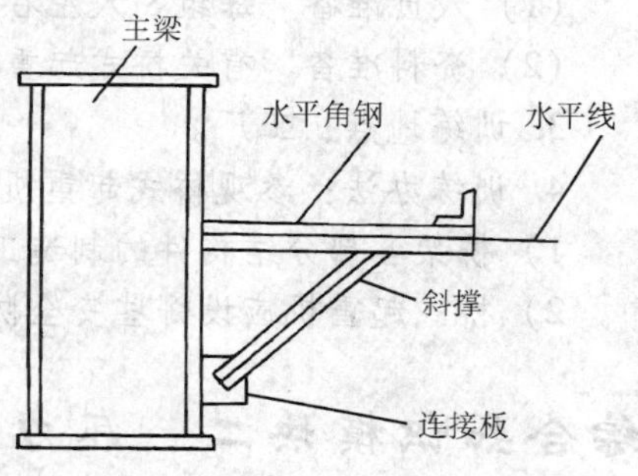

图 7-27　组装水平角钢

（3）组装焊接小车轨道　小车轨道用电弧焊方法焊接成整体，焊后磨平焊缝。小车轨道应平直，不得扭曲和有显著的局部弯曲。轨道与桥架组装时，应预先在主梁的上翼板划出轨道位置线，然后装配，再定位焊轨道压板。为使主梁受热均匀，从而使下挠曲线对称，可由多名焊工沿跨度均匀分布，同时焊接。

桥式起重机桥架组装焊接后应全面检测，符合技术要求。

【综合训练】

一、理论部分

（一）填空题

1. 桥式起重机的桥架由______、______、______、______、______及操纵室等组成。

2. 桥式起重机主梁的制造工艺要点包括______、______、______、______、

________、________和________。

（二）选择题

1. 由建筑物进入桥式起重机的门和由司机室登上桥架的舱口门，应设( )。

A. 护栏　B. 报警装置　C. 连锁保护装置　D. 幅度指示器

2. 下列不属于特殊工种的是( )。

A. 起重司机　B. 司炉工　C. 焊工　D. 车工

（三）简答题

1. 桥式起重机主梁为什么要有一定的上拱度？

2. 桥架组装焊接时有哪些技术要求？如何保证？

3. 分析桥式起重机主梁及端梁制造的工艺要点。

二、实践部分

参观桥式起重机的桥架结构。并归纳出桥式起重机应设哪些安全防护装置？

1. 训练目标：了解桥架的组成，及各部分结构件的制造工艺要点和组装要点。

2. 训练准备

（1）人员准备　每组 8 人左右，分成若干小组。

（2）资料准备　有关桥式起重机桥架的资料。

3. 训练地点：工厂。

4. 训练办法：参观桥式起重机的桥架结构，分组讨论：

1）桥架各部分结构件的制造工艺要点和组装要点。

2）桥式起重机应设哪些安全防护装置？

综合知识模块二　压力容器的生产工艺

能力知识点 1　压力容器的基本知识

压力容器是能承受一定温度和压力作用的密闭容器，广泛用于石油化工、能源工业、科研和军事工业等方面；在民用工业领域也得到应用，如煤气或液化气罐、各种蓄能器、换热器、分离器以及大型管道工程等。压力容器不仅结构形式较多，同时也是一种比较容易发生事故，生产技术和焊接水平要求较高的特殊设备。

1. 压力容器的分类

资料卡　按国家劳动部颁发的《压力容器安全技术监察规程》的规定，必须接受监督管理的压力容器定义是指最高工作压力≥0.1MPa，内直径≥0.15m，容积≥25L，工作介质为气体、液化气体或最高工作温度高于等于标准沸点的容器

压力容器按其承受压力的高低分为常压容器和压力容器。两种容器无论在设计、制造方面，还是结构、重要性等方面均有较大的差别。

其实，压力容器的分类方法很多，主要的分类方法如下：

（1）按设计压力划分　压力容器可分为四个承受等级。

低压容器（代号 L）　　$0.1\text{MPa} \leqslant p < 1.6\text{MPa}$

中压容器（代号 M）　　$1.6\text{MPa} \leqslant p < 10\text{MPa}$

高压容器（代号 H）　　$10\text{MPa} \leqslant p < 100\text{MPa}$

超高压容器（代号 U）　　$p \geqslant 100\text{MPa}$

（2）按综合因素划分　在承受等级划分的基础上，综合压力容器工作介质的危害性（易燃，致毒等程度），同时为了便于安全技术的监督和管理，可将压力容器分为Ⅰ、Ⅱ和Ⅲ类：

1）Ⅰ类容器。一般指低压容器（Ⅱ、Ⅲ类规定的除外）。

2）Ⅱ类容器。属于下列情况之一者：

① 中压容器（Ⅲ类规定的除外）。

② 易燃介质或毒性程度为中度危害介质的低压反应容器和储存容器。

③ 毒性程度为极度和高度危害介质的低压容器。

④ 低压管壳式余热锅炉。

⑤ 低压搪玻璃压力容器。

3）Ⅲ类容器。属于下列情况之一者：

① 毒性程度为极度和高度危害介质的中压容器和 $pV \geqslant 0.2\text{MPa}\cdot\text{m}^3$ 的低压容器。

② 易燃或介质毒性程度为中度危害介质，且 $pV \geqslant 0.5\text{MPa}\cdot\text{m}^3$ 的中压反应容器，易燃或毒性程度为中度危害介质，且 $pV \geqslant 10\text{MPa}\cdot\text{m}^3$ 的中压储存容器。

③ 高压、中压管壳式余热锅炉。

④ 高压容器。

⑤ 中压的搪玻璃压力容器。

⑥ 移动式压力容器。

⑦ 使用抗拉强度规定值下限≥570MPa 材料制造的压力容器。

小知识　锅炉、压力容器的安全运行，关系到人民生命财产的安全。其设计、制造、安装、使用和检修必须严格遵守国家安全监察的有关规定。该规程还规定在设计和制造一、二、三类压力容器时都要取得合格证，以保证容器安全运行。

（3）按壳体的结构形式分　压力容器可以分为整体式和组合式两大类。

1）整体式容器亦称单层容器，包括钢板卷焊式、整体锻造式、电渣成形堆焊式、铸焊、锻焊式等容器。

2）组合式容器，包括多层包扎、多层热套、多层绕板、扁平绕带、槽形绕带和绕丝压力容器等。

2. 压力容器的结构特点

常见压力容器结构形式有圆筒形、圆锥形和球形三种，如图 7-28 所示。圆柱形和锥形容器在结构上大同小异，故这里只介绍圆柱形容器的结构特点。

根据结构特点和工作要求，圆筒形压力容器主要由筒体、封头及附件（如法兰、补强、接管、支座）等部分组成，如图 7-28a 所示。

（1）筒体　筒体是压力容器最主要的组成部分，由它构成储存物料或完成化学反应所需要的大部分压力空间。当筒体直径较小（小于 500mm）时，可用无缝钢管制作。当直径较大时，筒体一般用钢板卷制或压制(压成两个半圆)成形后焊接而成。由于该焊缝的方向与筒体的纵向(轴向)一致，故称为纵焊缝。筒体较短时可作成完整的一节，当筒体的纵向尺寸大于钢板的宽度时可由几个筒节拼接而成。由于筒节与筒节或筒体与封头之间的连接焊缝呈环形，故称为环焊缝。所有的纵、环焊缝焊接接头，原则上均采用对接接头。各种接管和加强圈可采用无缝钢管或锻件直接与筒体相焊。根据筒体的承载要求和钢板厚度，其纵向焊缝和环向焊缝可采用开坡口或不开坡口的对接接头。对于承受高压的厚壁容器筒体，除了采用单层厚钢板制作外，也可采用层板包扎、热套、绕带或绕板等工艺制造多层筒体结构。

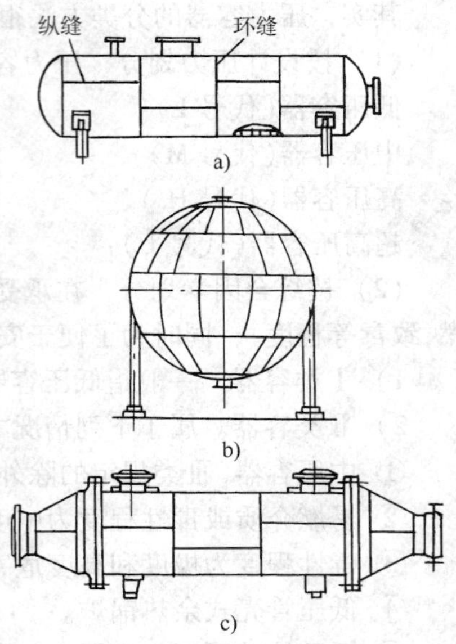

图 7-28　容器的典型形式

a）圆筒形　b）球形　c）圆锥形

(2) 封头　封头即容器的端盖。当容器组装后不需要开启时，封头和筒体应焊接在一起，以保证容器的密封。但对于需要检测和更换内件的容器，封头和筒体应为可拆式的连接方式，这类封头称为顶盖。容器的封头可根据封头不同直径、厚度与材料，将预先割好的圆形钢板坯料，在液压机或旋压机上以冷成形或热成形方法制成所需要的形状。

根据几何形状的不同，压力容器的封头可分为凸形封头、锥形封头和平盖封头三种，其中凸形封头应用最多。

1）凸形封头包括椭圆形封头、碟形封头、无折边球形封头和半球形封头(图 7-29)。

目前应用最普遍的封头形式为椭圆形封头，它的纵剖面呈半椭圆形(图 7-29a)，一般采用长、短轴比值为 2 的标准。

碟形封头又称为带折边的球形封头。它是由三部分组成：第一部分为内半径为 R_i 的球面；第二部分为高度为 h 的圆形直边；第三部分为连接第一、二部分的过渡区(内半径为 r)，如图 7-29b 所示。该封头特点为深度较浅，易于压力加工。

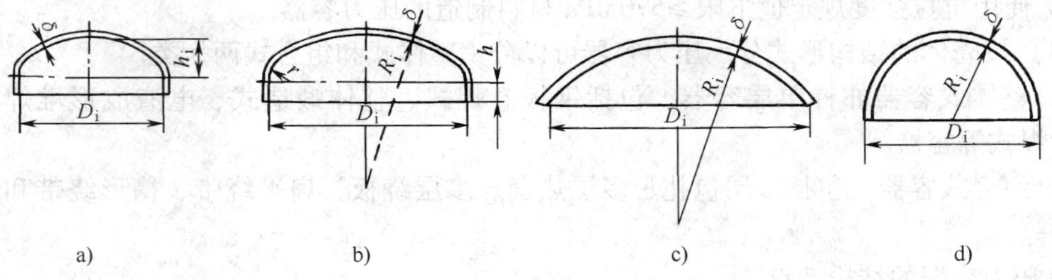

图 7-29　凸形封头

a）椭圆形封头　b）碟形封头　c）无折边球形封头　d）半球形封头

无折边球形封头又称球缺封头。虽然它深度浅，容易制造，但球面与圆筒体的连接处存在明显的外形突变，使其受力状况不良。这种封头在直径不大，压力较低，介质腐蚀性很小的场合可考虑采用。

2）锥形封头分为无折边锥形封头、大端折边锥形封头和折边锥形封头三种，如图 7-30

所示。从应力角度上分析，锥形封头大端的应力最大，小端的应力最小。因此，其壁厚是按大端设计的。

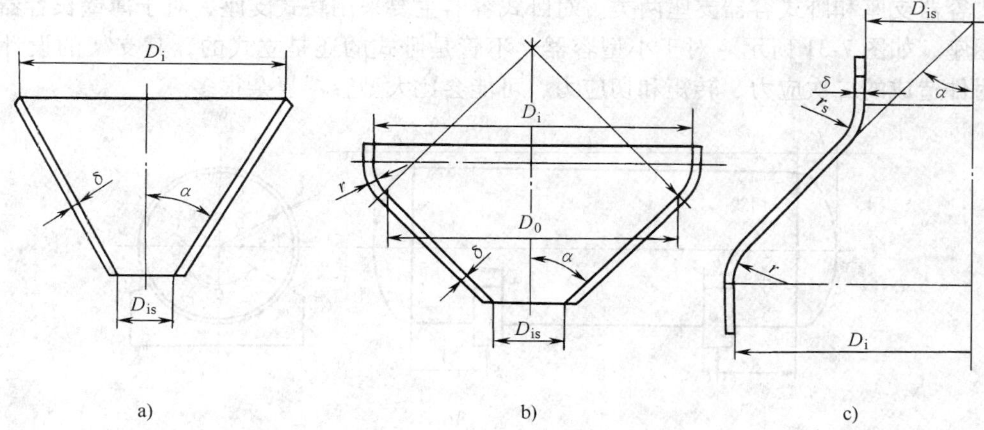

图 7-30　锥形封头

a）无折边锥形封头　b）大折边锥形封头　c）折边锥形封头

锥形封头由于其形状上的特点，有利于流体流速的改变和均匀分布，有利于物料的排出，而且对厚度较薄的锥形封头来说，制造比较容易，顶角不大时其强度也较好，较适用于某些受压不高的石油化工容器。

3）平盖封头的结构最为简单，制造也很方便，但在受压情况下平盖中产生的应力很大，因此，要求它不仅有足够的强度，还要有足够的刚度。平盖封头一般采用锻件，与筒体焊接或螺栓连接，多用于塔器底盖和小直径的高压及超高压厚壁容器。

（3）法兰　法兰是容器及管道连接的重要部件，按其所连接的部分，分为管法兰和容器法兰。用于管道连接和密封的法兰叫管法兰；用于容器顶盖与筒体连接的法兰叫容器法兰。法兰与法兰之间一般加密封元件，并用螺栓和垫片连接与密封，保持容器不至泄漏。

（4）开孔与接管　压力容器由于工艺流程、制造加工和结构上的原因，需要在壳体上开孔和连接接管，如开设人孔、手孔、视镜孔、物料进出接管，以及安装压力表、液位计、流量计、安全阀等接管开孔。

小知识　根据多年的运行经验证明，开孔部位或接管连接焊缝往往在较高的局部应力、温差应力、焊接残余应力和焊接缺陷等多种不利因素的共同作用下，而提前失效。如材料的韧性不足，可能导致整个受压部件的破裂。因此，开孔补强设计是压力容器设计中的关键之一，是保证容器安全运行的重要环节。

手孔和人孔是用来检查容器的内部并用来装拆和洗涤容器内部的装置。手孔的直径一般不小于 150mm。容器直径大于 1200mm 时应开设人孔。位于筒体上的人孔一般开成椭圆形，净尺寸为 300mm × 400mm；封头部位的人孔一般为圆形，直径为 400mm。对于可拆封头（顶盖）的容器及无需内部检查或洗涤的容器，一般可不设人孔。在筒体与封头上开孔后，不仅削弱了开孔部位壳体的强度，而且在孔的边缘和连接处造成很高的局部应力集中，一般应进行补强处理。

（5）支座　压力容器靠支座支承并固定在基础上。随着圆筒形容器的安装位置不同，有立式容器支座和卧式容器支座两类。对卧式容器主要采用鞍式支座，对于薄壁长容器也可采用圈座，如图7-31所示。对于小型容器，不管是卧式的还是立式的，其支架的设计由于支撑附件造成的二次应力、转矩和切应力，可能会比大型容器复杂很多。

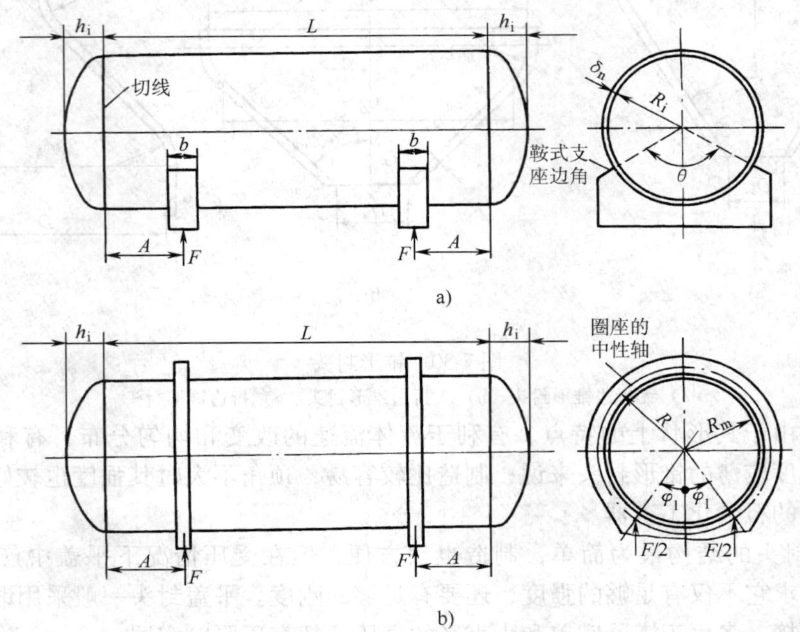

图7-31　卧式容器典型支座

a）鞍形支座　b）圈形支座

3. 压力容器制造的技术要求和技术条件

压力容器不仅是工业生产中常用的设备，也是一种较易发生事故的特殊设备。与其他生产装置不同的是压力容器一旦发生事故，不仅使容器本身遭到破坏，而且往往还诱发一连串的恶性事故，如破坏其他设备和建筑设施，危及人员的生命和健康，污染环境，给国民经济造成重大损失，其结果可能是灾难性的。所以，必须严格控制压力容器的设计、制造、安装、选材、检验和使用监督。目前，我国压力容器的生产厂家大多执行综合性的国家标准GB 150—1998《钢制压力容器》，内容包括压力容器用钢标准及在不同温度下的许用应力，板、壳元件的设计计算，容器制造技术要求、检验方法与检验标准。为贯彻执行上列基础标准，各部门还制定了各种相关的专业标准和技术

小知识　美国锅炉和压力容器规范ASME将焊接接头焊缝分为A、B、C、D、E、F六类。A、B、C、D四类与GB 150—1989《钢制压力容器》中规定的一致。E类：吊耳与主受压元件T形接头的焊缝；F类：在主受压元件上的堆焊焊缝，或支撑座与受压元件的连接焊缝。E、F类接头，要求局部焊透并保证达到图样技术要求。

条件。

在 GB 150—1998《钢制压力容器》标准中规定，压力容器受压元件用钢应具有钢材质检证书，制造单位应按该质检证书对钢材进行验收，必要时尚应进行复检。把压力容器受压部分的接头按其所在的位置分为 A、B 、C 、D 四类，如图 7-32 所示，具体为：

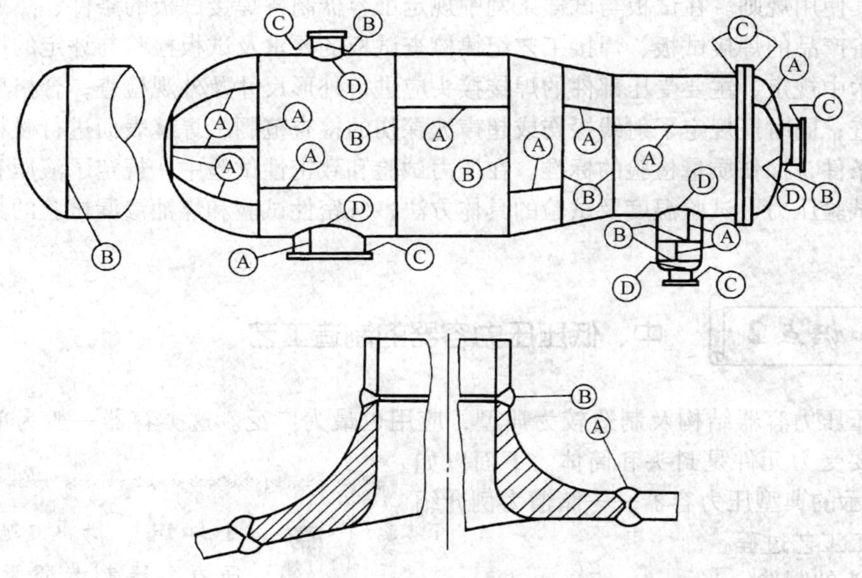

图 7-32　压力容器四类接头的位置

（1）A 类接头　圆筒部分的纵向接头（多层包扎容器层板层纵向接头除外）、球形封头与圆筒连接的环向接头、各类凸形封头中的所有拼焊接头以及嵌入式接管与壳体对接连接的接头，均属于此类接头。要求采用双面焊或保证全部焊透的单面焊缝。

（2）B 类接头　壳体部分的环向接头、锥形封头小端与接管连接的接头、长颈法兰与接管连接的接头。但已规定为 A、C、D 类的焊接接头除外。B 类接头工作应力为 A 类接头的 1/2，除可采用双面焊的对接接头之外，也可以采用带衬垫的单面焊缝。

（3）C 类接头　平盖、管板与圆筒非对接连接的接头，法兰与壳体、接管连接的接头，内封头与圆筒的搭接接头以及多层包扎容器层板层纵向接头，均属于此类接头。通常采用角焊缝连接，但对高压容器盛有剧毒介质的容器和低温容器应采用全焊透接头。

（4）D 类接头　接管、人孔、凸缘等与壳体连接的接头，均属于此类接头（已规定为 A、B 类的接头除外）。受力条件较差，且存在较高的应力集中。在厚壁容器中，这种接头拘束度大，焊接残余应力也较大，易产生裂纹之类的缺陷，因此，在容器中也应该采用全焊透的焊接接头。对低压容器可以采用局部焊透的单面焊或双面角焊缝。

在标准中，对焊前的冷热加工成形规定了坡口加工的表面要求，要求坡口表面不得有裂纹、分层、夹杂等缺陷；施焊前，应清除坡口及母材两侧表面 20mm 范围内（以离坡口边缘的距离计）的氧化物、油污、熔渣及其他有害杂质。

规定了对圆筒和壳体的要求：A、B 类焊缝的对口错边量，锻焊容器 B 类焊接接头对口错边量不应大于对口处钢材厚度的 1/8，且不大于 5mm；筒节长度应不小于 300mm。组装时，相邻筒节 A 类接头焊缝中心线间外圆弧长及封头 A 类接头焊缝中心线间外圆弧长应大于钢板厚度的3倍，且不小于100mm。

焊接在环向、轴向形成的棱角的大小，不等厚度对接时单面或双面削薄厚板边缘的要求，容器壳体圆度的要求，法兰和平盖按相应的标准要求。焊接技术条件中规定了焊前准备、施焊环境、焊接工艺评定的要求及参照标准、焊缝表面的形状尺寸及外观要求、热处理的方式及其使用规则。在试板与试样条例中规定了容器制备焊接试板的条件、热处理试板的条件、制备产品的焊接试板、焊接工艺纪律检查试板的要求及试板检验与评定的标准。在无损探伤技术中规定，主要受压部件的焊接接头应进行外形尺寸及外观检查，合格后再进行无损探伤检查；同时还规定了射线探伤或超声波探伤的检查范围，焊缝表面进行磁粉或渗透探伤检查的条件，探伤质量检验的标准。在压力试验和致密性试验中，规定了液压和气压试验的介质、试验压力、试验温度及试验的具体方法，气密性试验和煤油渗漏试验的具体过程及要求。

能力知识点2　中、低压压力容器的制造工艺

中低压压力容器结构及制造较为典型，应用也最为广泛。这类容器一般为单层筒形结构，其主要受力元件是封头和筒体。下面以如图7-33所示的典型压力容器——储槽为例介绍其具体加工工艺过程。

1. 封头的制造

目前广泛采用冲压成形工艺加工封头。现以椭圆形封头为例说明其制造工艺。

封头制造工艺大致如下：原材料检验→划线→下料→拼缝坡口加工→拼板的装焊→加热→压制成形→二次划线→封头余量切割→热处理→检验→装配。

椭圆形封头压制前的坯料是一个圆形，其坯

小知识　材料复验是保证压力容器制造质量的第一关，直接关系到压力容器的使用寿命。材料复验的主要内容是：材料必须具有质量合格证明书；根据材料的力学性能和化学成分进行必要的复验，以证实材料的可靠性；复验的程序必须按有关的技术标准进行。

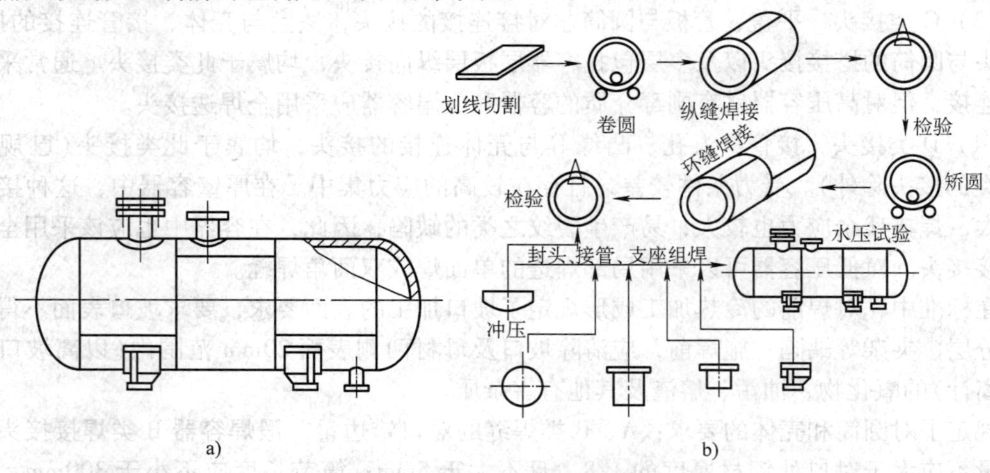

图7-33　圆筒形压力容器制造工艺流程
a）压力容器的结构示意图　b）制造工艺流程

料直径可按公式进行计算。坯料尽可能采用整块钢板，如直径过大，一般采用拼接。这里有两种方法：一种是用两块或由左右对称的三块钢板拼焊，其焊缝必须布置在直径或弦的方向；另一种是由瓣片和顶圆板拼接制成，焊缝方向只允许是径向和环向的。按规范要求，其相邻两条径向焊缝中心线之间最小距离应不小于名义厚度 δ_n 的 3 倍，且要大于等于 100mm，如图 7-34 所示。当采用先拼接后成形的制造工艺时，焊缝不能过高，在成形前应将拼接焊缝打磨至与母材平齐。封头拼接焊缝一般采用双面埋弧焊。

封头成形有热冲压和冷冲压或旋压。在封头冲压过程中，为避免加热时变形过大或氧化损失过大，以及冲压时坯料丧失稳定性等，除薄板坯料采用冷冲压外，绝大多数封头是利用金属坯料塑性变形大的特点，采用热冲压成形。热压时，为保证热压质量，对坯料快速加热，并控制始压和终压温度。低碳钢始压温度一般为 1000 ~ 1100℃，终压温度为 850 ~ 750℃。另外坯料加热时，为防止脱碳及产生过多的氧化皮等，可在坯料表面涂抹一层加热保护剂。加热的坯料在压制前应清除表面的杂质和氧化皮。封头的压制是在油压机（或水压机）上，用凸凹模一次压制成形，不需要采取特殊措施。在设备条件允许的情况下，还可以采用旋压或爆炸成形的工艺制作封头。

由于封头压延变形量很大，坯料尺寸很难确定，因而在压制前，坯料必然放有余量，同时为了与筒体装配，对已成形的封头还要对其边缘进行加工。一般应先在平台上划出保证直边高度的加工位置线，然后用氧气切割或等离子弧切割割去加工余量，具体可采用图 7-35 所示的封头余量切割机。此机械装备在切割余量的同时，可通过调整割炬角度直接割出封头边缘的坡口（V 形），经修磨后直接使用；如封头的断面坡口精度要求高或其他形式的坡口需要机加工，一般是将切割后的封头放在立式车床上进行加工，以达到设计图样的要求。如果封头上开设有人孔密封面也可一并加工。封头加工完后，应对主要尺寸进行检查，合格后才可与筒体装配焊接。

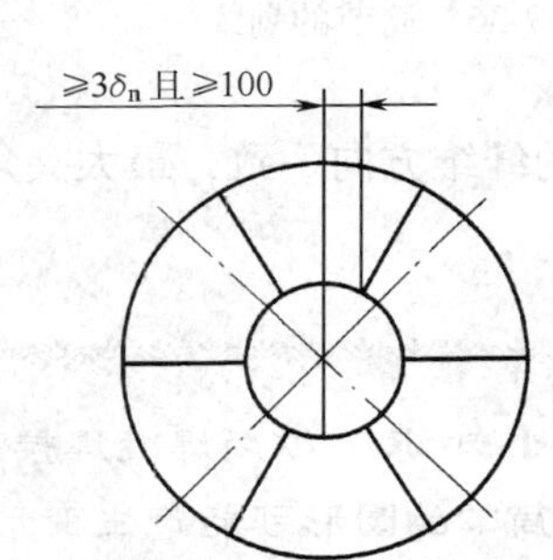

图 7-34 封头拼缝位置和间距要求

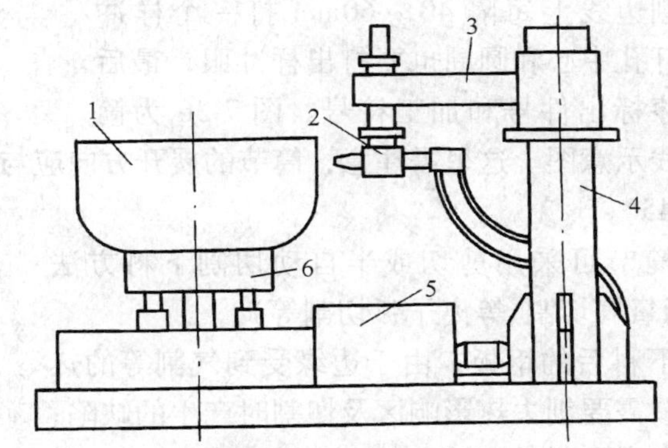

图 7-35 封头余量切割机示意图

1—封头 2—割炬 3—悬臂 4—立柱 5—传动系统 6—支座

成形封头尺寸检查：椭圆形、碟形和球形封头成形后的内表面形状偏差，应用弦长等于封头内径 $3D/4$ 的内样板进行检查，其最大间隙不得大于封头内径的 1.25%。检查时应使样板垂直于待测表面。对于先成形后拼焊的封头，允许样板避开焊缝测量。

碟形及折边锥形封头，其过渡段转角半径允许偏差应符合图样的规定。封头直边部分的纵向皱折深度不应大于 1.5mm。球形封头分瓣冲压的瓣片尺寸允差应符合 GB 12337—1998

《钢制球形储罐》标准的有关规定。

2. 筒节的制造

筒节的制造的一般过程为：原材料检验→划线→下料→边缘加工→卷制→纵缝装配→纵缝焊接→焊缝检验→矫圆→复检尺寸→装配。

当筒体直径在800mm以下时，可以采用单张钢板卷制圆筒体，这时筒体节上只有一条纵向焊缝(筒体纵向焊缝数与可供使用钢板的最大尺寸有关)；当筒体直径为800~1600mm时，可用两个半圆合成，筒体节上有两条焊缝；若筒体直径为1000~3000mm或更大时，应视钢板的规格确定筒体节上采用一条或两条纵焊缝。

筒体卷制成形后应是一个精确的圆柱形，因此在划线时，应考虑板厚及坯料弯曲变形对直径的影响。通常筒节下料的展开长度L，可用筒节的平均直径(中性层直径)D_p作为计算依据，即

$$L=\pi D_p$$
$$D_p=D_g+\delta$$

式中　D_g——筒节的内径；

δ——筒节的壁厚。

当筒节尺寸要求较高时，还要考虑其他影响尺寸的因素。另外还要注意留出各加工余量。筒体在画线时，最好先在图样上作出画线方案，即确定筒体节数、每一节上的装配中心线、焊缝分布位置、切割位置线、边缘加工线、孔洞中心线及其他装配位置线等，其中管孔中心线距纵缝及环缝边缘的距离不小于管孔直径的0.8倍。画完线后，在轮廓线、刨边线上每隔40~60mm打一个样冲眼。开孔中心和圆周也要打出样冲眼，最后用油漆标出件号和加工符号。图7-36为筒节划线示意图。这里需注意，筒节的展开方向应与钢板轧制的纤维方向一致，最大夹角也应小于45°。

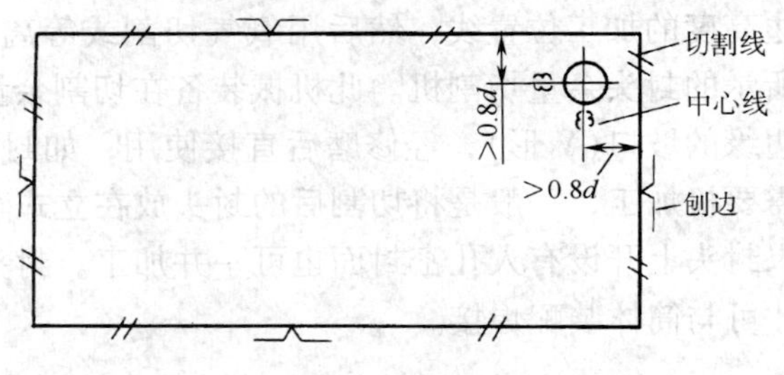

图7-36　筒节的划线

筒节可采用剪切或半自动切割下料方法(包括氧气切割、等离子弧切割等)。

下料后的钢板，由于边缘受到气割等的热影响，需要刨去热影响区及切割时产生的缺陷；同时考虑坯料加工到规定尺寸和开设坡口，应进行边缘加工。也可以采取在筒体滚圆后再进行边缘加工的方法。

小知识　纵向焊缝焊接后，筒节的圆形可能产生变形和偏差，因此要进行矫形处理。滚轧矫形有热滚矫形和冷滚矫形。对于壁厚在25mm以上的低碳钢材料，或壁厚在10mm以上的低合金钢一般采用热滚矫形。

对于本例薄壁筒节，可在三辊或四辊卷板机上冷卷而成。卷制过程中要经常用样板检查曲率，卷圆后保证其纵缝处的棱角、径向、纵向错边量均应符合规范中的有关技术要求。

筒节卷制好后，在进行纵缝焊接前应先进行纵缝的装配，纵缝装配要求比环缝高得

多，但纵缝的装配比环缝简单。对于薄壁小直径筒节，可在卷板后直接在卷板机上装配焊接；对于大直径筒节要在滚轮架上进行。在装配时需要一些装配夹具或机械化装置，如采用杠杆—螺旋拉紧器、柱形拉紧器等各种工装夹具等，利用它们来消除卷制后出现的质量问题，满足纵缝对接时的装配技术要求，保证焊接质量，装配好后即进行定位焊和纵缝焊接。筒节的纵、环缝坡口可以根据焊接工艺要求，在卷制前就加工好，焊前应注意坡口两侧的清理。

筒节纵缝焊接的质量要求较高，一般采用双面焊，顺序是先里后外。纵缝焊接时，一般都应做产品的焊接试板；同时，由于焊缝引弧处和灭弧处的质量不好，故焊前应在纵向焊缝的两端装上引弧板和灭弧板，图 7-37 所示为筒节两端装上引弧板、焊接试板和灭弧板的情况。

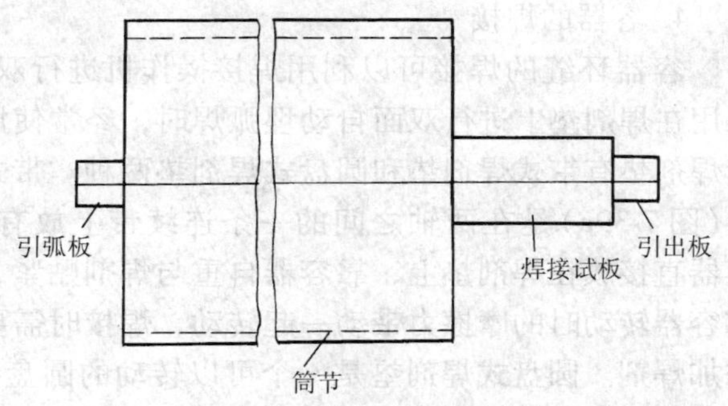

图 7-37　焊接试板、引弧板和引出板与筒节的组装情况

筒节纵缝焊接完后还须按要求进行无损探伤，再经矫圆，满足圆度的要求后才送入装配。

3. 容器的装配工艺

容器的装配是指各零部件间的装配，其中接管、人孔、法兰、支座等的装配较为简单，下面主要分析筒节与筒节以及封头与筒节之间的环缝装配工艺。

筒节与筒节之间的环缝装配要比纵缝装配困难得多。虽然筒节在以前的加工中已经利用卷板机、推拉夹具等工艺装备对其进行过矫形，但是仍有可能会出现各种不太精确的情况，因此筒节间的装配，也需要使用压板、螺栓、推撑器等夹具。其装配方法有立装和卧装两种方式。

1）立装适合于直径较大而长度不太长的容器，一般在装配平台或车间地面上进行。装配时，先将一筒节吊放在平台上，然后再将另一筒节吊装其上，调整间隙后，即沿四周定位焊，依相同的方法再吊装上其他筒节。

2）卧装一般适合于直径较小而长度较大的容器。卧装多在滚轮架或 V 形铁上进行。先把将要组装的筒节置于滚轮架上，将另一筒节放置于小车式滚轮架上，移动辅助夹具使筒节靠近，端面对齐。当两筒节连接可靠，将小车式滚轮架上的筒节推向滚轮架上，再装配下一筒节。

筒节与筒节装配前，可先测量周长，再根据测量尺寸采用选配法进行装配，以减少错边量；或在筒节两端内使用径向推撑器，把筒节两端撑圆后再进行装配。另外，相邻筒节的纵向焊缝应错开一定的距离，其值在周围方向应大于筒节壁厚的 3 倍以上，并且不应小于 100mm。

封头与筒体的装配也可采用立装和卧装，当封头上无孔洞时，也可先在封头外临时焊上起吊用吊耳（吊耳与封头材质相同），便于封头的吊装。立装与前面所述筒节之间的立装相同；卧装时如是小批量生产，一般采用手工装配方法，如图 7-38 所示。装配时，在滚轮架上放置筒体，并使筒体端面伸出滚轮架外 400 ~ 500mm 以上，用起重机吊起封头，送至筒体端部，相互对准后横跨焊缝一些刚性不太大的小板，以便固定封头与筒体间的相互位置。移去起重机后，用螺旋压板等将环向焊缝逐段对准到适合于焊接的位置，再用"п形马"横跨焊缝用定位焊固定。批量生产时，一般是采用专门的封头装配台来完成封头与筒体的装配。封头与筒体组装时，封头拼接焊缝与相邻筒节的纵焊缝也应错开一定的距离。

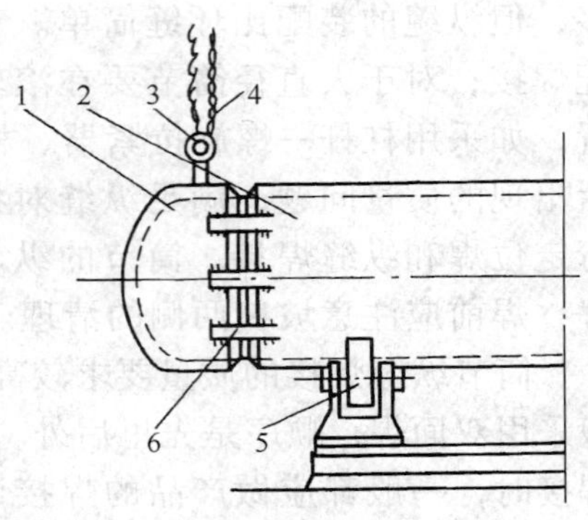

图 7-38　封头简易装配法
1—封头　2—筒体　3—吊耳
4—吊钩　5—滚轮架　6—п 形马

4. 容器的焊接

容器环缝的焊接可以利用焊接操作机进行双面焊。采用在焊剂垫上进行双面自动埋弧焊时，经常使用的环缝焊剂垫有带式焊剂垫和圆盘式焊剂垫两种。带式焊剂垫(图 7-39a)是在两轴之间的一条连续带上放有焊剂，容器直接放在焊剂垫上，靠容器自重与焊剂贴紧，焊剂靠容器转动时的摩擦力带动一起转动，焊接时需要不断添加焊剂。圆盘式焊剂垫是一个可以转动的圆盘装满焊剂放在容器下边，圆盘与水平面成15°角，焊剂紧压在工件与圆盘之间，环缝位于圆盘最高位置，焊接时容器旋转带动圆盘随之转动，使焊剂不断进入焊接部位，如图 7-39b 所示。

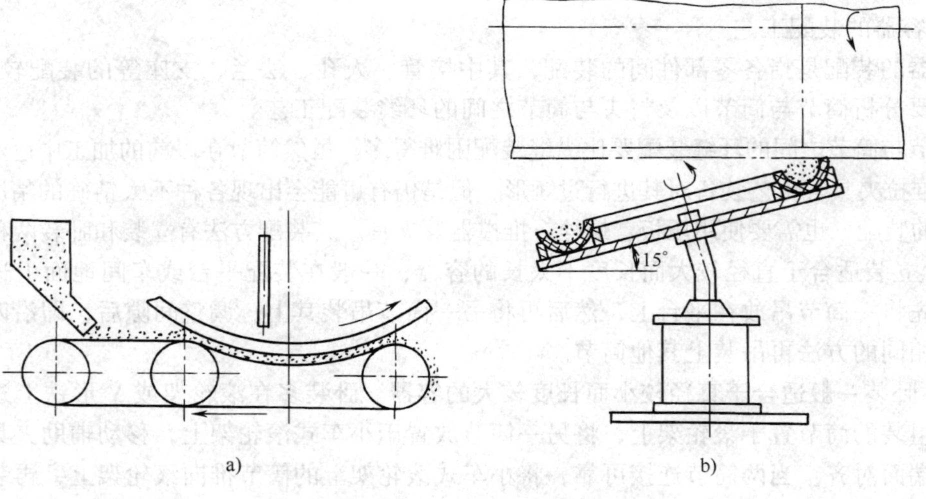

图 7-39　焊剂垫形式
a）带式焊剂垫　b）圆盘式焊剂

容器环缝焊接时，可采用各种焊接操作机进行内外缝的焊接，但在焊接容器最后一条环缝时，只能采用手工封底的或带垫板的单面埋弧焊。容器的其他部件，如人孔、接管、法兰、支座等，一般采用焊条电弧焊焊接。为了保证焊接接头的质量，对已编制的将用于生产的每项焊接工艺，需要做焊接工

想一想　在焊接容器最后一条环缝时，只能采用手工封底的或带垫板的单面埋弧焊，为什么？

艺评定。

容器焊接完以后，应对焊缝进行外观检查、各种无损探伤、耐压及致密性试验等的检验，以确定焊缝质量是否合格。凡检验出超过规定的焊接缺陷，都应进行返修，直到重新探伤后确认缺陷已全部清除才算返修合格。焊缝质量检验与返修的各项规定可参看GB 150—1998《钢制压力容器》的有关内容。

能力知识点3　高压容器的制造工艺特点

近年来，石油、化工、锅炉等设备都在向大容量、高参数（高温、高压）发展，因此高压容器的容量越来越大，温度和压力越来越高，应用也越来越广泛。高压容器所使用的钢材比中、低压容器所使用的钢材强度高，同时壁厚也要大得多。高压容器大体上分为单层和多层结构两大类，单层结构制造工艺比较简单，应用较广，如电站锅炉锅筒就是如此。

单层结构容器的制造过程与前面所述的中低压单层容器大致相同，只是在成形和焊接方法的选取等方面有所不同。单层高压容器由于壁较厚，筒节一般采用热弯卷加热矫正成形。加热时产生的氧化皮危害较严重，会使钢板内外表面产生麻点和压坑，所以加热前需涂上一层耐高温、抗氧化的涂料，防止卷板时产生缺陷；同时热卷时，钢板在辊筒的压力下会使厚度减小，减薄量为原厚度的5%～6%，而长度略有增加，因此下料尺寸必须严格控制。始卷温度和终卷温度视材质而定。筒节纵缝可采用开坡口的多层多道埋弧焊，但如果壁厚太大（$\delta>50$mm），采用埋弧焊则显得工艺复杂，材料消耗大，劳动条件差，这时可采用电渣焊，以简化工艺，降低成本，电渣焊后需进行正火处理。容器环缝多用电渣焊或窄间隙焊来完成。若采用窄间隙埋弧焊新技术，可在宽18～22mm，深达350mm的坡口内自动完成每层多道的窄间隙接头。与普通埋弧焊相比，效率大大提高，同时可节约焊接材料。

容器焊完后，除需进行外观检查外，所有焊缝还要进行超声波探伤及X射线探伤。另外，由于壁较厚，焊后应力较大，高压容器焊后均应作消除应力处理。

【综合训练】

一、理论部分

（一）填空题

1. 压力容器的结构形式有________、________和________三种。

2. 压力容器的封头可分为________、________和________三种。

3. 通常把压力容器不同位置的接头划分为________、________、________和________四类。

（二）选择题

1. 压力容器在正常工艺操作时容器顶部的压力是________。

A. 最高工作压力　　B. 工作压力　　C. 设计压力

2. 压力容器在正常工艺操作时可能出现的最高压力是________。

A. 最高工作压力　　　　B. 工作压力　　　　C. 设计压力

3. 工作压力为5MPa的压力容器属于________。

A. 高压容器　　　B. 中压容器　　　C. 中低压容器　　　D. 低压容器

4. 压力为50MPa的压力容器是________。

A. 低压容器　　　B. 中压容器　　　C. 高压容器　　　D. 超高压容器

5. 承压后受力最均匀的形状是________。

A. 球形　　　B. 圆筒形　　　C. 正方形　　　D. 长方形

6. 圆筒容器上的椭圆形开孔，其长轴应置于圆筒的________。

A. 圆周方向　　　B. 轴线方向　　　C. 水平方向　　　D. 任意方向

7. 与圆筒相连的标准椭圆封头，其长轴与短轴之比为________。

A. 1.5　　　B. 2.0　　　C. 2.5　　　D. 3.0

（三）简答题

1. 压力容器有哪些类型？Ⅰ、Ⅱ、Ⅲ类压力容器是如何划分的？

2. 高压容器的制造特点有哪些？

3. 分析中、低压压力容器各主要部件的装焊工艺要点。

4. 为什么压力容器的制造必须严格执行国家标准？

5. 简述筒节的制造工艺过程。

6. 圆筒形压力容器的主要部件有哪些？

二、实践部分

装配焊接工件，图7-40应满足图样的技术要求。并进行正交圆筒组合件工艺性分析。

1. 训练目标：练习用手工电弧焊的方法焊接正交圆筒组合件。

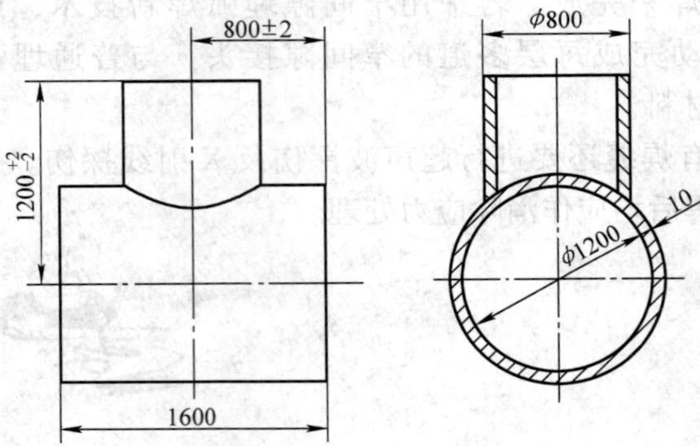

技术要求

1. 装配后各接缝间隙应小于2mm
2. 全部焊缝均应采用焊条电弧焊焊接

图7-40　正交圆筒组合件

2. 训练准备

（1）人员准备　每组5人左右，分成若干小组。

（2）资料准备　工艺性分析应涉及的内容；正交圆筒组合件焊接的资料。

3. 训练地点：工厂。

4. 训练办法：依照图样进行实际操作，对具体焊接结构件进行工艺分析。

综合知识模块三　船舶及舾装件的生产工艺

能力知识点1　船体结构的类型及特点

船舶是一座水上浮动结构物，其作为主体的船体则由一系列板材和骨(简称“板架”)相互连接而又相互支持组成的(图7-41)。骨架是壳体的支撑件，即提高了壳板的强度与刚度，又增强了板材的抗失稳能力。

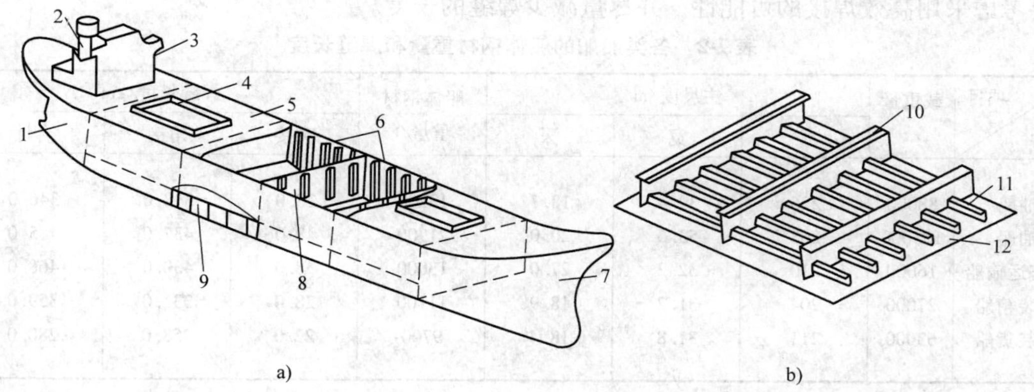

图7-41　船体结构的组成及其板架简图
a）船体结构简图　b）板架结构简图
1—尾部　2—烟囱　3—上层建筑　4—货舱口　5—甲板
6—弦侧　7—首部　8—横舱壁　9—船底　10—桁材　11—骨材　12—板

1. 船舶板架结构的类型及使用范围

无论是军船或民船的船体板架，按其结构形式可分为纵骨架式、横骨架式及混合骨架式三种，其特征和使用范围见表7-1。

表7-1　船体板架结构的类型及特征

板架类型	结构特征	适用范围
纵骨架式	板架中纵向(船长方向)构件较密、间距较小，而横向(船宽方向)构件较稀、间距较大	大型油船的船体；大中型货船的甲板和船底；军用船舶的船体
横骨架式	板架中横向构件较密、间距较小，而纵向构件较稀、间距较大	小型船舶的船体，中型船舶的弦侧、甲板，民船的首尾部
混合骨架式	板架中纵、横向构件的密度和间距相差不多	除特种船舶的甲板和船底外，很少使用

2. 船体结构的特点

船体结构与其他焊接结构相比，具有以下特点：

（1）零部件数量多　1艘万吨级货船的船体其零部件数量在20000个以上。

（2）结构复杂、刚性大　船体中纵构架和横构架相互交叉又相互连接，尤其是首尾部分还有不少典型构件。这些构件用焊接方法连成一体，使整个船体成为一个刚性的焊接结构。一旦某一焊缝或结构不连续处衍生微小的裂纹，就会快速地扩展到相邻构件，造成部分结构乃至整个船体发生破坏。因此，在设计的时候要尽量避免结构的应力集中。在制造时要正确装配、保证焊缝质量，并注意零件自由边的切割质量、构件端头和开孔处应实施包角焊等。

（3）钢材的加工量和焊接工作量大　各类船舶的船体钢材重量和焊缝长度列于表7-2，焊接工时一般占船体建造总工时的30%～40%。因此，设计时要考虑结构的工艺性，同时也要考虑采用高效焊接的可能性，并尽量减少焊缝的长度。

表7-2　各类船舶的船体钢材重量和焊缝长度

项目 船种	载重量/t	主尺度/m			船体钢材重量/t	焊缝长度/km		
		长	宽	深		对接	角接	合计
油船	88000	226	39.4	18.7	13200	28.0	318.0	346.0
油船	153000	268	53.6	20.0	21900	48.0	437.0	485.0
汽车运输船	16000	210	32.2	27.0	13000	38.0	430.0	468.0
集装箱船	27000	204	31.2	18.9	11100	28.0	331.0	359.0
散装货船	63000	211	31.8	18.4	9700	22.0	258.0	280.0

（4）使用的钢材品种少　各类船舶所使用的钢材见表7-3。

表7-3　各类船舶的使用钢材种类

船舶类型	使用钢种	备注
一般中小型船舶	船用碳钢	—
大中型船舶、集装箱船和油船	船用碳钢 σ_S＝320～400MPa船用高强钢	用于高应力区构件
化学药品	船用碳钢和高强钢 奥氏体不锈钢、双相不锈钢	用于货舱
液化气船	船用碳钢和高强钢，低合金高强钢0.5Ni、3.5Ni、5Ni和9Ni钢，36Ni，5083—0铝合金	用于全压式液罐、半冷半压和全冷式液罐和液舱

能力知识点2　船舶结构焊接的基本原则

在船体建造中，为了减小船体结构的变形和应力，正确选择和严格焊接顺序，是确保船体焊接质量的重要措施。由于船体结构庞大，各种类型的船体结构也不一样，因此焊接顺序

也不同。所谓焊接顺序就是减小结构变形，降低焊接残余应力，并使其分布合理的按一定次序进行的过程。

1. 船体结构焊接顺序的基本原则

1）船体外板、甲板的拼缝，一般应先焊横向焊缝（短焊缝），然后焊纵向焊缝（长焊缝），如图7-42所示，对具有中心线且左右对称的构件，应左右对称地进行焊接，避免构件中心线产生移位。埋弧焊一般应先焊纵向焊缝，后焊角接横向焊缝。

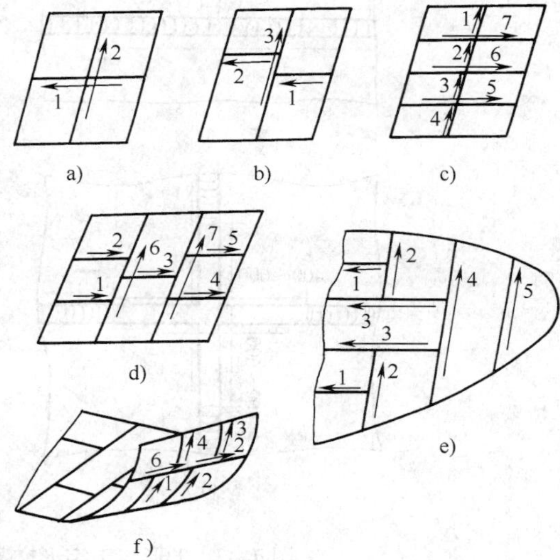

图7-42　拼板接缝的焊接顺序

2）对接焊缝和角接焊缝同时存在，应先对接焊后角接焊。立焊缝和平焊缝同时存在时，应先焊立焊焊缝后焊接平焊缝。所有焊缝应采取由中间向左右，由中间向两端，由下往上的焊接顺序。

3）凡靠近总段和分段合拢处的板缝和角焊缝应留出200~300mm，暂时不焊，以利船台装配对接，待分段、总段合拢后再进行焊接。

4）焊条电弧焊时，焊缝长度小于1000mm时，可采用直通焊，焊缝长度大于1000mm时，采用分段退焊法。

5）在结构中同时存在厚板与薄板构件时，先将收缩量大的厚板进行多层焊，后将薄板进行单层焊。多层焊时，各层的焊接方向最好相反，各层焊缝的接头应相互错开。或采用分段，注意焊缝的接头不应处在纵横焊缝的交叉点。

6）刚性大的焊缝，如立体分段的对接焊缝，焊接过程不应间断，应力求迅速连续完成。

7）分段接头呈T形和十字形交叉时，对接焊缝的焊接顺序是：T形对接焊缝可采用直接先焊好横焊缝（立焊），后焊纵焊缝（横焊），如图7-43a所示。也可以采用图7-43b所示的顺序，先在交叉处各留出200~300mm，留在最后焊接，这可防止在交叉部位由于应力过大而产生裂纹。同样，十字形对接焊缝的焊接顺序如图7-43c所示，横缝错开的T形交叉焊缝的焊接顺序，如图7-43d所示。

8）船台大合拢时，先焊接总段中未焊接的外板、内底板、舷侧板和甲板等的纵焊缝，同时焊接靠近大接头处的纵横构架的对接焊缝，然后焊接大接头环形对接焊缝，最后焊接构架与船体外板的连接角焊缝。

2. 工艺守则

1）在船体结构的焊接过程中，焊工应该遵守以下几项守则：凡是担任船结构焊接的电焊工，必须按我国“钢质海船入级与建造规范”（英文略称ZC）规则，以及相对应的国外船检局（如NK、GL、ABS等）规则进行考试（包括定位焊的焊工），并取得考试合格证。

2）为了保证焊透和避免产生弧坑等缺陷，在埋弧焊焊缝两端应安装引弧板和引出板。引弧板和引出板的尺寸，最小为150mm×150mm，厚度与焊件相同。

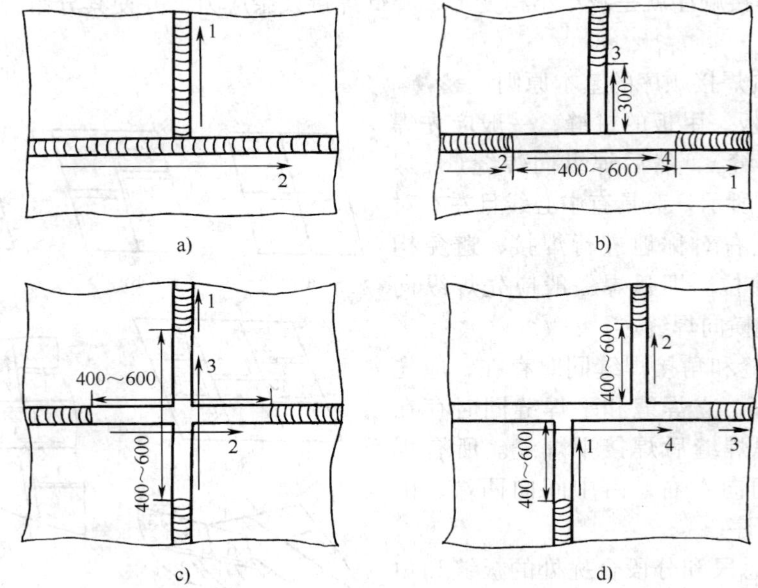

图 7-43　T 形、十字形交叉对接焊缝的焊接顺序示意图

3）当环境温度低于 -5℃，施焊一般强度钢的船体主要结构（船体外板和甲板的接缝、艏柱、挂舵臂等）时，均需进行预热，预热温度一般为 100℃左右。

4）所有对接焊缝（包括 T 形构件的面板、腹板）的正面焊好后，背面必须用碳弧气刨清根，未刨出金属光泽的焊缝不得焊接。

5）缺陷未修补的不上船台。分段建造产生的焊接缺陷和焊接变形应修补和矫正完毕后，再吊上船台。

6）焊条、焊剂等材料的烘干，发放应按有关技术要求严格执行，一次使用不得超过 4h，而且回收烘干只允许重复两次。

7）在焊接时，不允许在焊缝的转角处或焊缝的交叉处引弧或收弧，焊缝的接头应避开焊缝交叉处。引弧应在坡口中进行，严禁在焊件上缘引弧。

8）装配使用的定位焊焊条必须与焊工正式施焊的焊条牌号相同。在施焊过程中，遇到接头定位焊开裂、使错边量超过标准要求时，需要修正后再焊接。如果坡口间隙过大，可采用堆焊坡口方法或采用临时垫板工艺，切不可以嵌焊条或用切割余料等作为填充嵌补金属材料。

9）当构件连续角焊缝与已完工的拼接焊缝相交时，可采取如下工艺措施：

① 可将相交部分焊缝打平，但不允许该处焊缝呈突变的缺口。

② 允许在构件腹板上开 $R30$mm 的半圆孔或长方形孔 60mm × 4mm。让平焊缝增强量高出部分通过，而施行角焊时将长孔填满。

③ 当构件要求水密时，其腹板上开 60mm 长、3mm 高、剖面削斜 45°的长形孔，使平焊缝增高部分通过，又能保证施焊角焊缝焊透。

④ 当构件穿越液舱时，应采取隔水孔或其他等效措施，距离水密边界两侧各 100mm 处，构件开 $R40$mm 的半圆孔，保证半圆角处有良好的包角，孔与水密边界之间加大角焊缝

焊脚尺寸10%。

10）按“ZC船规”规定，一般船体结构中下列部位在包角焊缝的规定长度内应采取双面连续的角焊缝：

① 肋板趾端的包角焊缝长度应不小于连接骨材的高度，且不小于75mm。

② 型钢端部，特别是短型钢的端部削斜时，其包角焊缝的长度应为型钢的高度或不小于削斜长度。

③ 各种构件的切口、切角和开孔的端部及所有相互垂直连接构件的垂直交叉处的板厚大于12mm时，包角焊缝的长度应不小于75mm，板厚小于或等于12mm时，其包角焊缝长度应不小于50mm。

包角焊操作时，包角焊缝应有顺畅的过渡，焊脚尺寸不能小于设计尺寸，在构件的端部更不能以点焊代替。

11）焊接时，对以下船体结构和构件，按“ZC船规”规定，应采用低氢型焊条：

① 船体大合拢时的环形对接焊缝和纵桁材对接焊缝。

② 具有冰区加强级的船舶，其外板的端接缝和边接焊缝。

③ 桅杆、吊货杆、吊艇架、拖钩架和系缆桩等承受强大载荷的舾装件及其所有承受高应力的零部件。

④ 要求具有较大刚度的构件，如首框架、尾框架和尾轴架等，及其与外板和船体骨架的接缝。

⑤ 主机基座以及与其相连接的构件。

⑥ 用低合金钢材建造的所有船体焊缝。

⑦ 船长大于90m的弦顶列板与强力甲板边板在0.5L(L为船长)区域内的角焊缝。

⑧ 蒸汽锅炉及Ⅰ、Ⅱ类受压容器。

12）当焊接D、E级高强度船体结构用钢时，严格按D、E级钢焊接的操作要求执行。

13）按“ZC船规”规定，船体主要结构中的平行焊缝应保持一定距离。对接焊缝之间的平行距离不小于100mm，且避免尖角相交；对接焊缝与角焊缝之间的平行距离应不小于50mm。

能力知识点3　整体造船中的焊接工艺

整体造船法只有在起重能力小、不能采用分段造船法和中小型船厂才使用，一般适用于吨位不大的船舶。

整体造船法，就是直接在船台上由下至上，由里至外先铺全船的龙骨底板，然后在龙骨底板上架设全船的肋骨框架、舱壁等纵横构架，最后将船板、甲板等安装于构架上，待全部装配工作基本完毕后，才进行主船体结构的焊接工作。这种整体造船法的焊接工艺是：

1）先焊纵横构架对接焊缝，再焊船壳板及甲板的对接焊缝，最后焊接构架与船壳板及甲板的连接角焊缝。前两者也可同时进行。

2）船壳板的对接焊缝应先焊船内一面，然后外面碳弧气刨刨槽封底焊。甲板对接焊缝可先焊船内一面(仰焊)，反面刨槽进行平对接封底焊或采用埋弧自动焊。也可以采用外面先焊平对接，船内刨槽仰焊封底。两种方法各有利弊，一般采用后者较多，因易保证质量，减轻劳动强度。或者直接采用先进的单面焊双面成形工艺（包括焊条电弧焊和 CO_2 气体保护焊）。

3）按船体结构顺序的基本原则要求，船壳板及甲板对接缝的焊接顺序是：若是交叉接缝，先焊横缝（立焊），后焊纵缝（横焊）；若是平列接缝，则应先焊纵缝，后焊横缝。

资料卡 国际海事组织（IMO）、国际劳工组织（ILO）及美、英德等国政府都制定了相应的公约和法规。20 世纪 60 年代以后，中国有了自己的规范，开始按 ZC（中华人民共和国船舶检验局）规范进行设计、绘图、建立数据库，使设计手段日趋现代化。

4）船艏板缝的焊接顺序应待纵横焊缝焊完后，再焊船艏柱与船壳板的接缝。

5）所有焊缝均采用由船中向左右，由中向艏艉，由下往上的焊接，以减少焊接变形和应力，保证船体的建造质量。

能力知识点 4 分段造船中的焊接工艺

目前在建造大型船舶时，由于其建造技术复杂和施工难度大，一般都是采用分段造船法。将船体结构零件先组装成部件，在将零、部件组装成分段或总段，最后在船台大合

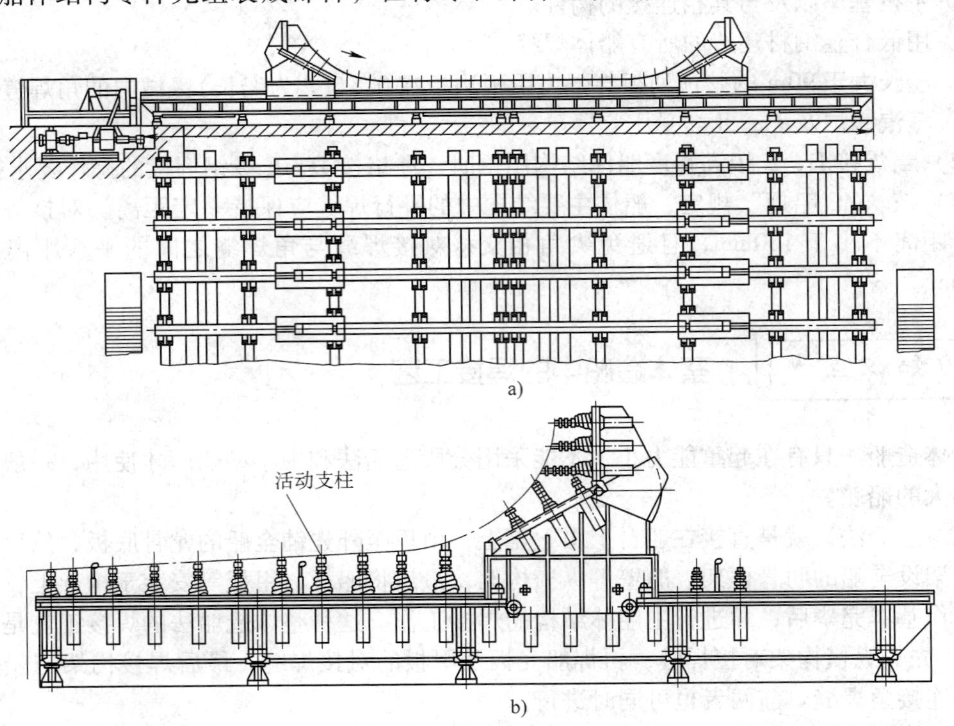

图 7-44 船壳板装配—焊接胎架

a）胎架 b）局部放大图

拢。分段造船法可分为部件装配焊接，分段装配焊接和船台装配焊接三个阶段进行。

部件装配焊接阶段：又称小合拢，将加工后的钢板或型钢组合成板列，T形材，肋骨框架或船首尾柱等部件的过程，均在车间内装焊平台上进行。

分(总)段装配焊接阶段：又称中合拢，将零部件组合成平面分段，曲面分段或立体分段，如舱壁、船底、舷侧和上层建筑等分段；或组合成在船长方向横截主船体而成的环形立体分段，称为总段，如船首总段、船尾总段等。分段的装配和焊接均在装焊平台或胎架上进行(图7-44)。分段的划分一般原则是：主要取决于船体结构的特点；船厂的起重运输设备和场地条件；施工方便性和劳动负荷均衡性及先进焊接方法的应用等。随着船舶的大型化和起重机能力的增大，分段和总段也日益增大，其重量可达800t以上。

小知识　建造方案的内容主要有：

1）船体分段划分的优化。

2）合理的装焊工艺。

3）确定各分段，总段的预舾装率。

4）编制船舶建造要领。

5）船舶下水完整性要求。

6）确定下水后到完工交船的工作程序。

船台(坞)装配焊接阶段：即船体总装又称大合拢。将船体零部件、分段和总段在船台(或船坞)上最后装焊成船体。排水量10万t以上的大型船舶，为保证下水安全，多在造船坞内装。

【综　合　训　练】

一、理论部分

(一)　填空题

1. 船体板架结构可分为________、________及________三种。

2. 在船体结构的焊接过程中，焊工应该遵守以下几项守则：凡是担任船结构焊接的电焊工，必须按我国________规则，以及相对应的国外船检局(如NK、GL、ABS等)规则进行考试(包括定位焊的焊工)，并取得________。

(二)　简答题

1. 简述船体结构的特点。

2. 制定船体结构焊接顺序的基本原则有哪些?

二、实践部分

1. 训练目标：能够识读焊接结构零件图及装配图，识别焊缝符号，根据简单型钢桁架装配图(图7-45)进行装配焊接，并能正确选用简单的工装夹具。

2. 训练准备

(1)　人员准备　每组10人左右，分成若干小组。

(2)　资料准备　有关桁架方面的资料

3. 训练地点：实习工厂。

4. 训练办法：首先对型钢桁架结构进行工艺性分析，其次讨论制订出生产工艺步骤，最后按步骤进行装配焊接，直至成为产品。

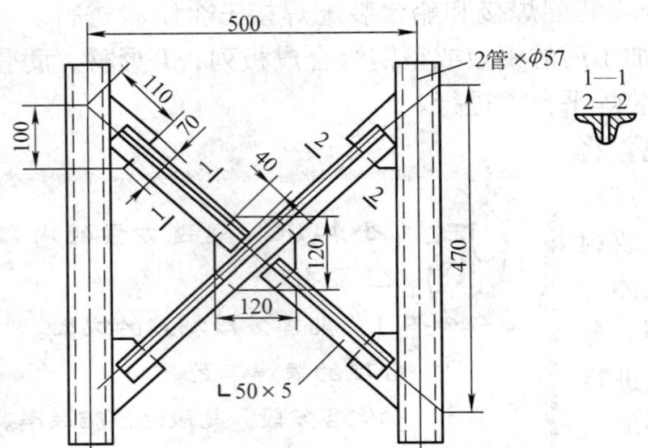

技术要求

1. 角钢在连接板上的搭接长度不小于40mm。
2. 连接板厚度均为8mm。

图7-45　简单型钢桁架装配示意图

资料卡　船舶制造历史

人类造船已有悠久的历史，从史前刳木为舟起，在漫长的时期内人类制造的都是利用人力或风力推进的木船。1807年，美国的R. 富尔顿建成第一艘采用明轮推进的蒸汽机船“克莱蒙脱(Clerment)”号，时速约8km/h。1839年，第一艘装有螺旋桨推进器的蒸汽机船“阿基米德(Archimedes)”号问世，主机功率为58.8kW。这种推进器充分显示出它的优越性，因而被迅速推广。1868年，中国第一艘载货600t，功率为288kW的蒸汽机兵船“惠吉”号建造成功。1894年，英国的C. A. 帕森斯用他发明的反动式汽轮机作为主机安装在快艇“透平尼亚(Turbinia)”号上，在泰晤士河上试航成功，航速达60km/h以上，早期汽轮机船的汽轮机与螺旋桨是同转速的；约在1910年出现了齿轮减速，电力传动减速和液力传动减速装置，在这以后，1902～1903年在法国建造了一艘柴油机海峡小船。1902～1903年，在法国建造了一艘柴油机海峡小船。1903年，在俄国建造的柴油机船“万达尔(Вандал)”号下水。20世纪中叶，柴油机动力装置遂成为运输船舶的主要动力装置。原子能的发现和利用又为船舶动力开辟了一个新的途径。1954年，美国建造的核潜艇“鹦鹉螺(Nautitlus)”号下水，功率为11025kW，航速为33km/h。1959年苏联建成了核动力破冰船“列宁(Ленин)”号，功率为32340kW。同年，美国核动力商船“萨瓦纳(Savannah)”号下水，功率为14700kW。现有的核动力装置都是采用压水型反应堆汽轮机动力装置，主要用在潜水艇和航空母舰上，而在民用船舶中由于经济上的原因没有得到发展。20世纪70～80年代，为了节约能源，有些国家吸收机帆船的优点，研制一种以机为主，以帆助航的船舶，用电子计算机进行联合控制，日本建造的" 新爱德丸" 号便是这种节能船的代表。

古代中国是当时造船和航海的先驱。春秋战国时期就有了造船工场，能够制造战船。汉代已能制造带舵的楼船。唐、宋时期，河船和海船都有突出

的发展，发明了水密隔壁。明朝的郑和于 1405～1433 年间七次下西洋的宝船，在尺度、性能和远航范围方面，都居世界领先地位。

到了近代，中国造船业发展迟缓。1865～1866 年，清政府相继创办江南制造总局和福州船政局，建造了“保民”、“建威”、“平海”等军舰和“江新”、“江华”等长江客货船。

中华人民共和国成立后，船舶工业有了很大发展，20 世纪 50 年代建成一批沿海客货船、货船和油船。20 世纪 60 年代以后，中国的造船能力提高得很快，陆续建成多型海洋运输船舶、长江运输船舶、海洋石油开发船舶（平台）、海洋调查船舶和军用舰艇，大型海洋船舶的吨位可达 120000 吨载重。除少数特殊船舶外，中国已能设计、制造各种军用舰艇和民用船舶。

第八单元　焊接结构生产的组织与安全技术

【学习目标】 了解焊接结构生产的组织形式及生产管理的基本模式；熟悉焊接结构生产车间的类型与组成；熟悉典型焊接结构生产车间的平面布置方案；掌握焊接结构生产过程中的劳动保护知识与安全技术。

综合知识模块一　焊接车间的组织与管理

能力知识点1　焊接车间的组织形式

焊接车间组织工作与其他生产一样，包括生产的空间组织与时间组织。

1. 生产过程的空间组织

生产过程的空间组织，包括焊接车间由哪些生产单位（工段）组成及如何布置这些生产单位组成的专业化形式及平面布置等方面的内容。

车间生产单位组成的专业化形式，影响车间内部各工段之间的分工与协作关系、组织计划的方式与设备、工艺的选择等诸方面的工作。一般来说，焊接车间生产单位的组成专业化形式有两种，即工艺专业化工段和对象专业化工段。

（1）工艺专业化工段　按工艺工序或工艺设备相同性的原则组成的生产工段，称为工艺专业化工段。如材料准备工段、机械加工工段、装配焊接工段、热处理工段等，如图8-1所示。

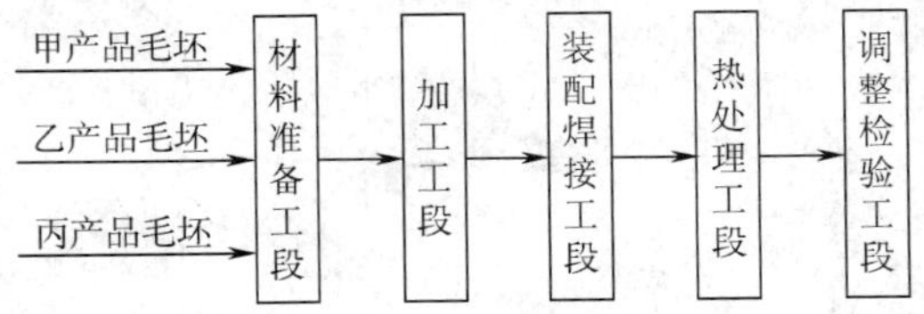

图8-1　工艺专业化工段示意图

工艺专业化工段内集中了同类设备和同工种工人，加工方法基本相同，而加工对象则有多样化的特点。

工艺专业化的优点：

1）对产品变动有较强的应变能力。当产品发生变动时，生产单位的生产结构、设备布置、工艺流程不需要重新调整，就可适应新产品生产过程的加工要求。

2）能够充分利用设备。同类或同工种的设备集中在一个工段，便于互相调节使用，提高了设备的负荷率，保证了设备的有效使用。

3）便于提高工人的技术水平。工段内工种具有工艺上的相同性，有利于工人之间交流操作经验和相互学习工艺技巧。

工艺专业化的缺点：

1）加工路线长。一台焊接制品要经过几个工段才能实现全部生产过程，因此加工路线较长，必然造成运输量的增加。

2）生产周期长，在制品增多，导致流动资金占有量的增加。

3）工段之间相互联系比较复杂，增加了管理工作的协调内容。

（2）对象专业化工段　以加工对象相同性原则建立的生产工段，称为对象专业化工段（又称封闭工段）。加工的对象可以是整个产品的焊接，也可以是一个部件的焊接，如梁柱焊接工段、管道焊接工段、贮罐焊接工段等。

在对象专业化工段中，要完成加工对象的全部或大部分工艺过程，在该工段内集中了完成焊接对象整个工艺过程所需的各种设备，并集中了不同工种的工人，如图 8-2 所示。

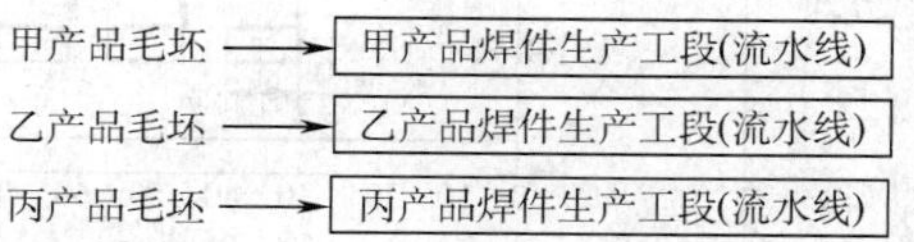

图 8-2　对象专业化工段示意图

对象专业化工段的优点是：

1）生产效率高。由于加工对象固定，品种单一或只有尺寸规格的变化，生产量大，可采用专用的设备和工、夹、量具，便于提高效率。

2）便于选用先进的生产方式，如流水线、自动线等。

3）运输工作量较少，由于加工对象在同一工段内完成全部或者大部分工艺过程，因而加工路线较短，减少了运输的工作量。

4）加工对象生产周期短，减少了在制品的占有量，加速了流动资金的周转。

对象专业化工段的缺点：

1）不利于设备的充分利用。由于对象专业化工段的设备是封闭在本工段内，为专门的加工对象使用，不与其他工段调配使用，设备利用率较低。

2）对产品变动的应变能力差。对象专业化工段使用的专用设备及工、夹、量具是按一定的加工对象进行选择和布置的，因此很难适应品种的变化。

2. 焊接生产的时间组织

生产过程在时间上的衔接，主要反映在加工对象在生产过程中各工序之间移动方式这一特点上。在生产中，生产对象的移动方式可分为三种，即顺序移动方式、平行移动方式和平行顺序移动方式，见表 8-1。

表 8-1　焊接生产的对象移动方式

移动方式	图　例	移动方式计算式	说　明
顺序移动方式	工序1 n t_1 工序2 t_2 工序3 t_3 工序4 t_4 $T_{顺}$ 0 10 20 30 40 50 60 70 80 90 100 110 120 130 140 150 160 时间/min	$T = n\sum_{i=1}^{m} t_i$	T—— 生产周期 n—— 加工批量 m—— 工序数 t_i—— 第 i 工序单件工时

（续）

移动方式	图　例	移动方式计算式	说　明
平行移动方式	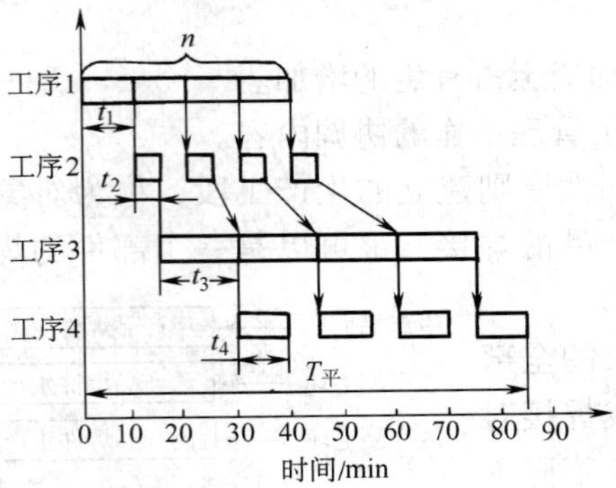 工序1 工序2 工序3 工序4 n t_1 t_2 t_3 t_4 $T_平$ 0 10 20 30 40 50 60 70 80 90 时间/min	$T=\sum\limits_{i=1}^{m}t_i+(n-1)t_长$	$t_长$ —— 各工序中最长的工序单件工时 $t_{i短}$ —— 每一相邻两工序中工序时间较短的单件工时
平行顺序移动方式	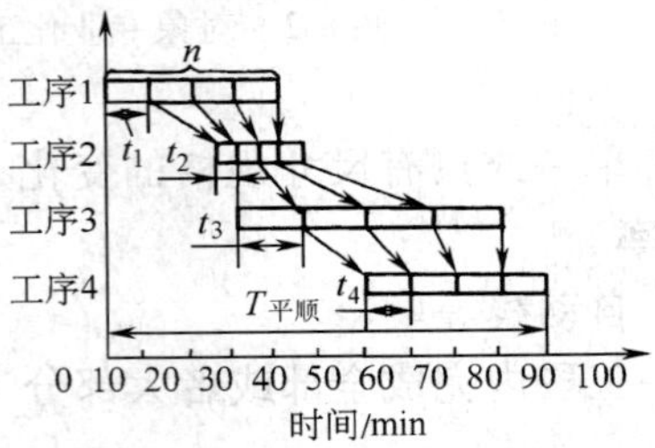 工序1 工序2 工序3 工序4 n t_1 t_2 t_3 t_4 $T_{平顺}$ 0 10 20 30 40 50 60 70 80 90 100 时间/min	$T=n\sum\limits_{i=1}^{m}t_i-(n-1)\sum\limits_{i=1}^{m-1}t_{i短}$	

（1）顺序移动方式　顺序移动方式是一批制品只有在前道工序全部加工完成之后才能整批地转移到下道工序进行加工的生产方式。采用顺序移动方式时，一批制品经过各道工序的加工时间称为生产周期。

例 8-1　设制品批量 $n=4$ 件，经过工序数 $m=4$。各道工序单件的工时分别为 $t_1=10\text{min}$，$t_2=5\text{min}$，$t_3=15\text{min}$，$t_4=10\text{min}$，设工序间运输、检查、设备调整等停工时间忽略不计，则生产周期为

$$T=n\sum_{i=1}^{m}t_i=4\times(10+5+15+10)\ \text{min}=160\text{min}$$

（2）平行移动方式　平行移动方式是当前道工序加工完成每一制品后立即转移到下一道工序进行加工，工序间制品的传递不是整批的，而是以单个制品为单位分别地进行，从而工序之间形成平行作业状态。

例 8-2　将例 1 中数据代入平行移动方式计算式，得出的生产周期为

$$T=\sum_{i=1}^{m}t_i+(n-1)t_长=(10+5+15+10)+(4-1)\times15\text{min}=85\text{min}$$

（3）平行顺序移动方式　平行顺序移动方式，就是一批制品每道工序都必须保持既连续，又与其他工序平行地进行作业的一种移动方式。为了达到这一要求，可分为两种情况加以考虑：第一种情况，当前道工序的单件工时小于后道工序的单件工时时，每个零件在前道工序加工完之后可立即向下一道工序传递，后道工序开始加工后，便可保持加工的连续性；第二种情况，当前道工序的单件工时大于后道工序的单件工时时，则要等待前一工序完成的零件数足以保证后道工序连续加工时，才传递至后道工序开始加工。为了求得 $t_{i短}$ 必须对所有相邻工序的单件工时进行比较，选取其中较短的一道工序的单件工时，比较的次数为

$(m-1)$次。

例 8-3　现仍用例 1 数据，按平行顺序移动方式计算生产周期，即

$$T = n\sum_{i=1}^{m} t_i - (n-1)\sum_{i=1}^{m-1} t_{i短} = 160 - (4-1) \times (5+5+10)\text{min} = 100\text{min}$$

从三种计算结果可以看出，顺序移动方式虽可保持工序连续性，但生产周期延续比较长；平行移动方式虽然缩短了生产周期，但某些工序不能保持连续进行；平行顺序移动方式的生产周期比平行移动方式长，比顺序移动方式短，但它的综合效果比较好。以上三种移动方式各具特点，可根据生产实际情况权衡优劣，分别加以采用。

想一想　请你想一想焊接时间组织的三种移动方式中各适用于哪类典型焊接结构的生产？

能力知识点 2　焊接车间的生产管理

1. 生产管理基本知识

生产管理是指一个工厂从原材料、设备、动力、劳动力进厂，经过设计、制造、检验、包装、销售、核算等，直到产品出厂的全面管理。其中主要包括生产计划管理、生产调度管理、在制品管理和生产统计分析及其他相关的管理。

（1）生产计划管理　主要任务是根据本车间的人员、设备能力，产品质量、技术、安全、在制品等具体情况，制订车间月度生产作业计划和周作业计划，详细对车间的各项投入、产出做出进度安排，对车间内外各方面生产要素进行组织，确保企业下达的生产计划的完成。

（2）生产调度管理　主要职责是对车间生产过程进行全面控制。一是强化生产的日常管理，组织、安排、监督生产过程有条不紊地进行；二是对生产过程中突发事件进行处理和采取补救措施。尤其重要的是，高度密切注意生产总体进度与生产计划之间的偏离，分析偏离的原因，采取相应措施，确保生产计划的实现。

（3）在制品管理　车间在制品的管理包括投入、库存、产出三个方面。所谓投入是指从企业其他车间、库房领取原材料、毛坯或零部件；库存是指未进入生产或加工完成的产品要进入库房妥善保管；产出是指根据企业计划或调度指令，适时，分批组织本车间产品向下道工序转移。

（4）生产统计分析　对车间实际生产过程中的人员投入、主要进度情况、工作量完成情况、生产要素消耗情况等进行如实、全面的记载，就是生产统计。

（5）相关管理　包括刀具、夹具管理，工装模具管理，库房管理，工位器具定置管理，安全文明生产管理等相关管理。

2. 技术管理基本知识

技术管理是对生产过程中全部技术活动进行科学管理的总称，主要包括以下内容。

（1）坚持质量分析　严格按照图样、技术标准和工艺规程生产，认真执行首件检查、中间抽查、完工详细检查和自检、互检、专检的两个“三检制度”。

（2）做好生产技术准备　无论是新产品试制，还是定型产品的再生产，都要对图样、技术文件、工艺装备、有关设备进行准备。并应做好下列各项工作：

1）对产品设计进行工艺性审查。

2）编制工艺规程、工艺方案和设计工艺路线。

3）编制工艺定额　工艺定额包括产品原材料和工艺材料的技术定额，加工工时技术定额。

4）专用工艺装备的设计制造及生产验证，通用工艺装备标准的制定。

5）各种必要的技术验证（包括工艺验证、工艺标准验证、工时定额验证等）和总结工作，确保产品投产后的制造过程正常进行，质量稳定。

（3）制造过程中的组织管理和控制工作　这一阶段的工艺技术管理工作，是要保证质量的稳定和提高，最大限度地提高劳动生产率和减少物耗，实施文明生产和改善劳动条件等。它的工作内容一般为：

1）科学地分析产品零部件的工艺流程，合理地规定投产批次和数量。

2）监督和指导工艺文件的贯彻实施，定期或不定期地进行工艺纪律检查。

3）及时发现和纠正工艺设计上的差错；不断总结工艺实施过程中的各种先进经验，并加以实施和推广。

4）确定工艺质量控制点，规定有关管理和控制的技术内容，进行工序质量重点控制。

5）配合生产部门搞好文明生产和定置管理；按工艺要求，保证毛坯、原材料、半成品、工位器具、工艺装备等准时供应。

想一想　请你想一想焊接时间组织的三种移动方式中各适用于哪类典型焊接结构的生产？

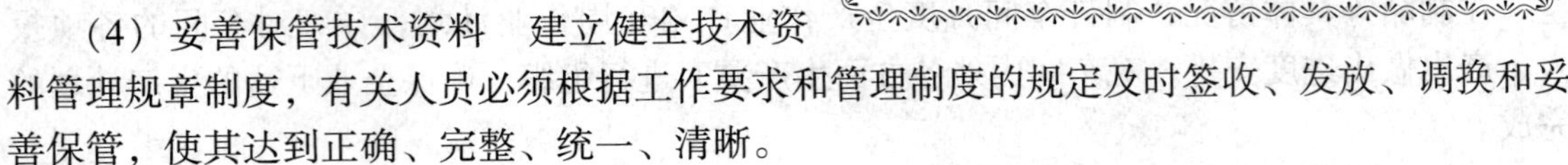

（4）妥善保管技术资料　建立健全技术资料管理规章制度，有关人员必须根据工作要求和管理制度的规定及时签收、发放、调换和妥善保管，使其达到正确、完整、统一、清晰。

【综 合 训 练】

一、理论部分

（一）填空

1. 焊接车间生产组织工作包括________与________两部分内容。

2. 焊接车间生产单位的组成专业化形式有________和________两种。

3. 焊接车间生产对象的移动方式可分为________、________、________三种。

4. 焊接车间的生产管理主要包括________、________、________、________、________五项内容。

（二）简答

1. 试述焊接生产对象的移动方式即顺序移动方式、平行移动方式和平行顺序移动方式的特点。

2. 焊接车间的生产管理的涵义是什么？

二、实践部分

在参观工厂焊接车间的过程中调研其车间的生产组织工作和生产管理工作。

综合知识模块二　焊接结构车间及平面布置

能力知识点1　焊接结构车间的厂房建筑

1. 焊接结构车间的跨度

焊接结构车间的跨度应根据所选用的设备和产品结构件的外形尺寸通过合理布置后决定。国家规定，车间跨度应是6的倍数，有12m、18m、24m、30m、36m等几种，柱距为6m和12m两种。

2. 焊接结构车间跨度的数量

车间跨度的数量，应根据车间规模和选择工艺路线的基本形式以及产品结构特点和制造工艺特点来进行选择。具体可以根据在一跨内布置生产线的数量来决定，表8-2是焊接结构车间生产线条数选用的参考值，从表中可以看出最佳方案是布置2条或4条生产线，因为此时车间面积利用率最高。

表8-2　生产线条数的选用

跨度中生产线条数	1	2	3	4
通道面积与有效面积的比例(%)	50	67	60	67

3. 焊接结构车间跨度的长度

车间跨度的长度，在选用工艺路线的基本形式和跨度决定后，再根据单位面积产量概略经验指标预先估算出车间总面积，再决定跨度的长度。

4. 焊接结构车间各跨的高度

没有吊车的厂房跨度内，车间设备的最高点到屋架的最低点之间最小距离应≥0.4m；在有吊车的厂房跨度内，吊车司机室底面到设备的最高点之间距离不少于0.4m。

想一想　你能否根据参观过的焊接车间生产实际情况分析其车间厂房的建筑特点？

5. 车间建筑参数的选用

主要根据生产的产品对象、选用的设备、运输条件以及其他有关因素综合分析而决定。

能力知识点2　焊接车间的类型与组成

1. 焊接车间的基本类型

焊接结构生产车间的类型有多种，按生产规模可分为单件小批生产车间、成批生产车间、大批大量生产车间。按产品对象可分为容器车间、钢结构车间、锅炉气包车间等。按工作性质可分为备料车间、装配焊接车间和成品车间等。

2. 焊接车间的基本组成

焊接车间一般由生产部门、辅助部门和行政管理部门及生活间等组成。各部门的具体组成如下：

（1）生产部门　包括备料加工工段、装配工段、焊接工段、检验试验工段和成品工段等。

（2）辅助部门　主要依据车间规模大小、类型、工艺设备以及协作情况而定，一般包括：

1）金属材料库。存放金属材料，如钢板、型钢、管子等，然后送到钢材预处理或备料车间加工。金属材料库的位置，应布置在车间工艺流向的始端，保证进、出材料通畅，卸料方便，效率高且安全。

2）中间半成品库。车间半成品的集中存放地，一般应布置在备料工段和装配焊接工段之间地段。

3）模具库。小型模具库可安置模具架，便于模具的存放；大、中型模具库一般布置在压力机附近，以便吊运。

4）夹具库。主要保存、分发夹具和设备的可换工卡具。

5）焊接材料库。主要保管发放焊条、焊丝、焊剂，并负责烘干、整理等。位置应布置在焊接区附近，以便于焊工领取。

6）辅助材料库。主要存放劳保用品及生产、维修用辅料等。

7）成品库。它是临时储存车间待发产品的仓库，位置应布置在车间工艺流向的末端，一般应考虑运输车辆的装运。

除上述仓库外，焊接结构车间的辅助部门还有工具分发室、样板间与样板库、油漆调配室、焊接试验室、机电修理间、计算机房、水泵房等。

（3）行政管理部门及生活间　包括车间办公室、技术科（组、室）、会议室、资料室、更衣室、盥洗室、休息室（或餐室）等。

能力知识点3　焊接车间平面布置基本知识

车间平面布置就是将上述各个生产工段、作业线、辅助生产用房及生活间等按照它们的作用和相互关系进行配置，这种配置包括产品从毛坯到成品所应经历的路线，各工段的作用和所处位置，各种设备和工艺装备的具体配置，起重运输线路及设备的排列安置等。

1. 车间平面布置的基本原则

车间平面布置与采用的工艺方法及批量大小有很密切的关系，在平面布置时应使工艺路线尽量成直线进行，避免零部件在车间内发生迂回现象。基本原则是：

1）合理布置封闭车间（即产品基本上在本车间完成）内各工段与设备的相互位置，应使运输路线最短，没有倒流现象。

2）对散发有害物质，产生噪声的地方和有防火要求的工段、作业区，应布置在靠外墙的一边并尽可能隔离。

3）主要部件的装配—焊接生产线的布置，应使部件能经最短的路线运到装配地点。

4）应根据生产方式划分成专业化的部门和工段。

5）辅助部门（如工具室、试验室、修理室、办公室等）应布置在总生产流水线的一边，即

在边跨内。

2. 车间平面布置基本形式

焊接结构车间平面布置主要根据车间规模、产品对象、总图位置等情况加以确定。其基本形式可分为纵向流水、迂回流水、纵横混合流水等基本形式。从这三种基本形式中，可派生很多方案，见表8-3。

表8-3　车间平面布置方案图表

序　号	基本形式	方案图例
1	工艺路线纵向流水布置方案(一)	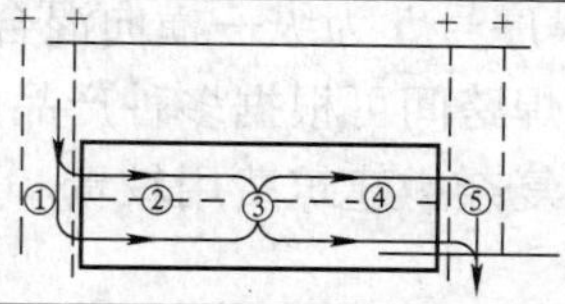
2	工艺路线纵向流水布置方案(二)	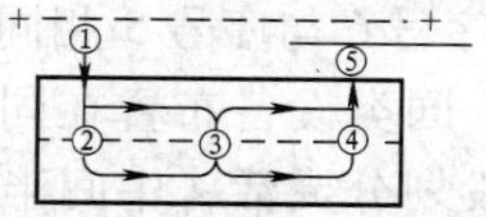
3	工艺路线迂回流水布置方案(一)	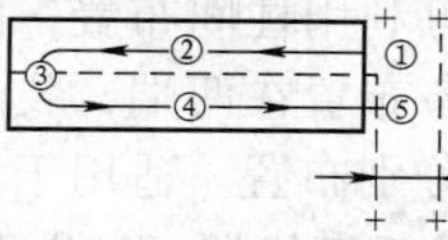
4	工艺路线迂回流水布置方案(二)	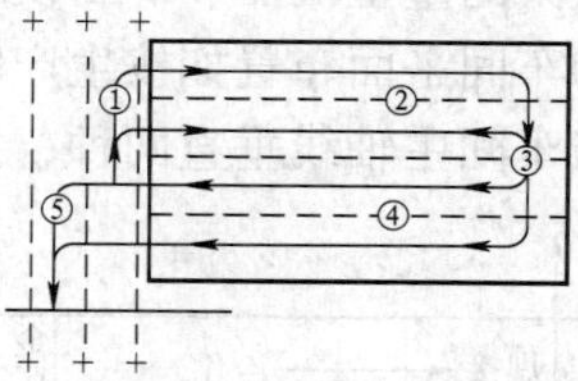
5	工艺路线纵横混合流水布置方案(一)	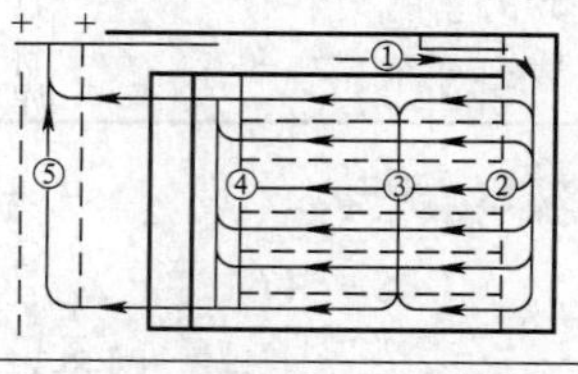
6	工艺路线纵横混合流水布置方案(二)	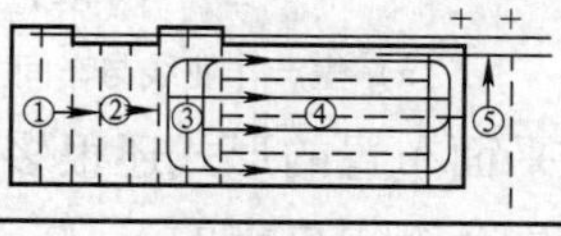

注：图中①—原材料库；②—备料工段；③—中间仓库；④—装焊工段；⑤—成品仓库。

1）表8-3序号1为纵向生产线方向，这种方式是通用的，即车间内生产线的方向与工厂总平面图上所规定的方向一致，或者是产品生产流动方向与车间(或开间)长度同向。其工艺路线紧凑，备料和装焊同跨布置，空运路程最少。但两端有仓库限制了车间在长度方向的发展。纵向生产线的车间适用于各种加工路线短，不太复杂的焊接产品的生产，包括重量不大的建筑金属结构的生产。

2）表8-3序号2与序号1相同，只是仓库布置在车间一侧。室外仓库与厂房柱子合用，可节省些建筑投资，但零部件越跨较多。适用于产品加工路线短，外形尺寸不太长，备料与装焊单件小批生产的车间。

3）表8-3序号3是迂回生产线方向，这种方式每一工段有1~2个跨间。系备料与装焊分开跨间布置，厂房结构简单，经济实用。备料设备集中布置，调配方便，发展灵活。但是不管零件部件加工路线长短，都必须要走较长的空程，并且长度大的焊件越跨不便。适用于产品零件加工路线较长的单件小批、成批生产性质。

4）表8-3序号4与序号3相同，只是车间面积较大，适用于桥式起重机成批生产性质的车间。

5）表8-3序号5为纵—横向混合生产方向布置方案，备料设备既集中又分散布置，调配灵活，各装焊跨间可根据多种产品不同要求分别组织生产。路线顺而短，又灵活、经济，但厂房结构较复杂，建筑费用较贵。适用于多种产品，单件小批，成批生产性质的炼油化工容器车间。

6）表8-3序号6与序号5相同，生产工艺路线短而紧凑。同类设备布置在同一跨内便于调配使用，工段划分灵活，中间半成品库调度方便。备料设备可利用柱间布置，面积可充分利用。共用的设备布置在两端，装焊各跨可根据产品不同要求分别布置。适用于产品品种多而杂，并且量大的重型机器、矿山设备生产性质的车间。

想一想 为什么说车间平面的布置是由焊接产品的特征及生产纲领决定的？

焊接结构车间平面布置如按生产的区域简单的划分，有生产作业线与车间主轴线平行和生产作业线与车间主轴线垂直两种，如图8-3所示。

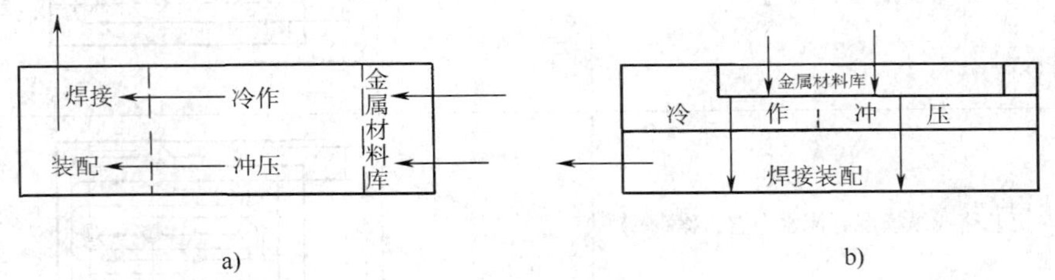

图8-3 按生产区域划分的布置方案

a）生产作业线与车间主轴线平行 b）生产作业线与车间主轴线垂直

车间标准平面布置的形式还很多，仅从以上介绍中可以看出，车间平面的布置是由焊接产品的特征及生产纲领决定的。

能力知识点4 车间平面布置举例

焊接结构车间的范围甚广，内容也很多，现列举几个平面布置的例子供学习和应用时参考，(图中未完全表示出车间所配置的埋弧焊、气体保护焊等焊接设备、变位机构及平台若干)。

1）图8-4重型机械厂金属结构车间的平面布置。

2）图8-5桥式起重机厂金属结构车间的平面布置。

3）图8-6电站锅炉厂汽包车间的平面布置。

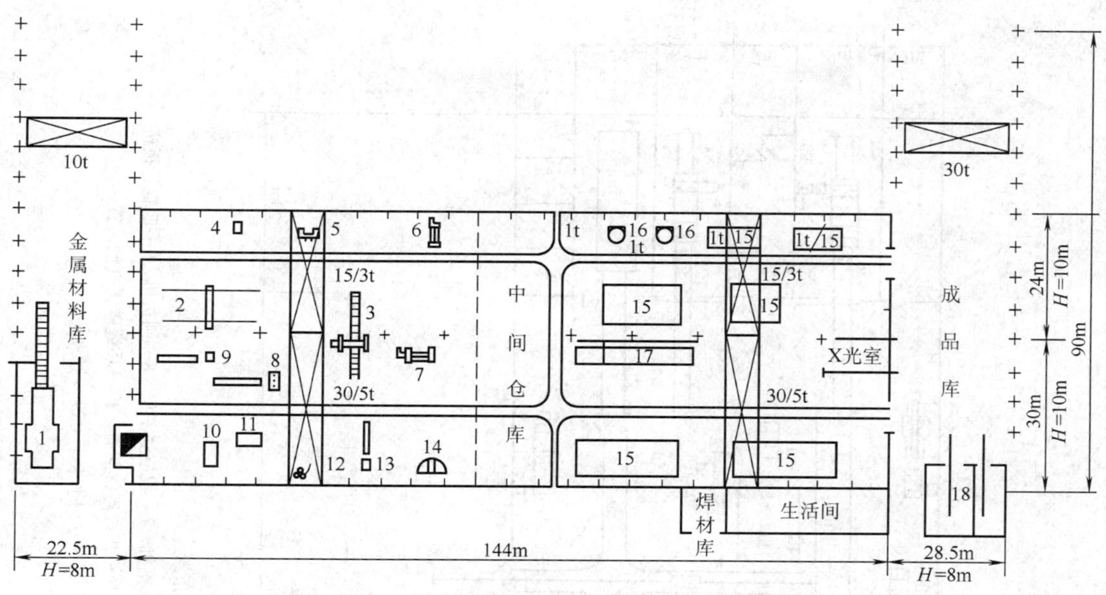

图 8-4　重型机械厂金属结构车间的平面布置

1—钢板预处理装置　2—气割机　3—钢板矫平机　4—坡口机　5—龙门剪　6—三辊卷板机　7—四辊卷扳机　8—联合冲剪机　9—带锯床　10—油压机　11—平台　12—型钢弯曲机　13—弯管机　14—摇臂钻床　15—装焊平台　16—变位机　17—筒体焊接装置　18—部件喷丸装置

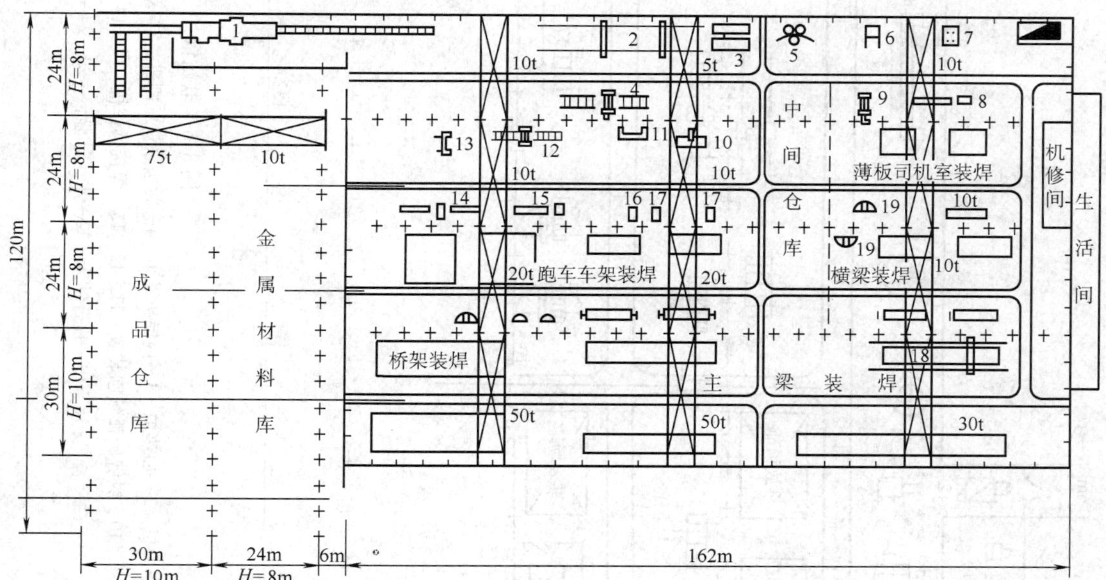

图 8-5　桥式起重机厂金属结构车间的平面布置

1—钢板预处理装置　2—数控气割机　3—光电气割机　4—钢板矫平机　5—型钢弯曲机　6—单臂油压机　7—油压机　8—弯管机　9—卷扳机　10—步冲机　11—折弯压力机　12—薄板矫平机　13—龙门剪床　14—型钢矫直机　15—带锯床　16、17—冲床　18—龙门式气割机　19—摇臂钻床

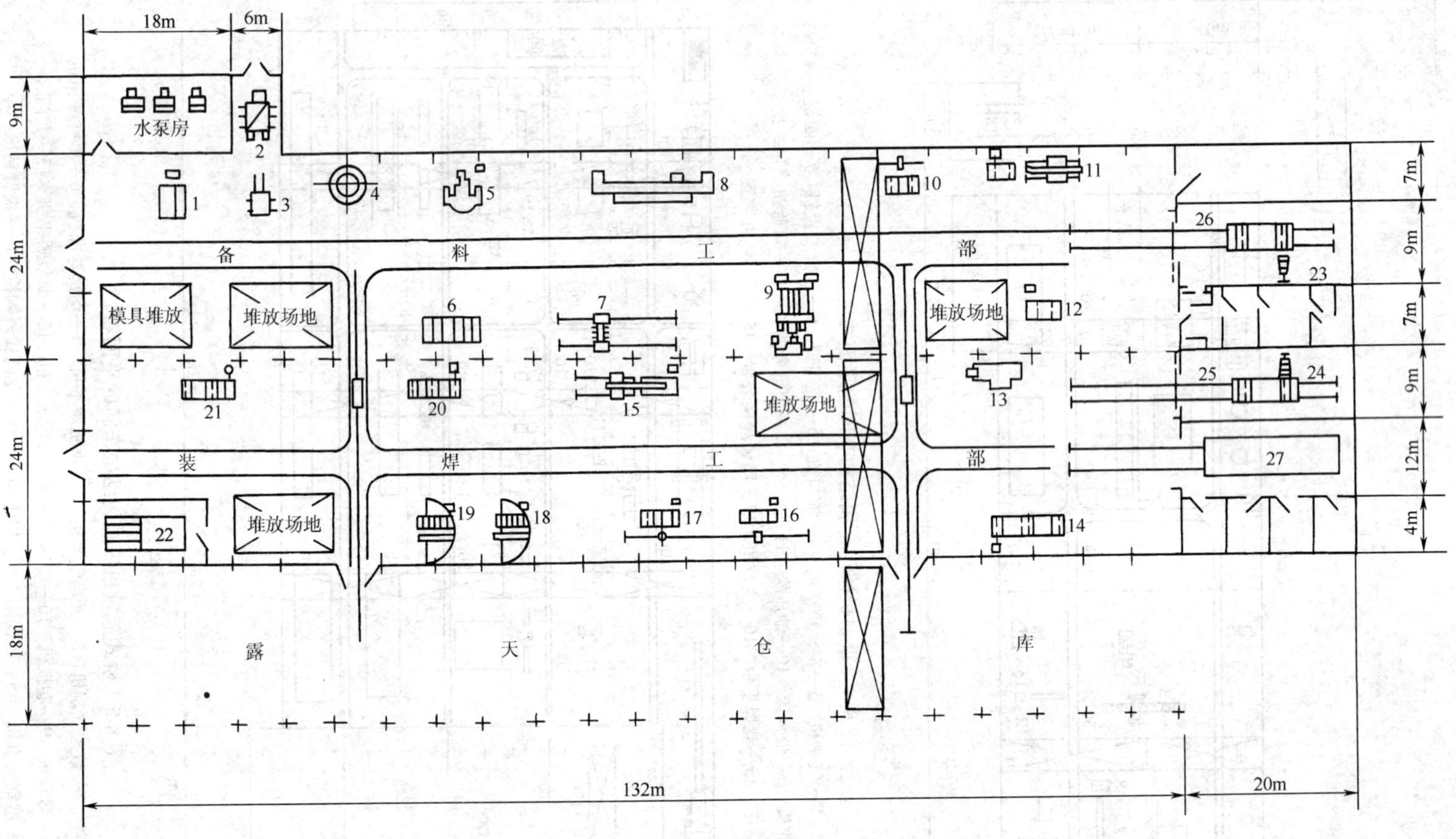

图8-6 电站锅炉厂汽包车间的平面布置

1—压力机 2—加热炉 3—内燃机叉车 4—封头余量气割机 5—双柱立式车床 6—气割机 7—数控气割机 8—刨边机 9—四辊卷板机 10—纵缝碳弧气刨装置 11、13、15—焊接操作机 12、14、20、21—滚轮架 16—焊缝磨锉装置 17—环缝碳弧气刨装置 18、19—摇臂钻床 22—水压试验台 23、24—X射线探伤机 25、26—专用平板车 27—退火炉

【综 合 训 练】

一、理论部分

（一）填空题

1. 根据国家规定，车间跨度应是________的倍数，柱距为________和________两种。

2. 在有吊车的厂房跨度内，吊车司机室底面到设备的最高点之间距离不少于________。

3. 焊接结构车间按生产规模可分为________车间、________车间、________车间。

4. 避免零部件发生迂回现象的基本原则之一是应根据________划分成专业化的部门和工段。

（二）简答题

1. 焊接结构车间平面布置的基本形式可分为几种？

2. 焊接车间的基本组成有哪几个部门？

二、实践部分

观察工厂焊接车间的平面布置的特点。

综合知识模块三　焊接生产中的劳动保护与安全

在焊接结构生产中，焊工和冷作工需要与各种电机电器、机械设备、压力容器和易燃易爆气体接触，焊接过程中又会产生有毒气体、有害粉尘、弧光辐射、高频电磁场、躁声等，有可能发生触电、爆炸、烧伤、中毒和机械损伤等事故，以及尘肺、慢性中毒等职业病。这些都严重地危害着焊工及其他人员的生命安全与健康，同时也会给国家财产带来损失。因此，使焊接人员广泛深入了解安全技术，加强各项安全防护的措施和组织措施，加强焊接技术人员的责任感，防止事故和灾害的发生，是十分必要的。

能力知识点1　焊接清洁生产的内容与现状

1. 焊接清洁生产的内容

焊接领域的清洁生产应包括以下内容：

1）尽可能地减少能源的消耗和节约原材料。例如，采用自动焊接方法取代手工电弧焊，提高生产率，节能，避免浪费的焊条头。

2）尽可能不使用有毒有害的物质，而用无毒低毒的物质来代替，最终淘汰有毒物质。例如淘汰含铅钎料，研制新型无铅钎料。

3）尽可能不产生有毒有害物质的排放，降低粉尘和废弃物的数量和毒性。例如研制并推广使用低烟尘、低毒的焊接材料。

4）在技术和经济可能的情况下，尽可能地使用可再生能源。

5）产品要设计成在其使用终结后，可降解为无害产物，或者可以循环再利用。例如报废的钎焊电路板钎料的重复利用。

6）在危险物质生成前，实行在线监测和控制。

7）通过降低使用成本，降低污染治理的费用，增加产量和提高质量，使企业获得更大的经济效益。

8）按照清洁生产的原则，对焊接材料和焊接工程进行定量评估。

上述几方面的内容是焊接清洁生产应进行的工作。焊接工作者可以在这方面开展一系列的研究和推广工作，特别是要研究从源头而不是从生产过程的末端来解决废物的综合预防的办法和策略。

资料卡　1989年联合国环境规划署（UNEP）在总结工业污染防治概念和实践的基础上提出了清洁生产的名称，并在1996年对清洁生产所作的新定义清楚地阐明清洁生产的内涵：清洁生产是指将综合性预防的战略持续地应用于生产过程、产品和服务中，以提高效率和降低对人类安全和环境的风险。对生产过程来说，清洁生产是指节约能源和原材料，淘汰有害的原材料，减少和降低所有废物的数量和毒性。对产品来说，清洁生产是指降低产品全生命周期（包括从原材料开采到寿命终结的处置）对环境的有害影响。对服务来说，清洁生产是指将预防战略结合到环境设计和所提供的服务中。

2. 焊接清洁生产的现状

近年来焊接清洁生产方面进行了以下工作：

（1）采用高效节能的焊接电源　从电焊机的设计上着手，采用节省铜材料并且节能的先进设计方案，并在电焊机设计时，就考虑到产品报废回收循环利用问题。另外，逆变焊机由于有节铜、节能、高效的优点而受到重视。

（2）加紧无铅钎料的研制和推广　铅和铅的化合物已被环境保护机构（EPA）列入前17种对人体和环境危害最大的化学物质之一。铅的毒性存于它是不可分解的金属，一旦被人体摄取会在人体中聚集而不能被排除，并对人体产生严重毒性作用。

（3）低烟尘、低毒、高效率的焊接材料　研究新一代低烟尘、高效率的绿色焊接材料是可持续发展战略对焊接工作者提出的新课题，这一课题的研究正处于起步阶段，如果新一代低烟尘、高效率的焊接材料课题的研究得以实现，每年焊接材料的烟尘排放可以减少50%以上。

能力知识点2　焊接生产中的劳动保护

按焊接对劳动卫生与环境危害因素的性质可分为物理因素（弧光、噪声、高频磁场、热辐射、放射线等）；化学因素（有毒气体、烟尘）。

1. 光辐射

（1）光辐射的危害　弧光辐射是所有明弧焊共同具有的有害因素。焊条电弧焊的弧温为5000～6000℃，因而可产生较强的光辐射。与焊条电弧焊相比，其他明弧焊的比率为熔化极氩弧焊的光辐射强度高20～30倍；非熔化极氩弧焊光辐射强度高5倍；CO_2气体保护焊光辐射强度为焊条电弧焊电弧光辐射强度的2～3倍。

光辐射作用到人体被体内组织吸收，引起组织作用，致使人体组织发生急性或慢性的损伤。焊接过程中的光辐射由紫外线、红外线和可见光等组成。

1）紫外线。适量的紫外线对人体健康是有益的，但焊接电弧产生的强烈紫外线的过度照射，会造成皮肤和眼睛的伤害。皮肤受强烈紫外线作用时，可引起皮炎、红斑等，并会形成不褪的色素沉积。紫外线的过度照射还引起眼睛的急性角膜炎，称为电光性眼炎，能损害结膜与角膜。

2）红外线与可见光。红外线通过人体组织的热作用，长波红外线被皮肤表面吸收产生热的感觉；短波红外线可被组织吸收，使血液和海绵组织受伤。眼部长期接触可能造成红外线白内障，视力减退。

（2）光辐射的防护　光辐射防护主要是保护焊工的眼睛和皮肤不受伤害。为了防护电弧对眼睛的伤害，焊工在焊接时必须使用镶有特制滤光镜片的面罩，身着有隔热和屏蔽作用的工作服，以保护人体免受热辐射、弧光辐射和飞溅物等伤害。主要防护措施有护目镜、防护工作服、电焊手套、工作鞋等，有条件的车间还可以采用不反光而又能吸收光线的材料作室内墙壁的饰面进行车间弧光防护。

2. 高频电磁场

（1）高频电磁场的危害　氩弧焊和等离子弧焊都广泛采用高频振荡器来激发引弧。焊接中高频振荡器的峰值电压可达3500V，高频电压在数十微秒内即衰减完毕。这种脉冲高频电，通过焊钳电缆线与人体空间的电容耦合，即有脉冲电流通过人体。人体在高频电磁场的作用下能吸收一定的辐射能量，产生生物学效应，长期接触强度较大的高频电磁场，会引起头晕、头痛、疲劳乏力、心悸、胸闷及神经衰弱及植物神经功能紊乱。

（2）高频电磁场的防护　为防止高频振荡器电磁辐射对作业人员的不良影响与危害，可采取如下措施：

1）工件良好接地，它能降低高频电流，焊把对地高频电位可大幅度地降低，从而减少高频感应的有害影响。

2）在不影响使用情况下，降低振荡器频率。脉冲频率越高，通过空间与绝缘体的能力越强，对人体影响越大，因此，降低频率，能使情况有所改善。

3）屏蔽把线及地线。因高频电是通过空间和手把的电容耦加装屏蔽合到人能使高频电场局限在屏蔽内，可大大减少对人体的影响。其方法为采用细铜线编织软线，套在电缆胶管外面。

4）降低作业现场的温、湿度。温度越高，肌体所表现的症状越突出；湿度越大，越不利人体散热。所以，加强通风降温，控制作业场所的温度和湿度，减少高频电磁场对肌体影响。

3. 噪声

（1）噪声的危害　噪声存在于一切焊接工艺中，其中尤以旋转直流电弧焊、等离子弧切割、碳弧气刨、等离子弧喷涂噪声强度为最高。等离子焰切割和喷涂工艺，都要求有一定的冲击力，等离子流的喷射速度可达10000m/min，噪声强度较高，大多在100dB以上，喷涂作业可达123dB，且噪声的频率均在1000Hz以上。

噪声对人体的影响是多方面的。首先是对听觉器官，强烈噪声可以引起听觉障碍、噪声性外伤、耳聋等症状。此外，噪声对中枢神经系统和血管系统也有不良作用，引起血压升高，心跳过速，还会使人厌倦、烦燥等。

（2）噪声的控制　焊接车间的噪声不得超过90dB(A)，控制噪声的方法有以下几种：

1）采用低噪声工艺及设备。如采用热切割代替机械剪切；采用电弧气刨、热切割坡口代替铲坡口；采用整流器、逆变电源代替旋转直流电焊机；采用先进工艺提高零件下料精度，以减少组装锤击等。

2）采取隔声措施。对分散布置的噪声设备，宜采用隔声罩；对集中布置的高噪声设备，宜采用隔声间；对难以采用隔声罩或隔声间的某些高噪声设备，宜在声源附近或受声处设置隔声屏障。

3）采取吸声降噪措施，降低室内混响声。

4）操作者佩戴隔音耳罩或隔音耳塞等个人防护器。

4. 射线

（1）射线的危害　焊接工艺过程的放射性危害，主要来自氩弧焊与等离子弧焊时的钍放射性污染和电子束焊接时的X射线。氩弧焊和等离子弧焊使用的钍钨电极中的钍，是天然放射性物质，钍蒸发产生放射性气溶胶、钍射气。同时，钍及其蜕变产物产生α、β、γ射线。当人体受到的射线辐射剂量不超过允许值时，不会对人体产生危害。但是，人体长期受到超过容许剂量的照射，则可造成中枢神经系统、造血器官和消化系统的疾病。电子束焊接时，产生低能X射线，对人体只会造成外照射，危害程度较小，主要引起眼睛晶状体和皮肤损伤。如长期接受较高能量的X射线照射，则可出现神经衰弱和白细胞下降等症状。

（2）射线的防护　射线的防护主要采取以下措施：

1）综合性防护。如用薄金属板制成密封罩，在其内部完成施焊；将有毒气体、烟尘及放射性气溶胶等最大限度地控制在一定空间，通过排气、净化装置排到室外。

2）钍钨极储存点应固定在地下室封闭箱内，钍钨极磨尖点应安装除尘设备。

3）对真空电子束焊等放射性强的作业点，应采取屏蔽防护。

5. 粉尘及有害气体

（1）粉尘及有害气体的危害　焊接电弧的高温将使金属剧烈蒸发，焊条和母材在焊接时也会产生各种金属气体和烟雾，它们在空气中冷凝并氧化成粉尘；电弧产生的辐射作用于空气中的氧和氮，将产生臭氧和氮的氧化物等有害气体。

粉尘与有害气体的多少与焊接参数、焊接材料的种类有关。例如，用碱性焊条焊接时产生的有害气体都比酸性焊条高；气体保护焊时，保护气体在电弧高温作用下能离解出对人体有影响的气体。焊接粉尘和有害气体如果超过一定浓度，而工人又在这些条件下长期工作，又没有良好的保护条件，焊工就容易生成尘肺病、锰中毒、焊工金属热等职业病，影响焊工的身心健康。

（2）粉尘及有害气体的防护　减少粉尘及有害气体措施有以下几点：

1）首先设法降低焊接材料的发尘量和烟尘毒性，如低氢型焊条内萤石和水玻璃是强烈的发尘致毒物质，就应尽可能采用低尘、低毒低氢型焊条，如“J506”低尘焊条。

想一想　按焊接对劳动卫生与环境危害因素的性质可分为哪几方面？

2）从工艺上着手，提高焊接机械化和自动化程度。

3）加强通风，采用换气装置把新鲜空气输送至厂房或工作场地，并及时把有害物质和被污染的空气排出。通风可自然通风也可机械通风，可全部通风也可局部通风。目前，采用较多的是局部机械通风。

能力知识点3　焊接生产中的安全

焊接生产发生工伤的事故很多，一般来说，都是与安全技术措施不完善或安全管理措施不健全有关。实践证明，如果没有安全管理措施和安全技术措施，工伤事故肯定会发生。安全管理措施与安全技术措施之间是互相联系、互相配合的，它们是做好焊接安全工作的两个方面，缺一不可。

1. 焊工安全教育和考试

焊工安全教育是搞好焊接安全生产工作的一项重要内容，它的意义和作用是使广大焊工掌握安全技术和科学知识，提高安全操作技术水平，遵守安全操作规程，避免工伤事故。

焊工刚入厂时，要接受厂、车间和生产小组的三级安全教育。同时安全教育要坚持经常化和宣传多样化，例如，举办焊工安全培训班、报告会、图片展览、设置安全标志、进行广播等多种形式，这都是行之有效的方法。按照安全规则，焊工必须经过安全技术培训，并经过考试合格后才允许上岗独立操作。

2. 建立焊接安全责任制

安全责任制是把“管生产的必须管安全”的原则从制度上固定下来，是一项重要的安全制度。通过建立焊接安全责任制，对企业中各级领导、职能部门和有关工程技术人员等，在焊接安全工作中应负的责任明确地加以确定。

工程技术人员对捍接安全也负有责任，因为关于焊接安全的问题，需要仔细分析生产过程和焊接工艺、设备、工具及操作中的不安全因素，因此，从某种意义上讲，焊接安全问题也是生产技术问题。工程技术人员在从事产品设计、焊接方法的选择、确定施工方案、焊接工艺规程的制订、工夹具的选用和设计等时，必须同时考虑安全技术要求，并应当有相应的安全措施。

总之，企业各级领导、职能部门和工程技术人员，必须保证与焊接有关的现行劳动保护法令中所规定的安全技术标准和要求得到认真贯彻执行。

3. 焊接安全操作规程

焊接安全操作规程，是人们在长期从事焊接操作实践中，为克服各种不安全因素和消除工伤事故的科学经验总结。经多次分析研究事故的原因表明，焊接设备和工具的管理不善以及操作者失误是产生事故的两个主要原因。因此，建立和执行必要的安全操作规程，是保障焊工安全健康和促进安全生产的一项重要措施。

应当根据不同的焊接工艺来建立各类安全操作规程，如气焊与气割的安全操作规程、焊条电弧焊安全操作规程及气体保护焊安全操作规程等。还应当按照企业的专业特点和作业环境，制订相应的安全操作规程，如水下焊接与切割安全操作规程、化工生产或铁路的焊接安全操作规程等。

4. 焊接工作场地的组织

在焊接与气割工作地点上的设备、工具和材料等应排列整齐，不得乱堆乱放，并要保持必要的通道，便于一旦发生事故时的消防、撤离和医务人员的抢救。安全规则中规定，车辆通道的宽度不小于3m，人行通道不小于1.5m。操作现场的所有气焊胶管、焊接电缆线等，不得相互缠绕。用完的气瓶应及时移出工作场地，不得随便横躺竖放。焊工作业面积不应小于4m²，地面应基本干燥。工作地点应有良好的天然采光或局部照明，须保证工作面照度50～100lx。

在焊割操作点周围10m直径的范围内严禁堆放各类可燃易爆物品，诸如木材、油脂、棉丝、保温材料和化工原料等。如果不能清除时，应采取可靠的安全措施。若操作现场附近有隔热保温等可燃材料的设备和工程结构，必须预先采取隔绝火星的安全措施，防止在其中隐藏火种，酿成火灾。

室内作业应通风良好，不使可燃易爆气体滞留。

室外作业时，操作现场的地面与登高作业以及与起重设备的吊运工作之间，应密切配合，秩序井然而不得杂乱无章。在地沟、坑道、检查井、管段或半封闭地段等处作业时，应先用仪器判明其中有无爆炸和中毒的危险。用仪器进行检查分析时，禁止用火柴、燃着的纸张及其在不安全的地方进行检查。对施焊现场附近的敞开的孔洞和地沟，应用石棉板盖严，防止焊接时火花进入其内。

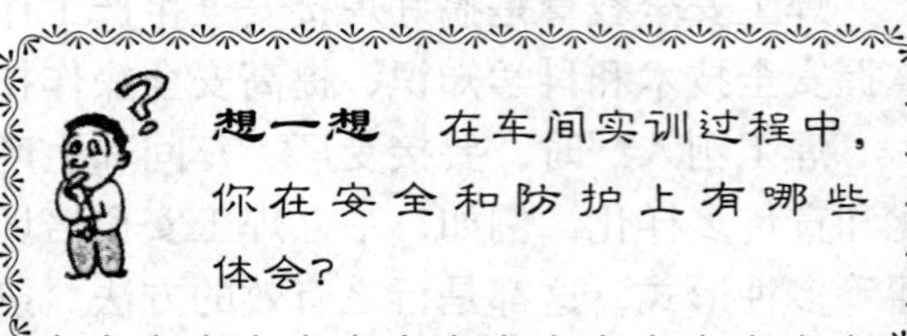
想一想 在车间实训过程中，你在安全和防护上有哪些体会？

【综合训练】

一、理论部分

（一）填空题

1. 焊接对劳动卫生与环境的危害作用有________、________、________、________、________等几种。

2. 在焊接清洁生产方面进行了的工作主要是________、________、________。

3. 在焊割操作点周围________直径的范围内严禁堆放各类可燃易爆物品。

4. 分析研究事故的原因表明，________的管理不善以及________是产生事故的两个主要原因。

（二）简答题

1. 焊接领域的清洁生产主要包括哪些内容？

2. 简述焊接的危害作用及预防措施。

二、实践部分

写出在实训教学和生产现场教学中你对焊接安全的认识。

参 考 文 献

[1] 田锡唐. 焊接结构[M]. 北京：机械工业出版社，1996.
[2] 黄正. 焊接结构生产[M]. 北京：机械工业出版社，1991.
[3] 周浩森. 焊接结构生产及装备[M]. 北京：机械工业出版社，1996.
[4] 王云鹏，戴建树. 焊接结构生产[M]. 北京：机械工业出版社，1998.
[5] 英若采. 焊接生产基础[M]. 北京：机械工业出版社，1996.
[6] 天津大学，中国石化总公司第四建筑公司. 焊接结构与生产[M]. 北京：机械工业出版社，1993.
[7] 赵熹华. 焊接方法与机电一体化[M]. 北京：机械工业出版社，2001.
[8] 宇永福. 焊接结构制造[M]. 北京：机械工业出版社，1995.
[9] 陈祝年. 焊接设计简明手册[M]. 北京：机械工业出版社，1997.
[10] 邓洪军. 焊接结构生产[M]. 北京：机械工业出版社，2004.

信 息 反 馈 表

尊敬的老师：

您好！为了进一步提高我社教材的出版质量，更好地为我国职业教育发展服务，欢迎您对我社的教材多提宝贵意见和建议。如贵校有相关教材的出版意向，请及时与我们联系。感谢您对我社教材出版工作的支持！

<table>
<tr><td colspan="9">您的个人情况</td></tr>
<tr><td>姓名</td><td></td><td>性别</td><td>男□女□</td><td>年龄</td><td></td><td rowspan="3">联系
电话</td><td>O</td><td></td></tr>
<tr><td>职称</td><td></td><td>职务</td><td></td><td>学历</td><td></td><td>H</td><td></td></tr>
<tr><td colspan="2">工作单位及部门</td><td colspan="4"></td><td>M</td><td></td></tr>
<tr><td colspan="2">从事专业</td><td colspan="4"></td><td colspan="2">E-mail</td><td></td></tr>
<tr><td colspan="2">详细通信地址</td><td colspan="4"></td><td colspan="2">邮政编码</td><td></td></tr>
</table>

<table>
<tr><td colspan="5">您讲授的课程情况</td></tr>
<tr><td>序号</td><td>课程名</td><td>学生层次、人数/年</td><td>现使用教材</td><td>出版社</td></tr>
<tr><td>1</td><td></td><td></td><td></td><td></td></tr>
<tr><td>2</td><td></td><td></td><td></td><td></td></tr>
<tr><td>3</td><td></td><td></td><td></td><td></td></tr>
<tr><td colspan="5">贵校在本专业领域内的相关情况(可另附纸)</td></tr>
<tr><td colspan="5">1. 在哪些方面有优势、特色？精品课程、特色课程有哪些？
2. 有哪些新的专业方向？新开设了哪些课程？是否缺乏相应的教材？
3. 您觉得贵校在本专业开设的这些课程中是否存在教材短缺或不适用的情况？都有哪些？
4. 贵校老师在哪些领域或相关领域是否有独创性的教材希望出版？如何联系？</td></tr>
<tr><td colspan="5">对我社教材出版工作的其他意见和建议(可另附纸)</td></tr>
<tr><td colspan="5"></td></tr>
</table>

请用以下任何一种方式返回此表(此表复印有效)：

联系人：齐编辑

通信地址：100037 北京市西城区百万庄大街 22 号　机械工业出版社中职教育分社

联系电话：010-88379201　传真：010-88379181

E-mail：cnbook@163. com